教育部高等学校化工类专业教学指导委员会推荐教材

化工计算与Aspen Plus应用

赵宗昌 主编 于志家 主审

李香琴 兰 忠 刘琳琳 何德民 编写

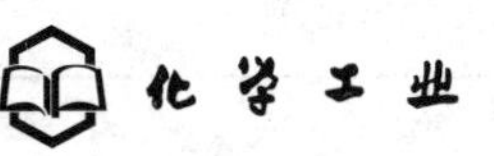

·北京·

《化工计算与Aspen Plus应用》共分为6章，第1章介绍化工过程的基本特点、过程技术开发的基本步骤和内容，以及合成氨和苯乙烯生产工艺流程和Aspen Plus软件（Aspen Plus 10.1）的基本操作；第2章介绍化工数据的估算方法与计算机模拟；第3、4章介绍过程单元的物料衡算与能量衡算；第5章介绍过程单元物料衡算与能量衡算的联解；第6章介绍过程单元系统物料衡算与能量衡算。围绕各章节中物料衡算与能量衡算的算例，介绍了Aspen Plus 10.1基本单元模块的功能以及基本的操作方法，并将Aspen Plus计算结果与各章节中的手工计算或编程计算结果进行对比。本教材从简单的过程单元到复杂的过程单元系统，从单独的物料衡算或能量衡算到物料衡算和能量衡算的联立求解，从基础的手工计算或编程计算到采用Aspen Plus软件计算，不仅体现了化工计算技术的发展过程，也有助于学生对所学知识的理解和掌握。

《化工计算与Aspen Plus应用》可作为化工类相关专业本科生“化工计算”课程的教学用书，也可作为化工生产管理与工艺设计人员的参考书。

图书在版编目（CIP）数据

化工计算与Aspen Plus应用/赵宗昌主编.—北京：化学工业出版社，2019.9

教育部高等学校化工类专业教学指导委员会推荐教材

ISBN 978-7-122-34628-5

Ⅰ.①化…　Ⅱ.①赵…　Ⅲ.①化工计算-应用软件-高等学校-教材　Ⅳ.①TQ015.9

中国版本图书馆CIP数据核字（2019）第111320号

责任编辑：徐雅妮　丁建华　　装帧设计：关　飞

责任校对：边　涛

出版发行：化学工业出版社（北京市东城区青年湖南街13号　邮政编码100011）

印　　装：三河市延风印装有限公司

787mm×1092mm　1/16　印张19½　字数500千字　　2020年2月北京第1版第1次印刷

购书咨询：010-64518888　　售后服务：010-64518899

网　　址：http://www.cip.com.cn

凡购买本书，如有缺损质量问题，本社销售中心负责调换。

定　　价：59.00元

前 言

化工过程的物料与能量平衡计算（简称为化工计算）是化工工艺和设备设计的基础。化工计算这门课程主要讲授如何根据质量和能量守恒原理以及过程所遵循的物理和化学原理，对化工过程单元以及过程单元系统的物料与能量平衡进行计算，从而确定从原料到产品的整个加工过程中原料的消耗量、产品和副产品的生成量以及能源的消耗量。这些基础数据是化工工艺与设备设计以及现有工艺和设备技术改造的依据。

要完成对某个化工生产工艺过程和设备的工艺计算，除了需要对生产工艺的原理以及工艺参数有着深刻的了解外，还应具备数学、化学、化工热力学、反应工程学以及单元操作等方面的知识，以及一定的计算机操作、编程和专业软件使用的能力。因此“化工计算”这门课程对于培养学生综合运用所学的化工基础知识和专业知识，解决化工实际问题的能力具有重要的作用。多年来，我国部分化工类高等院校将“化工计算”这门课程作为化学工程与工艺类专业本科生的必修课或选修课。

随着化工技术的进步，化工生产不仅规模逐渐扩大，而且产品种类不断增加，化工生产工艺过程趋于大型化和复杂化。过去那种依靠手工计算和简单的编程计算已经不能满足现代的化工设计和生产管理的需要。因此，近几十年来各种专业的化工流程模拟和计算软件不断出现，极大地推动了化工工艺以及设备设计的高效化和实用化。

本教材编写的初衷是将化工计算的基本原理和计算方法与化工流程模拟软件的使用融为一体。首先，化工计算的基本原理和计算方法是化工流程模拟计算软件开发的理论基础。没有化工计算的理论基础，很难想象能开发出各种高效的流程模拟计算软件。反过来，化工流程模拟计算软件也是高效完成化工计算和化工过程设计的有效工具，二者相辅相成。基于这样的考虑，作者在介绍化工计算理论和计算方法的同时，也介绍了化工流程模拟软件操作的基本方法。通过实例将两种方法的计算结果进行对比，可加深学生对化工计算基本理论、计算方法与流程模拟软件中各种模型之间的内在联系的理解和掌握。这对于培养学生从事化工设计和化工流程模拟软件二次开发的兴趣和能力具有促进作用。

本教材共分为6章，第1章介绍化工过程的基本特点、过程技术开发的基本步骤和内容，以及合成氨和苯乙烯生产工艺流程和 Aspen Plus 10.1 的基本操作；第2章介绍化工数据的估算方法与计算机模拟；第3、4章介绍过程单元的物料衡算与能量衡算；第5章介绍过程单元物料衡算与能量衡算的联解；第6章介绍过程单元系统物料衡算与能量衡算。围绕各章节中物料衡算与能量衡算的算例，介绍了 Aspen Plus 10.1 基本单元模块的功能以及基本的操作方法，并将 Aspen Plus 计算结果与各章节中的手工计算或编程计算结果进行对比，用以说明两种计算方式之间的联系和区别。本教材在内容安排上从简单的过程单元到复杂的过程单元系统，从单独的物料衡算或能量衡算到物料衡算与能量衡算的联立求解，从基础的手工计算或编程计算到采用 Aspen Plus 软件计算，不仅体现了化工计算技术的发展过程，也有助于学生对所学知识的理解和掌握。

本教材由赵宗昌主编，于志家主审。第 1 章 1.1～1.3 节、第 3 章 3.1～3.3 和 3.5 节、第 4 章 4.4 节、第 5 章 5.5 节、第 6 章 6.1～6.6 节和 6.7.1～6.7.2 以及第 3～6 章基础部分习题由赵宗昌编写；第 1 章 1.4 节以及该章习题、第 3～5 章的 Aspen Plus 流程模拟习题由何德民编写；第 2 章及其习题由兰忠编写；第 3 章 3.4 节、第 4 章 4.1～4.3 节、第 5 章 5.1～5.4 节由李香琴编写，第 6 章 6.7.3 节以及该章 Aspen Plus 流程模拟习题由刘琳琳编写。博士研究生李天宇、张帅帅，硕士研究生高庆林、王少靖参与了部分章节的录排和绘图工作。全书由赵宗昌整理并定稿。

本教材得到了大连理工大学教材基金的资助，在此表示衷心的感谢!

由于作者水平有限，书中不妥之处在所难免，恳请读者批评指正。

编者

2019 年 8 月

目录

第1章 绪论

化工计算主要是应用质量守恒和能量守恒原理来分析和计算化工工艺过程中的物料衡算和能量衡算问题，即根据给定的工艺条件和过程特征，确定工艺过程中的某一过程单元或过程单元系统中的各种原料消耗量、产品和副产品产量之间的数量关系，以及各种形式的能量（热量、机械功）的消耗量。很显然，物料衡算和能量衡算是化工工艺设计以及设备设计的基本内容，也是现有工艺过程扩容改造、节能减排、生产成本核算的基础。

进行化工过程的物料与能量衡算时，熟悉有关化工过程的一些术语和基础知识是必要的。例如，对于合成氨生产过程进行物料衡算和能量衡算时，必须要熟悉合成氨生产的基本原理、生产方法和工艺流程（包括造气工艺、合成工艺、分离纯化工艺等）。按照工艺流程中各个单元之间的物料流和能量流之间的联系，根据每一单元操作特性（如热力学相平衡和反应平衡）和操作条件，由已知的输入物流参数（流量、组成、温度、压力、相态）和能流参数（温度、压力、焓值等）确定各个未知物流和能流的流股参数。

本章首先简要介绍化工过程的构成以及化工过程技术开发等基本概念，接下来介绍合成氨生产与苯乙烯生产的经典工艺过程，使学生在开始学习化工计算前，对化工生产过程有一概要的了解。最后介绍工艺流程计算软件 Aspen Plus 的基本操作过程。

1.1 化工过程的基本特点与构成

1.1.1 化工过程的基本特点

化学工业是国民经济重要的产业之一。化学工业为人类提供了种类繁多的化学产品，这些产品被广泛应用于人类的日常生活、工农业生产、国防建设、科学研究等诸多领域。

化工过程是指通过化学方法或化学-物理方法将天然原材料或化工原料加工成具有新的属性和经济附加值的化学产品的生产过程。例如，人们利用空气、水和一些燃料（煤，天然气等），通过化学合成的方法，制备出重要的含氮化学肥料合成氨，再通过进一步化学加工可以得到硝酸和硝酸铵。合成氨生产中的副产物二氧化碳还可作为生产尿素的原材料，生产中释放的大量反应热还可用于发电。对石油进行炼制和化学加工，可以得到各种燃料（汽油、煤油、柴油、燃料油等）和化工原料。

化学产品种类繁多，其加工过程也多种多样。一般来讲，一个化学品的生产过程基本上都会包含原料预处理、化学反应和产品后处理（纯化和分离）三个基本环节，如图 1-1 所示。

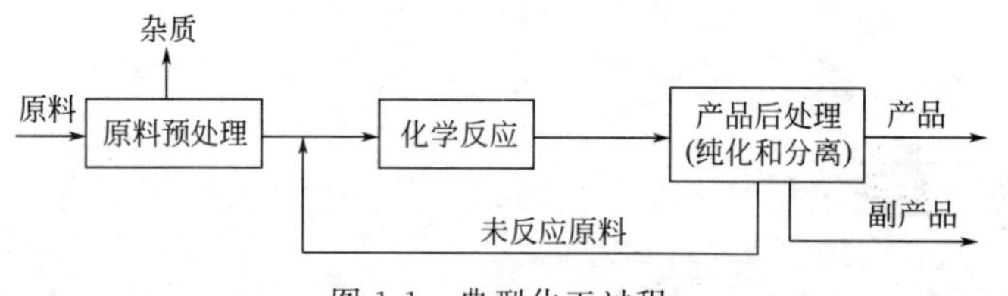

图 1-1 典型化工过程

原料预处理是化学反应的前期准备工序，主要包括反应所需各种原料的制备和净化、原料的升（降）温、加（减）压和改变相态，以达到化学反应所要求的条件。对于矿物原料，预处理还包括选矿、配矿、粉碎、筛分和干燥等加工过程。

化学反应是化工过程的核心环节，是原材料转化为化学产品的关键步骤。为了使化学反应能在稳定的温度、压力和产率下进行，反应器（炉）内除了填装一定数量的催化剂外，还应具备良好的反应介质流动、传热和传质条件，以保证化学反应能够顺利进行。

产品后处理主要是将反应产物进行分离和纯化，将主产物、副产物和未反应的原料进行分离。未反应的原料通过循环回路送回反应器，或与新鲜的原料混合后进入反应器，并再次进行反应。后处理主要包括精馏、吸收、蒸发、结晶和干燥等分离操作以及冷凝、冷却等单元操作。对于固体产品还涉及造粒、干燥和包装等工序。

实际上，在产品的预处理或后处理过程中也会包含化学反应过程，如天然气水蒸气转化法制备合成氨的工艺过程中，首先需要通过加氢反应和氧化锌脱硫反应去除天然气中的硫，再经过转化反应、变换反应、脱水脱碳处理和甲烷化反应制备出合成气，用于合成氨反应。因此，化工产品的生产过程是由许多物理单元过程和反应过程所构成。

物理单元过程不改变物料的化学性质，只改变其物理性质，如流体输送、过滤、传热、蒸发、冷凝、蒸馏、吸收、吸附、萃取、结晶和干燥等。

化学反应过程改变了原料的分子结构和化学性质，是化工过程的核心环节。一种化学反应能否在工业上付诸实施，取决于多种因素，如反应条件（温度、压力）是否苛刻、产物的收率和选择性的高低、反应速率、催化剂的活性、使用寿命和成本等。

大多数化学反应离不开催化剂的作用。催化剂改变了反应物生成产物的途径，降低了反应的活化能，加快主反应的反应速率，抑制副反应的发生。

1.1.2 过程单元与过程单元系统

化工过程单元可以是一个或几个化工单元操作组成的系统，物料通过其中完成某种物理变化或化学变化，或同时完成这两种变化。图 1-2 为典型的过程单元——管式反应器。内部装有固体催化剂，适用于放热的气相反应。进料气体进入反应器的管程向上流动，被管外催化剂床层加热到反应温度，从顶部开始与催化剂接触，进行反应。反应放出的热量被进料气体带走以维持温度恒定。气体产物通过催化剂床层最后流出反应器。反应气体在管式反应器内完成了流体流动、传热、传质以及化学反应等多种单元操作。

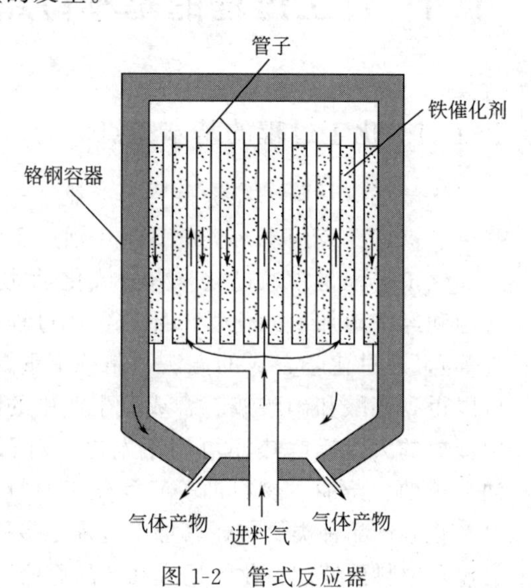

图 1-2 管式反应器

另一种典型的过程单元是精馏塔，如图 1-3

所示。其作用是将进料液分离成轻组分含量较多的塔顶产品和重组分含量较多的塔底产品。在精馏塔中，来自下一块塔板上的温度稍高一点的蒸汽与来自上一块塔板上的温度稍低一点的液体，在这块塔板上进行混合，蒸汽中的一部分重组分从气相中凝结下来进入到液相中，而液相中的一部分轻组分则汽化进入到气相中，即在这块塔板上完成了一次动量、热量与质量传递等。塔釜再沸器和塔顶冷凝器则进行液体混合物的沸腾汽化和蒸汽凝结过程，同样也涉及动量、热量与质量传递等。

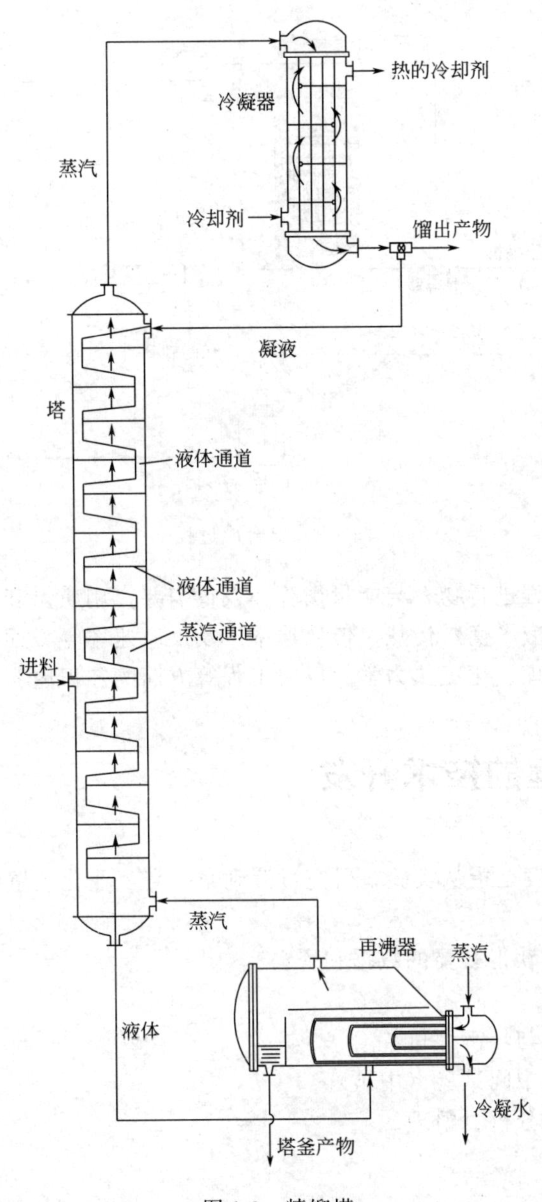

图 1-3　精馏塔

若干个作用不同的过程单元组合起来，构成过程单元系统。一般来说，由化工原料到所需要的产品很难通过一、两个设备或过程单元来完成。过程单元系统可以是某一工段、某一车间，也可以是某一工厂。

以合成氨为例

$$N_2+3H_2\xrightarrow[30MPa,400℃]{\text{Fe 催化剂}}2NH_3$$

由氮、氢组成的合成气经压缩进入到管式反应器，在 Fe 催化剂作用下发生化学反应，产品物流经过换热器冷却使氨液化，通过两级闪蒸分离得到液氨。未反应的氮气和氢气返回到反应器。为防止系统中的杂质累积，高压循环物流部分排放。整个过程是由 9 个过程单元所组成的过程单元系统，如图 1-4 所示。

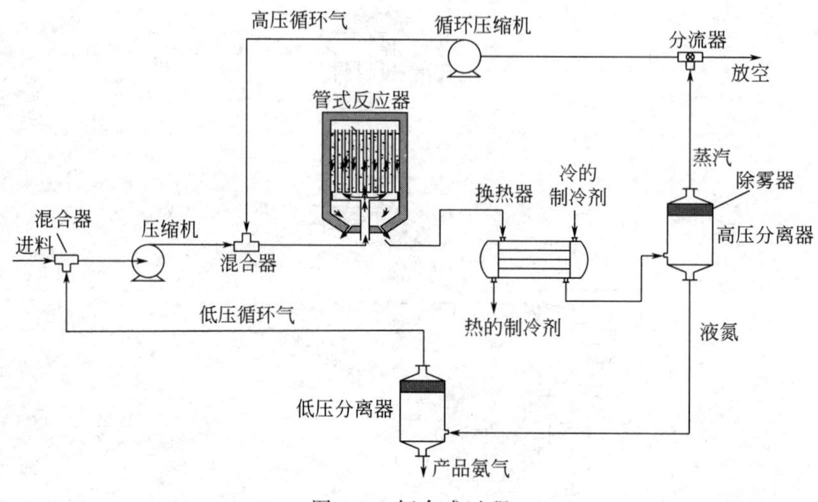

图 1-4 氨合成过程

所以对一个化工过程进行物料与能量衡算不仅仅需要应用质量守恒与能量守恒定律，还要涉及相平衡，化学反应平衡，传热、传质速率以及反应速率等方面的知识。因此，本门课程的学习将涉及化工原理、化工热力学、反应工程等方面的知识内容。

1.2 化工过程的技术开发

化工过程的技术开发是指从实验室研究过渡到第一套工业化装置的全过程，技术开发包括如下环节：

① 从实验室研究中获得必要的数据和资料。

② 提出初始方案。

③ 对方案进行技术与经济评价。

④ 进行模型试验或中间试验（中试）。

⑤ 对中试结果进行分析、整理。

⑥ 进行初步设计。

1.2.1 化工技术经济

设计一个新的化工过程通常要达到盈利的目的。如果有几个过程设计方案，而这些方案又都符合环境保护及其他法律法规，则应选择使得在该过程预期寿命内获得净利最大的过程。净利（P）可由下式算出

$$P=(S-C)-(S-C-dI)t-\varepsilon I \tag{1-1}$$

式中 P——净利，元/年；

S——销售额，元/年；

C——成本（原材料、冷却水、蒸汽、电、人工费等），元/年；

I——设备投资，元；

d——年折旧减税率，若 n 为过程预期寿命，则 $d=1/n$，年$^{-1}$；

t——所得税率；

ε——设备折旧率，若 n 为过程预期寿命，则 $\varepsilon=1/n$，年$^{-1}$。

净利是评价某一化工过程优劣的重要经济指标。

1.2.2 化工过程技术开发案例——氯乙烯生产过程的开发

氯乙烯（$CH_2=CHCl$）是1835年由法国化学家Regnault在实验室中发现的，是重要的塑料——聚氯乙烯的中间体。1917年德国化学家Klatte Rollett发明了第一个氯乙烯聚合的实用方法。

1.2.2.1 从实验室的研究结果获得制取氯乙烯的方法

① 乙烯直接氯化

$$C_2H_4+Cl_2 \longrightarrow C_2H_3Cl+HCl \tag{1-2}$$

反应在几百摄氏度下自动进行，副产物多，氯乙烯收率低。

② 乙炔与氯化氢的加成反应

$$C_2H_2+HCl \xrightarrow[150℃]{HgCl_2} C_2H_3Cl \tag{1-3}$$

此反应的转化率高，在催化条件下可达到98%。

③ 乙烯氯化制二氯乙烷，再进行热裂解。

乙烯氯化 $$C_2H_4+Cl_2 \xrightarrow[90℃]{FeCl_3} C_2H_4Cl_2 \tag{1-4}$$

$C_2H_4Cl_2$ 热裂解 $$C_2H_4Cl_2 \xrightarrow{500℃} C_2H_3Cl+HCl \tag{1-5}$$

总反应式 $$C_2H_4+Cl_2 \longrightarrow C_2H_3Cl+HCl$$

反应（1-4）为放热反应，转化率达到98%；反应（1-5）为吸热反应，在500℃下自动进行，转化率可达到65%，生成氯乙烯的选择性较好。

④ 从乙烯氧氯化制取二氯乙烷，再进行热裂解。

乙烯氧氯化 $$C_2H_4+2HCl+\frac{1}{2}O_2 \xrightarrow[250℃]{CuCl_2} C_2H_4Cl_2+H_2O \tag{1-6}$$

$C_2H_4Cl_2$ 热裂解 $$C_2H_4Cl_2 \xrightarrow{500℃} C_2H_3Cl+HCl$$

总反应式 $$C_2H_4+HCl+\frac{1}{2}O_2 \longrightarrow C_2H_3Cl+H_2O \tag{1-7}$$

反应（1-6）为强放热反应，$C_2H_3Cl_2$ 的收率可达95%。

⑤ 方案③和方案④的结合

对照方案③与方案④可以发现，氯化氢在方案③中是副产物，而在方案④中是原料，两方案结合可形成一条新的路线

$$C_2H_4+Cl_2 \longrightarrow C_2H_4Cl_2$$

$$2C_2H_4Cl_2 \longrightarrow 2C_2H_3Cl+2HCl$$

$$C_2H_4+2HCl+\frac{1}{2}O_2 \longrightarrow C_2H_4Cl_2+H_2O$$

总反应式 $$2C_2H_4+Cl_2+\frac{1}{2}O_2 \longrightarrow 2C_2H_3Cl+H_2O \tag{1-8}$$

此方案的一个特点是不含有氯气副产品。

1.2.2.2 技术评价及经济评价

技术评价是指反应所要求的条件在技术上的可行性，对比以上 5 种方案，除了方案①反应收率较低外，其他方案均有较高的转化率和收率。反应条件也不难实现。经济评价主要考虑产品的利润高低。当缺乏详细的经济评价数据时，可按照毛利做出粗略的估算。原料及产品的单价如表 1-1 所示。

表 1-1 原料及产品单价

原料或产品	C_2H_4	C_2H_2	Cl_2	HCl	H_2O	O_2	C_2H_3Cl
单价/(美分/kg)	9	20	7	9	0	0	13

在不考虑实际转化率情况下，计算各个方案的毛利。以方案①为例：

反应式	C_2H_4 +	Cl_2 ⟶	C_2H_3Cl +	HCl
相对分子质量	28.05	70.91	62.50	36.46
物质的量/kmol	1	1	1	1
质量/kg	28.05	70.91	62.50	36.46
质量比/(kg/kg 氯乙烯)	0.449	1.134	1.000	0.583
价格/(美分/kg)	9	7	13	9

1kg 氯乙烯的毛利为

$$13\times1+9\times0.583-9\times0.449-7\times1.134=6.268(\text{美分})$$

类似地，可得到其余方案毛利如表 1-2 所示。

表 1-2 氯乙烯产品毛利

方案	1	2	3	4	5
毛利/(美分/kg 产品)	6.268	−0.587	6.268	3.710	4.990

对比 5 个方案，方案①和③最好，结合技术评价选用方案③，按照方案③进行工艺设计。

1.2.2.3 流程设计

(1) 确定核心设备

方案③包含两个反应，一是乙烯的氯化，二是二氯乙烷的热裂解。这样，氯化器和裂解炉构成工艺流程的核心设备，如图 1-5 所示。

从裂解炉出来的物流中含有主产品氯乙烯、副产品氯化氢和部分没有裂解的二氯乙烷，需要返回裂解炉进一步反应。

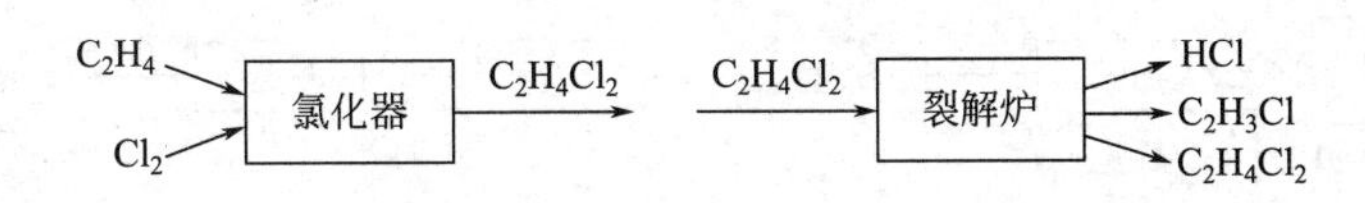

图 1-5 乙烯氯化与二氯乙烷热裂解

(2) 物流组合

将未反应的二氯乙烷返回到裂解炉，构成了氯化反应和热裂解反应初步流程如图 1-6 所示。

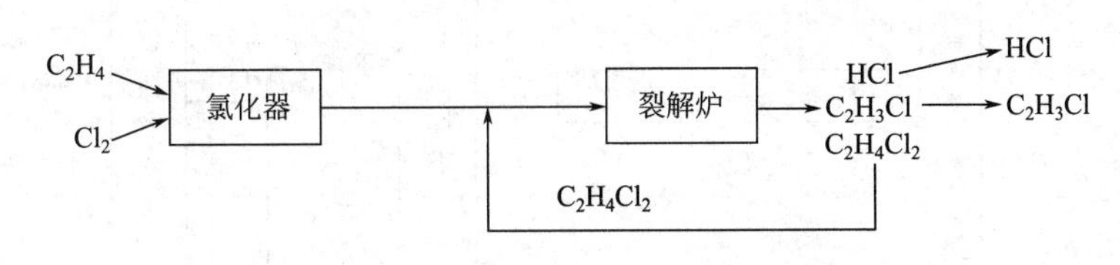

图 1-6 初步流程

(3) 产物的分离

由裂解炉出来的物流包含氯化氢、氯乙烯以及二氯乙烷，需要将其进行分离，由于三个组分沸点差大，采用精馏方法是合适的。氯化氢为最易挥发组分，且腐蚀性强，由 1# 精馏塔塔顶脱除，氯乙烯从 2# 精馏塔塔顶采出，未反应的二氯乙烷从 2# 精馏塔塔底采出并返回到裂解炉。考虑了分离过程的系统流程如图 1-7 所示。

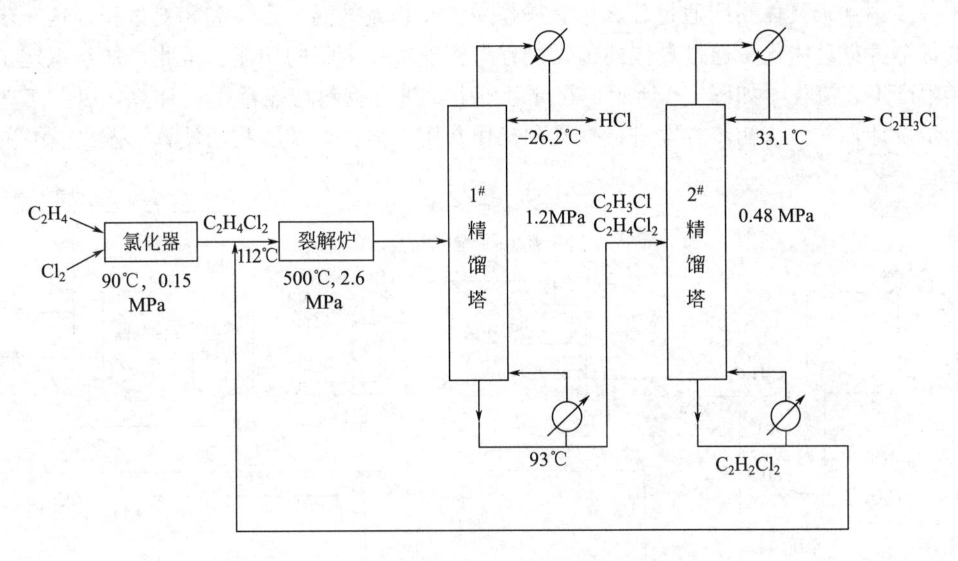

图 1-7 产物分离流程

(4) 操作参数的实现

氯化反应在 90℃ 和 0.15MPa 下进行，将乙烯和氯气送入氯化器内，放热反应，温度升高，采用带冷凝器的直接氯化反应器维持反应温度；裂解反应为气相反应，温度 500℃，压力 2.6MPa，氯化后需要升压、升温、汽化和升温才能达到裂解反应条件。裂解后产物须经冷却、液化、降压才能满足 1# 精馏塔的操作条件。生产流程简图如图 1-8 所示。

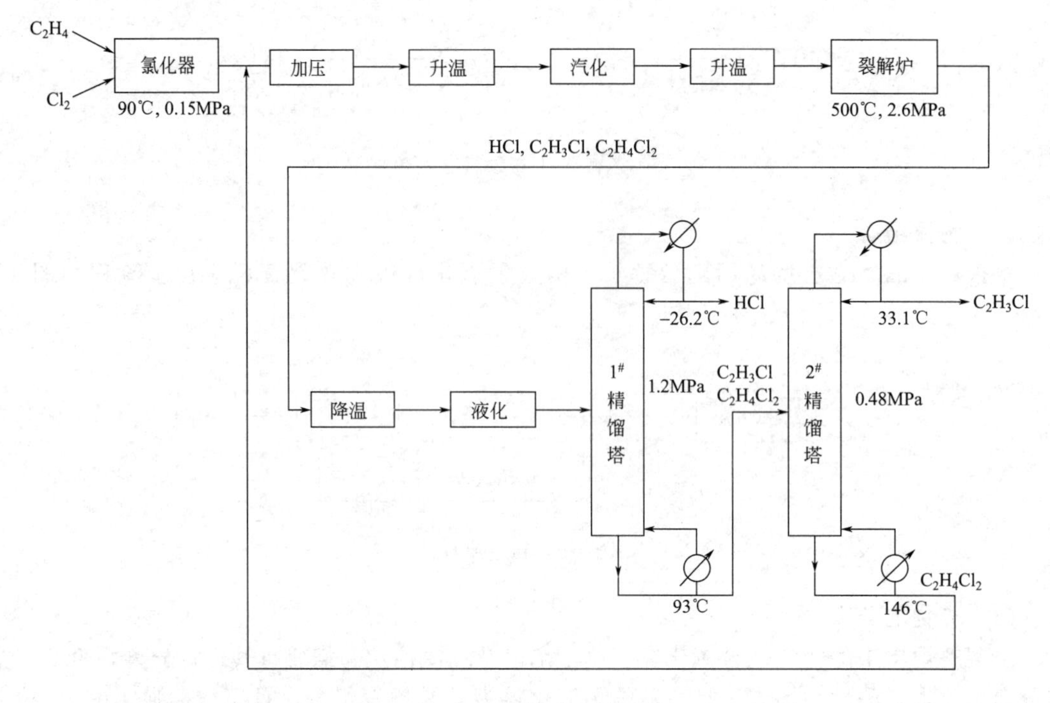

图 1-8 生产流程简图

(5) 过程单元组合

上一步中并未具体指明通过什么单元操作来实现物流升温、升压和相变过程，这一步将流程中的每个过程具体化，通过具体的单元过程来实现每一步骤的功能。至此，初步拟定了一种氯乙烯生产工艺流程，如图 1-9 所示。在此基础上，进行物料与能量平衡计算，以及工艺和设备的初步设计，并对该初步方案进行投资和操作费用的估算以及净利润计算，做出最终决策。

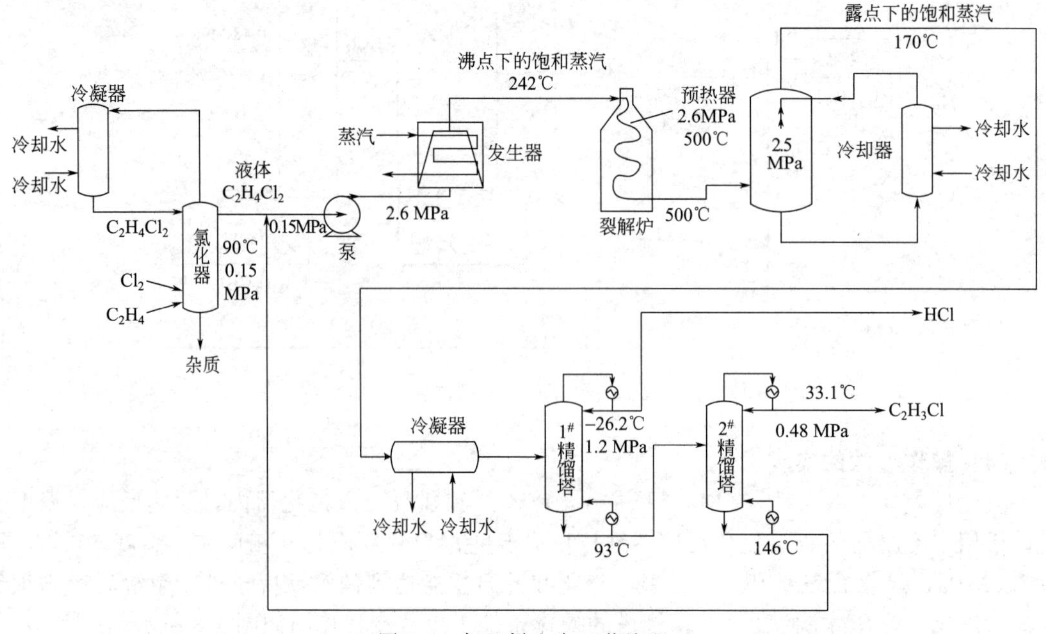

图 1-9 氯乙烯生产工艺流程

1.3 化工工艺过程简介

本节主要通过合成氨生产工艺过程与苯乙烯生产工艺过程的介绍，使学生们能够在学习化工计算前对化工工艺过程有一个基本的了解，进而为后续章节中有关合成氨生产工艺以及苯乙烯生产工艺中的物料与能量衡算打下基础。

1.3.1 合成氨生产工艺简介

1.3.1.1 合成氨生产概述

氨是生产硫酸铵、硝酸铵、氯化铵、碳酸氢铵以及尿素等化学肥料的重要化工原料。也是生产硝酸、炸药、医药、有机合成塑料、合成纤维、合成橡胶等含氮化合物的基本原料。

空气中含有78%（体积分数）的氮气，但这种游离态的氮不能被植物直接吸收，必须将其转化成化合态的氮才能被植物吸收。将空气中的游离氮转化成化合态的氮的过程被称为固定氮。氮气与氢气直接合成生成氨的方法——合成氨方法自1913年工业化以来，由于其优越的经济性已经成为固定氮的主要方法。

1901年吕·查得利（Pristly）提出氨的合成需要在高温、高压并采用催化剂的条件下才能进行。1909～1911年间，哈伯（Frite Haber）和米塔希（Mittasch）分别对锇系和铁系催化剂进行了研究。1913年德国化学工程专家波施（Bosch）在哈伯实验数据基础上，采用高温、高压和铁催化剂工艺，在德国奥堡（Oppau）实现了日产30t合成氨工业化生产，这就是著名的Haber-Bosch方法。在此之后几十年时间里，随着合成氨需求量的增长，以及石油工业的迅速发展，合成氨生产的原料、生产技术和装备都发生了巨大变化，出现了以天然气和石脑油替代煤为原料的生产工艺，促进了原料气的制备与气体净化技术的发展。20世纪60年代大型离心式压缩机的出现以及大型装备制造技术的发展，促进了合成氨装置的大型化，出现了年产30万吨合成氨的大型生产装置。使得合成氨的生产成本大幅下降，并促进了氨在肥料工业和其他化工行业中的广泛应用。

20世纪70年代，我国开始引进国外先进的大型合成氨生产技术和装备，建立了几十套年产30万吨的大型合成氨厂，形成了以天然气、石脑油、重油和煤为原料的生产合成氨的工业体系。由于原料的不同，合成氨的生产过程存在一些差异，但均包含以下三个基本过程：

① 原料气的制备　制备含有氮气和氢气的原料气，这一过程也称为造气。

② 原料气的净化　在制备合成氨所用原料气过程中，原料中以及所制备的合成气中均含有硫化物和碳的氧化物，这些物质会使氨合成催化剂中毒，引起催化剂活性降低。在氨合成前必须将它们脱除。

③ 氨的合成　将净化后的合成气在高温、高压和催化剂作用下反应生成氨。通过降温冷却和冷凝，将反应生成的氨与未反应的H_2、N_2原料气进行分离。未反应的H_2、N_2原料气经循环压缩机升压后送回到氨合成塔。

以天然气为原料的合成氨工艺流程如图1-10所示。

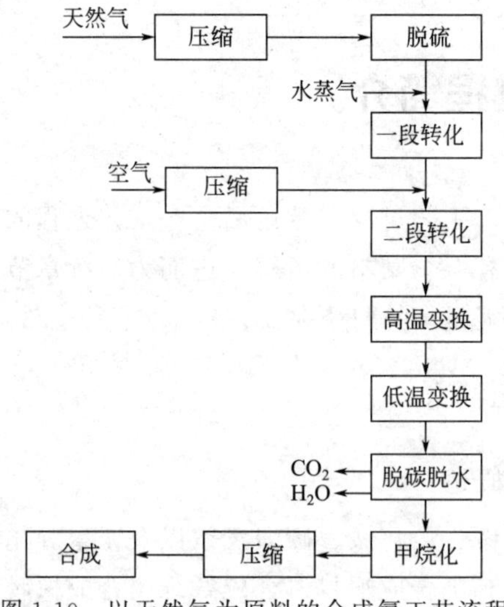

图 1-10 以天然气为原料的合成氨工艺流程

1.3.1.2 原料气的制备

合成氨原料气中的氢气是通过含碳的原料经过水蒸气转化过程获得的。这些含碳的原料如煤、天然气、炼厂气、焦炉气、石脑油、重油等均可看成是具有不同的氢碳比（H_2/C）的烃类化合物。氢碳比是衡量烃类原料与水反应生成氢气的能力。氢碳比从甲烷到烟煤为 2∶1 到 0.4∶1，因此，以甲烷为原料制备合成气，可得到更多的氢气。

天然气及石脑油等轻质烃类是蒸汽转化法中的主要原料。天然气等气态烃中除主要含甲烷外，还有其他烷烃或少量烯烃。烃类经脱硫后，与水蒸气反应制取合成气，工业上一般采用二段转化法。

(1) 一段转化

天然气一段转化是甲烷与水蒸气反应生成 H_2 和 CO 的过程，主要反应如下

$$CH_4+H_2O(g)\longrightarrow CO+3H_2$$
$$CH_4+2H_2O(g)\longrightarrow CO_2+4H_2$$
$$CH_4+CO_2 = 2CO+2H_2$$
$$CH_4+CO_2 = CO+H_2+H_2O+C$$
$$2CH_4 = C_2H_4+2H_2$$
$$CO+H_2O(g)\longrightarrow CO_2+H_2$$

在一定条件下，还可能发生脱碳反应

$$CH_4 = 2H_2+C$$
$$2CO = CO_2+C$$
$$CO+H_2 = H_2O+C$$

在这些反应中，独立的反应只有三个（组分数-构成元素数）。在不考虑炭黑情况下，通常选择下面两个独立反应代表天然气的转化反应。

$$CH_4+H_2O(g)\longrightarrow CO+3H_2 \qquad \Delta H_{298}^{\ominus}=206.15\text{kJ/mol } CH_4$$
$$CO+H_2O(g)\longrightarrow CO_2+H_2 \qquad \Delta H_{298}^{\ominus}=-41.19\text{kJ/mol CO}$$

从热力学的角度，甲烷水蒸气转化反应是体积增加的吸热反应，因此高温、低压和高的水碳比有利于氢气的生产。一氧化碳变换反应是等体积放热反应。由于高温下转化反应的速

率仍然很慢，所以需要催化剂来加快反应。镍是催化剂中的活性组分，以 NiO 形式存在，质量分数为 4%～30%。为提高镍催化剂的活性，加入 MgO 作助催化剂，并以 Al_2O_3、CaO、K_2O 等为载体。

一段转化炉的操作温度为 800～900℃，压力为 2.5～3.5MPa，水碳比（H_2O/CH_4）为 3.5。转化气组成（干气，体积分数%）为：CH_4 10，CO 10，CO_2 10，H_2 69，N_2 1。

(2) 二段转化

一段转化炉出口气体中仍有 8%～10%（体积分数）的 CH_4，为了进一步与水蒸气转化反应，同时引入制氨所需要的 N_2，将一段转化炉出来的转化气引入到二段炉内，与通入的空气进行混合和部分燃烧，燃烧温度达到 1200℃，燃烧产生的热量为 CH_4 进一步与水蒸气转化反应提供热量。经二段转化，残余的甲烷体积分数降至 0.2%～0.5%。二段转化的主要反应如下

$$2H_2+O_2 = 2H_2O \qquad \Delta H_{298}^{\ominus}=-241.83\text{kJ/mol } H_2$$

$$2CO+O_2 = 2CO_2 \qquad \Delta H_{298}^{\ominus}=-282.99\text{kJ/mol CO}$$

$$CH_4+H_2O = CO+3H_2 \qquad \Delta H_{298}^{\ominus}=206.15\text{kJ/mol } CH_4$$

二段转化炉加入的空气量需要满足 $(CO+H_2)/N_2=3.1\sim3.2$ 。二段转化炉出口气体温度约为 1000℃，压力为 3.0MPa。二段转化气的组成（干气，体积分数%）为：CH_4 0.33，CO 12.95，CO_2 7.78，H_2 56.4，N_2 22.26，Ar 0.28。

(3) 蒸汽转化流程

下面以天然气为原料制备合成氨原料气的凯洛格（Kellogg）工艺流程为例说明蒸汽转化工艺流程。图 1-11 和图 1-12 为日产 1000t 氨的凯洛格方法一段和二段转化工艺流程。

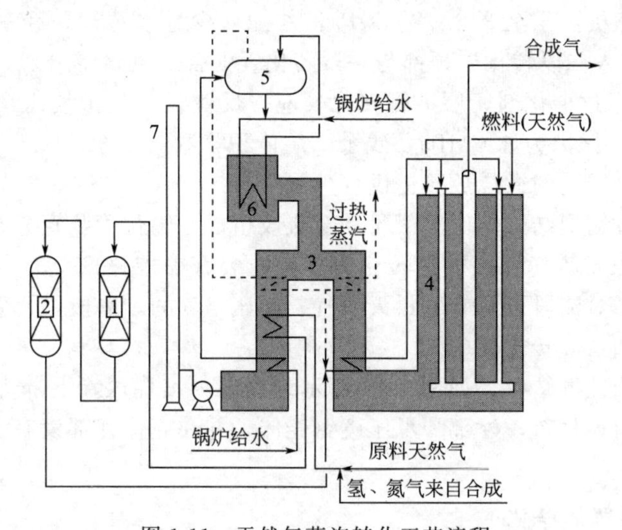

图 1-11 天然气蒸汽转化工艺流程

1—钴钼加氢反应器；2—氧化锌脱硫罐；3—对流预热段；4—转化炉；5—汽包；6—辅助锅炉；7—烟囱

原料天然气与来自合成塔部分合成气混合后进入一段转化炉的对流段，被预热到 380～400℃，进入装有钴钼加氢催化剂的加氢反应器和氧化锌脱硫罐中，脱除硫化氢和有机硫，使硫的质量分数低于 0.5μg/g。脱硫后的天然气在压力 3.6MPa 和 380℃下配入中压蒸汽，达到水碳比约为 3.5 后进入一段转化炉的对流段，被预热到 500～520℃后，进入一段转化炉的辐射段顶部，在此处分配进入装有镍催化剂的转化管中，在管内下行继续被加热并进行转化反应。离开转化管底部时转化气的温度为 800～820℃，压力为 3.0MPa，甲烷体积分数

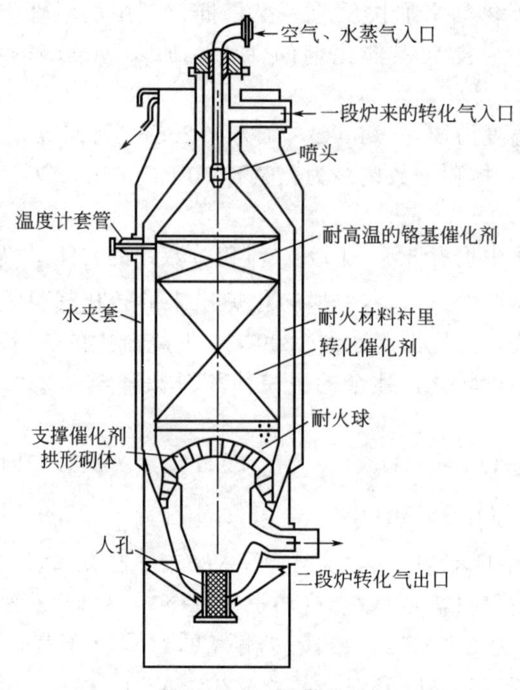

图 1-12 二段转化炉

约为 9.5%。离开各个转化管的转化气在底部汇集到集气管中并沿集气管上升，在上升过程中转化气继续被加热，离开一段转化炉时转化气温度达到 850～860℃，而后进入二段转化炉。工艺空气经压缩机加压至 3.3～3.5MPa，并配入少量水蒸气，经一段转化炉对流段预热到 450℃左右，进入二段转化炉顶部与一段转化气汇合后进行部分燃烧反应，使其温度达到 1200℃左右。再通过催化剂床层进行转化反应，反应吸收热量使得离开二段转化炉转化气温度降到 1000℃，压力为 3.0MPa，残余甲烷体积分数 0.3%左右。二段转化所需热量由通过引入空气与部分转化气燃烧放热提供。

一段转化炉为方箱形结构，由辐射段和对流段组成，转化管竖直分布在辐射段内，管外设有火嘴，通过燃烧天然气直接加热转化管，管内装有镍催化剂。为了回收烟道气高温余热，在一段转化炉的对流段设置有原料天然气、高压空气的预热段，设置废热锅炉产生高压过热蒸汽用于一段和二段转化反应。

二段转化炉为圆柱形结构，如图 1-12 所示。上部为燃烧区，下部为装有催化剂的转化段。炉子内壁衬有耐火材料，外部为承压碳钢壳体，并在壳体外部设有水夹套，用于降低承压壳体壁温。

1.3.1.3 原料气的净化

原料气在进入合成塔合成之前，需要经过净化处理，以去除其中的硫化物、CO 和 CO_2 等有害杂质。净化过程包括脱硫、CO 变换、脱除 CO_2 和少量的 CO。

(1) 脱硫

合成气中的硫化物主要为硫化氢，还含有二硫化碳（CS_2）、硫氧化碳（COS）、硫醇（RSH）、硫醚（RSR′）等有机硫。这些硫化物虽然含量不高，但影响催化剂的活性。硫化氢腐蚀设备和管道，所以在氨合成之前必须去除。

目前，工业上广泛采用的是干法脱硫。主要包括氧化锌脱硫和催化加氢转化法脱硫。

氧化锌法是合成氨厂广泛采用的脱硫方法，除噻吩外，可脱除硫化氢和多种有机硫，能将硫含量降到0.1μg/g，属于精细脱硫方法。脱硫反应如下

$$ZnO+H_2S \xlongequal{} ZnS+H_2O$$

$$ZnO+C_2H_5SH \xlongequal{} ZnS+C_2H_5OH$$

$$ZnO+C_2H_5SH \xlongequal{} ZnS+C_2H_4+H_2O$$

氧化锌脱硫反应接近不可逆，脱硫较完全。氧化锌的硫容量一般为0.15～0.2kg/kg氧化锌，使用过的硫化锌不能再生。工业上脱除硫化氢的温度控制在200℃左右，脱除有机硫的温度则控制在350～400℃。

钴钼加氢转化法是脱除烃类原料中有机硫的十分有效的预处理方法。烃类原料（天然气、石脑油等）通常先进行催化加氢反应，使有机硫转化成硫化氢

$$CS_2+4H_2 \xlongequal{} 2H_2S+CH_4$$

$$COS+H_2 \xlongequal{} H_2S+CO$$

$$RSH+H_2 \xlongequal{} RH+H_2S$$

加氢转化反应后，原料烃中有机硫的含量可降到5μg/g，再通过氧化锌脱硫，可把总硫脱除到0.02μg/g。

钴钼催化剂活性组分是由氧化钴和氧化钼组成，载体为氧化铝，经硫化后才能产生活性。加氢后原料气中含有5%～10%的H_2。

(2) 脱除CO

转化气中CO的体积分数为12%～14%，CO不仅使合成氨所用铁催化剂中毒，而且它也不是合成氨反应所需要的直接原料。所以，工业上通过CO与H_2O的变换反应生成H_2和CO_2。在去除CO的同时，也进一步生产了合成氨所用H_2。变换反应如下

$$CO+H_2O \xlongequal{} CO_2+H_2 \qquad \Delta H_{298}^{\ominus}=-41.19\text{kJ/mol CO}$$

变换反应剩余少量的CO则通过甲烷化反应去除，大量的副产物CO_2通过后面脱碳工艺脱除。

工业上CO去除是通过中温和低温变换两个步骤实现的。中温变换采用Fe_2O_3为主要催化剂，该催化剂价廉易得，寿命长，反应温度范围较宽（350～550℃）。中温变换后，CO的体积分数降为3%左右。低温变换采用高活性，但抗毒性差的CuO为催化剂，操作温度在200～280℃。低温变换后CO的体积分数降为0.3%～0.5%左右。

CO中低温变换流程如图1-13所示。

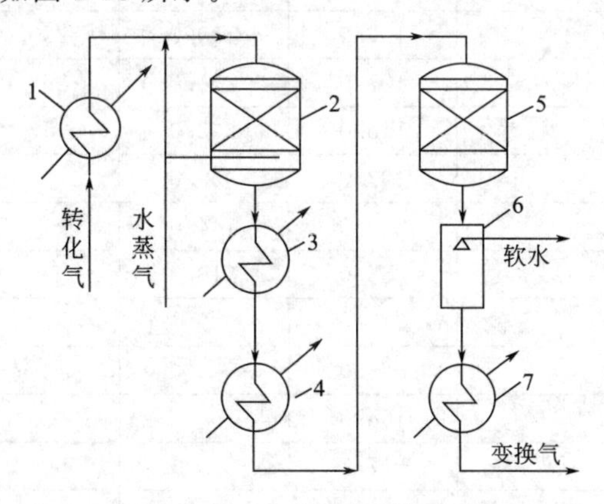

图1-13 CO中低温变换流程

1—废热锅炉；2—中温变换炉；3—中变废热锅炉；4—甲烷化进气预热器；5—低变炉；6—饱和器；7—贫液再沸器

(3) 脱除 CO_2

工业上通常把脱除变换气中的 CO_2 过程称之为脱碳。目前，脱碳可采用物理吸收或化学吸收的方法。物理吸收主要采用水、甲醇或碳酸丙烯酯为吸收剂。而化学吸收则采用氨水、碳酸钾或有机胺等碱性溶液。图 1-14 为低温甲醇洗涤法脱碳工艺流程示意图。

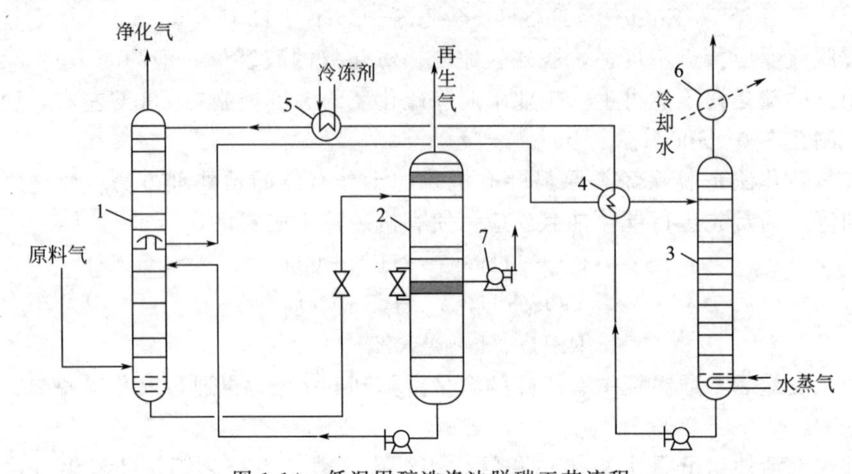

图 1-14　低温甲醇洗涤法脱碳工艺流程

1—吸收塔；2—再生塔；3—蒸馏塔；4—换热器；5—冷却器；6—水冷器；7—真空泵

甲醇对原料气中的二氧化碳、硫化氢、氧硫化碳等极性气体具有良好的吸收性。表 1-3 给出了不同温度和压力下二氧化碳在甲醇中的溶解度，二氧化碳在甲醇中的溶解度随压力增加而增加，随温度降低而增加。特别是当温度低于－36℃时，甲醇对二氧化碳溶解度急剧增加。

表 1-3　不同温度和压力下二氧化碳在甲醇中的溶解度

单位：cm^3（标准状态）CO_2/g 甲醇

温度/℃ \ CO_2 分压/atm	－26	－36	－45	－60
1.0	17.6	23.7	35.9	68.0
2.0	36.2	49.8	72.6	159.0
3.0	55.0	77.4	117.0	321.4
4.0	77.0	113.0	174.0	960.7
5.0	106.0	150.0	250.0	
6.0	127.0	201.0	362.0	
7.0	155.0	262.0	570	
8.2	192.0	355.0		
9.0	223.0	444.0		
10.0	268.0	610.0		
11.5	343.0			
12.0	385.0			
13.0	468.0			
14.0	617.0			
15.0	1142.0			

注：1atm＝101325Pa。

CO_2 吸收塔中由于甲醇吸收了大量的 CO_2，使得甲醇温度升高，从而影响甲醇对 CO_2 的吸收能力。为此通常是降低进入吸收塔甲醇的温度，使得离开吸收塔甲醇洗液温度不至于过高。

这种流程适用于单独脱除 CO_2 或含有少量硫化氢的原料气。约 2.5MPa 的原料气在预冷器中被冷却到－20℃，进入吸收塔 1 下塔的底部（实际上塔 1 是由两个吸收塔串联而成），与从下塔顶部流入的－75℃甲醇溶液逆流接触。原料气中大量的 CO_2 被吸收，吸收热使得离开下塔塔底富含 CO_2 的甲醇溶液温度升高到－20℃，该富液进入二级减压再生塔 2 中进行再生，解析液温度降到－75℃，并经泵升压后再次进入吸收塔 1 下塔的顶部。离开吸收塔 1 下塔顶部的原料气进入该塔的上塔，与上塔顶部几乎是纯净的甲醇逆流接触，进一步降低原料气中的 CO_2 含量。上塔塔底吸收液进入蒸馏塔 3 中进行解析后的甲醇溶液通过冷却器 5 冷却到－60℃后，返回到上塔顶部。

(4) 甲烷化

低温变换后，原料气中 CO 的体积分数为 0.3%～0.5%左右，仍然对合成氨铁催化剂产生毒性。目前，主要是通过甲烷化反应（实际上为甲烷蒸汽转化反应的逆反应）进一步脱除原料气中的微量 CO。

甲烷化反应如下

$$CO+3H_2 = CH_4+H_2O \qquad \Delta H_{298}^{\ominus}=-206.16\text{kJ/molCO}$$

$$CO_2+4H_2 = CH_4+2H_2O \qquad \Delta H_{298}^{\ominus}=-165.08\text{kJ/molCO}_2$$

经过甲烷化后，原料气中 CO 和 CO_2 含量可降到 10μL/L 以下。

1.3.1.4 氨的合成

(1) 氨合成基本原理

氨合成反应是一个可逆、放热和体积缩小的反应。

$$\frac{1}{2}N_2+\frac{3}{2}H_2 \rightleftharpoons NH_3 \qquad \Delta H_{298}^{\ominus}=-46.22\text{kJ/mol NH}_3$$

因此，加压和低温有利于反应平衡向生成氨的方向移动。其反应平衡常数为

$$K_p=\frac{p_{NH_3}}{p_{N_2}^{0.5}\,p_{H_2}^{1.5}}$$

氨合成反应平衡常数与温度和压力关系如表 1-4 所示。在高压下，气体的行为偏离理想气体。需要用逸度代替分压。因此，以逸度形式表达的平衡常数为

$$K_f=\frac{f_{NH_3}}{f_{N_2}^{0.5}\,f_{H_2}^{1.5}}=\frac{p_{NH_3}\varphi_{NH_3}}{(p_{N_2}\varphi_{N_2})^{0.5}(p_{H_2}\varphi_{H_2})^{1.5}}=K_pK_\varphi$$

式中 f_i——组分逸度，MPa；

φ_i——组分逸度系数；

K_f——以逸度表示的反应平衡常数，MPa^{-1}；

$K_\varphi=\dfrac{\varphi_{NH_3}}{\varphi_{N_2}^{0.5}\,\varphi_{H_2}^{1.5}}$——实际平衡常数的校正系数，与体系的温度、压力和组成有关，可由气体状态方程计算；

K_f 为温度函数，与压力无关，按照下式计算

$$\lg K_f=2250.3T^{-1}+0.8534-1.51049\lg T-25.8987\times10^{-5}T+14.8961\times10^{-8}T^2$$

式中 T——热力学温度，K。

表 1-4 不同温度、压力下氨合成反应平衡常数 K_p

温度/℃	K_p/MPa^{-1}					
	0.1MPa	10MPa	15MPa	20MPa	30MPa	40MPa
350	0.2600	0.2980	0.3290	0.3530	0.4240	0.5140
400	0.1250	0.1380	0.1470	0.1580	0.1820	0.2120
450	0.0641	0.0713	0.0749	0.0790	0.0884	0.0996
500	0.0366	0.0399	0.0416	0.0430	0.0475	0.0523
550	0.0213	0.0239	0.0247	0.0256	0.0276	0.0299

目前，对于利用反应余热的大型合成氨厂，合成压力通常在 15～25MPa 范围内，合成温度在 400～500℃之间。

(2) 氨合成工艺

氨合成包括以下几个步骤：H_2、N_2 原料气和循环气的压缩；原料气的预热和合成；反应气体的冷却和液氨的分离；热能回收利用系统以及排放系统等。

目前，大型合成氨厂所采用的流程主要有凯洛格（Kellogg）流程和托普索（Topsøe）流程。凯洛格流程如图 1-15 所示。新鲜合成气在离心压缩机 15 的第一段压缩后，经新鲜气甲烷化气换热器 1，水冷却器 2 和氨冷却器 3 后冷却到 8℃。除去其中的水分后进入压缩机的第二段继续压缩并与循环气在段内混合，压力升到 15.3MPa，温度为 69℃。经水冷却器 5，气体温度降至 38℃。然后气体近似等分成两路，一路经过串联的一级氨冷却器 6 和二级氨冷却器 7，将气体冷却到 1℃。另一路气体与来自高压氨分离器 12 的－23℃闪蒸气体在冷热换热器 9 中进行换热，温度降到－9℃。两路气体汇合后温度为－4℃，经第三级氨冷却器 8，气体进一步冷却到－23℃后进入高压氨分离器 12，分离出的液氨进入低压氨分离器 11。离开高压氨分离器 12 的气体为高压循环气，经冷热换热器 9 和热热换热器 10 后被预热到 141℃并进入氨合成塔。离开氨合成塔的反应气体经过锅炉给水预热器 14 和热热换热器 10 冷却后进入压缩机第二段进行压缩。

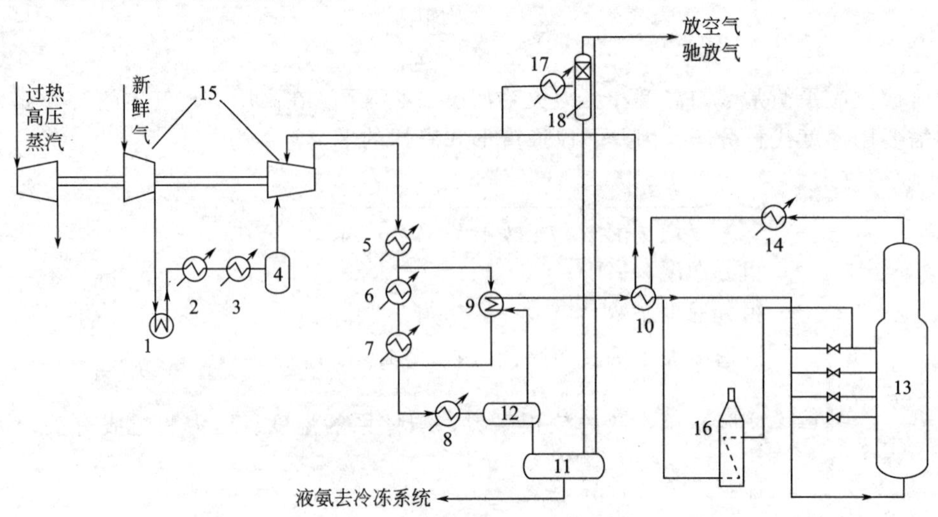

图 1-15 氨合成的凯洛格流程

1—新鲜气甲烷化气换热器；2，5—水冷却器；3，6～8—氨冷却器；4—冷凝液分离器；9—冷热换热器；10—热热换热器；11—低压氨分离器；12—高压氨分离器；13—氨合成塔；14—锅炉给水预热器；15—离心压缩机；16—开工加热锅炉；17—放空气氨冷器；18—放空气分离器

该流程的主要缺点是：离开合成塔的全部反应气体经过冷却和压缩后，再进行液氨分离。所以，压缩机的进气量和功耗较大。

托普索（Topsøe）流程如图1-16所示。新鲜合成气经三段压缩机（段间均有水冷器和分离器，用于分离合成气中的水分）。加压后与来自第一氨冷器6的反应气体混合后进入第二氨冷器7中冷却，温度降到0℃左右进入氨分离器8中分离出液氨。离开氨分离器8的循环气进入冷热换热器5中与反应气体进行换热后进入压缩机的第三段增压后进入氨合成塔1。与凯洛格流程相比，由于反应气先经过冷却、冷凝分离出液氨后，再经过压缩机增压，所以压缩机的进气量和压缩功较小。

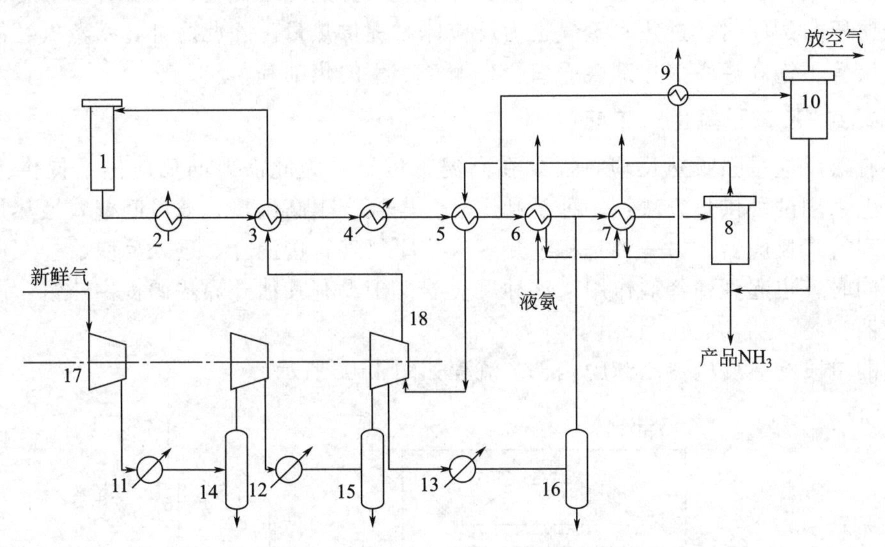

图1-16 氨合成的托普索（Topsøe）流程

1—氨合成塔；2—锅炉给水预热器；3—热热换热器；4，11～13—水冷却器；5—冷热换热器；6—第一氨冷器；7—第二氨冷器；8，10—氨分离器；9—放空气氨冷器；14～16—分离器；17—离心式压缩机；18—压缩机循环段

1.3.2 乙苯脱氢制苯乙烯工艺简介

1.3.2.1 概述

苯乙烯是不饱和芳烃，无色液体，沸点145℃，难溶于水，能溶于甲醇、乙醇、四氯化碳等溶剂中。

苯乙烯是合成高分子材料的一种重要单体，通过自聚可得聚苯乙烯树脂，与其他单体共聚可得到多种有价值的共聚物。如与丁二烯共聚可得丁苯橡胶（Styrene Butadiene Rubber，SBR）和SBS橡胶［苯乙烯-丁二烯-苯乙烯嵌段共聚物，又称为苯乙烯系嵌段共聚物（Styrenic Block Copolymers，SBCs）］。目前，工业上主要采用乙苯催化脱氢的方法生产苯乙烯。

主反应

$$C_6H_5{-}C_2H_5 \rightleftharpoons C_6H_5{-}CH{=}CH_2 + H_2 \qquad \Delta H(900K)=125.14kJ/mol\ C_8H_{10}$$

副反应：主要包括乙苯裂解、加氢裂解、水蒸气转化、聚合和缩合生成焦油等。

$$C_6H_5{-}C_2H_5 \rightleftharpoons C_6H_6 + C_2H_4$$

$$C_6H_5{-}C_2H_5 + H_2 \rightleftharpoons C_6H_5{-}CH_3 + CH_4$$

$$C_6H_5{-}C_2H_5 + H_2 \rightleftharpoons C_6H_6 + C_2H_6$$

$$C_6H_5{-}C_2H_5 + 16H_2O \rightleftharpoons 8CO_2 + 21H_2$$

$$C_6H_5{-}C_2H_5 \rightleftharpoons 8C + 5H_2$$

乙苯脱氢反应为体积增加、吸热的可逆反应。所以从反应平衡的角度来看，提高反应温度，低压或负压有助于提高反应平衡常数和苯乙烯的平衡转化率。高温下采用负压操作存在安全隐患。所以，工业实践中通常采用低压并引进高温过热水蒸气作为稀释剂的方法，在降低反应介质压力的同时，过热水蒸气也为反应体系提供热量。除此之外，水蒸气还能抑制苯乙烯、乙烯等不饱和烃在催化剂表面聚合、缩合产生的焦油和焦炭。

1.3.2.2 乙苯脱氢生产工艺

乙苯脱氢反应是强吸热反应，需要在高温下进行，为此需要向反应体系提供大量的热量。工业上采用两种供热方法：一种是利用燃料燃烧产生高温热，通过间壁式换热加热反应介质，如列管式反应器。另一种是将过热蒸汽与原料气直接混合，进入反应器。在向原料气提供热量同时，也起到稀释剂作用。这种反应器由于没有其他外界热源提供热量，所以是绝热型反应器。

早期的单段绝热反应器乙苯脱氢工艺流程如图 1-17 所示。

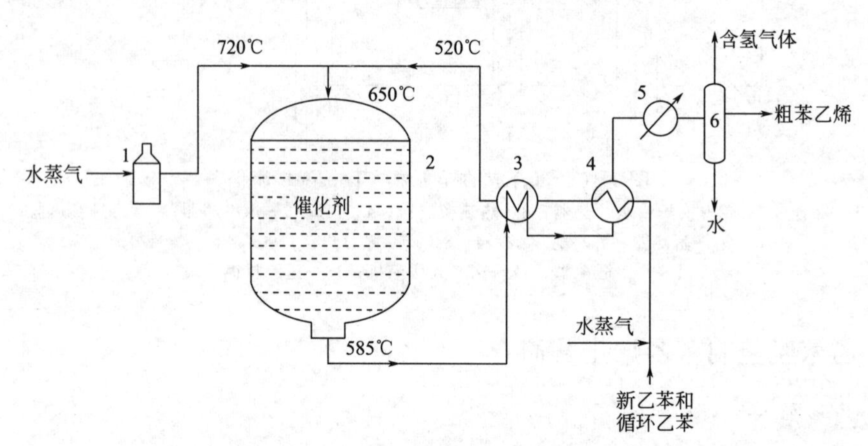

图 1-17 单段绝热反应器乙苯脱氢工艺流程

1—水蒸气过热炉；2—脱氢反应器；3，4—热交换器；5—冷凝器；6—分离器

循环乙苯和新鲜乙苯与占总蒸汽量 10%的过热蒸汽混合后，与高温脱氢产物进行热交换，其温度升高到 520～550℃。再进一步与占总蒸汽量 90%的 720℃过热蒸汽混合，此时 $n_{蒸汽}/n_{乙苯}$ 达到 14 左右，其温度达到 650℃后进入脱氢反应器，脱氢产物离开反应器温度为 585℃，操作压力为 138kPa，与原料气换热后进入冷凝器中冷凝，冷凝液进入储槽分水后，进入储罐。尾气中含氢气 90%左右，可作为工业氢源或燃料气。粗苯乙烯进入由 4 塔组成的精制单元（见图 1-18），分离出未反应的乙苯、主产物苯乙烯和副产物苯、甲苯等。

单段绝热式脱氢反应工艺的乙苯单程转化率为 35%～40%，苯乙烯的选择性为 90%左右。

单段绝热式脱氢反应器结构简单，处理量大，单套装置可实现苯乙烯生产能力 6 万吨/年。由于床层较长又无热量补充，导致反应温度沿床层降低较大（65℃），降低了平衡转化率和收率。

图1-19为三段绝热脱氢反应器的示意图。反应器内催化剂分成三段，段与段间通入过热水蒸气提升进入下一段介质温度，使得反应器内温度分布更加均匀，离开反应器的气体温度升高。有利于乙苯转化率和苯乙烯选择性提高，单程转化率达到65%～70%，选择性92%。

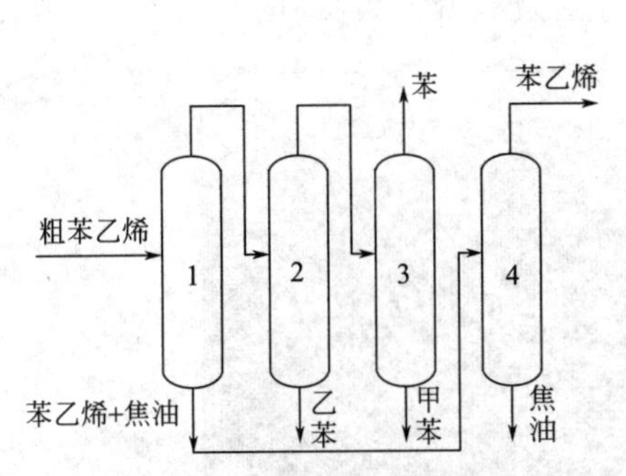

图1-18 粗苯乙烯分离流程
1—粗苯乙烯塔；2—乙苯精馏塔；
3—苯、甲苯精馏塔；4—苯乙烯精馏塔

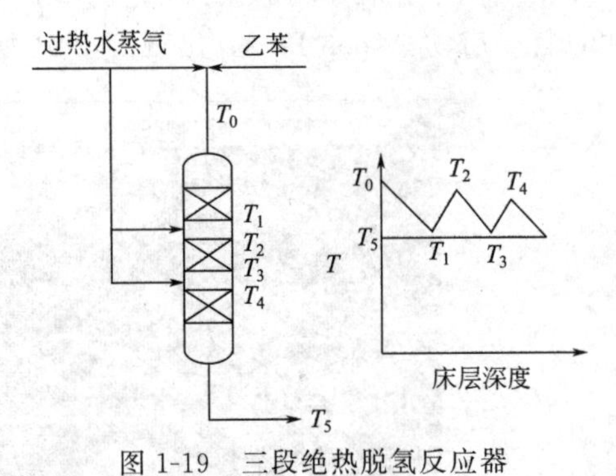

图1-19 三段绝热脱氢反应器

1.4 Aspen Plus流程模拟简介

1.4.1 Aspen Plus简介

Aspen Plus是通用流程模拟系统，其前身源于美国能源部20世纪70年代后期在麻省理工学院（MIT）组织开发流程模拟软件，该项目称为“过程工程的先进系统”（Advanced System for Process Engineering，ASPEN），是AspenTech公司的核心产品。

Aspen Plus是AspenTech过程工程套装软件（AES）的核心产品。到目前为止，已开发了三十几个版本。在Aspen Plus12. x版本以前，软件界面风格等变化不大。从AspenOne概念提出之后到AspenOneV7. 3，产品功能分类日趋合理，从AspenOneV7. 3. 2开始，Aspen Plus改为Ribbon风格，这种元素关联更加适合大屏幕下的操作，所有功能有组织地集中存放，减少了寻找菜单的时间。同时，界面更加集成、科学和简便，工具栏顶端集成了经济分析、动态模拟、EO算法（Equation Oriented Modeling）等，初始界面添加了产品新闻，用户互动也更加简便。当前最新AspenOne版本为AspenOneV10. 1，本书采用AspenOneV10. 1套件中的Aspen Plus10. 1软件进行软件操作介绍（此版本与早期的Aspen Plus 10. 1不是一个软件）。其版本图标如图1-20所示。

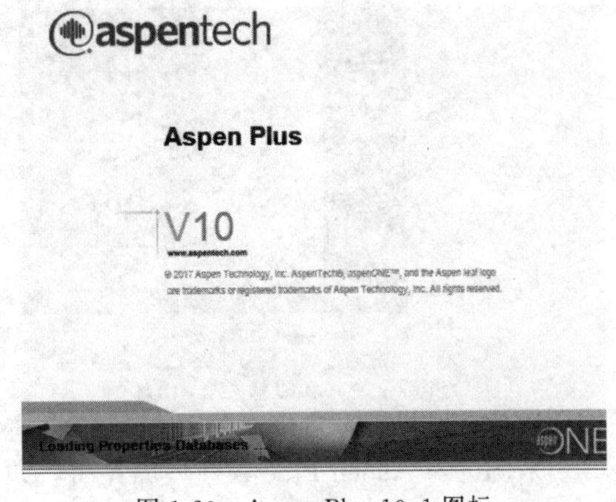

图1-20 Aspen Plus 10. 1图标

1.4.2 图形界面及流程建立

1.4.2.1 环境界面

以某工艺中原料甲醇预热器为例，对 Aspen Plus 图形界面以及流程模拟操作进行简要说明。首先启动 Aspen Plus，出现图 1-21 所示产品注册及观看视频窗口。

图 1-21 Aspen Plus 产品注册及观看视频窗口

关闭此窗口，出现图 1-22 所示打开（Open）和新建（New）窗口，点击 New，出现如图 1-23 所示 Blank and Recent 窗口，选择空白模拟 Blank Simulation。

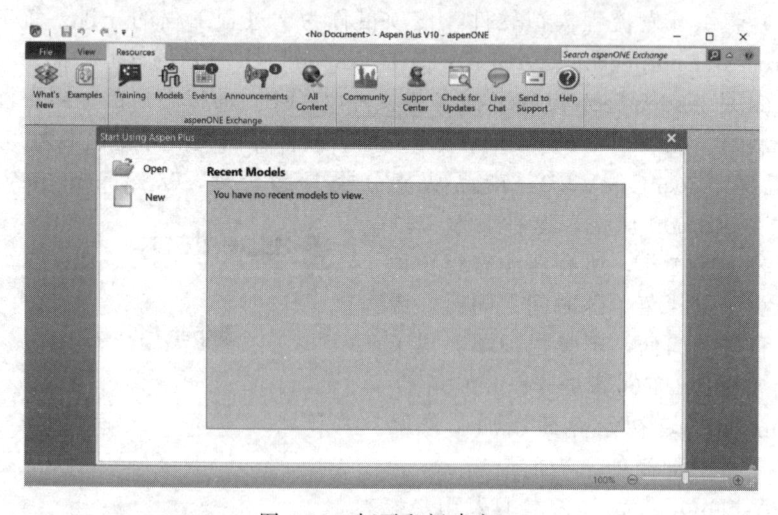

图 1-22 打开和新建窗口

选择空白模拟，点击 Create 按钮创建一个空白的模拟文件。

系统进入 Aspen Plus 物性环境界面，如图 1-24 所示。

Aspen Plus 的物性环境界面包括：快速访问工具条、标题栏、Ribbon Tab 菜单及 Ribbon 组、导航区、工作区、状态条等。

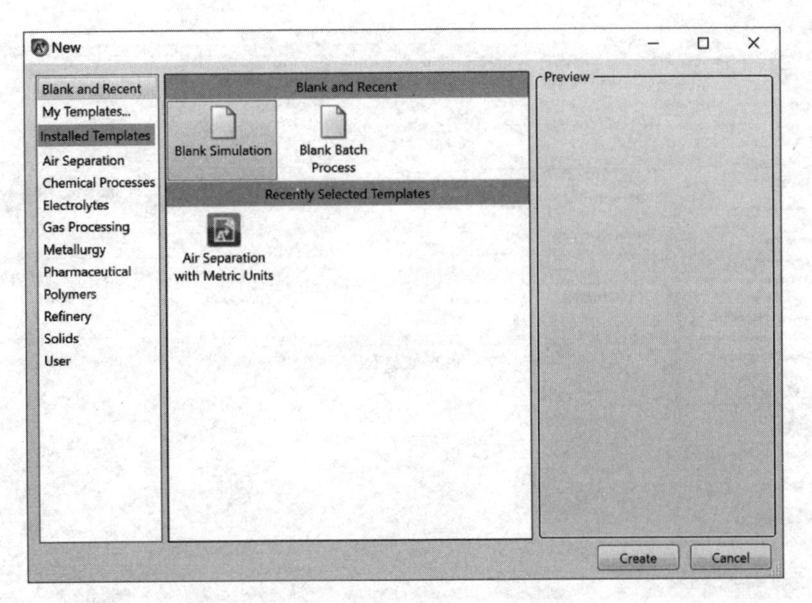

图 1-23　选择 Blank Simulation

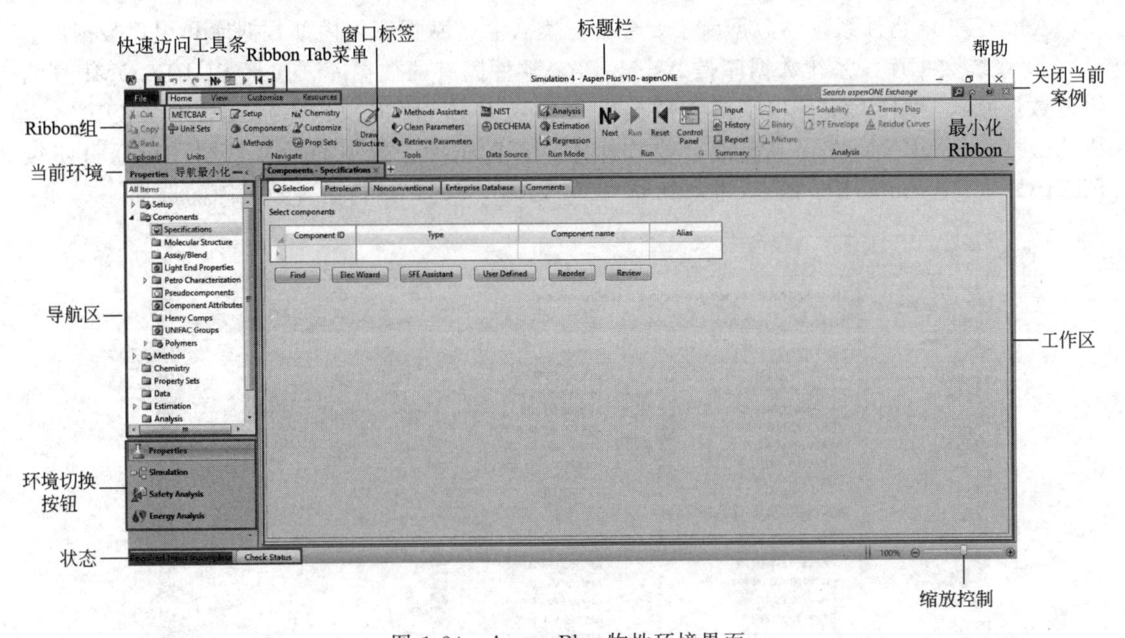

图 1-24　Aspen Plus 物性环境界面

1.4.2.2　输入数据

(1) 输入组分

系统默认自动进入 Components | Specifications | Selection 页面，在 Component ID 中输入“METHANOL”或者“CH4O”输入组分甲醇，如图 1-25 所示。

(2) 选择物性方法

Aspen Plus 流程模拟计算需要各种物性数据，如汽液平衡常数、液液平衡常数、比焓、蒸气压等等。Aspen Plus 提供了多种数据库和计算方法供用户选择。

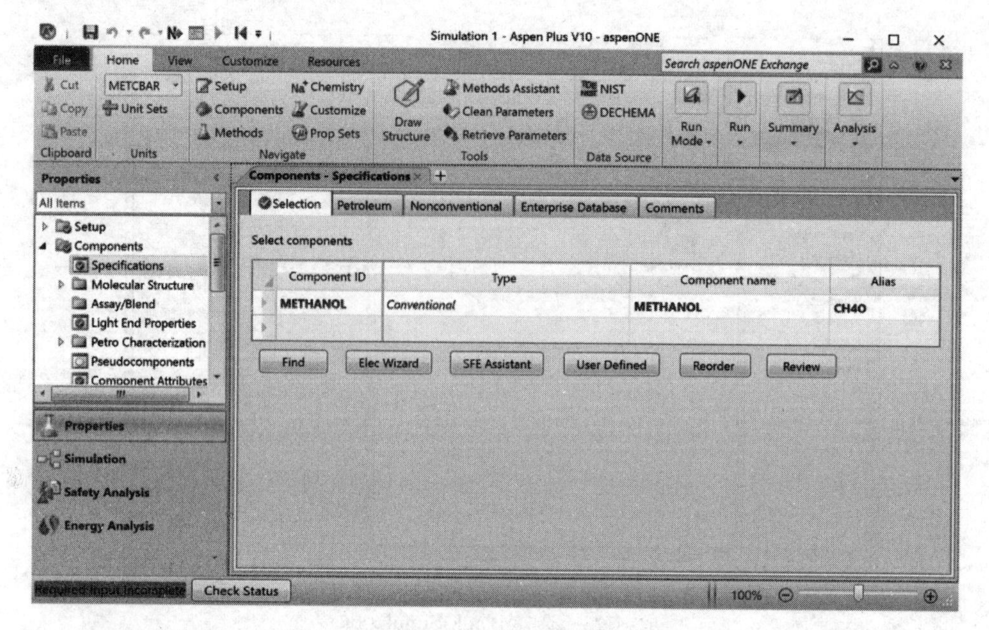

图 1-25　输入组分

Aspen Plus 物性系统的数据库主要分为三类：系统数据库、内部数据库和用户数据库。

① 系统数据库　系统数据库是 Aspen Plus 软件固有的数据库，包括 PURECOMP（纯组分数据库）、AQUEOUS（水溶液数据库）、SOLIDS（固体数据库）、INORGANIC（无机物数据库）、BINARY（二元混合物数据库）等数据库。数据库的搜索顺序可通过路径 File | Option | Properties Basis 进入到如图 1-26 所示页面，进行所需数据库的选择。

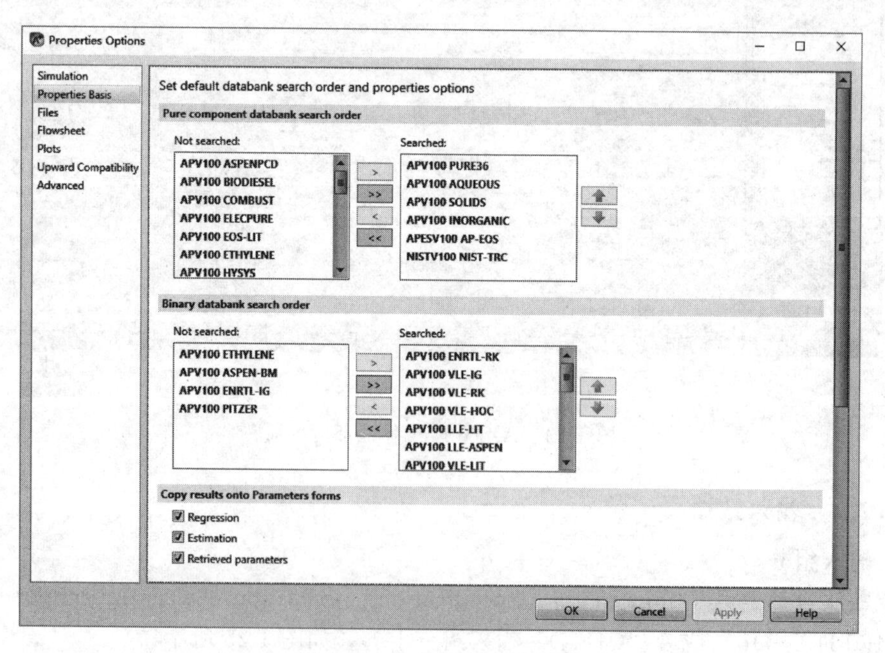

图 1-26　物性数据库的选择

② 内部数据库　内部数据库与 Aspen Plus 的数据库无关，用户自己输入，一般由系统管理员创建并激活后一般用户才可使用。

③ 用户数据库　用户需要自己创建并激活，且数据具有针对性，不是对所有用户开放。

除了上述数据库，Aspen Plus 还支持 OLI 的电解质数据库（需要单独购买授权才可使用）、DECHEMA 数据库（需要有访问权限才可使用）和 NISTTDE 热力学数据。

Aspen Plus 提供了多种热力学模型用于平衡常数计算。主要分为四类：理想模型、状态方程、活度系数、特殊模型。物性模型的选择取决于物系的非理想行为程度和温度、压力等操作条件。Aspen Plus 中提供物性方法助手，也可按图 1-27 选择物性方法。

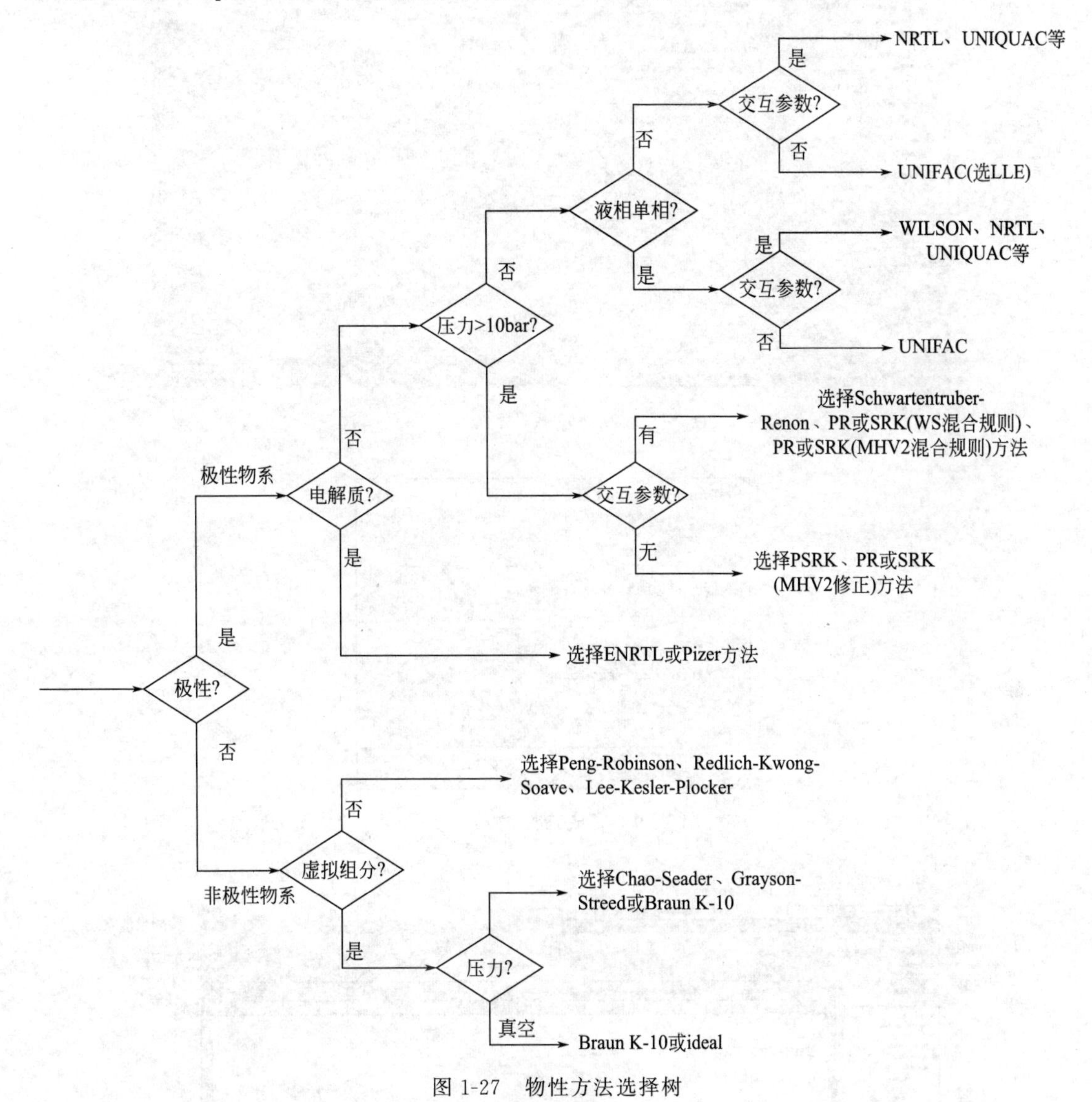

图 1-27　物性方法选择树

点击菜单栏中的 Next 按钮，或者从左侧的导航面板（即数据浏览窗口）进入 Methods | Specifications | Global 页面，在 Property method & options 下面 Base method 选择 NRTL，如图 1-28 所示。

点击 Next，出现如图 1-29 所示的完成物性输入的对话框，选择 Go to Simulation environment 选项，点击 OK，进入流程模拟环境，也可直接点击左侧环境变量 Simulation 按钮完成切换。

流程模拟环境界面如图 1-30 所示。

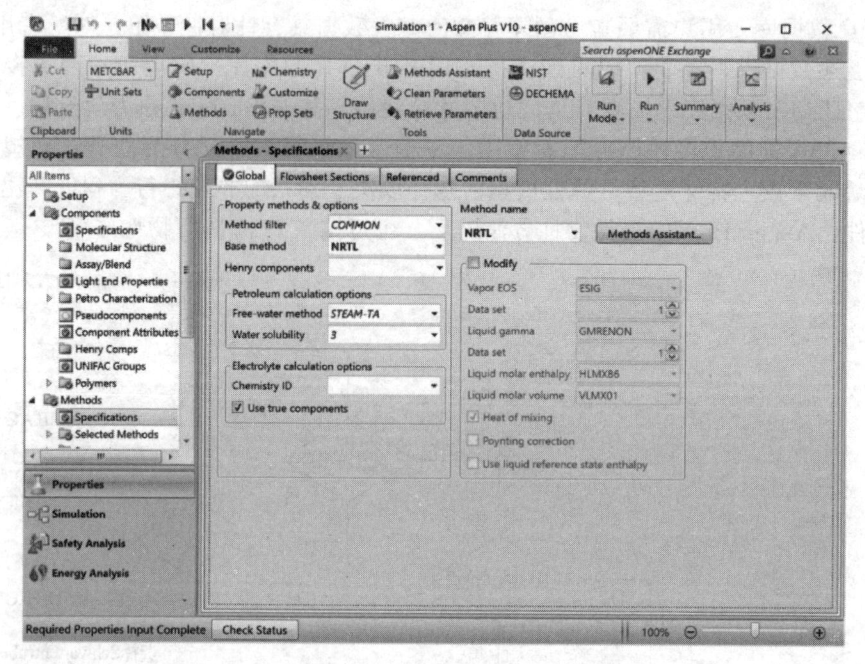

图 1-28　输入物性方法

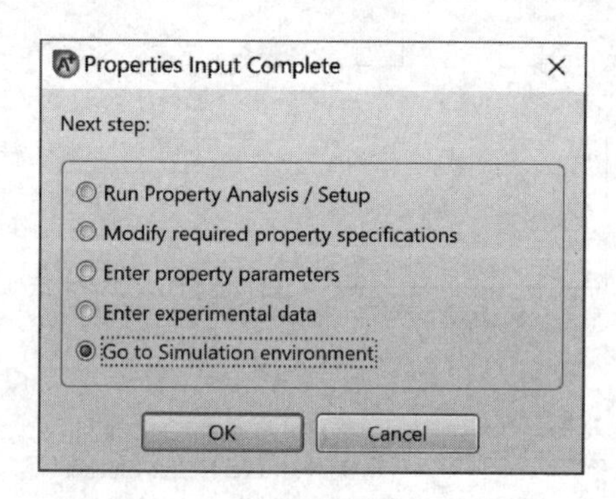

图 1-29　完成物性输入对话框

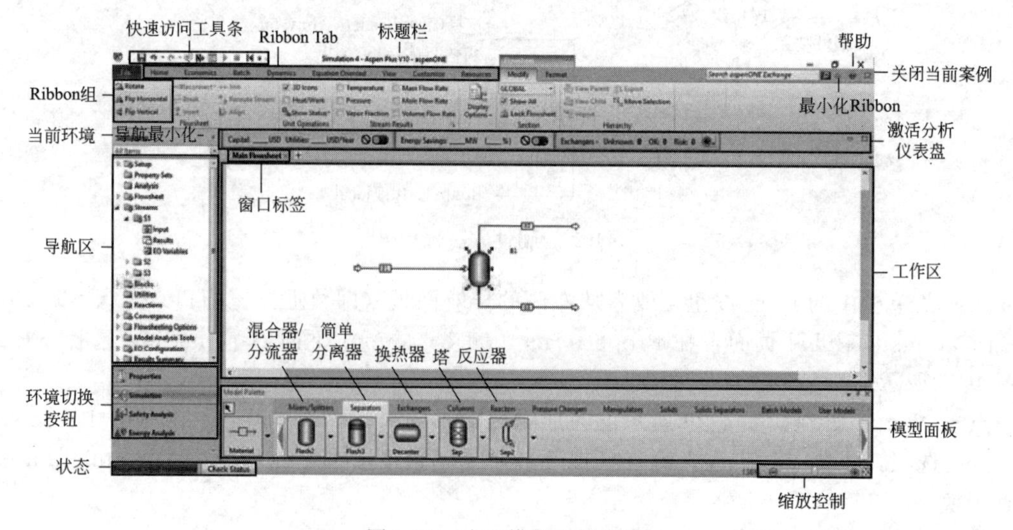

图 1-30　流程模拟环境界面

(3) 建立模拟流程

流程模拟环境界面与物性环境界面类似，包括快速访问工具条、标题栏、Ribbon Tab 菜单及 Ribbon 组、导航区、工作区、模型面板和状态条等。

流程模拟环境主界面工作区的下方为模型选项板（Model Palette），模型面板包括流股、Mixers/Splitters（混合器/分流器）、Separators（分离器）、Exchangers（换热器）、Columns（塔设备）、Reactors（反应器），Pressure changers（压力变换）等模拟对象，进行流程搭建和计算。

在模型面板中点击换热器按钮（Exchangers），出现如图 1-31 所示的四种 Exchangers 图标，点击加热器（Heater）右侧的倒三角，出现如图 1-32 所示的 Heater 的各种图标，从中选择 Heater 图标。

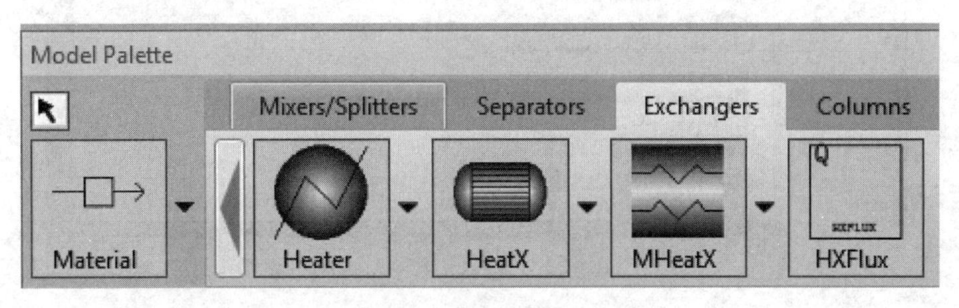

图 1-31 选择换热器模型

也可点击加热器（Heater）图标（ICON）右方，在工作区中央单击鼠标左键放置加热器（HEATER）模块。按照系统默认设置，所输入的加热器的名称为 B1。也可以自行为其选择的模块进行命名。通过右键点击 B1，出现如图 1-33 所示菜单，选择 Rename Block，出现 Rename 对话框，输入 E-100，点击 OK 完成模块重新命名。

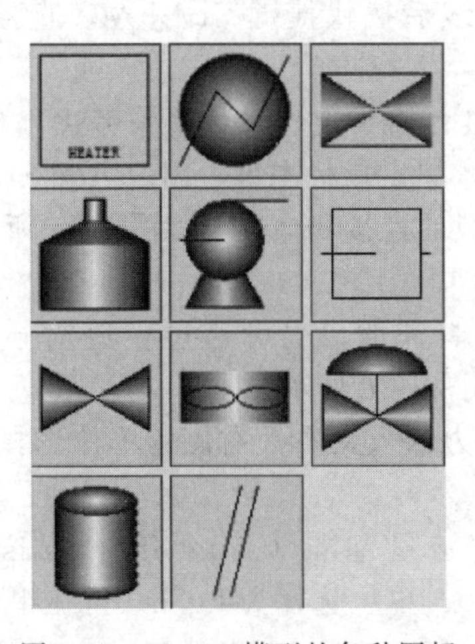

图 1-32 Heater 模型的各种图标

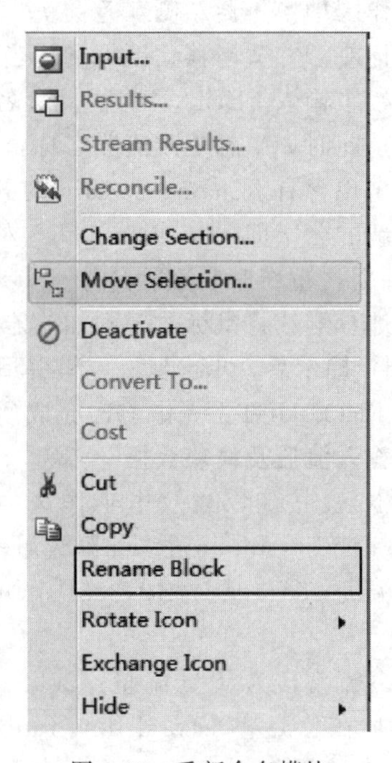

图 1-33 重新命名模块

如果不希望自动生成模块和流股名称，可在 File 菜单的 Option 选项的 Flowsheet 类别项中设置，将第一和第三勾选去掉，点击 OK 完成设置，如图 1-34 所示。此时输入模块和流股时，系统会出现为输入模块或流股输入名字对话框。通过键盘输入 H-100，点击 OK 即可。

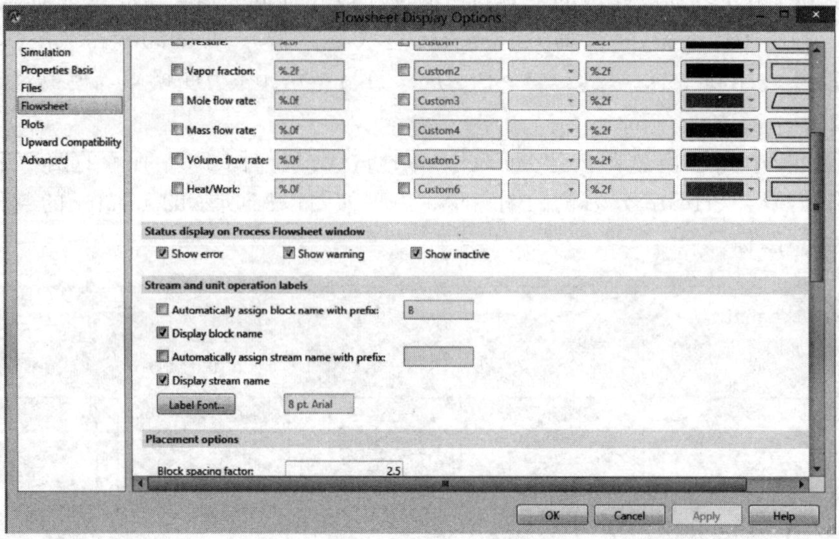

图 1-34 流程展示选项

连续单击鼠标左键可连续放置或选择其他模块继续放置其他模块，完成放置后，在工作区单击鼠标右键或按 Esc，也可点击取消插入模式箭头按钮退出放置模式。

点击选择模型面板中左侧的物料流股（Material）图标，在工作区中以红色显示流股是必须添加的物料流股、蓝色显示的流股为可选择添加物料流股，没有可以不必添加。将鼠标移动到工作区中换热器左侧红色箭头上，出现提示信息 Feed（Required; one or more）。此时单击鼠标左键并适当移动鼠标到适当位置，单击鼠标左键即确定输入流股起始位置，在出现的提示栏中输入 FEED 完成原料命名及流股连接。一般来讲系统自动指定命名时，通常以 S 开头，此时如果想更改流股名称，其方法与模块重新命名的方法类似。单击鼠标右键选择流股，出现含有 Rename Stream 的菜单，点击 Rename Stream 选项，出现 Rename 对话框，输入新的名字即可，或单击鼠标左键选中流股线后按快捷键 Ctrl＋M，直接进入 Rename 对话框，重新命名流股名称。

类似地，继续将鼠标放置到加热器出口流股的红色箭头上，红色箭头旁边出现 Product（Required）提示后，单击鼠标左键并适当移动鼠标，单击鼠标左键，出现 Add Stream 对话框，输入 PRODUCT，点击 OK 完成预热后甲醇流股的连接和命名。如图 1-35 所示。

(4) 输入流股及模块数据

点击 Next 按钮，或双击工作区中的 FEED 物料流股，也可通过在数据导航区选择 Streams｜FEED｜Input 进入物料流股输入界面，如图 1-36 所示。

输入温度 25℃，压力 101325Pa（可通过点击压力输入文本框右侧的单位选择器选择适合单位）。

流量（流率）为质量流量：2000kg/h，须先将流量基准（Total flow basis）更改为 Mass，然后在总流量（Total flow rate）中输入 2000，单位选择为 kg/h。再在组成（Composition）中选择 Mass-Frac（质量分数），在组分（Component）中甲醇对应的数值（Value）中输入 1。

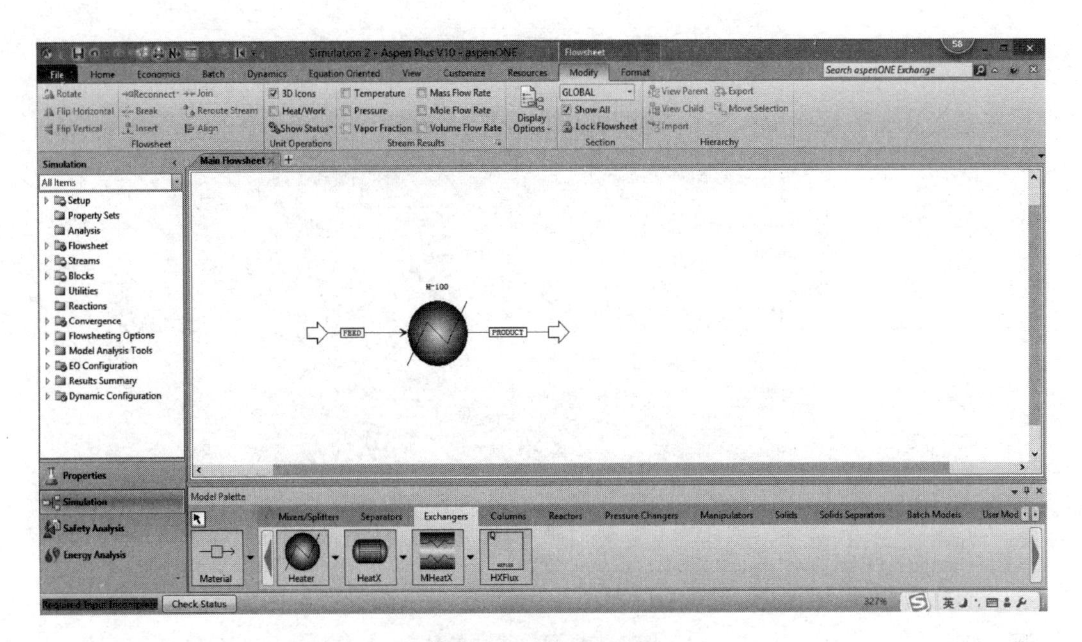

图 1-35　建立模拟流程

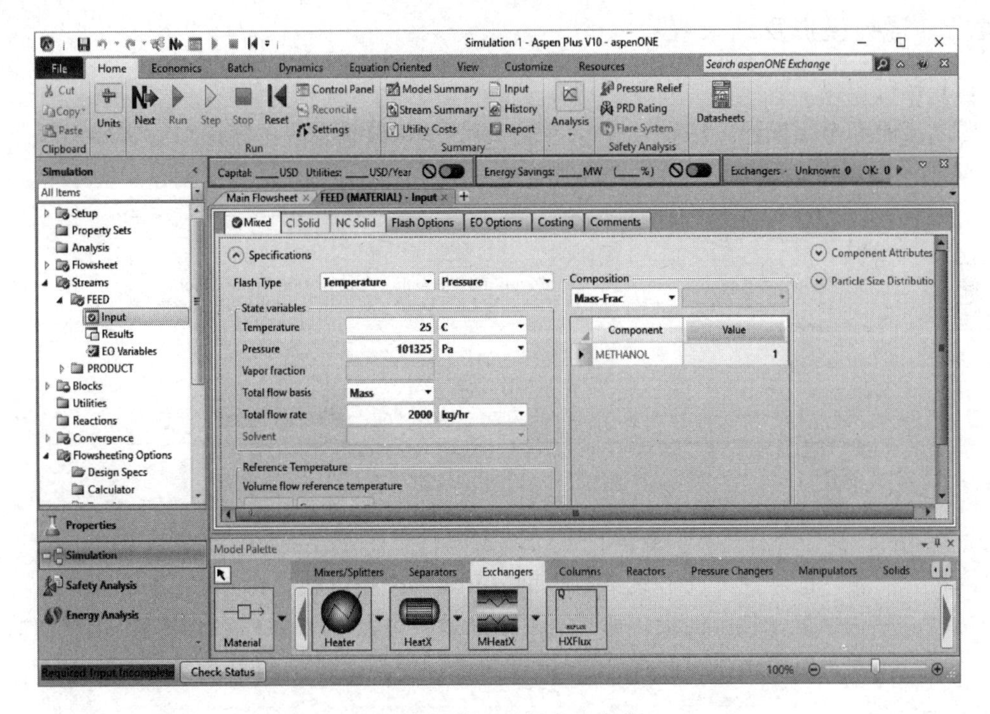

图 1-36　输入进料流股参数

也可以不输入总流量而直接在组成（Composition）中选择 Mass-Flow，单位为 kg/h，在组分（Component）中甲醇对应的数值（Value）中输入 2000。

继续点击 Next 或双击工作区中 E-100 加热器图标，也可通过在数据导航区选择 Block｜E-00｜Input 进入模块输入界面，输入温度 60℃，压力为 101325Pa，完成输入，如图 1-37 所示。

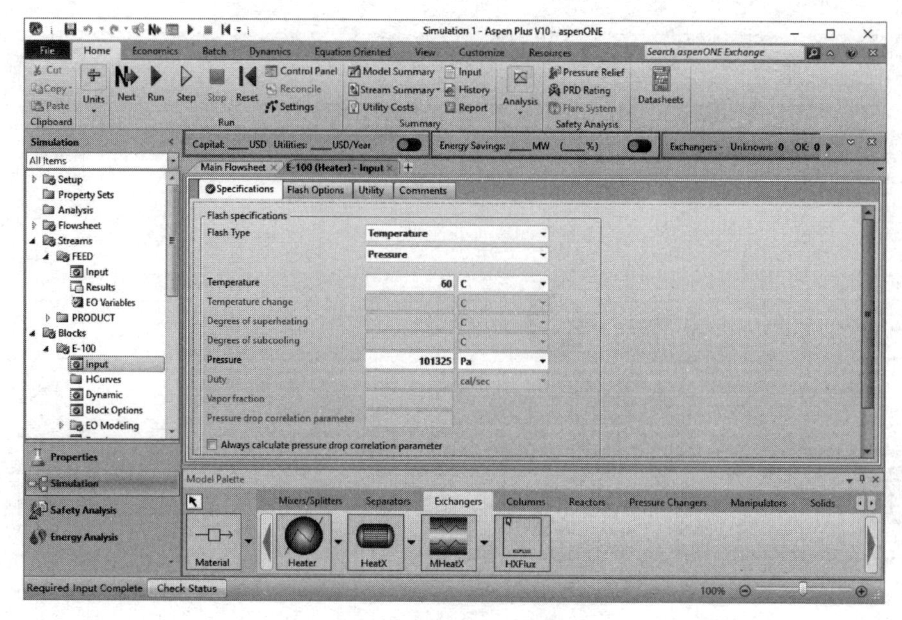

图 1-37 输入模块参数

1.4.3 运行模拟及结果查看

(1) 运行模拟

输入流股和单元模块信息后，点击 Next 按钮（快捷键 F4），弹出运行提示对话框，如图 1-38 所示。

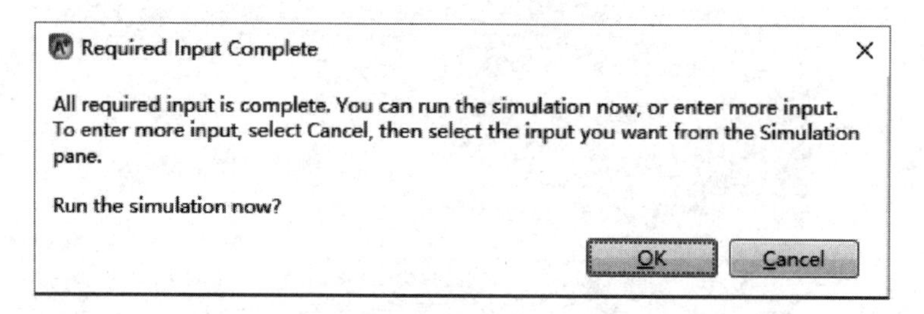

图 1-38 运行提示对话框

点击 OK，开始进行计算。软件自动切换到控制面板（Control）并在面板中显示计算过程中的相关信息，也可直接点击菜单栏中的（Run）按钮（快捷键 F5）开始计算，再点击 Control Panel 按钮显示控制面板。如果需要重新计算可点击 Reset 按钮，弹出重新初始化窗口，点击 OK 重新初始化，后再点击 Next 按钮进行计算。如图 1-39 所示。

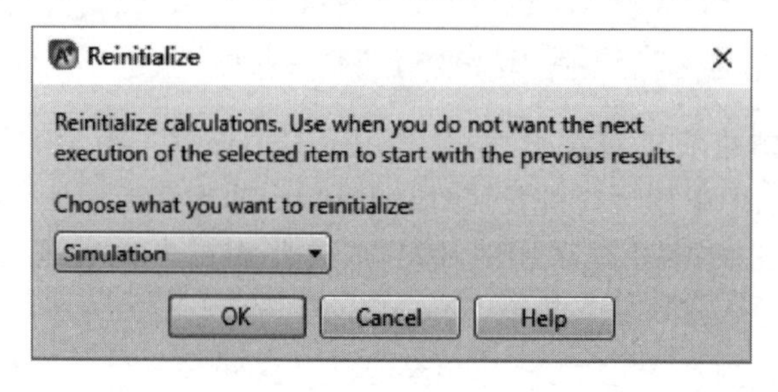

图 1-39 重新初始化窗口

运行完成后，将在控制面板中显示错误和警告信息及数目，同时在左下角状态条中显示运行结果状态。本例中没有错误和警告，状态条显示计算结果可用（Results Available），如图 1-40 所示。

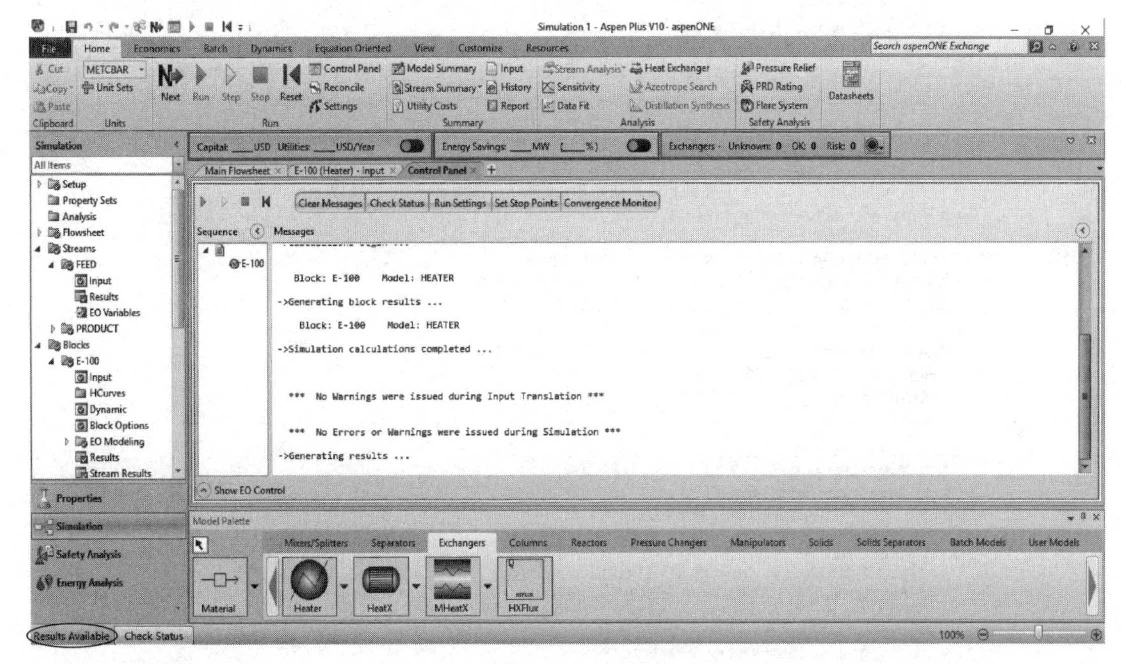

图 1-40　计算结果状态

如果希望看到详细的计算过程信息可通过在数据导航区（Data Navigation）中 Setup | Specifications | Diagnostics 中提高诊断消息级别来增加向历史文件（History file）中输出的信息，如图 1-41 所示。

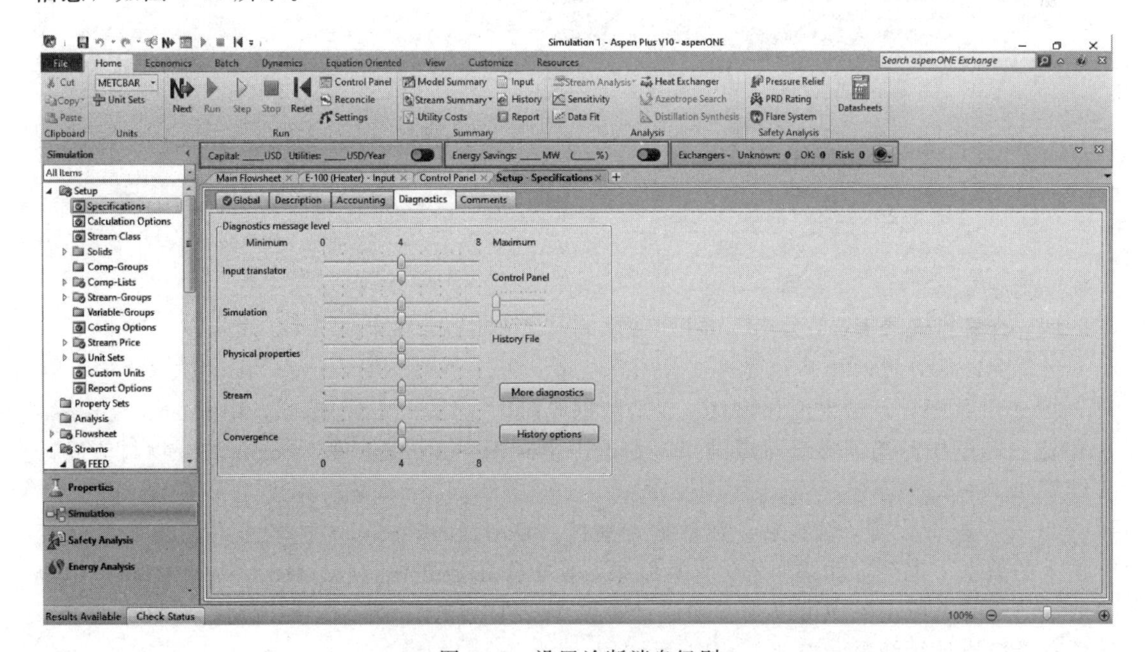

图 1-41　设置诊断消息级别

点击菜单栏中的历史文件（History file，快捷键为 Ctrl＋Alt＋H）查看历史文件，如图 1-42 所示。

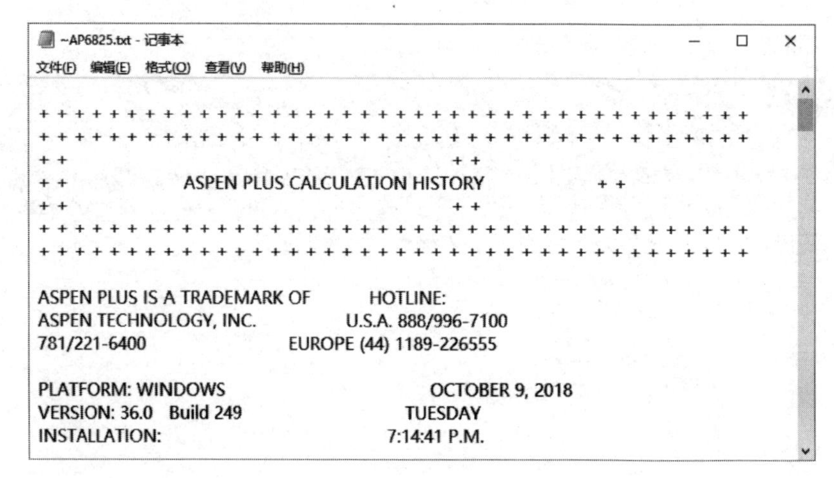

```
~AP6825.txt - 记事本
文件(F) 编辑(E) 格式(O) 查看(V) 帮助(H)

+ + + + + + + + + + + + + + + + + + + + + + + + + + + + + + + + + + + + + + + + +
+ + + + + + + + + + + + + + + + + + + + + + + + + + + + + + + + + + + + + + + + +
+ +                                        + +
+ +          ASPEN PLUS CALCULATION HISTORY          + +
+ +                                        + +
+ + + + + + + + + + + + + + + + + + + + + + + + + + + + + + + + + + + + + + + + +
+ + + + + + + + + + + + + + + + + + + + + + + + + + + + + + + + + + + + + + + + +

ASPEN PLUS IS A TRADEMARK OF          HOTLINE:
ASPEN TECHNOLOGY, INC.                U.S.A. 888/996-7100
781/221-6400                          EUROPE (44) 1189-226555

PLATFORM: WINDOWS                     OCTOBER 9, 2018
VERSION: 36.0   Build 249             TUESDAY
INSTALLATION:                         7:14:41 P.M.
```

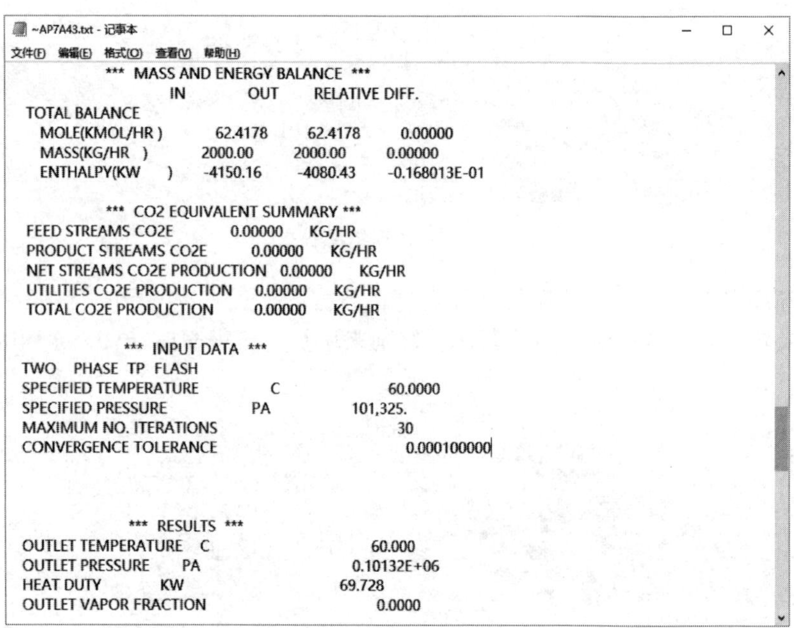

```
~AP7A43.txt - 记事本
文件(F) 编辑(E) 格式(O) 查看(V) 帮助(H)
              *** MASS AND ENERGY BALANCE ***
                        IN          OUT       RELATIVE DIFF.
  TOTAL BALANCE
    MOLE(KMOL/HR )     62.4178      62.4178      0.00000
    MASS(KG/HR  )      2000.00      2000.00      0.00000
    ENTHALPY(KW   )    -4150.16     -4080.43     -0.168013E-01

              *** CO2 EQUIVALENT SUMMARY ***
  FEED STREAMS CO2E             0.00000    KG/HR
  PRODUCT STREAMS CO2E          0.00000    KG/HR
  NET STREAMS CO2E PRODUCTION   0.00000    KG/HR
  UTILITIES CO2E PRODUCTION     0.00000    KG/HR
  TOTAL CO2E PRODUCTION         0.00000    KG/HR

              *** INPUT DATA ***
  TWO   PHASE  TP  FLASH
  SPECIFIED TEMPERATURE        C                60.0000
  SPECIFIED PRESSURE           PA         101,325.
  MAXIMUM NO. ITERATIONS                      30
  CONVERGENCE TOLERANCE                         0.000100000

              *** RESULTS ***
  OUTLET TEMPERATURE   C                  60.000
  OUTLET PRESSURE      PA              0.10132E+06
  HEAT DUTY            KW             69.728
  OUTLET VAPOR FRACTION                   0.0000
```

图 1-42 历史文件

(2) 计算结果查看

计算完成后，可通过多种方式查看计算结果。

① 查看数据导航结果汇总信息　点击数据导航区（Data Navigation）中 Result Summary 中流股和模块等选项查看对应结果，如点击 Result Summary 中 Stream 查看物料流股计算结果如图 1-43 所示。

② 分类查看数据导航结果　在数据导航区（Data Navigation）中流股和模块中既保存有输入的信息，也会自动添加软件计算结果。所以点击数据导航区（Data Navigation）中流股或模块中的对应结果项可以查看相应计算结果。如点击 Data Navigation | Block | Result 选项查看模块计算结果，如图 1-44 所示。

也可在模块（Block）中点击 Stream Results 查看该模块连接的流股计算结果。

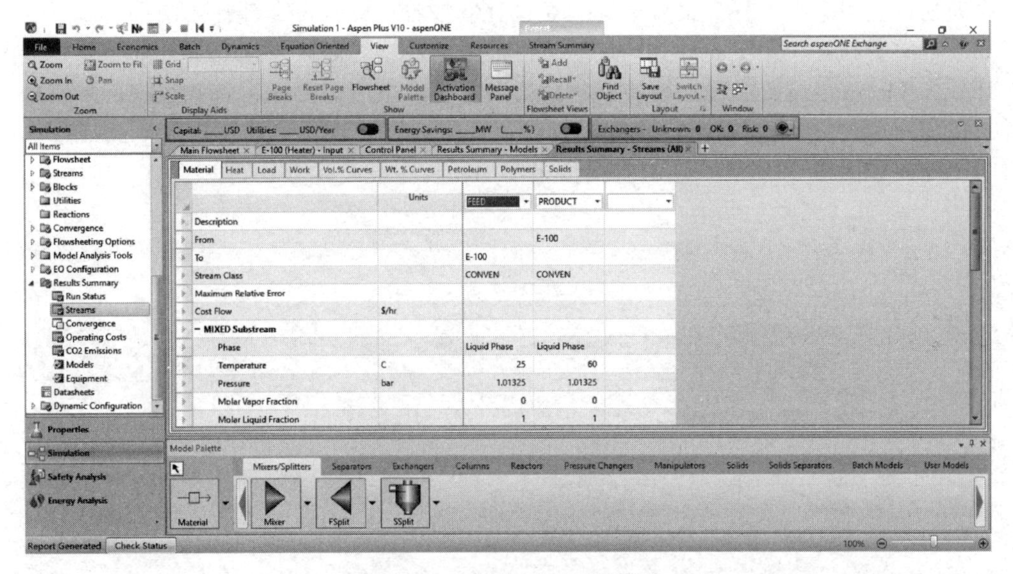

图 1-43　查看流股计算数据

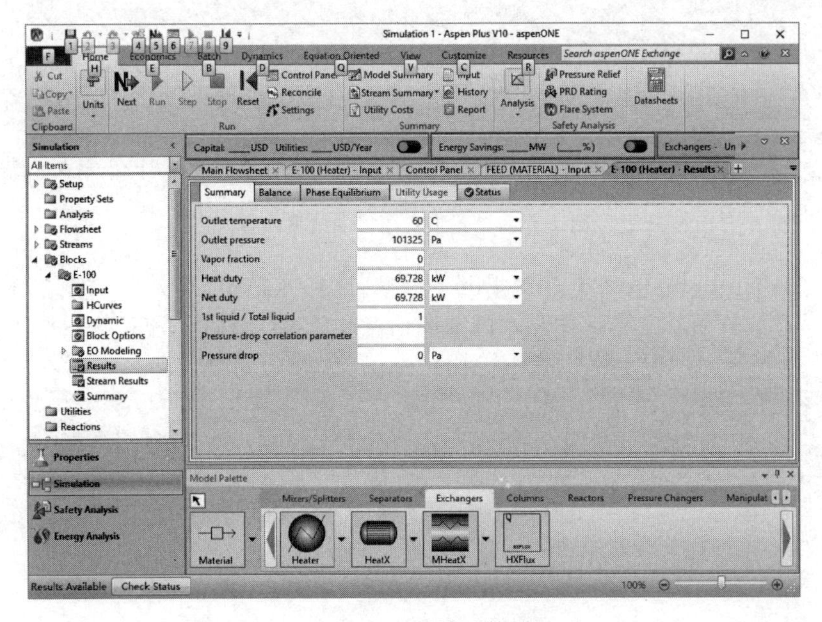

图 1-44　查看模块计算结果

③ 查看报告文件　可通过点击菜单栏中生成报告按钮（Report，快捷键 Ctrl＋Alt＋R），弹出生成报告选项对话框，如图 1-45 所示选择 All 后生成报告。

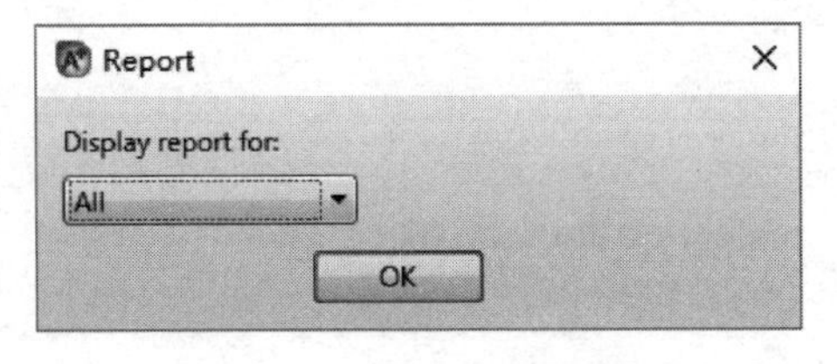

图 1-45　生成报告选项对话框

自动默认使用记事本打开报告文件，通过查看报告可以获得全部计算结果。

如果希望看到更为翔实的计算结果信息可通过在数据导航区（Data Navigation）中 Setup | Report Options 设置流程、模块和物料流股在报告中所需要显示哪些数据，来调整报告文件（Report file）中数据信息。更改设置后须重新运行计算，并重新点击生成报告按钮查看报告文件。如图 1-46 所示，在报告文件中增加物料流股质量分数数据。

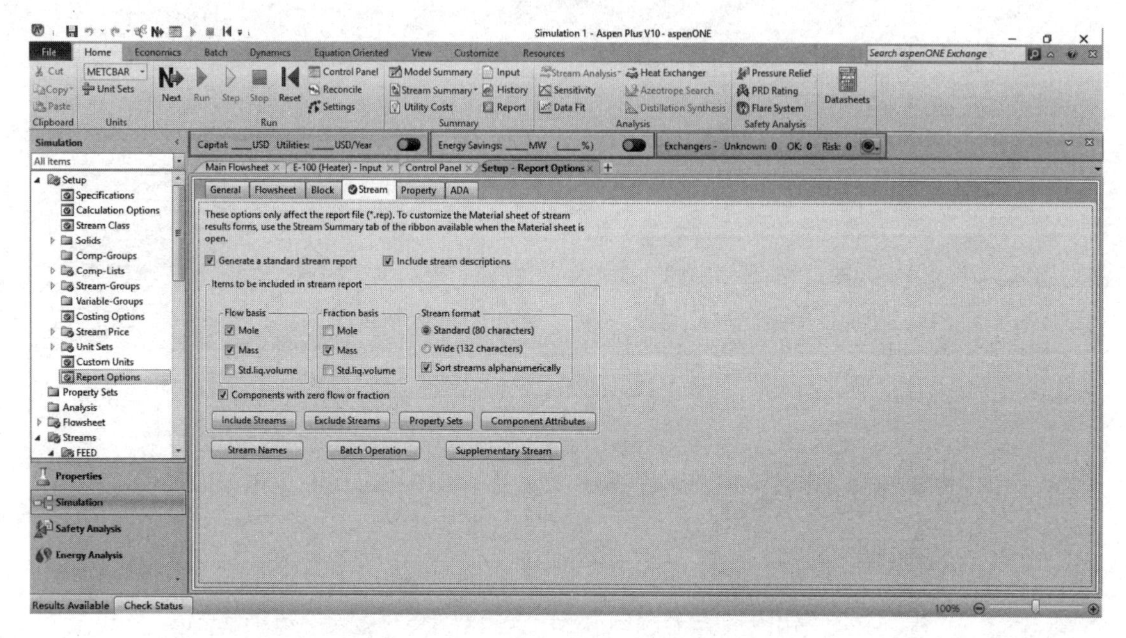

图 1-46 设置报告输出的结果内容

还可以在 Main Flowsheet 中点击 RibbonTab 分类项中 Modify 项，通过勾选压力、温度、流量等选项，查看在工作区中显示的流股信息如压力、温度、流量等。如图 1-47 所示。

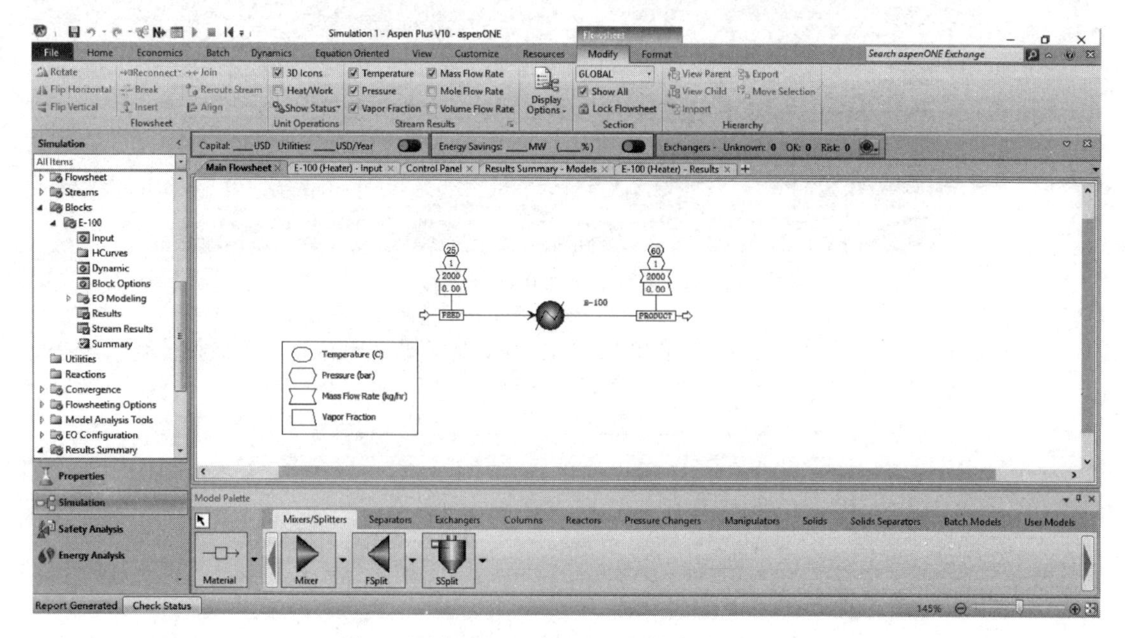

图 1-47 在 Main Flowsheet 上显示流股结果

习　题

如图所示，有一温度 25℃、压力 0.3MPa、流量为 2000kg/h 的甲苯物料流股，经预热器预热至泡点，送入某反应精馏塔，求预热器的热负荷及预热器出口甲苯温度。

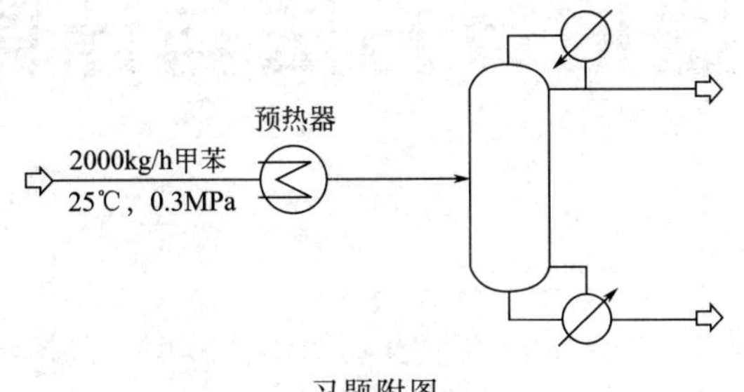

习题附图

第2章

化工数据估算方法与计算机模拟

化工过程分析常需要各种纯物质以及混合物的物性数据，包括物理性质、热力学性质、传递性质等。一般来说，此类化工物性数据的实验测定值，以及通过直接测定值计算得到的数据较为可靠，但同时模型计算或估算也是获取物性数据的主要手段之一。化学工业中涉及化合物的种类繁多，所需工艺条件如温度、压力的范围较大；同时，工业中实际处理的常是混合物体系，不同温度、压力、组成条件都将影响到混合物的物性值。因此，现有的物性实验值远不能满足实际应用需求。当所需要的物性数据在文献数据测定范围之外时，就不得不对物性数据进行估算，此时可以根据实际需要，选择合适有效的估算方法进行求取，并需注意以下几点：

① 误差往往是选择估算方法时的首要因素。在建立估算方法时，应选用一系列不同类型的化合物来验证估算方法的可靠性，以保证所得估算值和实验值相近，误差尽可能小；并注意不同类型的物性对估算方法准确性的要求是不同的。

② 估算方法中所用或待定的物性参数应尽可能少，所涉及的参数应易得、可靠。

③ 估算方法应尽可能具有通用性，尽量满足大部分的要求。

④ 估算方程或计算过程不要太复杂，尽量减少大型分析或模拟中的相应计算量。

⑤ 对于一些有较强理论关系的估算方法，也应该具有通用性强、误差小、外推能力强等优点。如果理论中做了太多假设，则要考虑数据的严谨性。

总之，在选择物性估算方法时，要有一定知识和经验，在不确定的情况下，可用类似而又有同一类物性数据的化合物，对物性估算方法进行考察和评价。

2.1 流体的基础物性及方程

2.1.1 流体的沸点及临界参数估算

流体的基础物性主要包括沸点、临界参数等，这些物性均可使用基团贡献法来计算。并且基团贡献法已成功用于汽液平衡等多种相平衡的估算中，并成为其主要的和唯一实用的估算方法。

基团贡献法假定纯化合物或者混合物的物性，等于构成此体系的各种基团对其物性贡献值的总和。这也表明，对于任意体系，同一种基团对物性的贡献值固定。由C和H元素组成的有机烃类化合物有上万种，而这些分子组成的混合物更是不计其数，要想获取全部的物理或化学性质几乎是不可能的。但构成这些有机化合物的基团仅 100 多种，这就大大减少了计算量。因此，可以通过已有的一些实验数据来推测各基团对物性的贡献值，再对未知物性的体系进行各种物性的估算。

沸点 T_b 作为最重要的物性之一，虽然实测数据量非常庞大，但很多时候还是需要估算；而很多体系的临界参数实验数据并不充分。因此，沸点和临界性质常常还是通过基团贡献法进行估算。下面分别介绍一种最简单估算方法和一种相对复杂的方法，这两种方法均能同时估算 T_b、T_c、p_c、V_c。

(1) Joback 法

Joback 法是最简单的基团贡献法

$$
\begin{aligned}
&T_b=198+\sum n_i \Delta T_{bi} \\
&T_c=T_b\left[0.584+0.965\sum n_i \Delta T_{ci}-\left(\sum n_i \Delta T_{ci}\right)^2\right]^{-1} \\
&p_c=\left(0.113+0.0032 n_A-\sum n_i \Delta p_{ci}\right)^{-2}\times 0.1 \\
&V_c=40+\sum n_i \Delta V_{ci}
\end{aligned}
\tag{2-1}
$$

式中，n_i 是 i 基团的数目；ΔT_{bi}(K) 是 i 基团沸点的贡献值；ΔT_{ci}(K)、Δp_{ci}(MPa)、ΔV_{ci}(cm^3/mol) 分别表示 i 基团对临界温度、临界压力、临界摩尔体积的基团贡献值；n_A 为分子中的原子数。

(2) Constantinous-Gani 法 (C-G 法)

Constantinous-Gani 法（C-G 法）是比较复杂的，可考虑邻近基团的影响。

$$
\begin{aligned}
&T_b=204.359\times\ln\left(\sum n_i \Delta T_{bi}+\sum n_j \Delta T_{bj}\right) \\
&T_c=181.728\times\ln\left(\sum n_i \Delta T_{ci}+\sum n_j \Delta T_{cj}\right) \\
&p_c=0.13705+0.1\left(0.100220+\sum n_i \Delta p_{ci}+\sum n_j \Delta p_{cj}\right)^{-2} \\
&V_c=-4.350+\left(\sum n_i \Delta V_{ci}+\sum n_j \Delta V_{cj}\right)
\end{aligned}
\tag{2-2}
$$

式中，ΔT_{bi}、ΔT_{ci}、Δp_{ci}、ΔV_{ci} 是一级基团贡献值；ΔT_{bj}、ΔT_{cj}、Δp_{cj}、ΔV_{cj} 是二级基团贡献值。二级基团反映基团间的相互作用，是对简单基团相加所做的修正。基团贡献值可参考相关的参考文献或手册。

【例 2-1】 估算 1-丁烯的 T_b、T_c、p_c、V_c，实验值分别为 267.9K、419.5K、4.02MPa、240.8cm^3/mol。

解： 用 Joback 法时，其基团是 1 个 CH_3、1 个 CH_2、1 个 $=CH-$、1 个 $=CH_2$；用 C-G 法时，一级基团为 1 个 $-CH_3$、1 个 $-CH_2-$、1 个 $-CH=CH_2$，二级基团为 1 个 $-CH_2-CH=CH_2$。通过查表可得相应的基团值，计算结果见表 2-1。

表 2-1 1-丁烯基础物性与实验值比较

方法	T_b/K	T_c/K	p_c/MPa	V_c/(cm^3/mol)
Joback 法	287.6	421.3	4.104	240.5
C-G 法一级	261.5	421.8	4.262	242.9
C-G 法二级	253.1	412.2	4.081	245.8
实验值	267.9	419.5	4.020	240.8

对于像1-丁烯这样的简单化合物，Joback法、C-G一级基团法的估算值相对准确，反而考虑了二级基团的C-G法误差较大；但对于复杂化合物，如多卤化物以及缺乏 T_b 的精细化学品，C-G法估算值更加准确。

2.1.2 流体的状态方程

除了上面介绍的一些基本的物性，物质的热力学性质可由热力学函数来表示。其中 pVT 性质则是热力学性质的基础。其函数方程式称为状态方程（Equation of State，EOS），即

$$f(p, V_m, T)=0 \tag{2-3}$$

上式不仅可以用来表示均相流体的压力 p、摩尔体积 V_m 和温度 T 之间的关系，而且通过它可计算不能从实验测得的其他热力学数据。

状态方程已开发出数百个，但是试图用一个完美的状态方程来同时适应各种不同物质（不同的分子形状、大小、极性，满足不同温度、压力范围），同时形式简单、计算方便、可以用于计算多种热力学性质，还是极为困难的。作为设计人员需根据研究体系、精度要求等来选择状态方程，因此要注意每一个方程的特点以及使用范围，具体见表2-2。

而焓、熵、Helmholtz自由能、Gibbs自由能、逸度则需通过其与可直接测得的热力学量（温度、压力和比容）之间的关系来计算。

2.1.3 活度系数模型

上述 pVT 方程，可以作为基础计算逸度等热力学性质，但一般来说 pVT 方程更适合于气相的计算。液相的逸度则更适合采用活度系数来计算。由公式 $\ln\gamma_i=\{\partial[nG^E/(RT)]/\partial n_i\}_{T,p,n_{j\neq i}}$ 可知，超额吉布斯自由能 G^E 是构建溶液活度系数 γ_i 与其温度、压力和组成关系的桥梁。虽然关于 G^E-x_i 的关系式有很多，但它们大多是基于一定溶液理论发展而来的半经验半理论模型，并不能适用于所有液体。主要包含Van Laar、Wilson、NRTL、UNIFAC、UNIQUAC这五种最基本的活度系数模型，具体见表2-3。

除此之外，活度系数模型还包含其他模型，主要应用于电解质组分，如表2-4所示。

无论是状态方程还是活度系数方程均可依据其模型建立原则找到其适应的体系，而对于具体物质来说均有其最佳适应的物性方程，表2-5列举出常见化工体系所适宜的物性方法。

2.2 相平衡数据的计算与计算机模拟

相平衡数据是一种重要的物理性质。化工生产中常见的精馏、吸收、吸附、萃取、结晶等分离技术，均需要计算或测定在给定条件下的平衡组成，以确定在一定的操作条件下分离设备的分离性能。相平衡计算还能提供大量有价值的参数（如泡点、露点、溶解度等）。因此，相平衡计算也是化工计算的一项主要内容。

相平衡计算涉及纯组分和混合物的基础物性、热力学性质等方面计算。例如相平衡方程需要获得组分的逸度。通过本章2.1节的介绍可知，在气体混合物中，组分逸度主要使用状态方程来求解。状态方程式应用于气体混合物时，要求得混合物的参数，需要知道参数与组成之间的关系。各状态方程一般有特定的混合规则，使用时要注意其配套关系。液体混合物组分的逸度，则需要借助于活度系数模型方程进行计算。

表 2-2　状态方程模型及其优缺点

状态方程		方程式	使用范围	优缺点
理想气体方程		$pV=nRT$	仅适用于压力很低的气体	简单，用于半定量的估算；不适合真实气体
Virial 方程		$Z=\frac{pV}{RT}=1+B'p+C'p^2+D'p^3+\cdots=1+\frac{B}{V}+\frac{C}{V^2}+\frac{D}{V^3}+\cdots$	根据所选用阶数来确定适用的压力范围	在理论上有着重要价值；不能同时用于汽液两相，用于混合物时过于复杂
立方型状态方程	Van der Waals 方程	$p=\frac{RT}{V-b}-\frac{a}{V^2}$；$a=\frac{27}{64}\frac{R^2T_c^2}{p_c}$，$b=\frac{1}{8}\frac{RT_c}{p_c}$	一般用于低压非极性气体	形式简单，立方型方程的起源；精度低
	R-K 方程	$p=\frac{RT}{V-b}-\frac{a}{T^{0.5}V(V-b)}$；$a=0.42748\frac{R^2T_c^{2.5}}{p_c}$，$b=0.08664\frac{RT_c}{p_c}$	用于非极性或者弱极性气体	计算准确性较高，误差小；对极性物质偏差较大
	SRK 方程	$p=\frac{RT}{V-b}-\frac{a(T)}{V(V+b)}$ $a=0.42748\frac{R^2T_c^2}{p_c}\times a(T)$，$b=0.08664\frac{RT_c}{p_c}$ $a(T)=[1+m(1-T_r^{0.5})]^2$，$m=0.480+1.574\omega-0.176\omega^2$	计算气体与液体	工程上能广泛应用；计算液相精度不够准确
	P-R 方程	$p=\frac{RT}{V-b}-\frac{a(T)}{V(V+b)+b(V-b)}$ $a=0.45724\frac{R^2T_c^2}{p_c}\times a(T)$，$b=0.07780\frac{RT_c}{p_c}$ $a=[1+k(1-T_r^{0.5})]^2$，$k=0.3746+1.54226\omega-0.26992\omega^2$	计算气体与液体	工程上广泛应用，精度高于 SRK，能用于相平衡；液相的计算准确性稍差

续表

状态方程		方程式	使用范围	优缺点
多参数方程	B-W-R 方程	$p=RT\rho+\left(B_0RT-A_0-\frac{C_0}{T^2}\right)\rho^2+(bRT-a)\rho^3+a\alpha\rho^6+\frac{c}{T^2}\rho^3(1+\gamma\rho^2)\exp(-\gamma\rho^2)$	同时计算气体与液体	适用范围更广，能同时用于气液两相，精度高；形式复杂、计算量大，对于混合物使用有限
	Martin-Hou 方程	$p=\sum_{i=1}^{5}\frac{f_i(T)}{(V-b)^i}$ $f_1(T)=RT$，$f_i(T)=A_i+B_iT+C_i\exp\left(\frac{-5.475T}{T_c}\right)$ $(2\leqslant i\leqslant 5)$		

注：方程式意义参见《化工热力学》。

表 2-3 活度系数模型及其优缺点

活度系数方程	G^E	$\ln\gamma_1$ 和 $\ln\gamma_2$	使用范围	优缺点
Van Laar 方程		$\ln\gamma_1=\frac{A}{\left(1+\frac{Ax_1}{Bx_2}\right)^2}$ $\ln\gamma_2=\frac{B}{\left(1+\frac{Bx_2}{Ax_1}\right)^2}$	低压下非极性混合物，各组分分子结构相似	基于理想溶液理论和分子相互作用推导而出，方程较为简单，但是其准确性较差
Wilson 方程	$\frac{G^E}{RT}=-x_1\ln(x_1+\Lambda_{12}x_2)-x_2\ln(x_2+\Lambda_{21}x_1)$	$\ln\gamma_1=-\ln(x_1+\Lambda_{12}x_2)+x_2\left[\frac{\Lambda_{12}}{x_1+\Lambda_{12}x_2}-\frac{\Lambda_{21}}{x_2+\Lambda_{21}x_1}\right]$ $\ln\gamma_2=-\ln(x_2+\Lambda_{21}x_1)-x_1\left[\frac{\Lambda_{12}}{x_1+\Lambda_{12}x_2}-\frac{\Lambda_{21}}{x_2+\Lambda_{21}x_1}\right]$	极性与非极性混合物，不能用于部分互溶系统	有半理论的物理意义，仅由二元体系数据就可以预测多元体系；不能用于部分互溶体系

续表

活度系数方程	G^E	$\ln\gamma_1$ 和 $\ln\gamma_2$	使用范围	优缺点
NRTL 方程	$\frac{G^E}{RT}=x_1x_2\left(\frac{\tau_{21}G_{21}}{x_1+G_{21}x_2}+\frac{\tau_{12}G_{12}}{x_2+G_{12}x_1}\right)$； $G_{12}=\exp(-a_{12}\tau_{12})$，$G_{21}=\exp(-a_{21}\tau_{21})$ $\tau_{12}=(g_{12}-g_{22})/RT$，$\tau_{21}=(g_{21}-g_{11})/RT$	$\ln\gamma_1=x_2^2\left[\frac{\tau_{21}G_{21}^2}{(x_1+G_{21}x_2)^2}+\frac{\tau_{12}G_{12}}{(x_2+G_{12}x_1)^2}\right]$ $\ln\gamma_2=x_1^2\left[\frac{\tau_{12}G_{12}^2}{(x_2+G_{12}x_1)^2}+\frac{\tau_{21}G_{21}}{(x_1+G_{21}x_2)^2}\right]$	极性与非极性混合物，强非理想混合物和部分互溶系统	有3个交互参数可以调整，可以用于液-液体系，且整体准确性高
UNIQUAC 方程	$G^E=G_C^E+G_R^E$ $\frac{G_C^E}{RT}=x_1\ln\frac{\phi_1}{x_1}+x_2\ln\frac{\phi_2}{x_2}+\frac{Z}{2}\left(q_1x_1\ln\frac{\theta_1}{\phi_1}+q_2x_2\ln\frac{\theta_2}{\phi_2}\right)$ $\frac{G_R^E}{RT}=-q_1x_1\ln(\theta_1+\theta_2\tau_{21})-q_2x_2\ln(\theta_2+\theta_1\tau_{12})$	$\ln\gamma_i=\ln\gamma_i^C+\ln\gamma_i^R$ $\ln\gamma_1=\ln\frac{\phi_1}{x_1}+\frac{Z}{2}q_1\ln\frac{\theta_1}{\phi_1}+\phi_2\left(l_1-\frac{r_1}{r_2}l_2\right)-q_1\ln(\theta_1+\theta_2\tau_{21})+\theta_2q_1\left(\frac{\tau_{21}}{\theta_1+\theta_2\tau_{21}}-\frac{\tau_{12}}{\theta_2+\theta_1\tau_{12}}\right)$ $\ln\gamma_2=\ln\frac{\phi_2}{x_2}+\frac{Z}{2}q_2\ln\frac{\theta_2}{\phi_2}+\phi_1\left(l_2-\frac{r_2}{r_1}l_1\right)-q_2\ln(\theta_2+\theta_1\tau_{12})+\theta_1q_2\left(\frac{\tau_{12}}{\theta_2+\theta_1\tau_{12}}-\frac{\tau_{21}}{\theta_1+\theta_2\tau_{21}}\right)$	非极性、极性及部分互溶系统	UNIQUAC 应用范围大于 Wilson 方程，其二元参数值随温度变化
UNIFAC 方程	$G^E=G_C^E+G_R^E$	$\ln\gamma_i=\ln\gamma_i^C+\ln\gamma_i^R$ $\ln\gamma_i^C=\ln\frac{\phi_i}{x_i}+\frac{Z}{2}q_i\ln\frac{\theta_i}{\phi_i}+l_i-\frac{\phi_i}{x_i}\sum_{j=1}^{N}x_jl_j$ $l_i=\frac{Z}{2}(r_i-q_i)-(r_i-1)$ $\ln\gamma_i^R=\sum_{k=1}^{m}\upsilon_k^{(i)}(\ln\Gamma_k-\ln\Gamma_k^{(i)})$	缺少实测二元交互作用参数时可使用的预测性模型，非电解质溶液，所有组分在临界点以下，不含金属、有机金属和磷酸盐	结合 UNIQUAC 与基团贡献模型，可以外推未知物系的性质

注：方程式意义参见《化工热力学》。

表 2-4 活度系数模型（电解质）及其适用范围

名称	模型	适用范围
Pitzer	Pitzer	摩尔浓度小于 6mol/L 的电解质水溶液，可含溶解气体
ELECNRTL	Electrolyte NRTL	中低压下任意强度的电解质溶液，可含多种溶剂和溶解气体

表 2-5 常见化工体系适宜的物性方法

化工体系	物性方法
空分、气体加工	P-R，SRK
气体净化	Kent-Eisnberg，ENRTL
石油炼制	BK10，Chao-Seader，Grayson-Streed，P-R，SRK
石油化工中汽液平衡（VLE）体系	P-R，SRK，PSRK
石油化工中液液平衡（LLE）体系	NRTL，UNIQUAC
化工过程	NRTL，UNIQUAC，PSRK
电解质体系	ENRTL，Zemaitis
低聚物	Polymer NRTL
环境	UNIFAC＋Henrry's Law

2.2.1 相平衡条件

相平衡是指系统中的热力学性质不随时间变化的静止状态。在平衡状态，相与相之间各组分的净传递速率接近零。根据热力学第二定律

$$\Delta S_{\mathrm{iso}}=\Delta S_{\mathrm{sys}}+\Delta S_{\mathrm{sur}}\geqslant 0 \tag{2-4}$$

式中，ΔS 为熵变，下角标 iso、sys、sur 分别表示孤立系统，系统和环境。

结合吉布斯自由能的定义（$G\equiv H-TS$），可以得到

$$(\mathrm{d}G)_{T,p}\leqslant 0 \tag{2-5}$$

得到相平衡判据

$$\hat{f}_i^{\alpha}=\hat{f}_i^{\beta}=\cdots=\hat{f}_i^{\pi} \tag{2-6}$$

式中，$\hat{f}_i^{\alpha}$，$\hat{f}_i^{\beta}$，…，$\hat{f}_i^{\pi}$ 分别为组分 i 在 α，β，…，π 相中的逸度。

2.2.2 相平衡数据计算

混合物的汽-液或液-液相平衡能够提供众多的信息，包括泡、露点，汽液平衡，各相组成等，这些数据将在化工过程中经常用到。下面将举例用不同方法（普通计算、Aspen Plus）求取混合物的泡、露点温度。

由汽液平衡的 Gamma/Phi 方程式

$$\hat{f}_i^{\mathrm{L}}=\hat{f}_i^{\mathrm{V}} \tag{2-7}$$

$$\hat{f}_i^V = y_i p \hat{\phi}_i^V \tag{2-8}$$

$$\hat{f}_i^L = x_i \gamma_i f_i^{OL} \tag{2-9}$$

将上述三式合并得到

$$y_i p \hat{\phi}_i^V = x_i \gamma_i f_i^{OL} \tag{2-10}$$

其中

$$f_i^{OL} = p_i^S \varphi_i^S \exp\left[\frac{V_{mi}^L (p - p_i^S)}{RT}\right] \tag{2-11}$$

定义无量纲系统 ϕ_i

$$\phi_i = \frac{\hat{\phi}_i^V}{\varphi_i^S \exp\left[\frac{V_{mi}^L (p - p_i^S)}{RT}\right]} \tag{2-12}$$

式中，φ_i^S 为组分 i 在饱和态下气相的逸度系数。将上述两式代入式（2-10）中得到

$$y_i p \phi_i = x_i \gamma_i p_i^S \tag{2-13}$$

$$K = \frac{y_i}{x_i} \tag{2-14}$$

该式提供了平衡计算的基础，适用于多组分系统中的任一组分 i。

$$y_i = \frac{x_i \gamma_i p_i^S}{p \phi_i} \tag{2-15}$$

$$x_i = \frac{y_i p \phi_i}{\gamma_i p_i^S} \tag{2-16}$$

纯组分的蒸汽压只是温度的函数，$p_i^S = p_i^S(T)$。常用的关系式是安托因（Antoine）方程

$$\ln p^S = A - \frac{B}{T + C} \tag{2-17}$$

【例 2-2】 甲醇-丁酮（甲基乙基酮）二元系在温度 64.3℃、压力为 1.013×10^5 Pa 时形成含甲醇 84.2%（摩尔分数）的恒沸物，用恒沸点数据求 Wilson 方程参数，并用 Wilson 方程计算该二元物系在压力为 1.013×10^5 Pa 下的 T-x_1-y_1 数据。

已知物质的 Antoine 常数见表 2-6。

表 2-6　物质的 Antoine 常数

组分	A	B	C
甲醇（1）	11.6973	3626.55	−34.29
甲基乙基酮（2）	9.9784	3150.42	−36.65

解： 64.3℃，Antoine 方程计算得

$$p_1^S = 0.982\times10^5 \text{ Pa}$$

$$p_2^S = 0.6076\times10^5 \text{ Pa}$$

低压下，气相为理想气体（$\phi_i = 1$），液相为非理想溶液。

当 $x_1 = 0.842$（恒沸点，$x_1 = y_1$，$x_2 = y_2$）时，活度系数

$$\gamma_1 = \frac{p y_1}{p_1^S x_1} = \frac{p}{p_1^S} = \frac{1.013\times10^5}{0.982\times10^5} = 1.031$$

$$\gamma_2=\frac{py_2}{p_2^S x_2}=\frac{p}{p_2^S}=\frac{1.013\times10^5}{0.6076\times10^5}=1.667$$

将 $x_1=0.842$，$x_2=0.158$ 时，$\gamma_1=1.031$，$\gamma_2=1.667$，代入二元系的 Wilson 方程可解得

$$\Lambda_{12}=1.01818,\quad \Lambda_{21}=0.3778$$

利用 $\begin{cases} p=\gamma_1 x_1 p_1^S+\gamma_2 x_2 p_2^S \\ y_1=\dfrac{\gamma_1 x_1 p_1^S}{p} \end{cases}$

已知 $p=1.013\times10^5\,Pa$，给定 x_1 值，代入 Wilson 方程求得 γ_1 和 γ_2，利用上述方程试差求解 T、y_1 值。计算结果列入表 2-7。

表 2-7 甲醇-丁酮相平衡实验值与计算值对比

x_1	y_1		T/℃	
	实验值	计算值	实验值	计算值
0.076	0.193	0.185	75.3	75.6
0.197	0.377	0.377	70.7	71.3
0.356	0.528	0.536	67.5	67.8
0.498	0.622	0.637	65.9	66.0
0.622	0.695	0.711	65.1	65.0
0.747	0.777	0.782	64.4	64.3
0.829	0.832	0.833	64.3	64.3
0.936	0.926	0.921	64.4	64.4

2.2.3 相平衡的计算机模拟

Aspen Plus 软件对混合物物性数据的估算方法严格且全面，软件中包含着各种状态方程模型和活度系数模型。并且 Aspen Plus 中包含大量的相平衡参数，可以调出进行运算以及计算结果的绘图处理，在保证准确性的同时大大加快计算的速度。

Aspen 中有 30 多种状态方程模型，既有通用的状态方程模型，又有专业的状态方程模型。Aspen 中的活度系数模型在五种基本活度系数方程的基础上进行改进或者结合状态方程发展了多种计算模型，可以适用于高压、高分子组分、含氢氟化物、缔合组分等非电解质溶液的物性估算。对于电解质组分，软件中含有两个基本的活度系数模型（ELECNRTL、Pitzer）用于计算物性，并且与不同状态方程结合形成十几种物性模型以处理不同特性的电解质溶液。此外，还含有水蒸气物性专用的 STEAM-TA 模型，以及专用于石油、冶金、废水处理等特殊体系的专用模型，具体模型参见相关 Aspen 书籍。对于一些特殊的混合物体系，则需要根据其具体性质，用不同方法进行物性估算，然后通过比较文献数据，选择一种方法以确保误差最小。

【例 2-3】 使用 Aspen Plus 中的 PSRK 方程计算甲醇-丁酮二元体系在压力为 $1.013\times10^5\,Pa$ 下 T-x-y 相图。

解：① 启动 Aspen Plus，在运行类型中选择物性分析（Property Analysis）；点击确定，然后对文件进行保存。

点击“N→”，进入 Components | Specifications | Selection 页面，在组分选项中输入甲醇（1）和丁酮（2）（如图 2-1 所示）。

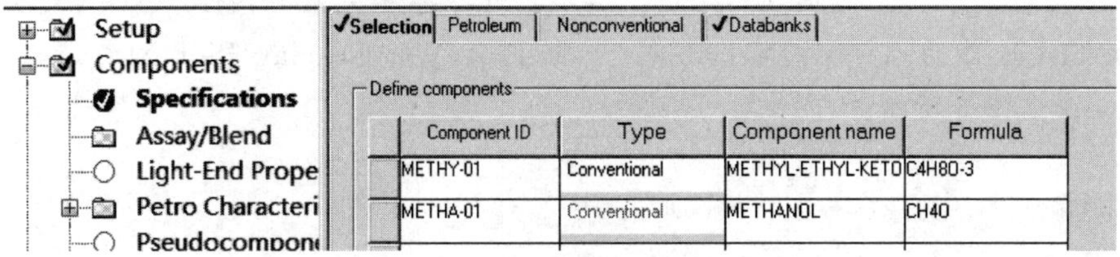

图 2-1 输入组分

点击“N→”，进入 Properties | Specifications | Global 页面，选择物性方程为 PSRK，如图 2-2 所示。

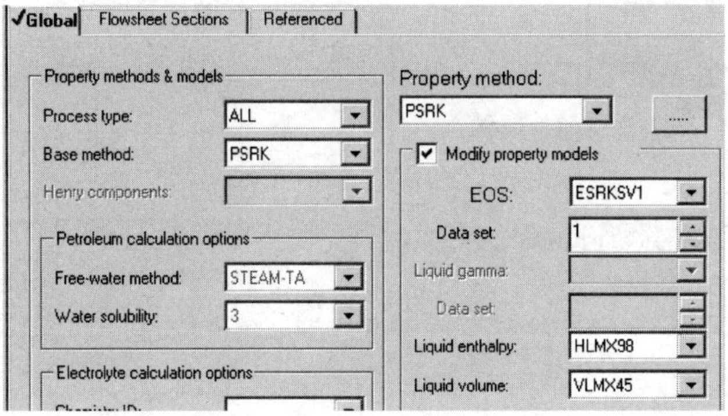

图 2-2 选择物性方程

点击“N→”，进入 Properties | Parameters | Binary Interaction | RKTKIJ-1 | Input 页面，查看二元交互作用参数；然后进入 Properties | Analysis，设定分析物性，点击 New，给物性分析命名（如 PT-1），类型选择 GENERIC。完成后，关闭对话框。

② T-x-y 相图是表示不同组成下物系的泡、露点温度，而在物性集中没有包含它们的物性集，因此需要先设定物性集。选择 Properties | Prop-Sets，点击 New 创建物性集 PS-1（包含泡、露点温度）；然后进入 Properties | Prop-Sets | PS-1 | Properties 页面，选择泡点温度 TBUB 以及露点温度 TDEW，单位均为℃，如图 2-3 所示。

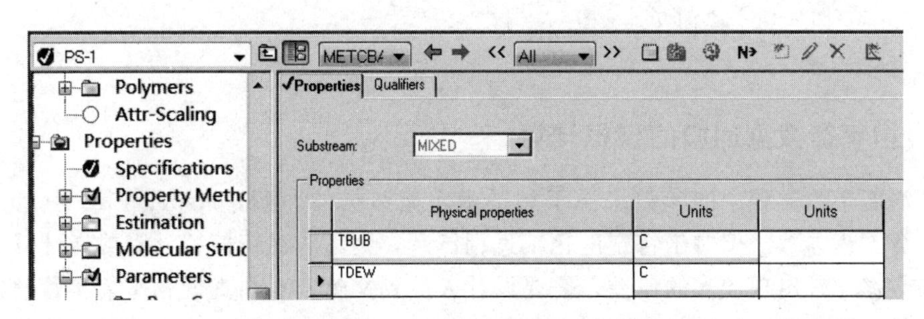

图 2-3 选择泡、露点温度

点击“N→”，进入 Properties｜ Analysis｜ PT-1｜ Input｜ Tabulate 页面，选择分析的物性集为 PS-1（见图 2-4）；然后点击确定，开始运行；待出现 Table generation completed，表示运行结束。

③ 进入 Properties｜ Analysis｜ PT-1｜ Results，查看模型运行的结果（图 2-5）；其中，摩尔分数范围为 0～1（间隔 0.05）。然后，选择摩尔分数作为 X-Axis Variable，选择 TDEW 和 TBUB 作为 Y-Axis Variable；点击 Plot 下的 Display Plot 生成该二元组分的 T-x-y 图，如图 2-6 所示。

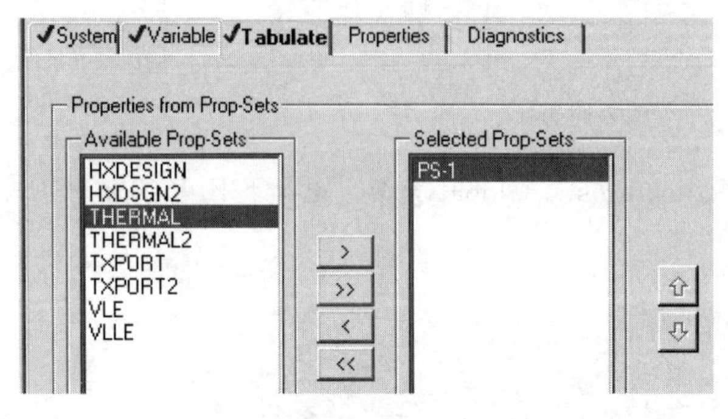

图 2-4 选择分析的物性集

Results

Generic analysis results

MOLEFRAC METHA-01	TOTAL TBUB	TOTAL TDEW
	C	C
0	79.06653	79.06653
0.05	76.0389	77.95372
0.1	73.70814	76.82355
0.15	71.87107	75.67942
0.2	70.39559	74.52406
0.25	69.19242	73.36159
0.3	68.19903	72.19792
0.35	67.37044	71.04143
0.4	66.67364	69.90392
0.45	66.0842	68.80073
0.5	65.5841	67.75253
0.55	65.15966	66.78471
0.6	64.80178	65.92593
0.65	64.50413	65.20393
0.7	64.26349	64.6392
0.75	64.07946	64.23926
0.8	63.95471	63.99744
0.85	63.89455	63.89655
0.9	63.90886	63.91458

图 2-5 查看模型运行的结果

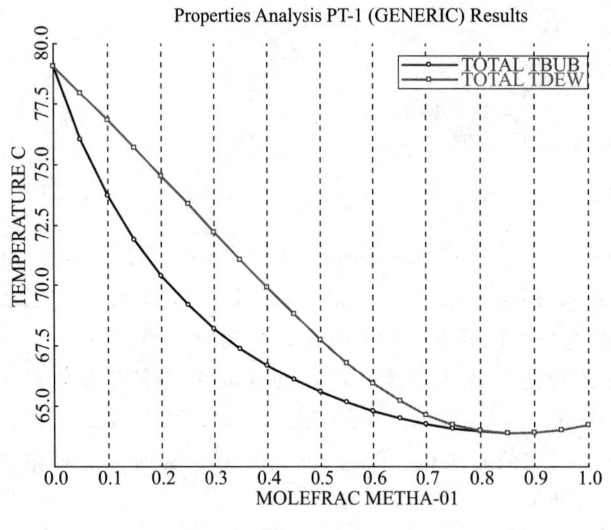

图 2-6 体系的 T-x-y 图

2.2.4 相平衡数据回归的模拟计算

溶液活度系数方程中的参数来源于相平衡实验数据的回归，Aspen Plus 中包含了大量的活度系数方程参数。但对于特定的化工过程体系，则不能进行模拟计算或者计算结果与已有的实验数据比较出现较大的偏差，需要设计人员到文献资料中查询相平衡实验数据，如果无相关文献报道，则需要直接测定相平衡数据并进行回归处理，或者基于基团贡献模型估算活度系数方程参数，弥补软件的不足，然后才能进行模拟计算。

Date Regression（物性数据回归系统）是基于最大似然估计的思想，利用原始数据计算物性模型的参数，可以处理多种数据类型以及同时回归多种物性参数。

由二元 LLE 实验数据回归活度系数方程参数，需要借助最优化数学方法，可以编程求取，也可以用 Aspen Plus 数据回归功能求取，后者更为快捷。

【例 2-4】 表 2-8 中给出了乙酸乙酯-水的液-液相平衡实验数据，采用 Aspen Plus 回归 NRTL 方程的二元交互参数。

表 2-8　乙酸乙酯-水的液-液相平衡参数

T/℃	x_1，乙酸乙酯（摩尔分数）	x_2，水（摩尔分数）
0	0.897	0.0208
10	0.884	0.0188
20	0.870	0.0169
25	0.862	0.0160
30	0.853	0.0152
40	0.835	0.0140
50	0.815	0.0131
60	0.793	0.0124
70	0.767	0.0190

解： ① 参数设置。运行模式为“Date Regression”，在“Components”输入组分乙酸乙酯（1）和水（2），如图 2-7 所示。

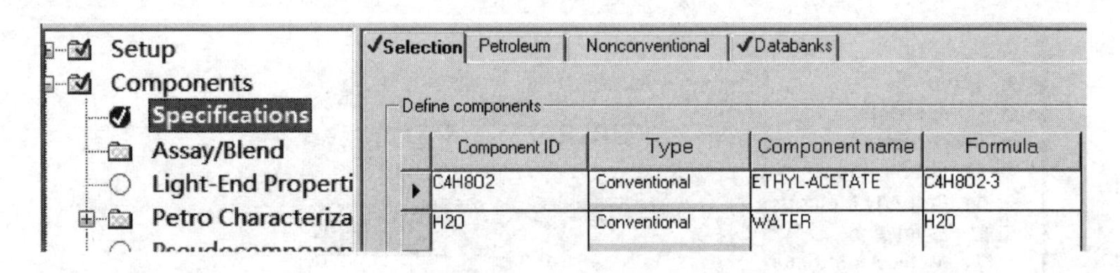

图 2-7　输入乙酸乙酯-水组分

② 物性方法。选择 NRTL 方程，所以在 Properties/Property Methods 中直接选择物性模型为 NRTL 模型，如图 2-8 所示。

③ 创建实验数据输入文件。在 Properties/Date 页面创建实验数据输入文件“D-1”，数据性质选择“MIXTURE”，如图 2-9 所示。

④ 输入实验数据。在“D-1”的文件设定中选择数据的类别、组分等，如图 2-10 所示。

在图 2-11 中，输入第一组 LLE 数据，只需要输入温度以及 $x_{1,乙酸乙酯}$、$x_{2,水}$ 的值即可，组分 2 的摩尔分数由归一化原理自动计算出来。图 2-11 所示输入实验数据表的第一行是软件自动设置的实验数据标准偏差，默认温度的误差为 0.01℃，液相摩尔分数的误差为 0.1%。

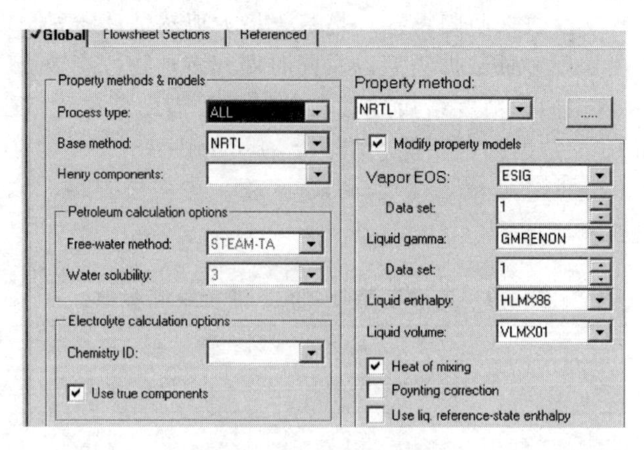

图 2-8　物性方法选择

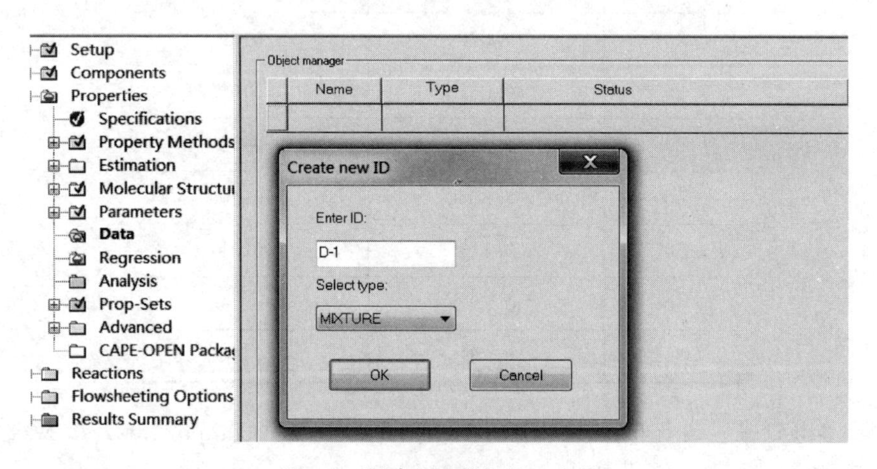

图 2-9　创建实验数据输入文件

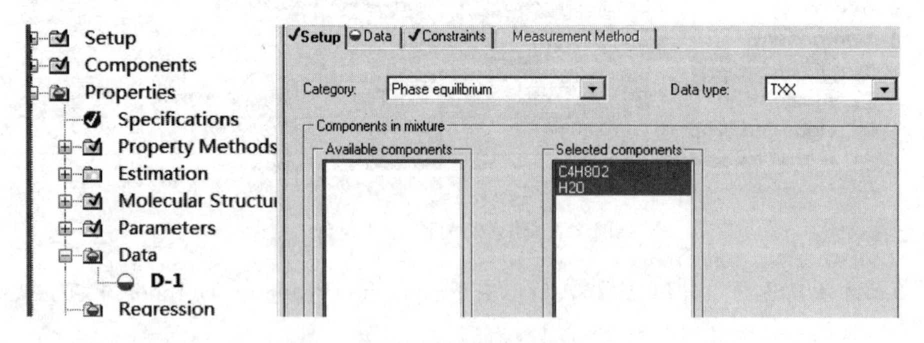

图 2-10　设置实验数据类别与类型

⑤ 创建实验数据回归文件。在 Properties/Regression 页面上，创建一个实验数据回归文件，用于存放实验数据的回归结果，如图 2-12 所示。

⑥ 回归参数检验方法设置。在“R-1”文件的 Setup 页面上，从“Data set”窗口调用“D-1”实验数据文件，准备对其进行数据回归处理。默认此组数据的权重因子为 1，默认进行热力学一致性检验。检验方法有面积检验法（Area Test）和点检验法（Point Test），判断标准分别为 10%和 0.01。可以单选或者两者都选，见图 2-13。

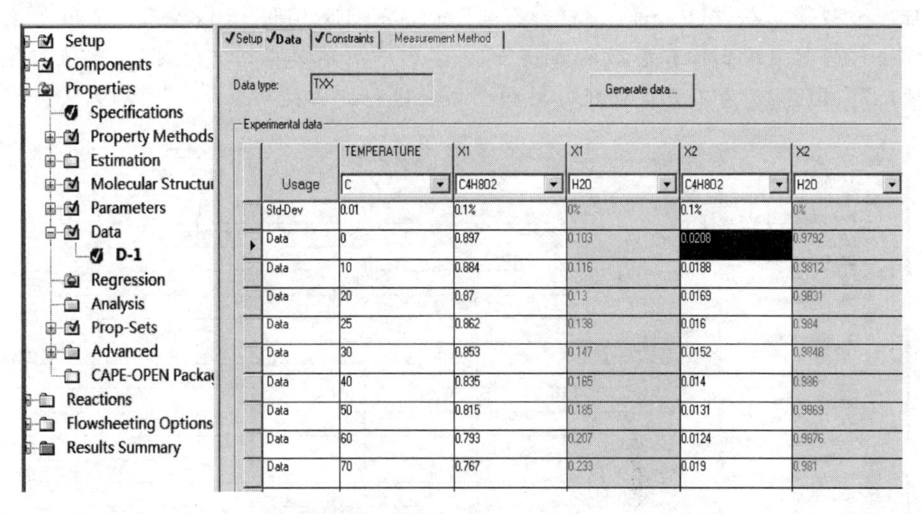

图 2-11　LLE 实验数据输入

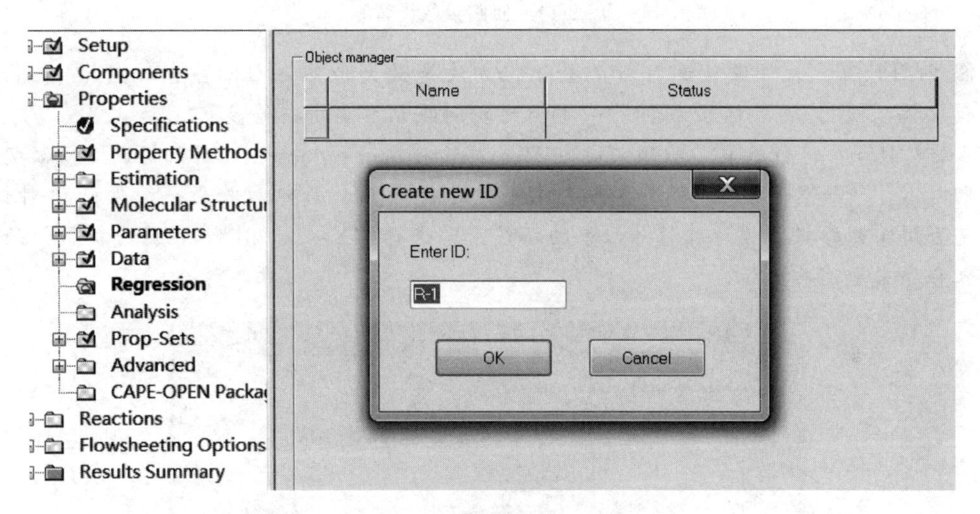

图 2-12　创建实验数据回归文件

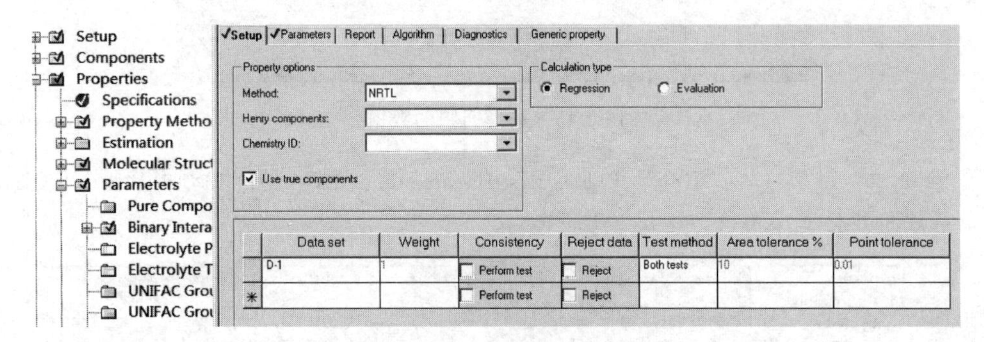

图 2-13　回归参数检验方法设置

⑦ 回归参数初值设置。在“R-1”文件的 Input/Parameters 页面上，输入欲回归参数的初值。一般 NRTL 方程用两个参数即可（B_{ij}，B_{ji}）。为提高精度，Aspen Plus 设置有四个参数，既可以填写四个参数初值也可以默认为 0。

对应每个初值，在“Usage”窗口，有“Regress、Exclude、Fix”三种选项对应三种初值处理方法“回归（给出回归参数的回归值）、不回归（不参与回归计算）、数值固定（不做回归处理）”。图 2-14 为不设置初值，对四个参数进行回归处理。

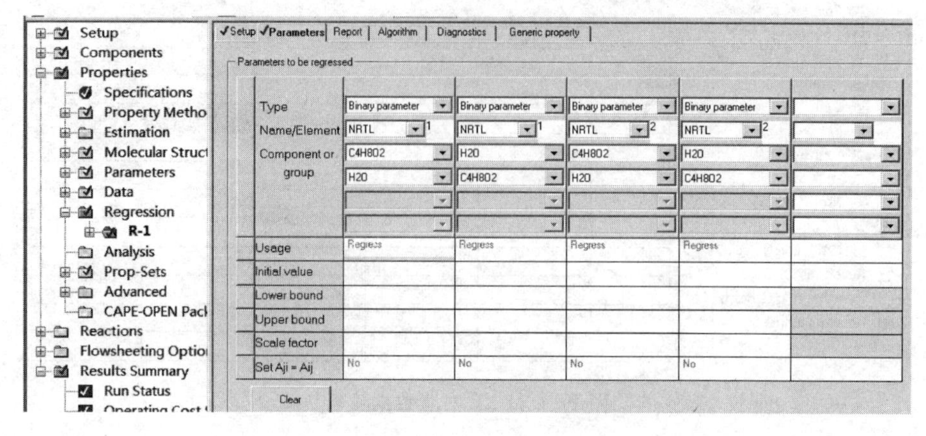

图 2-14 回归参数设置

⑧ 回归计算。软件默认的目标函数优化方法是最大似然法（Maximum-likehood），最大迭代次数 20 次，收敛标准为 10^{-4}。并且可以对默认参数进行修改。

点击“Run”进行计算，出现“Date Regression Run Selection”对话框，选择欲运行的数据回归 R-1，如图 2-15 所示。单击“Next”进行计算，若回归收敛，软件弹出对话框，询问是否用回归参数置换计算程序原来的参数，若选择“Yes to all”，表明用新回归的参数值替代程序中原有参数值。

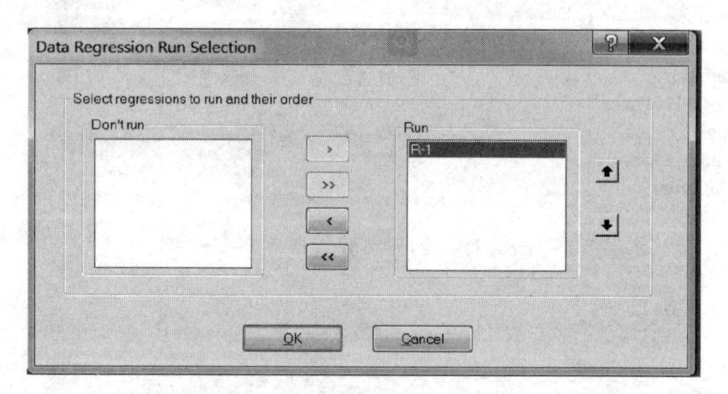

图 2-15 选择回归的数据

⑨ 检验回归结果。在“R-1”中 Results/Parameters 页面，可以回归得到 NRTL 方程的四个参数和其标准误差值，如图 2-16 所示。

Properties
Regression
R-1
Results
Results Summary
Run Status
Operating Cost
Model Summary
Equipment Summ

Parameters | Consistency tests | Residual | Profiles | Correlation | Sum of Squares | Evaluation | Extra Property

Regressed parameters

Parameter	Component i	Component j	Value (SI units)	Standard deviation
NRTL/1	C4H8O2	H2O	-3.5863616	0.90163675
NRTL/1	H2O	C4H8O2	8.07637751	1.0713404
NRTL/2	C4H8O2	H2O	1247.89262	273.417522
NRTL/2	H2O	C4H8O2	-1297.9924	324.452654

图 2-16 四个 NRTL 方程参数的回归值与标准误差值

在“R-1”中 Results/Residual 页面可以各实验点组分回归值得到标准偏差、绝对偏差与相对偏差，见图 2-17。在“R-1”中 Results/Profiles 页面可以各实验点组分组成实验值与回归值进行列表比较。

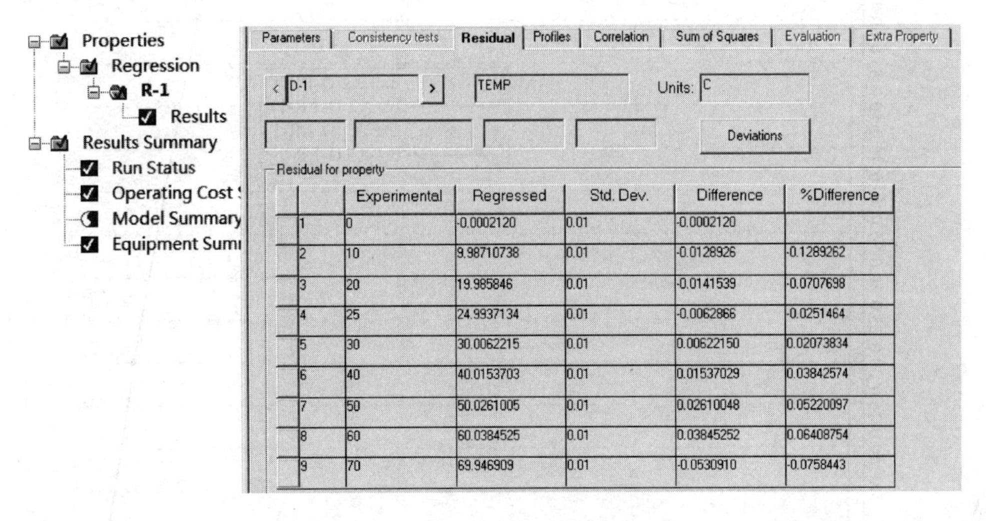

	Experimental	Regressed	Std. Dev.	Difference	%Difference
1	0	-0.0002120	0.01	-0.0002120	
2	10	9.98710738	0.01	-0.0128926	-0.1289262
3	20	19.985846	0.01	-0.0141539	-0.0707698
4	25	24.9937134	0.01	-0.0062866	-0.0251464
5	30	30.0062215	0.01	0.00622150	0.02073834
6	40	40.0153703	0.01	0.01537029	0.03842574
7	50	50.0261005	0.01	0.02610048	0.05220097
8	60	60.0384525	0.01	0.03845252	0.06408754
9	70	69.946909	0.01	-0.0530910	-0.0758443

图 2-17　回归结果残差表

⑩ 数据作图。为直观表达回归计算结果，可以用作图向导进行绘图，显示实验数据与计算值的拟合程度。在 Plot/Plot Wizard 弹出作图对话框，进入选图界面，如图 2-18 所示，本例选择 T-x-x 图。

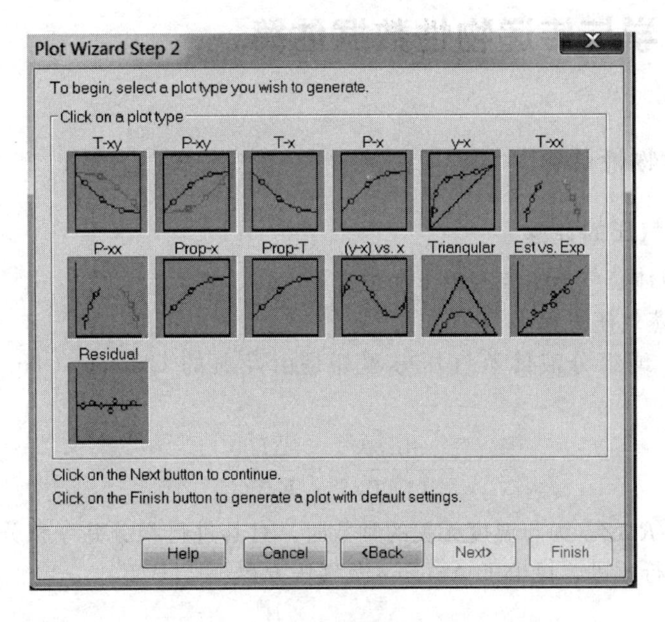

图 2-18　选图界面

最终得到如图 2-19 所示的图像。可见实验数据与计算曲线重合非常好，证明 NRTL 模型拟合实验数据是合适的。

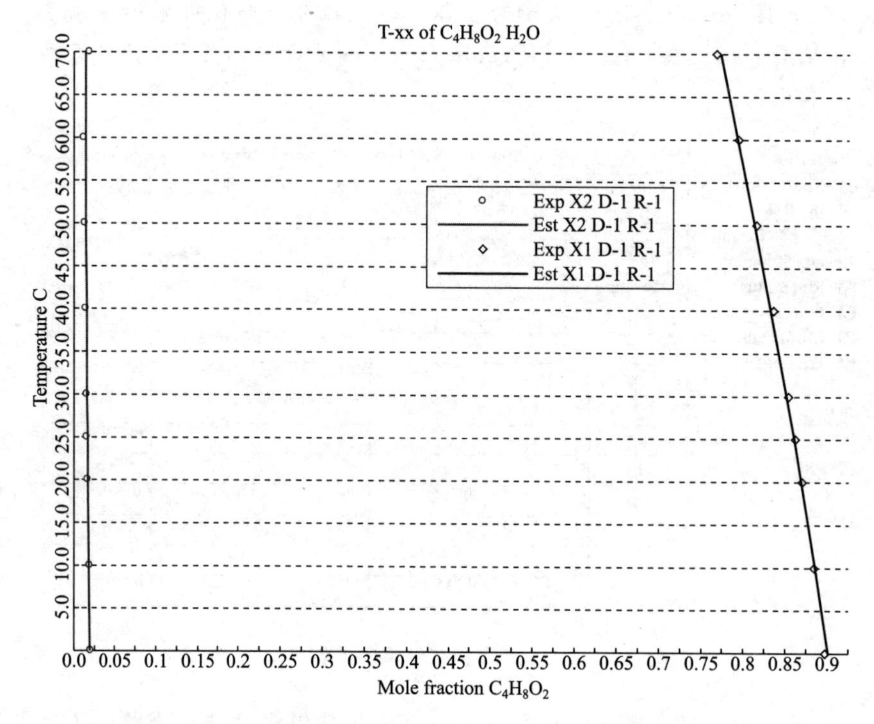

图 2-19 乙酸乙酯-水液-液平衡实验数据与 NRTL 模型回归 T-x_1-x_2 图

2.3 热力学与传递物性数据估算

2.3.1 热力学物性估算

2.3.1.1 蒸气压的计算

对于纯组分液体蒸气压主要有以下几种计算方法。

(1) Antoine 蒸气压方程

多数情况下，纯组分液体蒸气压方程都是由经典的 Clausius-Clapeyron 方程积分得到，即

$$\frac{\mathrm{d}\ln p}{\mathrm{d}(1/T)}=-\frac{\Delta H_{\mathrm{V}}}{R\Delta Z_{\mathrm{V}}} \tag{2-18}$$

当假定 $\Delta H_{\mathrm{V}}/R\Delta Z_{\mathrm{V}}$ 为与温度无关的常数时，对其进行积分并令积分常数为 A。随后，Antoine 对上式进行改进，提出了 Antoine 蒸气压方程

$$\ln p=A-\frac{B}{T+C} \tag{2-19}$$

式中，p 为蒸气压，kPa；T 为热力学温度，K。常数 A、B、C 为 Antoine 常数，可从附录查到。

(2) Riedel 蒸气压方程

Riedel 提出改进的蒸气压关联式

$$\ln p = A + \frac{B}{T} + C\ln T + DT^4 \tag{2-20}$$

又进一步提出了对比态蒸气压方程，即

$$\ln p_r = A^+ - \frac{B^+}{T_r} + C^+ \ln T_r + D^+ T_r^6 \tag{2-21}$$

式中，$A^+ = -35Q$；$B^+ = -36Q$；$C^+ = 42Q + \alpha_C$；$D^+ = -Q$；$Q = 0.0838(3.758 - \alpha_C)$。

$$\alpha_C = \frac{0.315\varphi_b + \ln p_C}{0.0838\varphi_b - \ln T_{br}}, \quad \varphi_b = -35 + \frac{36}{T_{br}} + 42\ln T_{br} - T_{br}^6$$

【例 2-5】 估算乙苯在 460.0K 下的蒸气压。实验值为 338.8kPa。

解： 查表可得 Antoine 方程中 $A = 9.3993$，$B = 3279.47$，$C = -59.95$，其中 p 对应的单位为 bar，代入 Antoine 方程可得

$$p = \exp\left(A - \frac{B}{T+C}\right) = \exp\left(9.3993 - \frac{3279.47}{460 - 59.95}\right) = 3.326\text{bar}$$

$$p = 3.326\text{bar} = 332.6\text{kPa}$$

其他估算方法结果见表 2-9。

表 2-9　不同方程计算饱和蒸气压值及误差

方程	Antoine	Riedel	Vetere	Riedel-Plank-Miller	Gomez-Thodos	Ambrose-Walton	CSGC-PR
计算值/kPa	332.6	335.3	335.9	331.1	333.1	335.7	337.3
误差/%	1.8	1.03	0.86	2.27	1.68	0.91	0.44

2.3.1.2　蒸发潜热的计算

蒸发潜热（汽化焓）是指在相同温度下饱和蒸气与饱和液体之间的焓差，通常用 ΔH_V 表示。对于正常沸点下的蒸发潜热，主要有以下四种方法。

(1) Giacalone 方程

$$\Delta H_{Vb} = RT_c\left(T_{br}\frac{\ln p_c}{1 - T_{br}}\right) \tag{2-22}$$

(2) Riedel 方程

$$\Delta H_{Vb} = 1.093RT_c\left(T_{br}\frac{\ln p_c - 1}{0.930 - T_{br}}\right) \tag{2-23}$$

(3) Chen 方程

$$\Delta H_{Vb} = RT_c T_{br}\frac{3.978T_{br} - 3.938 + 1.555\ln p_c}{1.07 - T_{br}} \tag{2-24}$$

(4) Vetere 方程

$$\Delta H_{Vb} = RT_c T_{br}\frac{0.4343\ln p_c - 0.68859 + 0.89584T_{br}}{0.37691 - 0.37306T_{br} + 0.14878p_c^{-1}T_{br}^{-2}} \tag{2-25}$$

式（2-22）～式（2-25）中 p_c 的单位为 bar。

这四种方法的计算值与实验值的平均绝对误差，可参考表 2-10。

表 2-10 ΔH_V 的计算值与实验值的平均绝对误差

化合物的类型	化合物数目	平均绝对误差/%			
		Giacalone 方程	Riedel 方程	Chen 方程	Vetere 方程
饱和烃	22	2.9	0.9	0.4	0.4
不饱和烃	8	2.4	1.4	1.2	1.2
环烷和芳香烃	12	1.1	1.3	1.2	1.1
醇	7	3.6	4.0	4.0	3.8
氮和硫的有机物	10	1.6	1.7	1.7	1.9
卤化物	10	1.3	1.6	1.5	1.5
惰性气体	5	8.4	2.1	2.2	2.5
氮和硫的化合物（非有机）	4	3.0	2.7	2.7	2.1
非有机卤化物	4	0.6	1.4	1.4	0.9
氧化物	6	6.9	4.4	4.9	4.6
其他极性化合物	6	2.2	1.5	1.8	1.6
总计	94	2.8	1.8	1.7	1.6

【例 2-6】 计算丙醛在正常沸点下的蒸发潜热。实验值为 6760cal/mol。

解： 经查得：$T_b=321\text{K}$，$T_c=496\text{K}$，$p_c=47.0\text{atm}$。故 $T_{br}=0.647$。

由 Riedel 方程得

$$\Delta H_{Vb}=1.093\times1.987\times496\times\frac{0.647(\ln47.0-1)}{0.930-0.647}$$

$$=7020\text{cal/mol}=29.372\text{kJ/mol}$$

实验值 6760cal/mol=28.284kJ/mol

不同方法的计算值比较见表 2-11。

表 2-11 不同方法计算汽化焓值及误差

方法	计算值/(kJ/mol)	误差/%
Riedel 方程	29.372	3.90
Giacalone 方程	29.100	2.90
Chen 方程	29.158	3.10
Vetere 方程	29.142	3.00

2.3.1.3 物质热容的估算

(1) 理想气体热容

简单理想气体热容可以通过量子力学和统计力学分析计算得到，但对于复杂的分子，计算较为困难。一般来说理想气体的热容与温度的关系式为

$$c_p^i=a+bT+cT^2+dT^3 \tag{2-26}$$

式中，c_p^{i} 为理想气体摩尔热容，J/(mol·K)；T 为热力学温度，K；常数 a、b、c、d 由直接量热或对光谱数据进行统计力学计算得到。当缺乏数据时可采用基团贡献法推算。Rihani-Doraiswany 基团贡献法基于下式

$$c_p^{\mathrm{i}}=\sum_i n_i a_i+\sum_i n_i b_i T+\sum_i n_i c_i T^2+\sum_i n_i d_i T^3 \tag{2-27}$$

式中，n_i 为 i 基团的数目；a_i、b_i、c_i 及 d_i 为 i 基团参数。

该法适用于多种化合物，包括杂环化合物，但并不适用于乙炔类。其预测精度大概在2%～3%，当温度低于300K时，精度会略有降低。

(2) 真实气体热容

在相同温度和组成的条件下，实际气体热容 c_p 为理想气体热容 c_p^{i} 与剩余热容 Δc_p 之和。这不仅适用于纯气体，也适用于组成不变的气体混合物。剩余热容可用恒压恒组成下焓差的偏微商确定，也可根据 T_{r}、p_{r} 通过普遍化 T-S 图获取。

(3) 液体的热容

对于非极性液体

$$c_{\sigma,\mathrm{L}}-c_p^{\mathrm{i}}=(\Delta c_{\sigma,\mathrm{L}})^{(0)}+\omega(\Delta c_{\sigma,\mathrm{L}})^{(1)} \tag{2-28}$$

对于极性液体

$$c_{\sigma,\mathrm{L}}-c_p^{\mathrm{i}}=(\Delta c_{\sigma,\mathrm{L}})^{(0p)}+\omega(\Delta c_{\sigma,\mathrm{L}})^{(1p)}+X(\Delta c_{\sigma,\mathrm{L}})^{(2p)}+X^2(\Delta c_{\sigma,\mathrm{L}})^{(3p)}+\omega^2(\Delta c_{\sigma,\mathrm{L}})^{(4p)}+X\omega(\Delta c_{\sigma,\mathrm{L}})^{(5p)} \tag{2-29}$$

式中，$c_{\sigma,\mathrm{L}}$ 为饱和液体摩尔热容，J/(mol·K)；$\Delta c_{\sigma,\mathrm{L}}$ 为饱和液体热容的偏差函数；ω 为Pitzer偏心因子；X 为Stiel极性因子；$(\Delta c_{\sigma,\mathrm{L}})^{(0)}$ 等带上角标的函数均称为饱和液体热容偏差函数，可查表得到。

2.3.2 传递性质的估算

平衡物性是无推动力的，而传递物性是有推动力的。物质的传递特性包括黏度系数、导热系数以及扩散系数等。

2.3.2.1 黏度系数的计算

(1) 气体黏度系数

黏度仅是分子种类、温度与压力的函数。

$$\mu=\frac{1}{3}\rho\bar{v}\lambda \tag{2-30}$$

式中，$\bar{v}$ 为分子运动平均速度；λ 为分子运动平均自由程。

对于低密度气体的黏度，可采用下式计算

$$\mu=2.6693\times10^{-6}\frac{\sqrt{MT}}{\Omega_\mu\sigma^2} \tag{2-31}$$

式中，M 为摩尔质量，kg/kmol；Ω_μ 为碰撞积分；σ 伦纳德-琼斯参数，称为平均碰撞直径，Å（1 Å$=10^{-10}$m）。

对于多组分、低密度混合气体的黏度，威尔克（Wilke）推荐使用下式计算

$$\mu_{\mathrm{m}}=\sum_{i=1}^{N}\frac{x_i\mu_i}{\sum x_i\phi_{ij}} \tag{2-32}$$

$$\phi_{ij}=\frac{1}{\sqrt{8}}\left(1+\frac{M_i}{M_j}\right)^{-1/2}\left[1+\left(\frac{\mu_i}{\mu_j}\right)^{1/3}\left(\frac{M_i}{M_j}\right)^{1/4}\right]^2 \tag{2-33}$$

式（2-30）～式（2-33）仅适用于非极性气体和低密度气体混合物。当用于极性分子的气体时，必须进行修正。

(2) 液体黏度系数

关于纯液体黏度的知识比气体黏度的了解更具经验性，因为液体分子的运动理论远没有气体理论成熟。

液体黏度理论主要包括自由体积理论、有效结构理论、传递特性理论和 Eyring 绝对反应速率理论等。在这些理论中，Eyring 黏度理论能够对液体的传递机理给出定性的描述，给出液体的黏度随着温度的升高而降低的实验事实，从而成为目前黏度理论的主流。

$$\mu=\frac{N_{A}h}{V}\exp\left(\frac{\Delta G}{RT}\right) \tag{2-34}$$

式中，N_A 为阿伏伽德罗常数；h 为普朗克常数；ΔG 为液体分子从平衡位置跳跃到临近空位所需的最小能量。式（2-34）描述了液体黏度与分子活化能和温度之间的关系，液体温度越高，其黏度越小；活化能越小，液体的黏度也越小。

2.3.2.2 导热系数的计算

对于低压下的气体，将分子看成没有引力的质量为 m，直径为 d 的硬球。

$$\lambda=\pi^{-3/2}\left(\sqrt{\frac{k^{3}T}{m}}\right)\frac{1}{d^{2}} \tag{2-35}$$

式中，k 为 Boltzmann 常数（$k=0.1380\mathrm{J/K}$）。

Chapman-Enskog 理论：统计力学推导可得到传递性质与碰撞积分的关系。而碰撞积分由分子间相互作用的位能函数确定。

$$\lambda=0.0829\sqrt{\frac{T}{M}}\frac{1}{\Omega_{\lambda}\sigma^{2}} \tag{2-36}$$

式中，Ω_λ 为碰撞积分；σ 伦纳德-琼斯参数，称为平均碰撞直径。

液体导热的机理与气体类似，但是由于液体分子间距较小，分子力场对分子碰撞过程中能量交换影响很大，故变得更加复杂。因此液体导热系数主要借助于经验公式和实验测量。

对于液体导热系数的计算，一般用 Riedel-Sato 法进行估算

$$\lambda_{L}=\frac{1.11\times\left[3+20(1-T_{r})^{2/3}\right]}{M^{0.5}\left[3+20(1-T_{br})^{2/3}\right]} \tag{2-37}$$

2.3.2.3 扩散系数的计算

(1) 双组分气体混合物中气体扩散系数

根据气体分子运动学说，可导出双组分气体混合物中气体扩散系数计算式如下

$$D_{AB}=\frac{bT^{3/2}\left(\frac{1}{M_{A}}+\frac{1}{M_{B}}\right)^{1/2}}{pS_{av}} \tag{2-38}$$

式中，T 为热力学温度，K；M_A、M_B 为组分 A、B 的摩尔质量，kg/kmol；p 为总压力，atm；S_{av} 为物质 A、B 的分子平均截面积，m^2；b 为常数，由实验确定。

该式中 S_{av} 确定较难，实际应用价值不大。主要指出各参数之间的函数关系，为其他半经验公式提供了理论基础。

福勒（Fuller）-斯凯勒（Schettler）-吉丁斯（Giddings）公式：Fuller 等人使用了 153 种二元气体系统的 340 个实验数据，通过回归分析得出下式。

$$D_{AB}=\frac{1.0\times10^{-7}T^{1.75}\left(\frac{1}{M_A}+\frac{1}{M_B}\right)^{1/2}}{p\left[(\Sigma V_A)^{1/3}+(\Sigma V_B)^{1/3}\right]} \tag{2-39}$$

该式适用于计算低压下接近常温的非极性混合物的扩散系数，在其他情况下的精确度欠佳。

为了更为精准地计算气体的扩散系数，可采用 Hirschfelder 等推荐的公式

$$D_{AB}=\frac{1.8583\times10^{-7}T^{3/2}}{p\sigma_{AB}\Omega_D}\left(\frac{1}{M_A}+\frac{1}{M_B}\right)^{1/2} \tag{2-40}$$

式中，Ω_D 为分子扩散的碰撞积分；σ_{AB} 为平均碰撞直径。

式（2-40）也常用来对实验数据进行外推。由该式可以看出，D_{AB} 与总压 p 成反比。对于压力高达 2.5MPa 的中压气体仍然适用。至于高压下气体的扩散系数，目前仍缺乏令人满意的计算公式。

(2) 液体扩散系数

溶液中溶质的扩散系数不仅与物系的种类、温度有关，而且随溶质的浓度而异。由于液体扩散理论尚不成熟，目前用于计算液体扩散系数的理论公式很少，多为半经验公式。

① 稀溶液的基本理论公式　斯托克斯-爱因斯坦（Stokes-Einstein）公式是最早提出的一个计算液体扩散系数的理论公式。它是由大圆球颗粒溶质（A）通过微小颗粒溶剂（B）的扩散模型推导出来的。该公式为

$$D_{AB}=\frac{kT}{6\pi\mu_B r_A} \tag{2-41}$$

式中，r_A 为溶质 A 的分子半径，m。

式（2-41）通称为斯托克斯-爱因斯坦（Stokes-Einstein）方程。该方程用于球形质点或球形分子在稀溶液中扩散时，可获得较为精准的结果。该式的主要价值在于指出扩散系数与黏度的函数关系，为其他半经验公式提供了理论基础。

② 稀溶液的半经验公式　溶质质量分数在 5% 以下，可视为稀溶液。

a. 威尔基-张（Wilke-Zhang）公式对于非电解质稀溶液比较实用，见式（2-42）

$$D_{AB}=7.4\times10^{-12}(\Phi M_B)^{1/2}\frac{T}{\mu_B V_{bA}^{0.6}} \tag{2-42}$$

式中，Φ 为溶剂 B 的缔合因子；V_{bA} 为溶质在正常沸点下的分子体积。

b. 斯凯贝尔（Scheibel）公式形式为

$$D_{AB}=\frac{KT}{\mu_B V_{bA}^{1/3}} \tag{2-43}$$

$$K=8.2\times10^{-12}\left[1+\left(\frac{3V_{bB}}{V_{bA}}\right)^{2/3}\right] \tag{2-44}$$

K 取值与分子体积的关系有关。

2.4　物性的计算机模拟

2.4.1　纯物质的物性模拟

Aspen Plus 不仅可以估算纯组分的基础物性常数（沸点、临界压力、临界温度等）还

可以计算纯组分的热化学与传递性质。表 2-12 简单列出了可以估算的常用相关物性以及其代码（具体参见相关 Aspen 书籍）。Aspen 软件提供了很多物性计算方法，且不断发展以适应不同物性。

表 2-12 相关物性以及其代码

性质	符号代码	性质	符号代码
标准生成热	DHFORM	标准生成自由能	DGFORM
理想气体热容	CPIG	液体热导率	KL
汽化焓	DHVL	气体热导率	KV
液体摩尔体积	VL	表面张力	SIGMA
液相黏度	MUL	液体热容	CPL
气相黏度	MUV	溶解度参数	DELTA

Aspen Plus 系统数据库包含着多种化合物的物性参数，而这些物性参数是 Aspen 模拟过程中不可或缺的基本参数，对于物性库已有的物质，使用者可以直接调用；若遇到软件内没有的物质（非数据库组分），无法直接调用，需要使用物性常数估算系统来估算物质的物性。这些物性估算方法主要依赖于各物性所适用的理论计算方法，大部分物性可以通过基团估算法外推得到，如基础物性常数使用 Joback、Gani 法。

【例 2-7】 使用 Aspen Plus 调取 1-丁烯沸点（T_b）以及临界参数（T_c、p_c、V_c）。

解： ① 全局参数设置。包括计算模式、标题等信息，与前例中处理方法相类似。输入组分和选择物性方法，输入组分 1-丁烯（如图 2-20 所示），在 Base method 中选择 PSRK 作为模拟的物性方程（如图 2-21 所示）。

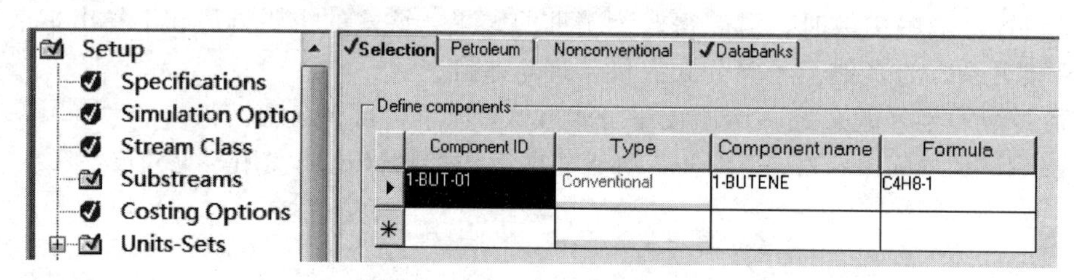

图 2-20 1-丁烯组分输入

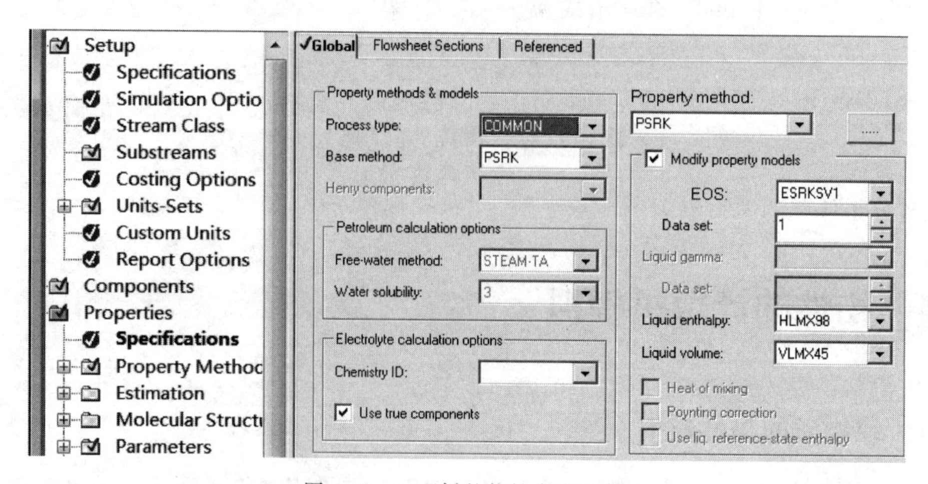

图 2-21 1-丁烯的物性方法选择

② 物性集设定。新建物性集，将所需的物性调用出来并设置物性的物理单位，沸点（T_b）以及临界温度（T_c）、临界压力（p_c）、临界体积（V_c）如图 2-22 所示。

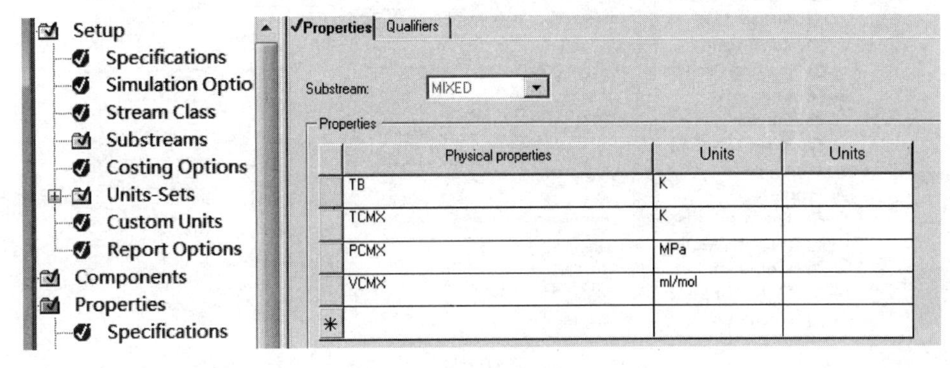

图 2-22　1-丁烯新建物性集

③ 模拟运行和结果查询。所有设定完成后模拟运行，并在 Properties/Analysis 中查看模拟结果，如图 2-23 所示。模拟结果与不同的理论模型计算比较如表 2-13 所示。

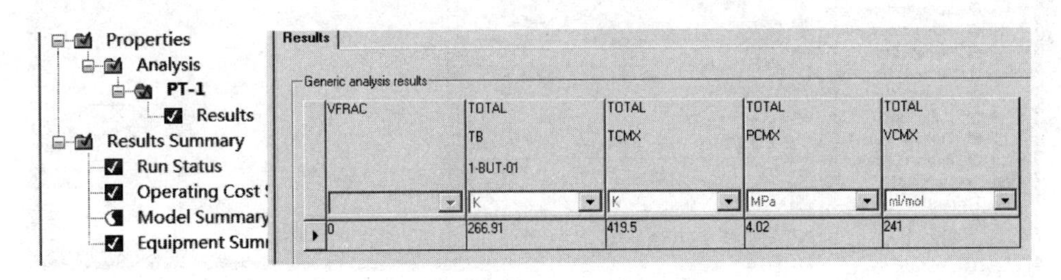

图 2-23　1-丁烯物性模拟结果查询

表 2-13　1-丁烯物性模拟值与实际值比较

项目	T_b/K	T_c/K	p_c/MPa	V_c/(cm^3/mol)
Joback 法	287.60	421.3	4.104	240.5
C-G 法一级	261.50	421.8	4.262	242.9
C-G 法二级	253.10	412.2	4.081	245.8
实验值	267.90	419.5	4.02	240.8
Aspen 模拟值	266.91	419.5	4.02	241.0

【例 2-8】 水是工业中最基础和最常见的物质，请使用 Aspen Plus 模拟水的饱和蒸气压和相变焓（0～100℃，每隔 10℃取值），并且与工程数据表进行对比。

解： ① 全局参数设置。包括计算模式、标题等信息，与［例 2-7］中处理方法相类似。

② 输入组分和选择物性方法。输入组分 H_2O，在 Process type 中选择 WATER，在 Base method 中选择 STEAM-TA 作为模拟的物性方程（见图 2-24）。

③ 变量参数的设定。设置 Vapor faction 为 0（饱和液体），温度范围为 0～100℃（递增 10℃），如图 2-25 所示。

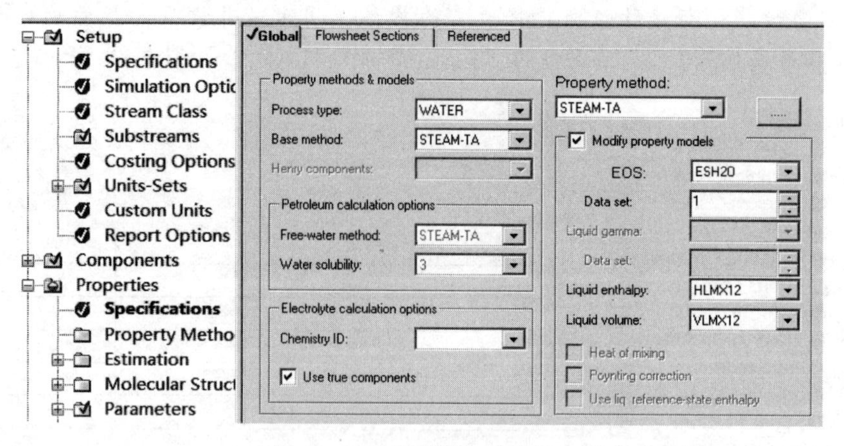

图 2-24　水的物性方法选择

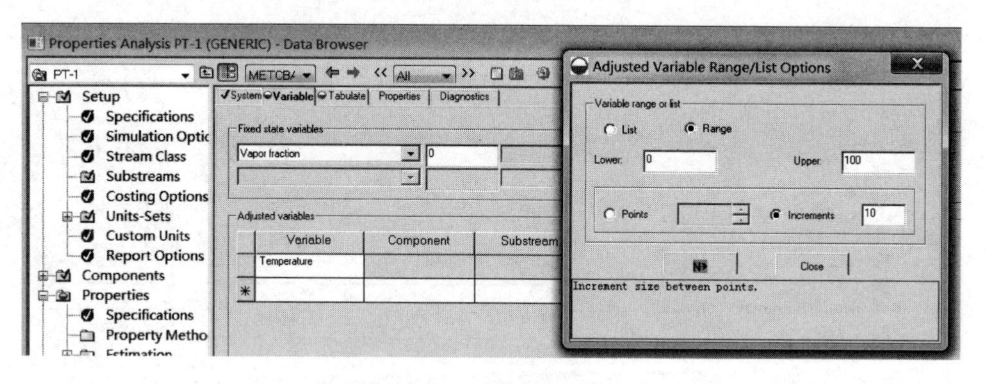

图 2-25　变量参数的设置

④ 物性集设定。设定新建物性集，将所需的物性调用出来并设置物性的物理单位，相变焓（DHVL）以及饱和蒸气压（PL）如图 2-26。

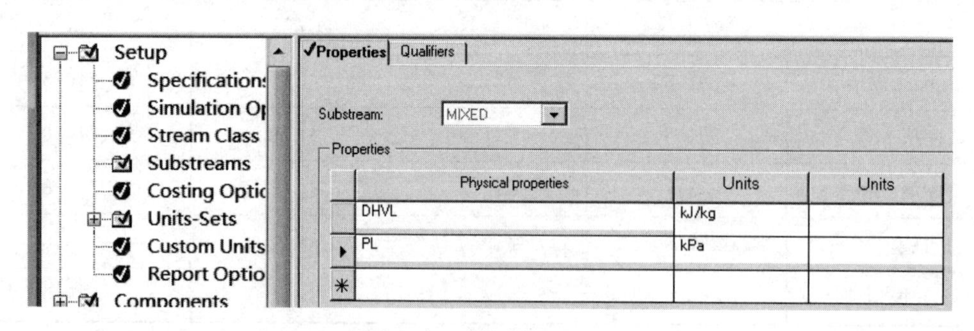

图 2-26　水物性集的设定

⑤ 模拟运行和结果查询。所有设定完成后模拟运行，并在 Properties/Analysis 中查看模拟结果，如图 2-27 所示。将模拟的结果与工程手册中水的物性数据对比（见表 2-14），汽化焓的模拟值与手册值最大差值为 0.5kJ/kg，误差在 0.02%以内，蒸气压的相对误差在 0.1%以内。

模拟中间隔为 10℃，如果需要某一具体温度，可以设置增量为 1℃甚至更小，模拟出来的结果比根据数据迭代出来的结果更为准确、快捷。

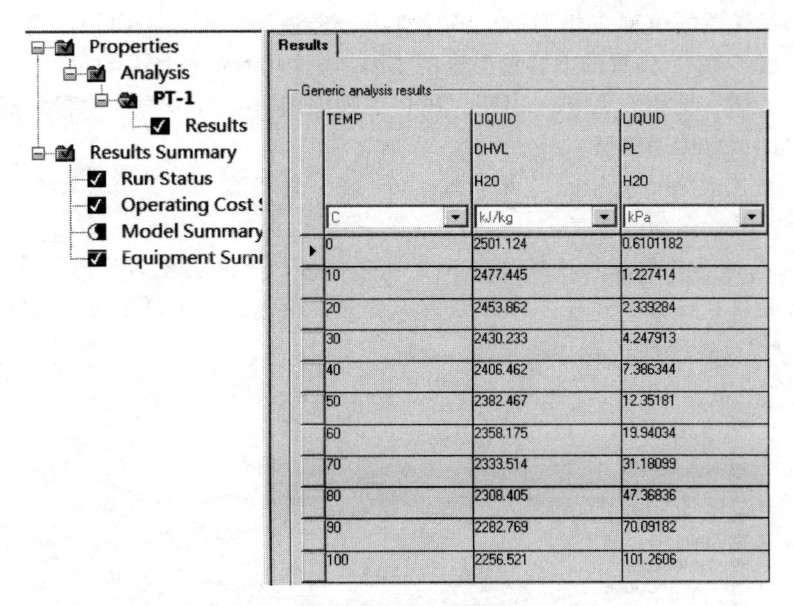

TEMP	LIQUID DHVL H2O	LIQUID PL H2O
C	kJ/kg	kPa
0	2501.124	0.6101182
10	2477.445	1.227414
20	2453.862	2.339284
30	2430.233	4.247913
40	2406.462	7.386344
50	2382.467	12.35181
60	2358.175	19.94034
70	2333.514	31.18099
80	2308.405	47.36836
90	2282.769	70.09182
100	2256.521	101.2606

图 2-27　水物性模拟结果

表 2-14　模拟结果与工程手册数据对照

温度/℃	汽化焓/(kJ/kg)		饱和蒸气压/kPa	
	模拟值	手册	模拟值	手册
0	2501.124	2501.4	0.610118	0.611
10	2477.445	2477.7	1.227414	1.228
20	2453.862	2454.1	2.339284	2.339
30	2430.233	2430.5	4.247913	4.246
40	2406.462	2406.7	7.386344	7.384
50	2382.467	2382.7	12.351810	12.350
60	2358.175	2358.5	19.940340	19.940
70	2333.514	2333.8	31.180990	31.190
80	2308.405	2308.8	47.368360	47.390
90	2282.769	2283.2	70.091820	70.140
100	2256.521	2257.0	101.260600	101.400

以上的例子中表明：Aspen Plus 对于模拟物质的物性误差小于 1%，对于一些专用组分模型（水、电解质等）其精度更高；对比其他计算，模拟计算结果更为方便、快捷，且减小查表以及迭代计算的误差。

2.4.2　混合物的物性估算模拟

化工生产中的物流基本都是混合物，因此在计算中除相平衡外还需要热化学、传递参数。化工物性工具书中收录的基本是一定温度、压力、浓度的物性数据，因此很难查询到与实际条件相匹配的物性数据，这就需要对不同温度、压力、浓度下的物性进行估算。

关于热力学性质的模型在相平衡模拟计算中已经说明。根据不同特性混合物的传递理论，Aspen 发展了 12 个内置的混合物黏度的模型，7 个内置的扩散系数模型，8 个内置的导热系数模型，具体参见相关 Aspen 书籍。用户在输入组分、选择物性方程之后系统会根据物性特征，自动调取传递模型。

【例 2-9】 请使用 Aspen Plus 计算常压、25℃下，甲醇溶液（摩尔分数 0.2～0.4）的密度、黏度、导热系数等物性参数。

解： ① 全局性参数设置。选择公制计量单位模板，计算类型为“Property Analysis”，此外再输入标题信息以及单位等。在组分输入窗口，输入组分 CH_4O 和 H_2O；选择 UNIFAC 作为模拟的基础物性方法（图 2-28）。

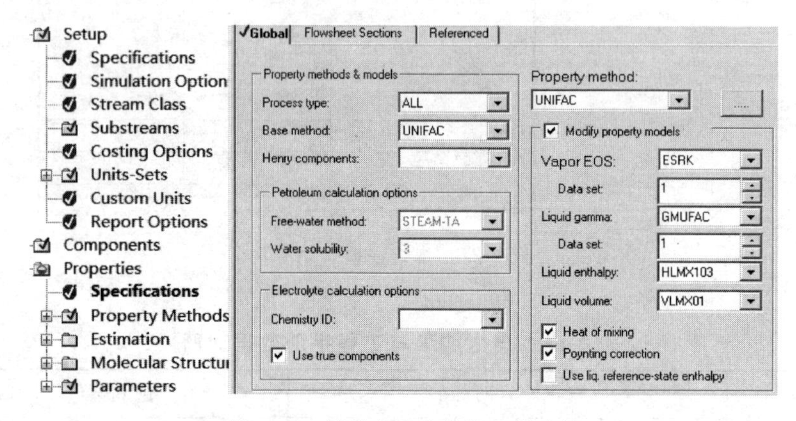

图 2-28 甲醇水溶液物性参数选择

② 物性集分析。在 Properties/Analysis 页面新建一个“PT-1”文件，填写压力、温度等，变量为甲醇的摩尔分数 0.2～0.4，如图 2-29 所示。选择需要的物性集（热力学、传递物性），也可以新建所需的物性集（图 2-30）。

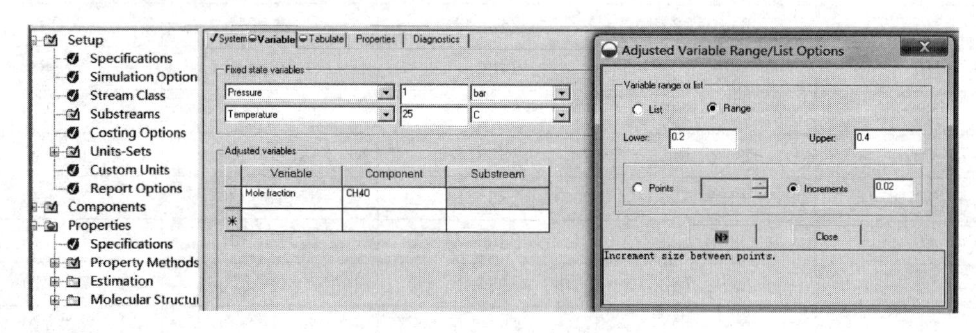

图 2-29 变量参数的设置

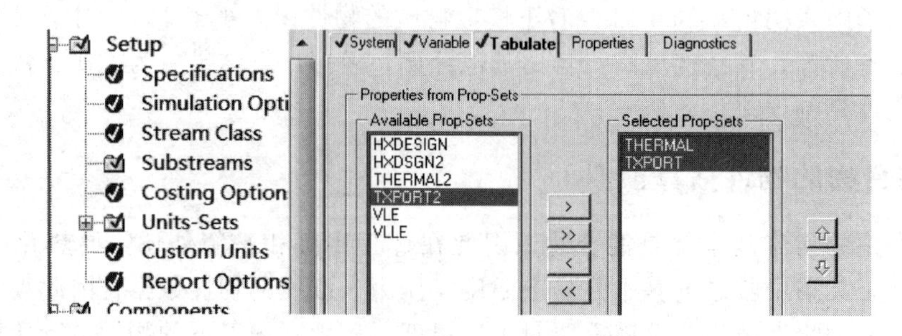

图 2-30 选择所需的物性集

③ 结果查询以及绘图。所需输入完成后，进行性质计算，计算结果收敛。查询结果可以得到不同摩尔分数下的各种物性值（图 2-31）。对各物性单独作图得到其变化曲线（图 2-32～图 2-34）。

Results

Generic analysis results

MOLEFRAC CH4O	VAPOR HMX	LIQUID HMX	VAPOR CPMX	LIQUID CPMX	VAPOR KMX	LIQUID KMX	VAPOR RHOMX	LIQUID RHOMX	VAPOR MUMX	LIQUID MUMX
	cal/gm	kJ/kg	cal/gm·K	kJ/kg·K	kcal·m/hr·cum·K	Watt/m·K	kg/cum	kg/cum	cP	cP
0.2		-13274.681		3.68576481		0.32301755		916.944		0.8210191
0.22		-13054.128		3.67185375		0.31357341		910.9868		0.8123886
0.24		-12839.337		3.65785895		0.30513026		905.278		0.8038488
0.26		-12630.077		3.64379758		0.29752866		899.8043		0.7953989
0.28		-12426.134		3.62968723		0.29064265		894.5533		0.7870377
0.3		-12227.307		3.61554589		0.28437071		889.5135		0.7787644
0.32		-12033.403		3.60139074		0.27863037		884.674		0.7705781
0.34		-11844.235		3.58723978		0.27335349		880.0249		0.7624779
0.36		-11659.635		3.57310891		0.26848366		875.5568		0.7544628
0.38		-11479.439		3.55901363		0.26397332		871.2608		0.7465319
0.4		-11303.485		3.54496859		0.25978233		867.1287		0.7386845

图 2-31　甲醇水溶液各物性计算结果

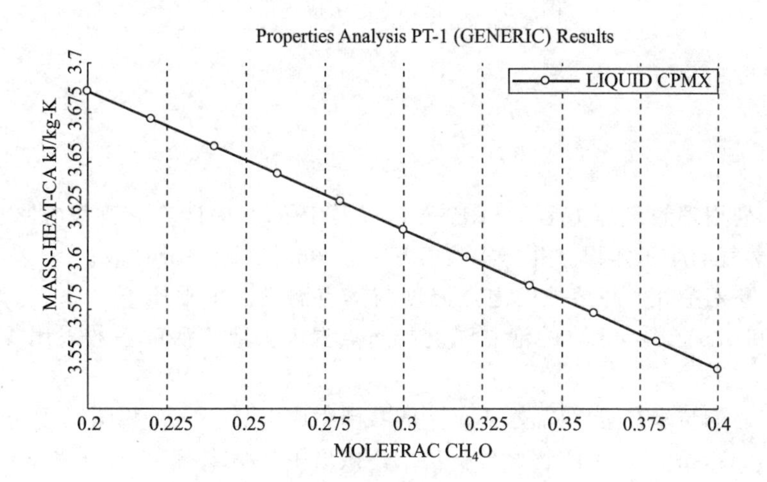

图 2-32　质量热容随甲醇组成变化曲线

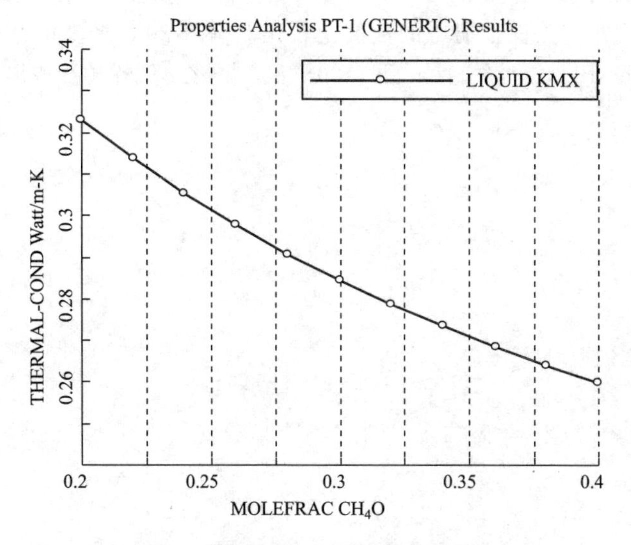

图 2-33　导热系数随甲醇组成变化曲线

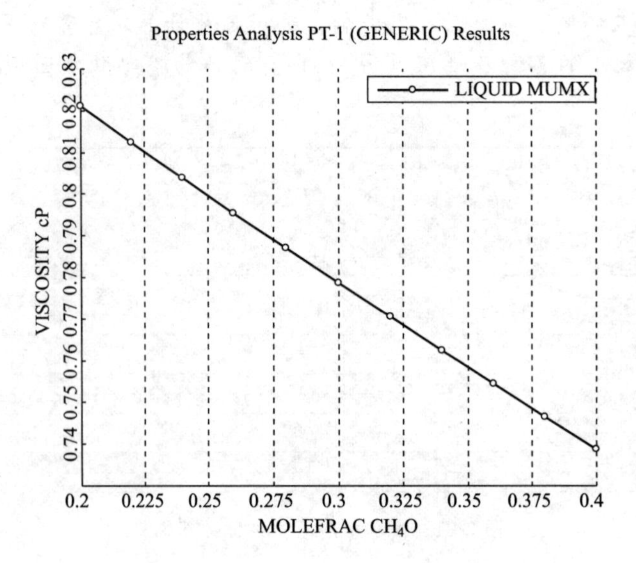

图 2-34 黏度随甲醇组成变化曲线

习 题

2-1 分别使用理想气体方程、SRK 方程以及 P-R 方程计算异丁烷在 300K，3.704×10^5 Pa 时饱和蒸气的摩尔体积。并与实验值 $V=0.006081\text{m}^3/\text{mol}$ 比较。

2-2 求乙酸乙酯和乙醇溶液的泡点温度与露点温度。求常压下含 0.7（摩尔分数）乙酸乙酯（A）和 0.3 乙醇（B）的泡点温度与露点温度。液相活度系数采用 Van Laar 方程计算。

2-3 求甲乙酮与水在常压以及 7bar 下的共沸组成以及 T-x-y 相图。

2-4 利用 Aspen Plus 中的物性分析功能，做出甲醇-水体系在 2bar 和 6bar 下的 T-x-y 相图，并与已发表的实验数据比较，从而验证物性模型和数据的准确性。

2-5 利用 Aspen Plus 估算常压下、0～100℃范围内水的 Prandtl 数值和 100～200℃范围内水的汽化潜热，并与工程手册中的数值比较误差（每 20℃比较）。

2-6 使用 Aspen Plus，计算 1bar 下，20～80℃内乙醇-水（乙醇摩尔分数为 20%）体系的传递性质。

第3章

过程单元物料衡算与计算机模拟

物料衡算是化工工艺设计的基础，也是化工计算课程的主要内容之一。物料衡算的目的包括以下几个方面：

① 确定原料消耗量与产品产量间的定量关系，为工艺和设备设计或技术改造提供依据；

② 确定原料的消耗量及三废的生成量之间的关系，以利于合理组织生产与环境控制；

③ 物料衡算是热量衡算的基础，通过热量衡算可确定用能设备的热负荷、载热或载冷介质（蒸汽或冷却水等）用量，以及设备的型式、规格和数量等。

本章通过实例学习过程单元物料衡算的基本原理和方法，以及采用 Aspen Plus 软件求解过程单元的物料衡算问题的方法和步骤。3.1 节和 3.2 节讨论物理过程的物料衡算问题；3.3 节介绍采用 Aspen Plus 软件求解物理过程单元的物料衡算问题；3.4 节讨论化学反应器的物料衡算问题，最后在 3.5 节中介绍利用 Aspen Plus 软件来求解反应过程单元的物料平衡问题。

3.1 物理过程单元的物料衡算

3.1.1 物料衡算方程

物料平衡方程是根据质量守恒原理建立的，可表述如下

$$\boxed{\begin{matrix}\text{进入系统}\\\text{质量流率}\end{matrix}} - \boxed{\begin{matrix}\text{离开系统}\\\text{质量流率}\end{matrix}} = \boxed{\begin{matrix}\text{系统内质量}\\\text{积累速率}\end{matrix}} \tag{3-1}$$

式（3-1）对于物理过程和化学反应过程都是成立的。

(1) 单组分系统的物料衡算方程

如图 3-1 所示为一储槽，设流入储槽内的质量流率为 W_1，流出储槽的质量流率为 W_2，t 为时间，由式（3-1）得到以质量流率表示的物料平衡方程

$$W_1 - W_2 = \frac{\mathrm{d}W}{\mathrm{d}t} \tag{3-2a}$$

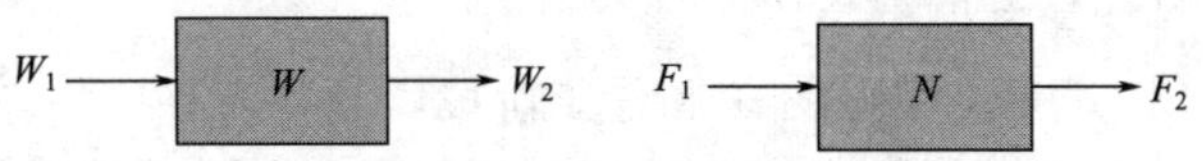

W_1 → W → W_2　　F_1 → N → F_2

图 3-1　衡算体系质量平衡

如果在储槽内无化学反应发生，将式（3-2a）各项除以其分子量 M，并令 $F_1=W_1/M$、$F_2=W_2/M$ 及 $N=W/M$，则可得到以摩尔流率表示的物料平衡方程

$$F_1-F_2=\frac{\mathrm{d}N}{\mathrm{d}t} \tag{3-2b}$$

如果储槽中有多股进料和多股出料，则需将所有进料物流与出料物流分别加和

$$(\sum W_i)_{\mathrm{in}}-(\sum W_i)_{\mathrm{out}}=\frac{\mathrm{d}W}{\mathrm{d}t} \tag{3-3a}$$

$$(\sum F_i)_{\mathrm{in}}-(\sum F_i)_{\mathrm{out}}=\frac{\mathrm{d}N}{\mathrm{d}t} \tag{3-3b}$$

规定：进入系统的物流流率取“+”，离开系统的物流流率取“−”，进出系统物流总数为 N_s（Number of streams）。以上二式可写成

$$\sum_{i=1}^{N_s}W_i=\frac{\mathrm{d}W}{\mathrm{d}t} \tag{3-4a}$$

$$\sum_{i=1}^{N_s}F_i=\frac{\mathrm{d}N}{\mathrm{d}t} \tag{3-4b}$$

(2) 多组分系统的物料衡算方程

对于一个包含 N_c（Number of components）个组分，N_s 股物流的无化学反应系统，每一组分 j（$j=1$，2，3，…，N_c）均有式（3-4a）及（3-4b）的关系，则

$$\sum_{i=1}^{N_s}W_{ij}=\frac{\mathrm{d}W_j}{\mathrm{d}t}\qquad(j=1,2,3,\cdots,N_c) \tag{3-5a}$$

$$\sum_{i=1}^{N_s}n_{ij}=\frac{\mathrm{d}N_j}{\mathrm{d}t}\qquad(j=1,2,3,\cdots,N_c) \tag{3-5b}$$

式中 W_{ij}——第 i 股物流第 j 组分的质量流率，kg/s；

n_{ij}——第 i 股物流第 j 组分的摩尔流率，mol/s；

W_j——储槽内第 j 组分的瞬时质量，kg；

N_j——储槽内第 j 组分的瞬时物质的量，mol。

若用 F_i 表示第 i 股物流总的质量（或摩尔）流率，x_{ij} 为第 i 股物流中第 j 组分的质量（或摩尔）分数，则有

$$F_i x_{ij}=n_{ij} \tag{3-6a}$$

或

$$F_i x_{ij}=W_{ij} \tag{3-6b}$$

代入式（3-5a）和（3-5b）中，得到

$$\sum_{i=1}^{N_s}F_i x_{ij}=\frac{\mathrm{d}W_j}{\mathrm{d}t}\qquad(j=1,2,3,\cdots,N_c) \tag{3-7a}$$

$$\sum_{i=1}^{N_s}F_i x_{ij}=\frac{\mathrm{d}N_j}{\mathrm{d}t}\qquad(j=1,2,3,\cdots,N_c) \tag{3-7b}$$

式（3-7a）和式（3-7b）即为以质量守恒或分子守恒形式体现出的物料衡算方程，适用于无化学反应的化工过程。

(3) 稳态过程物料衡算方程

对于连续操作的化工过程，除了开工和停工阶段，设备内各项物理参数如流速、流量、温度、压力、相态等均处于相对稳定状态，系统内不再产生随时间变化的积累项。因而式（3-7a）、式（3-7b）中积累项的变化率 $\mathrm{d}W_j/\mathrm{d}t$ 和 $\mathrm{d}N_j/\mathrm{d}t$ 为零。则两式变为

$$\sum_{i=1}^{N_s} F_i x_{ij} = 0 \qquad (j=1,2,3,\cdots,N_c) \tag{3-8}$$

本书各章节仅讨论稳态过程的物料衡算问题。

3.1.2 物料衡算基准

在化工工艺设计和化工计算中，无论是产品的产量还是原料的消耗量都是基于一定的计算基准的。计算基准有以下几种选择方法：

① 时间基准（常见于连续过程的计算） 以 1 小时、1 天或 1 年的投料量为基准，确定相应的产量；以 1 小时、1 天或 1 年的产品量为基准，确定原料消耗量。

② 质量基准 选择一定质量的原料为基准，如 1kg 或 1000kg 等；选择一定质量的产品为基准，如 1kg 或 1000kg 等。对于化学反应过程，选择 mol 量为基准，如 1mol 或 1kmol 。

③ 体积基准 Nm^3（Normal volume，标准立方米） 对气体物料进行衡算时，应把实际状态下的体积换算为标准状态下（$p=101.325kPa$，$T=273.15K$）的体积作为基准。

④ 干湿基准 在生产中，原料和产品常常带有一定水分。若不计水分在内，则为干基，否则为湿基。

3.1.3 物料衡算的分析方法与步骤

(1) 物料衡算的分析方法

过程单元物料衡算时，会涉及多个流股变量，如流率、摩尔分数、温度、压力、焓以及过程（设备）参数，如相平衡常数、反应平衡常数、分流比等。这些物理量之间存在一定的定量关系，通过这些关系，可以从已知的流股变量或设备参数（即设计变量）求解出未知的流股变量。

对一过程单元进行物料衡算所列的方程或约束有如下三种：

① 物料平衡方程组：对于无化学反应过程每一组分都可按式（3-8）列出一个平衡方程式。对 N_c 个组分就有 N_c 个方程。

② 摩尔分数（或质量分数）约束式：每一物流中各组分的摩尔分数（或质量分数）之和为 1。对 N_s 个流股，可有 N_s 个摩尔分数或质量分数约束式。

③ 设备约束式：设备约束式是描述设备内化工过程特征的数学表达式。有些过程有设备约束式，也有些过程没有，不同的过程单元的设备约束式是不同的。一般说来，常见的设备约束式有如下几类：

a. 进料比（即两股物流流率之比）；

b. 两股物流具有相同的组成（如分流器等）；

c. 化学反应过程的转化率；

d. 化学平衡常数；

e. 相平衡常数。

(2) 物料衡算的基本步骤

对某一化工过程单元进行物料衡算时，一般是按照下面的步骤进行的。现代化工流程模拟软件也是按照这样的步骤进行计算的。

① 对过程所涉及的组分进行编号。

② 画出计算简图，对物流进行编号，并将各物流所包含的变量标注其上。

③ 列出过程的全部独立的物料平衡方程及约束式。

④ 变量分析：统计变量个数、物料衡算方程和约束方程的个数，确定设计变量个数，

并给出这些设计变量的具体数值。

对于含有 N_c 个组分的物流 i，流股变量包括：N_c 个摩尔分数（或质量分数）x_{ij}（$j=1, 2, 3, \cdots, N_c$），还有流量 F_i，共计 N_c+1 个物流变量。若系统中有 N_s 股物流，并有 N_p（Number of equipment paramiters）个设备参数，则该过程共有变量个数为

$$N_v=N_s(N_c+1)+N_p \tag{3-9}$$

式中，N_v 为变量的个数（Number of variables）。

当一个或多个组分从一股或多股物流中消失时，则式（3-9）不再适用，而必须用逐股统计的方法确定 N_v。

在变量分析中将涉及设计变量（Design variables），所谓的设计变量是指在进行化工工艺设计之前所必须知晓其值的变量，或预先给定其值的变量。设计变量可以是进料流股的流量、组成、温度、压力和相态，也可以是分离设备的分离指标或相平衡常数、反应器的反应平衡常数或转化率等。

设计变量的个数必须满足下列关系

$$N_d=N_v-N_e \tag{3-10}$$

式中　N_d——设计变量的个数（Number of design variables）；

　　N_e——总方程数（Total number of equations）。

⑤ 方程求解。在建立了物料衡算对象的所有物料衡算方程和约束方程，并确定了设计变量后，接下来任务就是求解这些方程，获得未知流股变量。许多情况下由于设备约束方程是非线性方程，直接求解获得问题的解析解的情况很少，所以通常采用数值迭代方法，获得满足设计要求精度的数值解。

3.2 物理过程单元物料衡算举例

3.2.1 无相平衡过程物料衡算

这类问题不涉及两相之间的相平衡计算，所以计算过程比较简单。

【例 3-1】 某工厂将三种原料酸——93%的硝酸、97%的硫酸和含 H_2SO_4 69%的废酸（质量分数，下同）配成混合酸使用。要求混合酸的组成为：H_2SO_4 46%、HNO_3 46%、H_2O 8%。混合酸流量为 1000kg/h，试求三种原料酸加入速率。

解：首先对混合过程所涉及的组分进行编号（见表 3-1）：

表 3-1 ［例 3-1］组分编号

组分	HNO_3	H_2SO_4	H_2O
编号	1	2	3

再画出工艺（计算）简图，对各物流进行编号，并将变量标注在简图上。

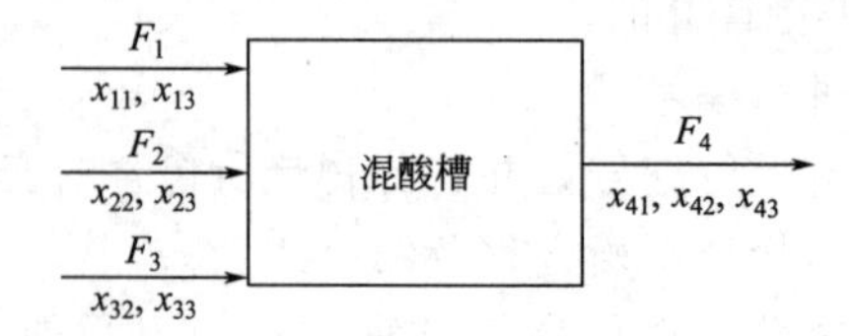

图 3-2 ［例 3-1］计算简图

物料平衡方程：这一过程为无化学反应连续过程的稳态操作，可以按式（3-8）对每一组分列出平衡方程。

HNO_3：$F_1x_{11}-F_4x_{41}=0$

H_2SO_4：$F_2x_{22}+F_3x_{32}-F_4x_{42}=0$

H_2O：$F_1x_{13}+F_2x_{23}+F_3x_{33}-F_4x_{43}=0$

其中：$F_4=1000\text{kg/h}$，$x_{41}=0.46$，$x_{42}=0.46$，$x_{43}=0.08$

$x_{11}=0.93$，$x_{13}=1-x_{11}=0.07$

$x_{22}=0.97$，$x_{23}=1-x_{22}=0.03$

$x_{32}=0.69$，$x_{33}=1-x_{32}=0.31$

剩余未知数为F_1、F_2和F_3。并且有三个独立方程。由此解得

$$F_1=494.6\text{kg/h},\ F_2=397.5\text{kg/h},\ F_3=107.9\text{kg/h}$$

【例 3-2】 设海水含盐的质量分数为0.035，用蒸发冷凝法每小时生产1000kg纯水。考虑到设备腐蚀，要求排除的含盐废水含盐不得超过0.07（质量分数）。试对这一过程作出物料平衡。

解：

（1）组分编号（见表3-2）

表3-2 ［例3-2］组分编号

组分	盐	水
编号	1	2

（2）计算简图（见图3-3）

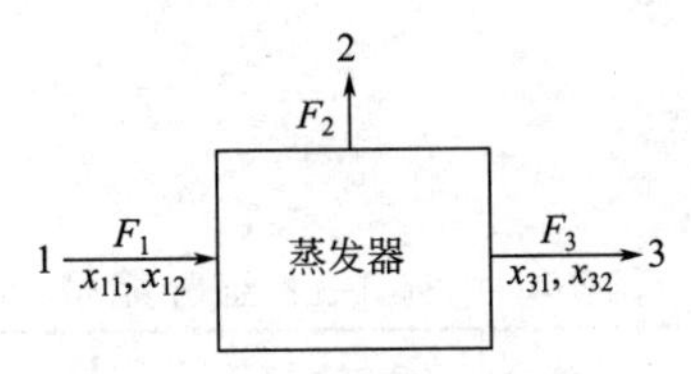

图3-3 ［例3-2］计算简图

（3）方程与约束式

① 物料平衡方程

$$F_1x_{11}=F_3x_{31} \tag{1}$$

$$F_1x_{12}=F_2+F_3x_{32} \tag{2}$$

② 质量分数约束式

$$x_{11}+x_{12}=1 \tag{3}$$

$$x_{31}+x_{32}=1 \tag{4}$$

③ 设备约束式 无

（4）变量分析

$$N_v=7,\ N_e=4,\ N_d=3$$

取F_2、x_{11}、x_{31}为设计变量，其值为{1000kg/s，0.035，0.07}

（5）求解方程组

由式（3）、式（4）得$x_{12}=1-x_{11}=0.965$，$x_{32}=1-x_{31}=0.93$

由式（1）得 $F_1=\dfrac{x_{31}}{x_{11}}F_3$代入式（2）中，有$\dfrac{x_{31}}{x_{11}}x_{12}F_3=F_2+F_3x_{32}$

解得
$$F_3=\frac{F_2}{\frac{x_{12}}{x_{11}}x_{31}-x_{32}}=\frac{1000}{\frac{0.965}{0.035}\times 0.07-0.93}=1000\text{kg/s}$$

则
$$F_1=\frac{x_{31}}{x_{11}}F_3=\frac{0.07}{0.035}\times 1000=2000\text{kg/s}$$

或
$$F_1=F_2+F_3=1000+1000=2000\text{kg/s}$$

物料平衡结果见表 3-3。

表 3-3 物料平衡结果

编号	组分	输入		输出				
		物流 1		物流 2		物流 3		总流量/(kg/s)
		组成（质量分数）/%	流量/(kg/s)	组成（质量分数）/%	流量/(kg/s)	组成（质量分数）/%	流量/(kg/s)	
1	盐	3.5	70	0	0	7	70	70
2	水	96.5	1930	100	1000	93	930	1930
合计		100	2000	100	1000	100	1000	2000

【例 3-3】 一股进料流率为 1000mol/h 的物流，组成为（摩尔分数,%）：丙烷（C_3）20，异丁烷（i-C_4）30，异戊烷（i-C_5）20，正戊烷（C_5）30。通过精馏塔分为两股物流。塔顶采出液包括进料中的全部丙烷和 80% 的 i-C_5；i-C_4 占塔顶采出液的 40%；塔釜液包括进料中的全部 C_5。试求出其余未知工况。

解：（1）组分编号（见表 3-4）

表 3-4 [例 3-3] 组分编号

组分	C_3H_8	i-C_4H_{10}	i-C_5H_{12}	C_5H_{12}
编号	1	2	3	4

（2）计算简图（见图 3-4）

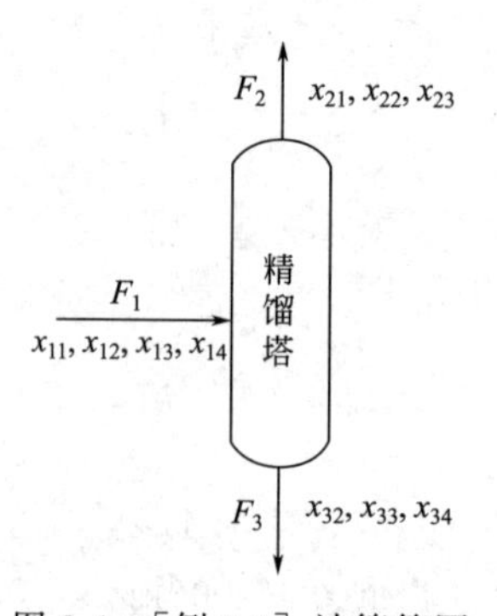

图 3-4 [例 3-3] 计算简图

（3）方程与约束式

① 物料平衡方程

$$F_1x_{11}=F_2x_{21} \tag{1}$$

$$F_1x_{12}=F_2x_{22}+F_3x_{32} \tag{2}$$
$$F_1x_{13}=F_2x_{23}+F_3x_{33} \tag{3}$$
$$F_1x_{14}=F_3x_{34} \tag{4}$$

② 摩尔分数约束式

$$x_{11}+x_{12}+x_{13}+x_{14}=1 \tag{5}$$
$$x_{21}+x_{22}+x_{23}=1 \tag{6}$$
$$x_{32}+x_{33}+x_{34}=1 \tag{7}$$

③ 设备约束式

$$F_2x_{23}=0.8F_1x_{13} \tag{8}$$

(4) 变量分析

$$N_v=13;\ N_e=8,\ N_d=5$$

取 F_1、x_{11}、x_{12}、x_{13}、x_{22} 为设计变量，其值为 {1000mol/h、0.2、0.3、0.2、0.4}。则方程可求解。注意：x_{14} 虽题目中已给出其值，此时不能将其作为设计变量，可由式 (5) 求出。但若将式 (5) 删去，将 x_{14} 作为设计变量则是可以的，并可使计算简化。

(5) 求解方程组

先求解式 (5) 得　　$x_{14}=1-x_{11}-x_{12}-x_{13}=0.3$

由式 (1)、式 (4)、式 (8) 和式 (3) 分别得

$$x_{21}=F_1x_{11}/F_2$$
$$x_{34}=F_1x_{14}/F_3$$
$$x_{23}=0.8F_1x_{13}/F_2$$
$$x_{33}=0.2F_1x_{13}/F_3$$

带入式 (6) 中　　$F_1x_{11}/F_2+x_{22}+0.8F_1x_{13}/F_2=1$

解得　　$F_2=\dfrac{F_1x_{11}+0.8F_1x_{13}}{1-x_{22}}=600\text{mol/h}$

由总平衡式 $F_3=F_1-F_2$ [此式可由题意列得，亦可将式 (1)～式 (4) 相加得出] 得 $F_3=1000-600=400\text{mol/h}$

从而

$$x_{21}=F_1x_{11}/F_2=0.333$$
$$x_{34}=F_1x_{14}/F_3=0.75$$
$$x_{23}=0.8F_1x_{13}/F_2=0.267$$
$$x_{33}=0.2F_1x_{13}/F_3=0.1$$

最后由式 (7) 求得 x_{32} [也可由式 (2) 求得]

$$x_{32}=1-x_{33}-x_{34}=0.15$$

物料平衡结果见表 3-5。

表 3-5　物料平衡结果

编号	组分	输入		输出			
		物流 1		物流 2		物流 3	
		x_{1j}	n_{1j}/(mol/h)	x_{2j}	n_{2j}/(mol/h)	x_{3j}	n_{3j}/(mol/h)
1	C_3	0.2	200	0.333	200	0	0
2	i-C_4	0.3	300	0.400	240	0.15	60

续表

编号	组分	输入		输出			
		物流 1		物流 2		物流 3	
		x_{1j}	n_{1j}/(mol/h)	x_{2j}	n_{2j}/(mol/h)	x_{3j}	n_{3j}/(mol/h)
3	i-C_5	0.2	200	0.267	160	0.10	40
4	C_5	0.3	300	0	0	0.75	300
合计		1.0	1000	1.000	600	10	400

【例 3-4】 水洗沉降过程。为了提高产品质量，某些化工固体原料、中间体及最终产物都需要水洗。水洗的工艺流程如图 3-5 所示。

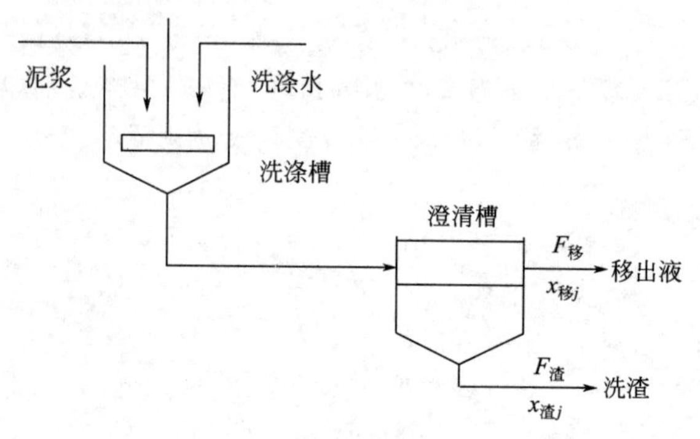

图 3-5 洗涤沉降过程

对于含有 N_c 个组分（固体作为一个组分）体系，假设固体在洗渣物流中的含量为 $x_{固}$。溶液组分 j（j 不为固体）在洗渣中的浓度为 $x_{渣j}$，洗渣流率为 $F_{渣}$，则洗渣中溶液流率为 $F_{渣}(1-x_{固})$。若溶液不被固体颗粒所吸收，则洗渣中的溶液与移出液具有相同的浓度 $x_{移j}$

$$F_{渣}x_{渣j}=F_{渣}(1-x_{固})x_{移j}$$

则有

$$x_{移j}=\frac{x_{渣j}}{1-x_{固}} \qquad (j=1,2,3,\cdots,N_c-2)$$

这便是反映水洗沉降过程的设备约束式，在列出移出液和渣液流股的摩尔分数约束式后，上述设备约束共有 N_c-2 个独立方程。

由铝土矿生产铝的关键步骤是去掉矿石中的杂质。过程中用 NaOH 处理铝矾土，生成 $NaAlO_2$，由于 $NaAlO_2$ 是水溶性，残余的铝土矿组分不溶于水，可用沉降的方法达到分离目的。把 $NaAlO_2$ 溶液和未反应的 NaOH 移出，为进一步回收沉淀中的 $NaAlO_2$，反复地用水洗涤并澄清，如计算简图所示。进料泥浆中含固体 10%、NaOH 11%、$NaAlO_2$ 16%（质量分数，下同）和废水，然后用 2%的 NaOH 溶液洗涤，得到一种不含固体的含水 95%的溶液和 20%固体的沉渣。如果泥浆进料 1000kg/h，试作出该过程的物料平衡，并计算移出的溶液中有多少 $NaAlO_2$ 被回收？

解：（1）组分编号（见表 3-6）

表 3-6 ［例 3-4］组分编号

组分	NaOH	$NaAlO_2$	H_2O	固体
编号	1	2	3	4

（2）计算简图（见图3-6）

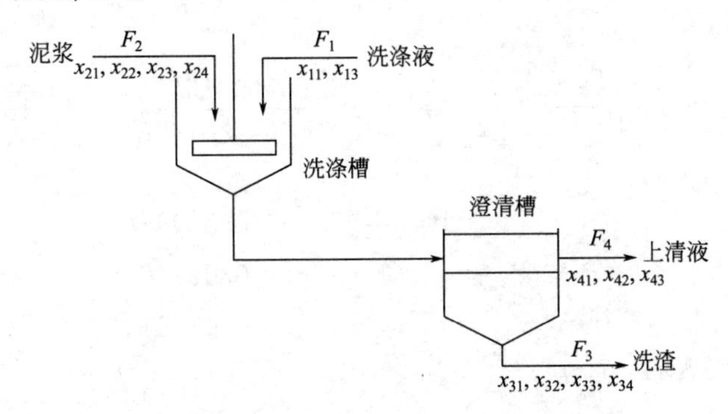

图3-6［例3-4］计算简图

（3）方程与约束式

① 物料平衡方程

NaOH　$F_1x_{11}+F_2x_{21}=F_3x_{31}+F_4x_{41}$　(1)

$NaAlO_2$　$F_2x_{22}=F_3x_{32}+F_4x_{42}$　(2)

H_2O　$F_1x_{13}+F_2x_{23}=F_3x_{33}+F_4x_{43}$　(3)

固体　$F_2x_{24}=F_3x_{34}$　(4)

② 摩尔分数约束式

$$x_{11}+x_{13}=1 \quad (5)$$

$$x_{21}+x_{22}+x_{23}+x_{24}=1 \quad (6)$$

$$x_{31}+x_{32}+x_{33}+x_{34}=1 \quad (7)$$

$$x_{41}+x_{42}+x_{43}=1 \quad (8)$$

③ 设备约束式

$$x_{31}/(1-x_{34})=x_{41} \quad (9)$$

$$x_{32}/(1-x_{34})=x_{42} \quad (10)$$

（4）变量分析

$N_v=17$，$N_e=10$，　$N_d=17-10=7$，取F_2，x_{11}，x_{21}，x_{22}，x_{24}，x_{43}，x_{34}为设计变量，其值题目中已经给出，分别为1000kg/h、0.02、0.11、0.16、0.1、0.95、0.2。

（5）求解方程

由式（8）～式（10）得

$$x_{31}+x_{32}=(1-x_{34})(1-x_{43})$$

带入式（7）得

$$x_{33}=x_{43}(1-x_{34})=0.95\times(1-0.20)=0.76$$

且由式（4）～式（6）分别得出$F_3=500$kg/h，$x_{13}=0.98$，$x_{23}=0.63$。

按总衡算式$F_1+F_2=F_3+F_4$［式（1）+式（2）+式（3）+式（4）并考虑$\sum x_{ij}=1$而得］得$F_1=F_3+F_4-F_2$带入式（3）中解出F_4

$$F_4=[F_3(x_{33}-x_{13})+F_2(x_{13}-x_{23})]/(x_{13}-x_{43})$$

$$=\frac{1}{0.98-0.95}[500\times(0.76-0.98)+1000\times(0.98-0.63)]$$

$$=8000\text{kg/h}$$

则

$$F_1=F_3+F_4-F_2=500+8000-1000=7500\text{kg/h}$$

由式（10）得
$$x_{32}=(1-x_{34})x_{42}$$
带入式（2）得
$$x_{42}=\frac{F_2x_{22}}{F_3(1-x_{34})+F_4}=\frac{1000\times0.16}{500\times(1-0.2)+8000}=0.01905$$
最后由式（8）～式（10）得
$$x_{41}=1-x_{42}-x_{43}=0.03095$$
$$x_{31}=x_{41}(1-x_{34})=0.02476$$
$$x_{32}=x_{42}(1-x_{34})=0.01524$$
由移出液中回收的 $NaAlO_2$ 量为
$$F_4x_{42}=8000\times0.01905=152.4\text{kg/h}$$
物料平衡结果见表 3-7。

表 3-7 物料平衡结果

编号	组分	输入					输出				
		物流 1		物流 2		总流量	物流 3（渣液）		物流 4（清液）		总流量
		组成	流量	组成	流量		组成	流量	组成	流量	
1	NaOH	0.02	150	0.11	110	260	0.02476	12.38	0.03095	247.6	260
2	$NaAlO_2$	0	0	0.16	160	160	0.01524	7.62	0.01905	152.4	160
3	H_2O	0.98	7350	0.63	630	7980	0.76000	380.00	0.95000	7600.0	7980
4	固体	0	0	0.10	100	100	0.20000	100	0	0	100
合计		1.00	7500	1.00	1000	8500	1.00000	500	1.00000	8000.0	8500

3.2.2 两相闪蒸与分凝过程物料衡算

两相闪蒸与分凝过程属于单平衡级分离过程，在石油化工生产中经常用于相对挥发度较大体系的初级分离。闪蒸过程需要将被处理液体混合物加热到一定温度后，通过减压阀进入闪蒸罐中形成气液两相，气相富含轻组分，液相则富含重组分，实现组分的初级分离。如果停留时间较长，可以认为气液两相达到了热力学相平衡。分凝过程与之类似，不同的是需要将气体混合物冷却到露点以下某一温度，使气体混合物成为气液两相。因此，闪蒸与分凝均属于单级相平衡分离过程。相对而言，精馏过程则属于多平衡级分离过程。

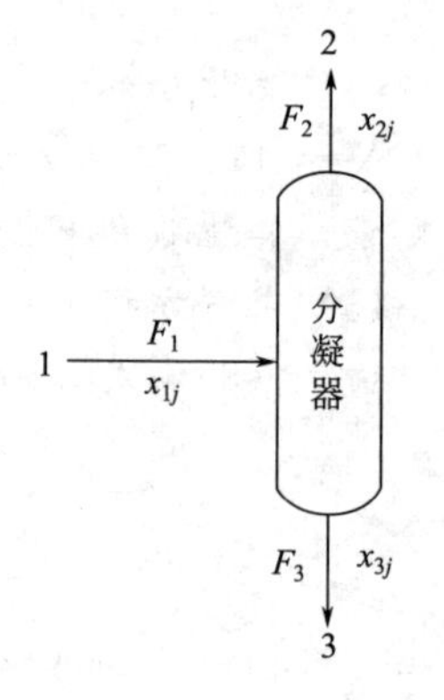

图 3-7 闪蒸器的物料衡算简图

下面对图 3-7 所示的多组分体系的闪蒸问题进行物料衡算。

(1) 方程与约束式

① 组分平衡方程
$$F_1x_{1j}=F_2x_{2j}+F_3x_{3j}\qquad(j=1,2,3,\cdots,N_c)\tag{3-11}$$
② 摩尔分数约束式
$$\sum_{j=1}^{N_c}x_{ij}=1\qquad(i=1,2,3)\tag{3-12}$$

③ 设备约束式

$$x_{2j}=k_jx_{3j} \qquad (j=1,2,3,\cdots,N_c) \tag{3-13}$$

(2) 变量分析

$N_s=3$，$N_p=N_c$，则 $N_v=N_s(N_c+1)+N_p=3(N_c+1)+N_c=4N_c+3$，$N_e=2N_c+3$，$N_d=N_v-N_e=2N_c$

通常进料流股1的流股变量是给定的。所以，取 $\{F_1, x_{11}, x_{12}, \cdots, x_{1N_c-1}; k_1, k_2, \cdots, k_{N_c}\}$ 为一组设计变量。

(3) 求解方程组

将式（3-13）代入式（3-11），并解出 x_{3j} 得

$$x_{3j}=\frac{F_1x_{1j}}{F_2\left(\frac{F_3}{F_2}+k_j\right)} \tag{3-14}$$

将式（3-14）代入式（3-13）中得

$$x_{2j}=k_jx_{3j}=\frac{F_1k_jx_{1j}}{F_2\left(\frac{F_3}{F_2}+k_j\right)} \tag{3-15}$$

将式（3-14）和式（3-15）代入摩尔分数约束式（3-12）中的 $i=2$，3两式中得

$$\sum_{j=1}^{N_c}x_{2j}=\sum_{j=1}^{N_c}\frac{F_1k_jx_{1j}}{F_2(F_3/F_2+k_j)}=1 \tag{3-16}$$

$$\sum_{j=1}^{N_c}x_{3j}=\sum_{j=1}^{N_c}\frac{F_1x_{1j}}{F_2(F_3/F_2+k_j)}=1 \tag{3-17}$$

式（3-17）－式（3-16）得

$$\sum_{j=1}^{N_c}\frac{F_1}{F_2}\times\frac{x_{1j}(1-k_j)}{\frac{F_3}{F_2}+k_j}=0 \tag{3-18}$$

令液气比

$$F_3/F_2=\alpha \tag{3-19}$$

则式（3-18）可写成

$$\sum_{j=1}^{N_c}\frac{x_{1j}(1-k_j)}{\alpha+k_j}=0 \tag{3-20}$$

式（3-20）称为多组分体系**闪蒸或分凝方程**。该方程中只含有一个未知数 α，其余皆为设计变量，是一个一元非线性方程。对于 $N_c>3$ 的系统，此方程难以得到解析解，一般都采用数值方法求解。求出 α 后，联立式（3-19）与总物料平衡式

$$F_3/F_2=\alpha$$
$$F_1=F_2+F_3$$

解出 F_2、F_3 再由式（3-14）、式（3-15）求得输出物流的组成 x_{2j} 和 x_{3j}。

通常采用牛顿迭代法求解闪蒸方程式（3-20）。首先构造函数

$$f(\alpha)=\sum_{j=1}^{N_c}\frac{x_{1j}(1-k_j)}{\alpha+k_j}$$

求导数

$$f'(\alpha)=-\sum_{j=1}^{N_c}\frac{x_{1j}(1-k_j)}{(\alpha+k_j)^2}$$

则迭代公式

$$\alpha^{(k+1)}=\alpha^{(k)}-\left.\frac{f(\alpha)}{f'(\alpha)}\right|_{\alpha}$$

收敛判据

$$\left|\frac{\alpha^{(k+1)}-\alpha^{(k)}}{\alpha^{(k)}}\right|<\varepsilon$$

采用牛顿迭代法需要对 α 选取初值，初值可以这样考虑：进料中轻关键组分和轻非关键组分全部进入气相，重关键组分和重非关键组分全部进入液相。

如果蒸汽流的流量趋于零，则 $\alpha=F_3/F_2\rightarrow\infty$，分母中的 k_j 可以忽略。同时 α 与 j 无关，可以提到求和号前面。因此式（3-20）成为**泡点方程**

$$\sum_{j=1}^{N_c}x_{1j}(1-k_j)=0 \tag{3-21a}$$

或

$$1-\sum_{j=1}^{N_c}x_{1j}k_j=0 \tag{3-21b}$$

在进行闪蒸计算时，需要核算一下闪蒸问题是否成立。

为此令

$$f(\infty)=1-\sum_{j=1}^{N_c}x_{1j}k_j \tag{3-22}$$

① 若 $f(\infty)>0$，进料溶液处于泡点以下，不存在闪蒸问题。

② 若 $f(\infty)<0$，进料溶液处于泡点以上。

③ 若 $f(\infty)=0$，进料溶液处于泡点处。

另一方面，当液相输出流量趋于零时，$\alpha=F_3/F_2\rightarrow 0$ 则式（3-20）变为**露点方程**

$$\sum_{j=1}^{N_c}\frac{x_{1j}(1-k_j)}{k_j}=0 \tag{3-23a}$$

或

$$\sum_{j=1}^{N_c}\frac{x_{1j}}{k_j}-1=0 \tag{3-23b}$$

在进行分凝计算时，也需要核算一下分凝问题是否成立。

令

$$f(0)=\sum_{j=1}^{N_c}\frac{x_{1j}}{k_j}-1 \tag{3-24}$$

则

① 若 $f(0)<0$，进料混合物处于露点以上，不存在分凝问题。

② 若 $f(0)>0$，进料混合物处于露点以下。

③ 若 $f(0)=0$，进料混合物处于露点处。

只有当 $f(\infty)<0$，且 $f(0)>0$，进料混合物处于汽液两相共存的混合状态，闪蒸和分凝问题才成立。

一般情况下，汽液平衡常数 k 是闪蒸室温度 T_2、压力 p_2 和平衡的气液相组成的函数，即：

$$k_i=x_{2j}/x_{3j}=f(T_2,p_2,x_{21},x_{22},x_{23},\cdots,x_{2N_c};x_{31},x_{32},x_{33},\cdots,x_{3N_c})\quad(j=1,2,3,\cdots,N_c) \tag{3-25}$$

当气相可视为理想气体，液相为理想溶液时，式（3-25）变成

$$k_j = \frac{p_j^S}{p_2} \tag{3-26}$$

式中，p_j^S 为 j 组分在闪蒸或分凝温度下的饱和蒸气压，可依据安托因公式计算。

在化工生产中，大多数情况下闪蒸和分凝是在低压下进行的，气相可视为理想气体。但液相则为非理想溶液，在此情况下，式（3-25）变成：

$$k_j = \frac{\gamma_j p_j^S}{p_2} \tag{3-27}$$

式中，$\gamma_j = f(T_2, p_2, x_{31}, x_{32}, x_{33}, \cdots, x_{3N_c})$ 为组分在闪蒸或分凝温度下的液相活度系数。活度系数可通过热力学中活度系数模型方程（如 Willson、NRTL 等）计算获得。

【例 3-5】 由氮和氢合成氨的过程中，从反应器出来的产品为氨、未反应的氮和氢以及原料物流带入并通过反应器的少量氩和甲烷等杂质。从反应器出来的产品在－33.3℃和13.6MPa 下进入分凝器中进行冷却和分离。

已知：进料流量为 100 kmol/h，进料组成和汽液平衡常数 k_j 值见表 3-8。计算从分凝器出来的各物流的流量和组成。

表 3-8 进料组成和汽液平衡常数 k_j 值

组分	编号	进料的摩尔分数	k_j（－33.3℃，13.6MPa）
N_2	1	0.220	66.67
H_2	2	0.660	50.00
NH_3	3	0.114	0.015
Ar	4	0.002	100
CH_4	5	0.004	33.33

解： 组分编号题中已给，计算简图如图 3-7 所示。

这里根据平衡常数大小，选择 NH_3 为重关键组分，甲烷 CH_4 为轻关键组分。在选择闪蒸过程的液气比的初值时，可以认为氨全部进入液相，而其余组分则进入气相。因此液气比初值取 $\alpha = \frac{F_3}{F_2} \approx \frac{F_1 x_{13}}{F_1 (1 - x_{13})} = 0.128$。本题采用牛顿迭代法求解闪蒸方程式（3-20），选择 $\alpha = 0.1$，经过四次迭代可得在计算精度 $\varepsilon = 10^{-4}$ 条件下闪蒸方程的解为 $\alpha = 0.1144$。进而得到各流股参数如表 3-9 所示。

表 3-9 各流股参数

物流号	流量/(kmol/h)	物流组成（摩尔分数）				
		N_2	H_2	NH_3	Ar	CH_4
1	100	0.2200	0.6600	0.1140	0.0020	0.0040
2	89.73	0.2448	0.7339	0.0147	0.0022	0.0044
3	10.27	0.0037	0.0147	0.9815	0	0.0001

3.2.3 三相闪蒸与分凝过程物料衡算

在非均相共沸体系精馏中，经常遇到气-液-液三相体系冷凝问题，塔顶蒸汽通过全凝器凝结成液相并进入分相器中进行液相分层，不同层液体分别回流到两塔中。下面对如图 3-8 所示三相闪蒸或分凝问题进行物料衡算。

含有 N_c 个组分的物流 1 进入闪蒸器中，减压闪蒸。物流 2 为蒸汽，液体在闪蒸器中分层，构成两个液相，各液相引出一股物流，如物流 3 与物流 4。流出闪蒸器的各物流（物流 2、3、4）都处于或接近操作温度与压力的平衡状态。

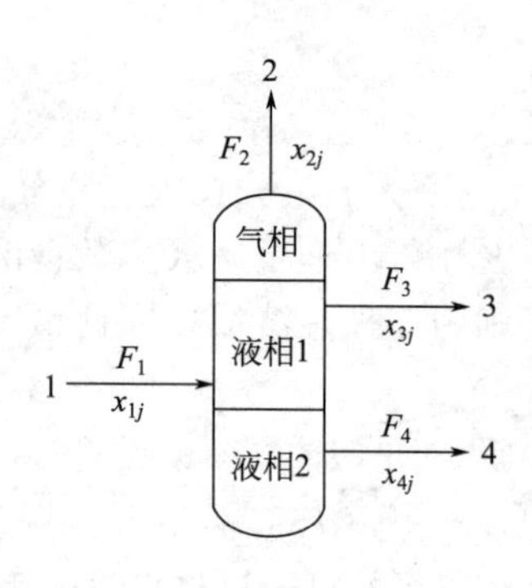

图 3-8 三相分凝问题计算简图

(1) 方程与约束式

① 组分平衡方程

$$F_1 x_{1j} = F_2 x_{2j} + F_3 x_{3j} + F_4 x_{4j} \quad (j=1,2,\cdots,N_c) \tag{3-28}$$

② 摩尔分数约束式

$$\sum_{j=1}^{N_c} x_{ij} = 1 \qquad (i=1,2,3,4) \tag{3-29}$$

③ 设备约束式

$$k_{1j} = \frac{x_{2j}}{x_{3j}} \quad (j=1,2,\cdots,N_c) \text{ 第一液相汽液平衡常数} \tag{3-30}$$

$$k_{2j} = \frac{x_{2j}}{x_{4j}} \quad (j=1,2,\cdots,N_c) \text{第二液相汽液平衡常数} \tag{3-31}$$

(2) 变量分析

每股物流均含有所有组分，则变量总数为

$$N_v = N_s(N_c+1) + N_p = 4(N_c+1) + 2N_c = 6N_c + 4$$

方程与约束式总个数为

$$N_e = N_c + 4 + 2N_c = 3N_c + 4$$

设计变量数为

$$N_d = N_v - N_e = 3N_c$$

对等温闪蒸（温度一定）的过程模拟问题，取 $\{F_1, x_{11}, x_{12}, \cdots, x_{1,N_c-1};\ k_{11}, k_{12}, k_{13}, \cdots, k_{1,N_c}; k_{21}, k_{22}, k_{23}, \cdots, k_{2,N_c}\}$ 共计 $3N_c$ 个设计变量。

(3) 求解方程组

由式（3-30）与式（3-31）得

$$x_{3j} = \frac{x_{2j}}{k_{1j}} \tag{3-32}$$

$$x_{4j} = \frac{x_{2j}}{k_{2j}} \tag{3-33}$$

将式（3-32）与式（3-33）代入式（3-28）并解出 x_{2j}

$$x_{2j} = \frac{F_1 x_{1j}}{F_2 + F_3 \frac{1}{k_{1j}} + F_4 \frac{1}{k_{2j}}} \tag{3-34}$$

将式（3-34）代入式（3-32）得

$$x_{3j}=\frac{F_1x_{1j}}{F_2k_{1j}+F_3+F_4\dfrac{k_{1j}}{k_{2j}}} \tag{3-35}$$

令

$$\alpha=F_3/F_2 \tag{3-36}$$

$$\beta=F_4/F_2 \tag{3-37}$$

式（3-34）与式（3-35）可改写成

$$x_{2j}=\frac{F_1}{F_2}\times\frac{x_{1j}}{1+\alpha\dfrac{1}{k_{1j}}+\beta\dfrac{1}{k_{2j}}} \tag{3-38}$$

$$x_{3j}=\frac{F_1}{F_2}\times\frac{x_{1j}}{k_{1j}+\alpha+\beta\dfrac{k_{1j}}{k_{2j}}} \tag{3-39}$$

式（3-29）中 $i=2$，3，两式相减得

$$\sum x_{3j}-\sum x_{2j}=\sum_{j=1}^{N_c}x_{3j}(1-k_{1j})=0 \tag{3-40}$$

将式（3-39）代入式（3-40）得

$$\sum_{j=1}^{N_c}\frac{x_{1j}(1-k_{1j})}{k_{1j}+\alpha+\beta\dfrac{k_{1j}}{k_{2j}}}=0 \tag{3-41}$$

同理有

$$\sum x_{4j}-\sum x_{2j}=\sum_{j=1}^{N_c}x_{2j}\left(\frac{1}{k_{2j}}-1\right)=0 \tag{3-42}$$

将式（3-38）代入式（3-42）得

$$\sum_{j=1}^{N_c}\frac{x_{1j}(1-k_{2j})}{k_{2j}+\alpha\dfrac{k_{2j}}{k_{1j}}+\beta}=0 \tag{3-43}$$

式（3-41）与式（3-43）为含有两个液相的闪蒸方程，是两个未知数 α 与 β 的二元非线性方程组，需要计算机求解。k_{1j} 与 k_{2j} 可由热力学平衡关系或通过实验获得，当求得 α 与 β 值后可联立式（3-36）、式（3-37）与总平衡方程式（3-44），求得 F_2、F_3 和 F_4。

$$\begin{aligned}\alpha&=F_3/F_2\\ \beta&=F_4/F_2\\ F_1&=F_2+F_3+F_4\end{aligned} \tag{3-44}$$

再由式（3-38）、式（3-39）及式（3-33）求得 x_{2j}、x_{3j} 与 x_{4j}。

对于多相闪蒸方程式（3-41）与式（3-43）的求解，可采用 Newton-Raphson 法。令

$$f_1=\sum_{j=1}^{N_c}\frac{x_{1j}(1-k_{1j})}{k_{1j}+\alpha+\beta\dfrac{k_{1j}}{k_{2j}}}=f_1(\alpha,\beta) \tag{3-45}$$

$$f_2=\sum_{j=1}^{N_c}\frac{x_{1j}(1-k_{2j})}{k_{2j}+\alpha\dfrac{k_{2j}}{k_{1j}}+\beta}=f_2(\alpha,\beta) \tag{3-46}$$

将 f_1 与 f_2 在第 k 次迭代值（α^*，β^*）点进行一阶泰劳展开，忽略二阶以上高阶微

量，有

$$f_1=f_1^*+\left.\frac{\partial f_1}{\partial \alpha}\right|_*\Delta\alpha+\left.\frac{\partial f_1}{\partial \beta}\right|_*\Delta\beta \tag{3-47}$$

$$f_2=f_2^*+\left.\frac{\partial f_2}{\partial \alpha}\right|_*\Delta\alpha+\left.\frac{\partial f_2}{\partial \beta}\right|_*\Delta\beta \tag{3-48}$$

因等式左侧为零，则构成以 $\Delta\alpha$、$\Delta\beta$ 为未知数的线性方程组。

$$\left.\frac{\partial f_1}{\partial \alpha}\right|_*\Delta\alpha+\left.\frac{\partial f_1}{\partial \beta}\right|_*\Delta\beta=-f_1^* \tag{3-49}$$

$$\left.\frac{\partial f_2}{\partial \alpha}\right|_*\Delta\alpha+\left.\frac{\partial f_2}{\partial \beta}\right|_*\Delta\beta=-f_2^* \tag{3-50}$$

式中

$$f_1^*=\sum_{j=1}^{N_c}\frac{x_{1j}(1-k_{1j})}{k_{1j}+\alpha^*+\beta^*\dfrac{k_{1j}}{k_{2j}}},\qquad f_2^*=\sum_{j=1}^{N_c}\frac{x_{1j}(1-k_{2j})}{k_{2j}+\alpha^*\dfrac{k_{2j}}{k_{1j}}+\beta^*}$$

$$\left.\frac{\partial f_1}{\partial \alpha}\right|_*=-\sum_{j=1}^{N_c}\frac{x_{1j}(1-k_{1j})}{\left(k_{1j}+\alpha^*+\beta^*\dfrac{k_{1j}}{k_{2j}}\right)^2},\qquad \left.\frac{\partial f_1}{\partial \beta}\right|_*=-\sum_{j=1}^{N_c}\frac{x_{1j}(1-k_{1j})\dfrac{k_{1j}}{k_{2j}}}{\left(k_{1j}+\alpha^*+\beta^*\dfrac{k_{1j}}{k_{2j}}\right)^2}$$

$$\left.\frac{\partial f_2}{\partial \alpha}\right|_*=-\sum_{j=1}^{N_c}\frac{x_{1j}(1-k_{2j})\dfrac{k_{2j}}{k_{1j}}}{\left(k_{2j}+\alpha^*\dfrac{k_{2j}}{k_{1j}}+\beta^*\right)^2},\qquad \left.\frac{\partial f_2}{\partial \beta}\right|_*=-\sum_{j=1}^{N_c}\frac{x_{1j}(1-k_{2j})}{\left(k_{2j}+\alpha^*\dfrac{k_{2j}}{k_{1j}}+\beta^*\right)^2}$$

用高斯消去程序，即可解出 $\Delta\alpha$、$\Delta\beta$ 。则新的迭代值

$$\alpha^{(k+1)}=\alpha^*+\Delta\alpha$$

$$\beta^{(k+1)}=\beta^*+\Delta\beta$$

当液体为一相时，如当 $F_4=0$，$\beta=0$，$k_{1j}=k_{2j}=k_j$，则式（3-41）和式（3-43）变为式（3-20）

$$\sum_{j=1}^{N_c}\frac{x_{1j}(1-k_j)}{\alpha+k_j}=0$$

即成为两相闪蒸方程。

计算流程框图见图 3-9。

【例 3-6】 一股进料进入气-液-液三相闪蒸器中进行一次闪蒸。已知进料摩尔组成（摩尔分数）为：乙醇 0.1，甲苯 0.5，水 0.4，进料流率为 100kmol/h，进料温度 25℃，压力 0.1MPa。闪蒸器温度 80℃，压力 0.1MPa。求各产品物流的流量和组成。已知汽液平衡常数见表 3-10（采用 Aspen Plus 计算的平衡常数数据）。

表 3-10 汽液平衡常数

组分	C_2H_6O	C_7H_8	H_2O
k_{1j}	4.961790010	0.389486967	58.283907100
k_{2j}	4.877340290	1028.827520000	0.475481753

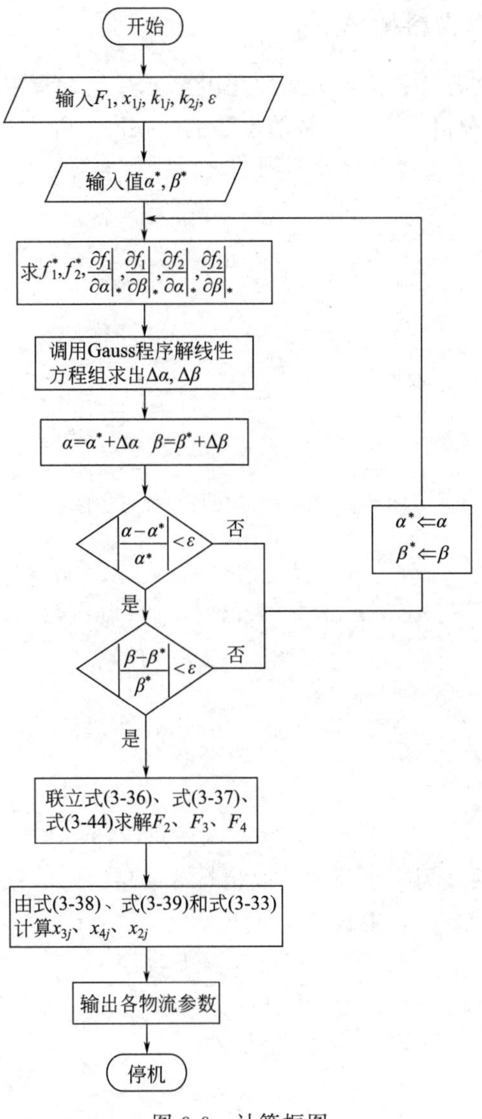

图 3-9　计算框图

解：根据给定进料条件和相平衡常数，采用 Newton-Raphson 法进行迭代计算，计算结果如表 3-11 所示。

表 3-11　迭代计算结果

物流名称	物流编号	F_i/(kmol/h)	摩尔分数		
			乙醇	甲苯	水
进料	1	100	0.1000	0.50000	0.4000
气相	2	49.926	0.1664	0.37580	0.4561
第一液相	3	32.375	0.0335	0.96470	0.0078
第二液相	4	17.699	0.0341	0.00037	0.9592

3.2.4 液-液萃取过程物料衡算

液-液萃取过程是石油化工中经常遇到的化工单元过程，常用于分离或提取某些组分含量较低的情况。因为在这种情况下采用精馏方法能耗很高，并不经济。

下面就图 3-10 所示单平衡级萃取分离问题进行物料衡算。

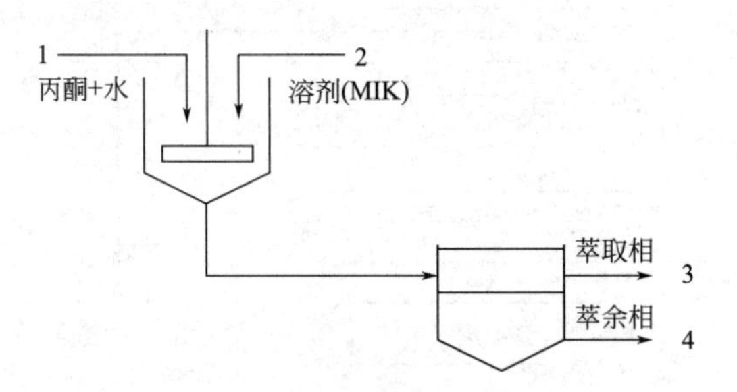

图 3-10 液-液萃取过程计算简图

(1) 物料平衡方程

$$F_1x_{1j}+F_2x_{2j}=F_3x_{3j}+F_4x_{4j} \qquad (j=1,2,3,\cdots,N_c) \tag{3-51}$$

(2) 摩尔分数约束式

$$\sum_{j=1}^{N_c}x_{ij}=1 \qquad (i=1,2,3,4) \tag{3-52}$$

(3) 设备约束式

$$x_{3j}=k_jx_{4j} \qquad (j=1,2,3) \tag{3-53}$$

式中，k_j 为液-液平衡常数，为 j 组分在萃取相与萃余相中摩尔分数之比。

将式（3-53）代入式（3-51）中解出 x_{4j}

$$x_{4j}=\frac{F_1x_{1j}+F_2x_{2j}}{F_3(F_4/F_3+k_j)} \tag{3-54}$$

令

$$\alpha=F_4/F_3 \tag{3-55}$$

则式（3-54）可写为

$$x_{4j}=\frac{F_1x_{1j}+F_2x_{2j}}{F_3(\alpha+k_j)} \tag{3-56}$$

将式（3-56）代入式（3-53）中

$$x_{3j}=\frac{F_1x_{1j}+F_2x_{2j}}{F_3(\alpha+k_j)}k_j \tag{3-57}$$

分别将式（3-56）、式（3-57）代入式（3-52）中的 $j=3$、4 两式中，有

$$\sum_{j=1}^{N_c}\frac{F_1x_{1j}+F_2x_{2j}}{F_3(\alpha+k_j)}=1 \tag{3-58}$$

$$\sum_{j=1}^{N_c}\frac{F_1x_{1j}+F_2x_{2j}}{F_3(\alpha+k_j)}k_j=1 \tag{3-59}$$

式（3-58）与式（3-59）相减得到

$$\sum_{j=1}^{N_c}\frac{1-k_j}{\alpha+k_j}(F_1x_{1j}+F_2x_{2j})=0 \tag{3-60}$$

方程式（3-60）即为**多组分萃取方程**，非常类似于闪蒸方程。

【例3-7】 以甲基异丁基甲酮（MIK）［$CH_3COCH_2CH(CH_3)_2$］(CAS108-10-1）为溶剂，从水中回收丙酮（CH_3COCH_3）。MIK形成与水互不相溶的液层并处于水层之上。丙酮在MIK中比在水中更易溶解。每小时90kg，50%（质量分数）丙酮水溶液用110kg/h纯MIK溶剂萃取，平衡常数实验值（质量分数之比）见表3-12。

表3-12　平衡常数实验值

组分	丙酮	水	MIK
编号	1	2	3
k_j	1.67	0.06	23

试求丙酮的回收率和单级接触萃取器的萃取相和萃余相的组成。

解：

(1) 组分编号（题目中已经给出）

(2) 计算简图如图3-10所示

采用牛顿迭代方法求解式（3-60）时，可以对α的初值作如下考虑：假定萃取进行完全，物流1中的丙酮与物流2中的MIK全部进入萃取相，物流1中的水全部进入萃余相，这样则

$$\alpha=F_4^*/F_3^*=\frac{0.5F_1}{F_2+0.5F_1}=\frac{0.5\times90}{110+0.5\times90}=0.29$$

本题的计算结果为$\alpha=0.295$，其余流股参数如表3-13所示。

表3-13　计算结果

物流名称	编号	F_i/(kg/h)	质量分数		
			丙酮	水	MIK
进料	1	90	0.50	0.50	0
溶剂	2	110	0	0	1.00
萃取相	3	155	0.25	0.05	0.70
萃余相	4	45	0.15	0.82	0.03

根据以上计算结果，丙酮的回收率为$\frac{155\times0.25}{90\times0.5}\times100\%=86\%$

3.3　物理过程单元物料衡算的计算机模拟

本章结合3.2节中物理过程单元的物料衡算部分例题，介绍Aspen Plus软件中混合/分流模块、简单分离器模块的特点和操作方法。

3.3.1　混合器和分流器

(1) 混合器（Mixer）的功能

将已知状态（流量、组成、温度、压力或相态）的两股或多股物流混合成一股物流。通

过物料与能量衡算，确定出口流股（即合成流股）的流股参数（流量、组成、温度、压力或相态）。

采用混合器 Mixer 时，需要指定出口物流的压力或混合器的压降，如不指定压力或压降，系统默认进料流股中最低压力为出口流股压力，Aspen Plus 根据指定出口物流的有效相态，计算出口流股的相含率。

(2) 分流器 (FSplit) 的功能

将已知状态（温度、压力、流率、组成）的一股物流或几股物流混合后，分割成组成和状态完全相同的任意股出口物流。通过指定一部分分割流股的流率 flow（质量流率、摩尔流率、体积流率）或分割流股分率（Split fraction，分割流股流率与总进料流率之比）确定其余流股的流率。当指定某一分割流股中某一组分的流率 flow 时，需要将该组分设置成关键组分 Key component。

采用 FSplit 分流器时，也需要指定出口物流的压力或模块的压降，如不指定压力或压降，系统默认进料流股最低压力为出口流股压力，同时要指定出口物流的有效相态。

【例 3-8】 混酸配制问题（续）

在［例 3-1］中讨论了混酸配制问题，通过物料平衡计算获得了三种原料酸的流量为

$$F_1=494.6\text{kg/h},\ F_2=397.5\text{kg/h},\ F_3=107.9\text{kg/h}$$

这里采用 Mixer 模块核算一下计算结果的正确性，同时计算绝热混合时混合酸的温度（假定三种原料酸进料温度均为 25℃）。

（1）输入组分

点击主界面左下方的 Property 按钮，从左侧数据浏览窗口进入 Components｜Specifications｜Selection 页面，在 Selection 框中输入组分：H_2SO_4、HNO_3 和 H_2O，如图 3-11 所示。

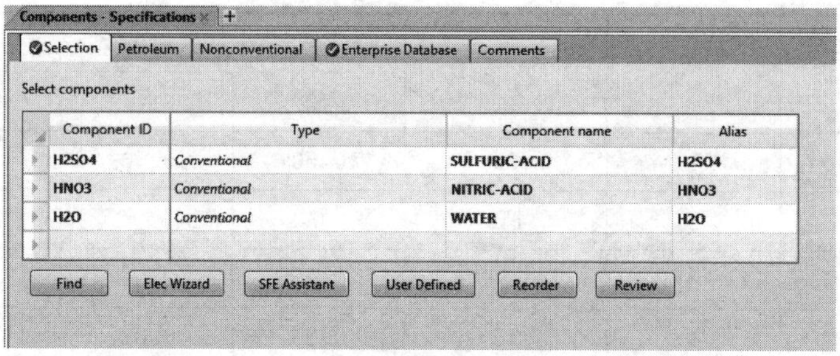

图 3-11 输入未解离组分

对于电解质溶液需要通过 Elec Wizard 向导确定水解反应和水解产物。点击 Components｜Specifications｜Selection 页面下方的 Elec Wizard 按钮，进入到 Electrolyte Wizard 界面。点击该页面中的 Next>进入 Base Components and Reactions Generation Options 页面，将左侧 Available components 中的三个组分选中，通过≫移到右侧 Selected components 框，如图 3-12 所示。

点击 Next>进入 Generated Species and Reactions 页面，保持默认设定。

点击该页面 Next>出现 Chemistry ID Exists 对话框。点击 Yes 进入 Simulation Approach 页面，选择 Apparent component approach 选项，如图 3-13 所示。

点击 Next>出现 Update Parameters 界面，点击 Yes 进入 Summary 页面，点击 Finish 重新回到 Components｜Specifications｜Selection 界面。图 3-14 显示输入电解质组分解离后的真实组分。

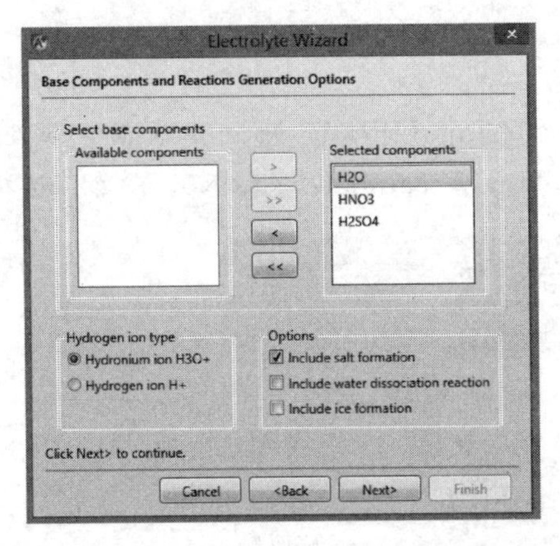

图 3-12　Electrolyte Wizard 界面

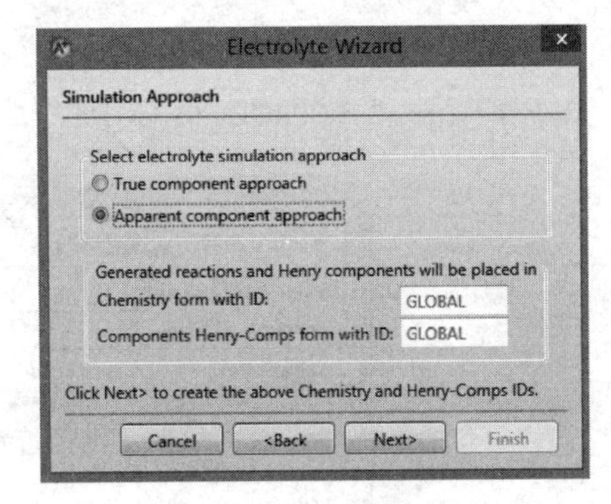

图 3-13　选择模拟方法

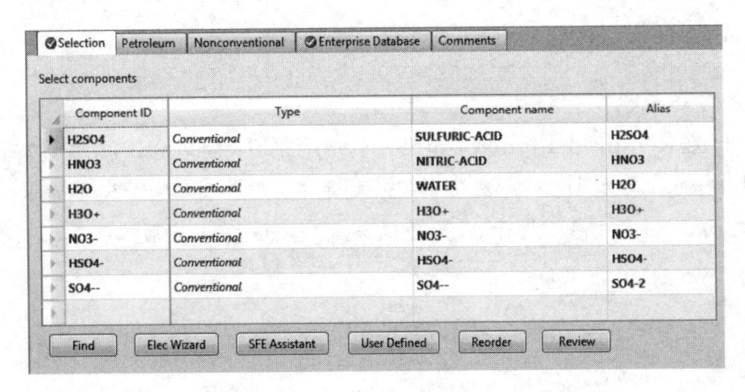

图 3-14　输入的真实组分

至此，完成了电解质组分的输入。

(2) 建立流程图

点击主界面左下方的 Simulations 按钮，进入 Main flowsheet 界面，从下方的模型库中的 Mixer | Spliters 中选择 Mixer，点击该图标右边的向下箭头 进入 Mixer 模型库，从中选择 TRIAGLE，并拖到流程显示窗口中。从左侧的流股 Materials 模型中选择 Materials 流股线，添加到 TRIAGLE 上，如图 3-15 所示。

(3) 输入进料流股参数

点击左侧数据浏览窗口进入 Streams | 1 | Mixed 页面，输入流股 1 的温度、压力、质量流率和质量分数，如图 3-16 所示。

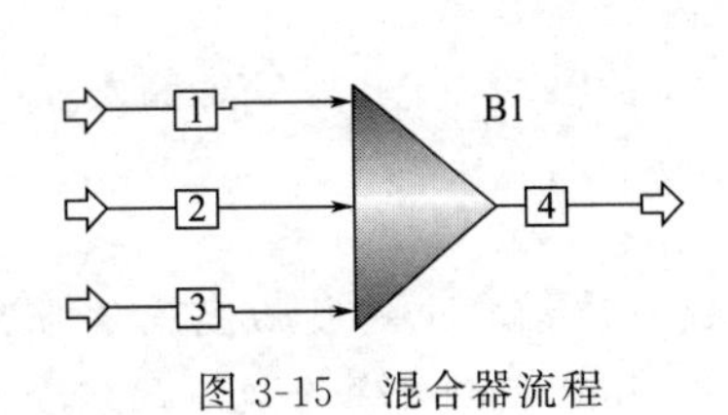

图 3-15　混合器流程

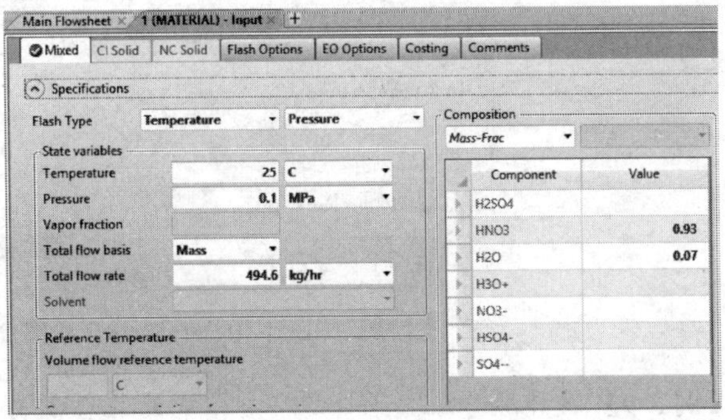

图 3-16　输入进料流股参数

类似地可以输入流股 2 和流股 3 的物流参数。

(4) 输入模型参数

从左侧数据浏览窗口进入 Block | B1 (Mixer) | Input/Flash Options 页面，如图 3-17 所示。在 Pressure 选项中输入 0.1MPa，在 Temperature estimate 中输入 60，单位选择℃。

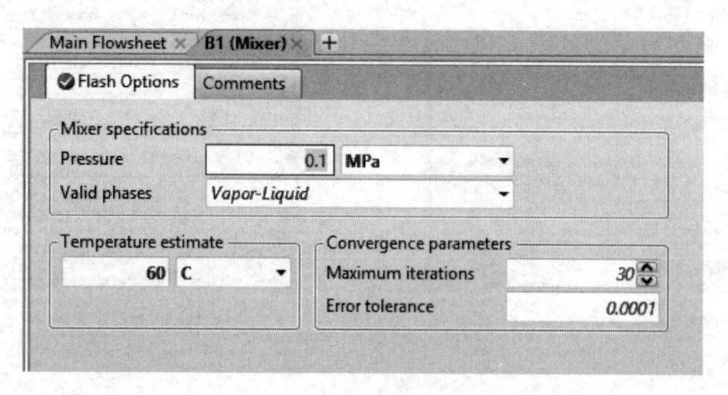

图 3-17 输入模型参数

(5) 运行和查看结果

点击 Next，出现 Required Input Complete 对话框，点击 OK，开始运行。当左下角出现 Result Available 时，表示计算完成。从左侧数据浏览窗口进入 Blocks | B1(Mixer) | Stream Results 页面，如图 3-18 所示。混合酸流量与组成（流股 4）与［例 3-1］中所要求的结果完全一样。

Main Flowsheet | B1 (Mixer) - Input | Control Panel | B1 (Mixer) - Stream Results (Boundary)

Material | Heat | Load | Work | Vol.% Curves | Wt. % Curves | Petroleum | Polymers | Solids

	Units	1	2	3	4
+ Mass Flows	kg/hr	494.6	397.5	107.9	1000
− Mass Fractions					
H2SO4		0	0.97	0.69	0.460026
HNO3		0.93	0	0	0.459978
H2O		0.07	0.03	0.31	0.079996
H3O+		0	0	0	0
NO3-		0	0	0	0
HSO4-		0	0	0	0
SO4--		0	0	0	0

图 3-18 计算结果

从左侧数据浏览窗口进入 Blocks | B1 (Mixer) | Results 页面，如图 3-19 所示。混合酸温度为 39.3℃。本算例不仅是［例 3-1］计算结果的验证，同时还提供了混合酸的温度（绝热混合温度）。

Main Flowsheet | B1 (Mixer) - Input | Control Panel | B1 (Mixer) - Results

Summary | Balance | Status

Outlet temperature	39.3033	C
Outlet pressure	0.1	MPa
Vapor fraction	0	
1st liquid/Total liquid	1	
Pressure drop	0	MPa

图 3-19 混合酸温度

【例 3-9】 混合酸分配 将［例 3-1］中的混合酸分成三股物流，其中一股物流流量为混合酸流量的 40%，第二流股中硫酸的流量为 100kg/h，用 FSplit 模型确定每个流股的流量。

（1）输入组分

采用与［例 3-8］相同方法输入组分。电解质溶液默认采用 NRTL 热力学模型，故不需要再进行热力学模型设定。

（2）建立分流器流程

点击主界面左下方的 Simulations 按钮，进入 Main Flowsheet 界面，从下方的模型库中的 Mixer｜Spliters 中选择 Split，点击该图标右边的向下箭头进入 Split 模型库，从中选择 TRIAGLE，并拖到流程显示窗口中。从左侧的流股 Materials 模型中选择 Materials 流股线，添加到 TRIAGLE 上，如图 3-20 所示。

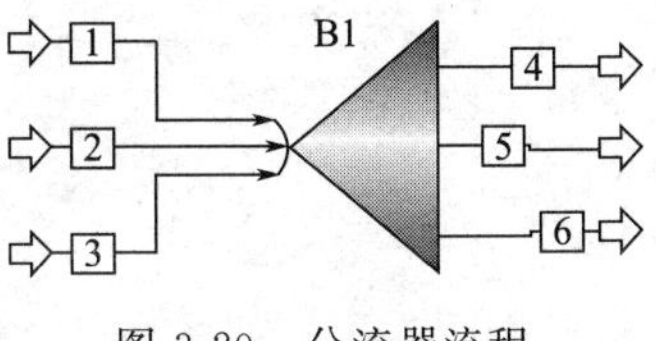

图 3-20 分流器流程

（3）输入进料流股参数

采用与［例 3-8］完全一样步骤输入进料流股 1、2、3 的流股参数。

（4）输入模型参数

从左侧数据浏览窗口进入 Block/B1（FSplit）｜Input｜Specifications 页面。在 Flow split specification for out let stream 下面的选项中，在流股 4 一行中的 Specification 一栏中选择 Split fraction，并在 Value 一栏中输入 0.4。在流股 5 一行中的 Specification 一栏中选择 Flow，在 Basis 一栏中选择 Mass，在 Value 一栏中输入 100，在 Units 一栏中选择中选择 kg/hr，如图 3-21 所示。

Main Flowsheet × | B1 (FSplit) - Input × | +

Specifications | Flash Options | Key Components | Comments

Flow split specification for outlet streams

Stream	Specification	Basis	Value	Units	Key Comp No	Stream order
4	Split fraction		0.4			
5	Flow	Mass	100	kg/hr	1	
6						

图 3-21 输入 FSplit 参数

点击同一页面上的 Key Components 按钮，在 Key component number 中输入 1，在 Available components 中选择 H_2SO_4，点击＞将其移到 Selected components 一栏中，如图 3-22 所示。

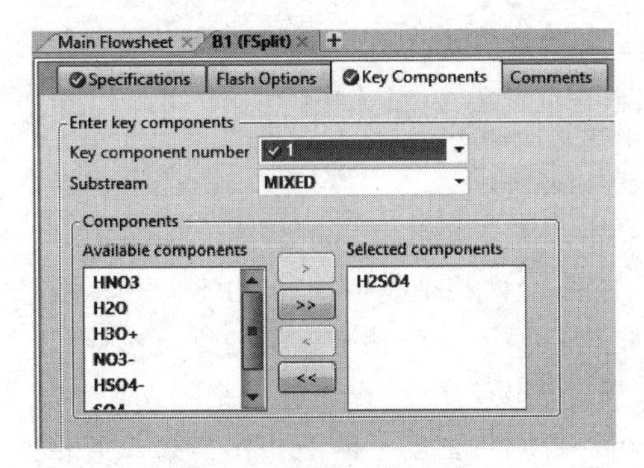

图 3-22 选择关键组分

（5）运行和查看结果

点击 Next，出现 Required Input Complete 对话框，点击 OK，开始运行。当左下角出现 Result Available 时，表示计算完成。从左侧数据浏览窗口进入 Blocks｜B1（FSplit）｜Stream Results 页面，可获得每个输出流股的流量，如图 3-23 所示。

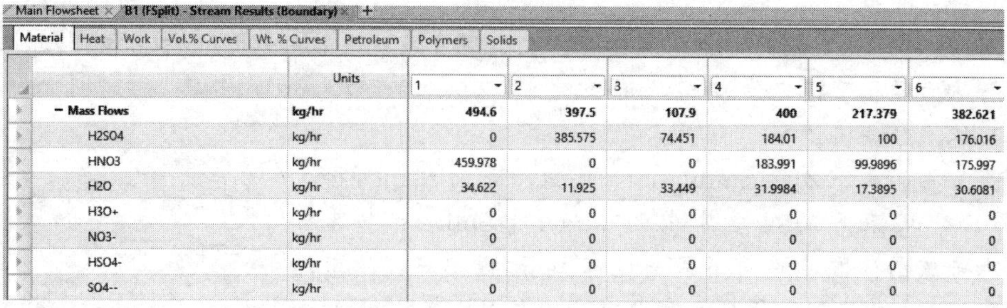

Main Flowsheet × B1 (FSplit) - Stream Results (Boundary) × +

Material | Heat | Work | Vol.% Curves | Wt. % Curves | Petroleum | Polymers | Solids

	Units	1	2	3	4	5	6
− Mass Flows	**kg/hr**	**494.6**	**397.5**	**107.9**	**400**	**217.379**	**382.621**
H2SO4	kg/hr	0	385.575	74.451	184.01	100	176.016
HNO3	kg/hr	459.978	0	0	183.991	99.9896	175.997
H2O	kg/hr	34.622	11.925	33.449	31.9984	17.3895	30.6081
H3O+	kg/hr	0	0	0	0	0	0
NO3-	kg/hr	0	0	0	0	0	0
HSO4-	kg/hr	0	0	0	0	0	0
SO4--	kg/hr	0	0	0	0	0	0

图 3-23　计算结果

3.3.2　简单分离器

Aspen Plus 提供了两相和三相闪蒸器 Flash2、Flash3，液-液分相器 Decanter，组分分离器 Sep 和 Sep2 模块。Flash2、Flash3 和液-液分相器 Decanter 用于严格的单平衡级分离计算。组分分离器 Sep 和 Sep2 模块用于不考虑相平衡时的分离计算。

(1) 两相闪蒸器模块 (Flash2)

功能如下：

① 进行给定热力学条件下的汽-液两相平衡计算。依据已知进料物流的流股变量和闪蒸条件，确定离开闪蒸器的气相和液相物流的流股变量。

② Flash2 模块要求规定的闪蒸条件为：温度、压力、气相分率、热负荷这四个参数中的两个，以及规定出口的有效相态，也可以设置雾沫夹带数值，即液相被带入气相分率 (Liquid entrainment in vapor stream)。

(2) 三相闪蒸器模块 (Flash3)

功能如下：

① 进行热力学条件下的汽-液-液三相平衡计算。闪蒸器的出口为一股气相，两股部分互溶的液相。依据已知进料物流的流股变量和闪蒸条件，确定离开闪蒸器的气相和两股部分互溶的液相物流的流股变量。

② Flash3 模块要求规定闪蒸条件为：温度、压力、气相分率、热负荷这四个参数中的两个，还需要指定关键组分，含关键组分多的液相作为第二液相，否则将密度大的液相作为第二液相。并且规定出口的有效相态，也可以设置雾沫夹带数值，即液相被带入气相分率 (Liquid entrainment in vapor stream)。

(3) 液-液分相器 (Decanter)

功能如下：

① 进行热力学条件下的液-液两相平衡或液-自由水两相平衡计算，依据已知进料物流的流股变量和分相条件，确定出口两股部分互溶液相的物流参数。

② Decanter 模块要求规定温度、压力和热负荷中的两个；需要指定关键组分，含关键组分多的液相作为第二液相，否则将密度大的液相作为第二液相。

(4) 组分分离器 (Sep)

功能如下：

① 不进行热力学条件下的气-液相平衡或液-液相平衡计算，已知一股或多股入口物流的流股参数，依照每个组分的分离规定，确定两股或多股出口物流的流股参数。当分离过程未知，但已知每个组分分离结果时，可采用此模块。

② Sep 模块要求规定：每个组分在输出物流中的分率 Split fraction（定义为组分在输出物流中的流率与其在进料物流中流率比）或在输出物流中的摩尔（或质量）流率 flow。注意：并不需要每个输出物流数中都要指定组分的 Split fraction 或 flow，例如在两出口物流的情况下，只需指定一股输出物流中的组分 Split fraction 或 flow 即可，否则会出现数据矛盾现象。

(5) 两出口组分分离器 (Sep2)

功能与组分分离器 Sep 相似，不同的是 Sep2 只允许有两个输出物流，同时组分在输出流股中可以有两个指定，一个是组分在输出流股中的分率 Split fraction 或流率 flow，另一个指定可以是组分在输出物流中的摩尔（或质量）分数。

【例 3-10】 在［例 3-2］中确定了海水进料量为 2000kg/h，采用组分分离器 Sep 模型，对该问题进行衡算，确定浓盐水的浓度和流量。

（1）输入组分

由于海水是电解质溶液，所以输入海水组分时，需要采用 Elec Wizard 向导确定水解反应和水解产物，其方法与［例 3-9］相同。最终输入组分如图 3-24 所示。

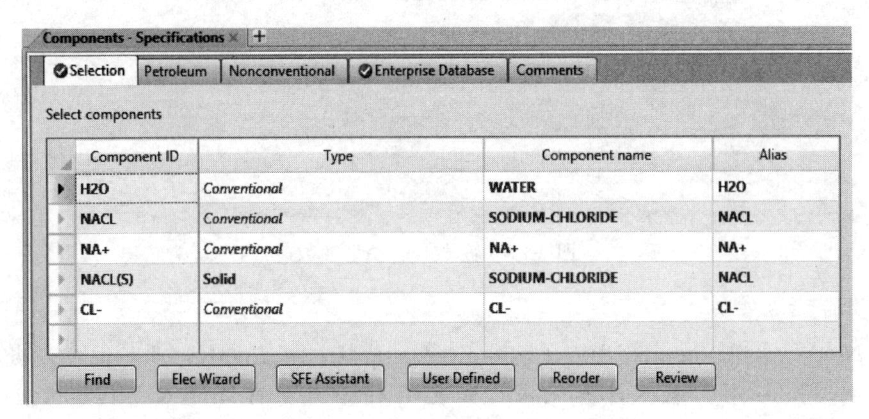

图 3-24　输入组分

电解质溶液默认采用 NRTL 热力学模型，故不需要再进行热力学模型设定。

（2）建立组分分离器 Sep 流程

点击主界面左下方的 Simulations 按钮，进入 Main flowsheet 界面，从下方的模型库中选择 Separators，在 Separators 模型库中选择 Sep，点击该图标右边向下箭头，从中选择 ICON1，并拖到流程显示窗口中。从左侧的流股 Materials 模型中选择 Materials 流股线，添加到模块 ICON1 上，如图 3-25 所示。

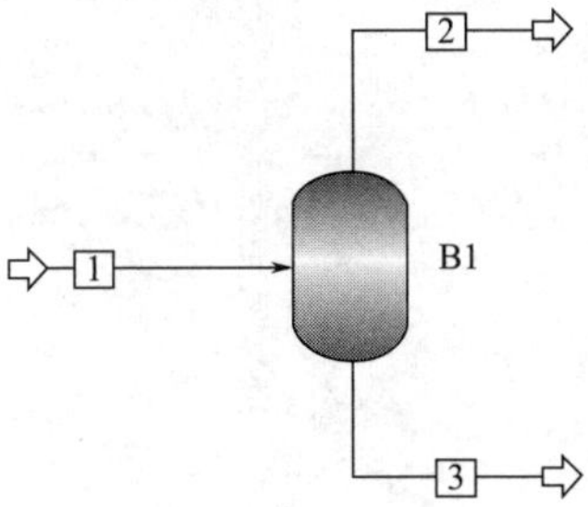

图 3-25　Sep 流程

（3）输入进料流股参数

点击左侧数据浏览窗口进入 Streams｜1｜Mixed 页面，输入流股 1 的温度、压力、质量流率和质量分数，如图 3-26 所示。

（4）输入模型参数

从左侧数据浏览窗口进入 Block｜B1(Sep)｜Input｜Specifications 页面。在 Outlet stream 中选择物流 2，在 Component ID 中选择 H_2O，输入流股 2 的质量流量 1000kg/h，如图 3-27 所示。

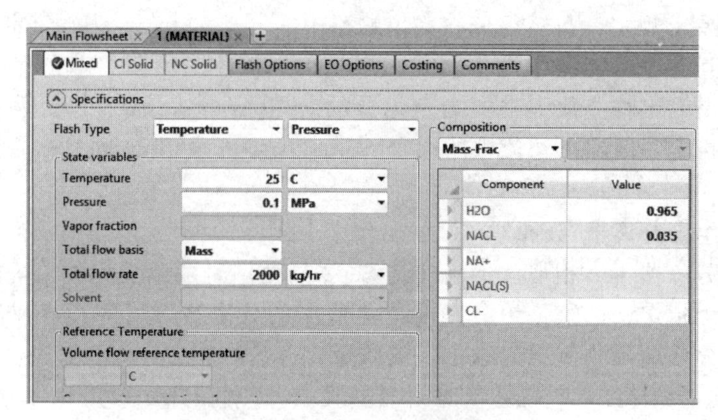

图 3-26 输入进料流股参数

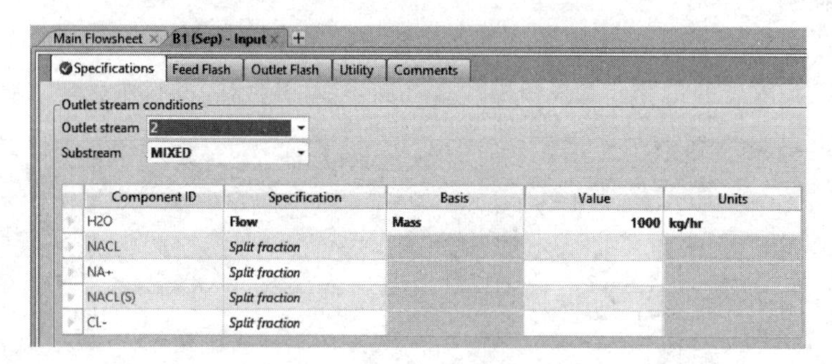

图 3-27 输入 Sep 模型参数

(5) 运行和查看结果

点击 Next，出现 Required Input Complete 对话框，点击 OK，开始运行。当左下角出现 Result Available 时，表示计算完成。从左侧数据浏览窗口进入 Blocks | B1 (Sep) | Stream Results 页面，可获得每个输出流股的流量，如图 3-28 所示。

Main Flowsheet | B1 (Sep) - Stream Results (Boundary)

Material | Heat | Load | Vol.% Curves | Wt. % Curves | Petroleum | Polymers | Solids

	Units	1	2	3
+ Mass Flows	kg/hr	2000	1000	1000
− Mass Fractions				
H2O		0.965	1	0.93
NACL		0.035	0	0.07
NA+		0	0	0
NACL(S)		0	0	0
CL-		0	0	0

图 3-28 计算结果

由此可见，计算结果与［例 3-2］完全一致。

【例 3-11】 用两出口组分分离器 Sep2 求解［例 3-3］中精馏塔物料衡算问题。

(1) 输入组分

点击主界面左下方的 Property 按钮，从左侧数据浏览窗口进入 Components | Specifications | Selection 页面，在 Selection 框中输入组分：丙烷（C_3H_8）、异丁烷（ISOBU-01）、异戊烷（I-C_5H_{12}）和正戊烷（C_5H_{12}），如图 3-29 所示。

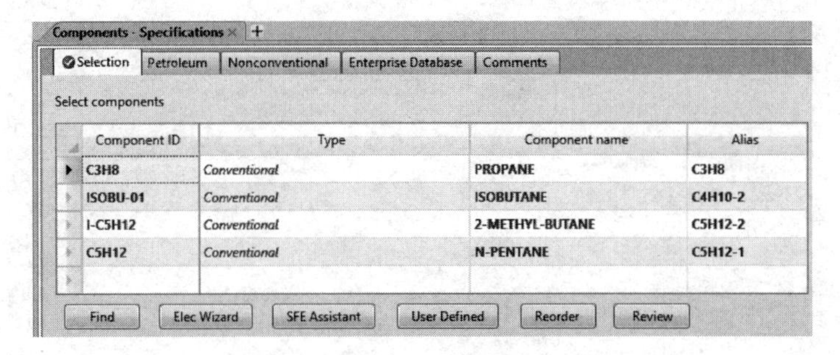

图 3-29　输入组分

(2) 选择热力学模型

从左侧数据浏览窗口进入 Methods | Specifications | Global 页面，选择 NRTL 热力学模型，如图 3-30 所示。

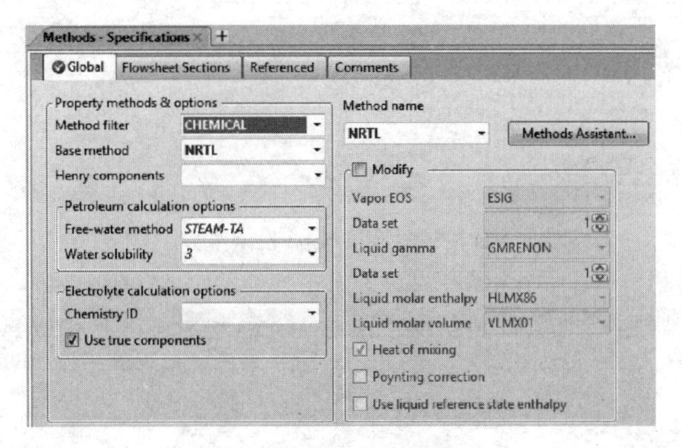

图 3-30　选择热力学模型

(3) 建立 Sep2 流程

点击主界面左下方的 Simulations 按钮，进入 Main flowsheet 界面，从下方的模型库中选择 Separators，在 Separators 模型库中选择 Sep2，点击该图标右边的向下箭头从中选择 ICON2，并拖到流程显示窗口中。从左侧的流股 Materials 模型中选择 Materials 流股线，添加到模块 ICON2 上，如图 3-31 所示。

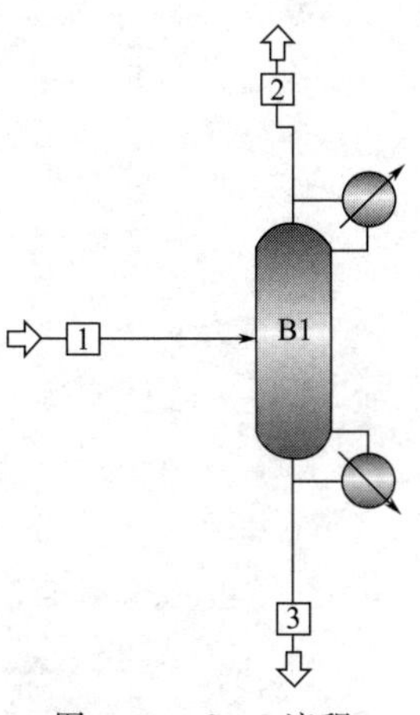

图 3-31　Sep2 流程

(4) 输入进料流股参数

点击左侧数据浏览窗口进入 Streams | 1 | Input | Mixed 页面，输入流股 1 的温度、压力、质量流率和质量分数，如图 3-32 所示。

(5) 输入 Sep2 模型参数

从左侧数据浏览窗口进入 Block | B1(Sep2) | Input | Specifications 页面。在 Outlet stream 中选择流股 2，在 Component ID 中，在组分 C_3H_8 一栏中选择 Split fraction，在 1st Spec 中输入 1，在组分 ISOBU-01 一栏中的 2st Spec 中选择 Mole frac 并输入 0.4，在组分 I-C_5H_{12} 一栏中选择 Split fraction，在 1st Spec 中输入 0.8。如图 3-33 所示。

(6) 运行和查看结果

点击 Next，从左侧数据浏览窗口进入 Blocks | B1(Sep2) | Stream Results 页面，可获得每个输出流股的流量，如图 3-34 所示。

Main Flowsheet
1 (MATERIAL) - Input
Mixed
CI Solid
NC Solid
Flash Options
EO Options
Costing
Comments
Specifications
Flash Type
Temperature
Pressure
Composition
Mole-Frac
State variables
Temperature 25 C
Pressure 0.1 MPa
Vapor fraction
Total flow basis Mole
Total flow rate 1000 mol/hr
Component
Value
C3 0.2
ISOBU-01 0.3
I-C5H12 0.2
C5H12 0.3

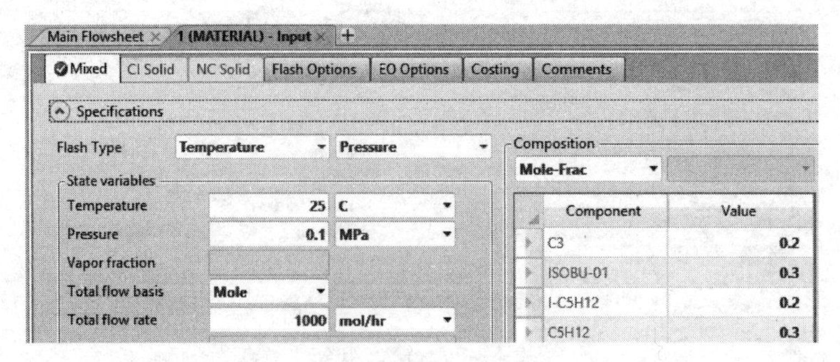

图 3-32 输入精馏塔进料流股参数

Main Flowsheet
B1 (Sep2) - Input
Specifications
Feed Flash
Outlet Flash
Utility
Comments
Substream MIXED
Outlet stream 2
Stream spec Split fraction
Component ID
1st Spec
2nd Spec
C3H8 Split fraction 1 Mole frac
ISOBU-01 Split fraction Mole frac 0.4
I-C5H12 Split fraction 0.8 Mole frac
C5H12 Split fraction 0 Mole frac

图 3-33 输入 Sep2 模型参数

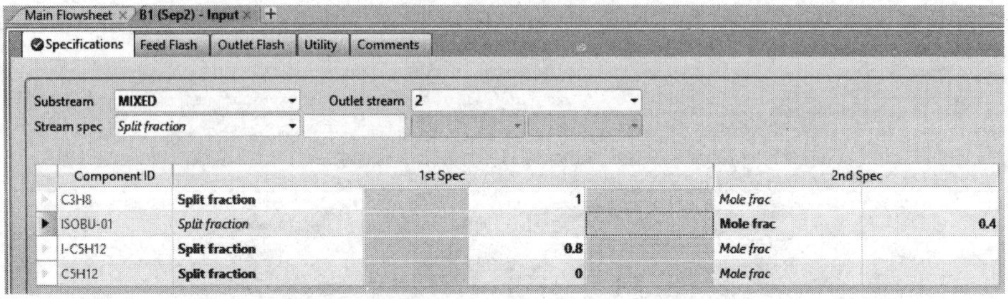

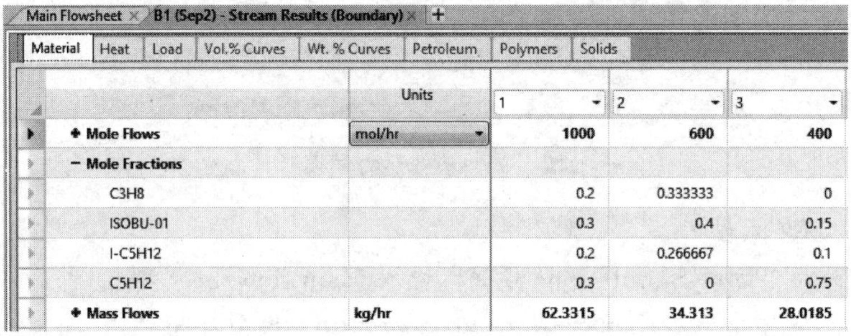

Main Flowsheet
B1 (Sep2) - Stream Results (Boundary)
Material
Heat
Load
Vol.% Curves
Wt. % Curves
Petroleum
Polymers
Solids
Units
1
2
3
Mole Flows mol/hr 1000 600 400
Mole Fractions
C3H8 0.2 0.333333 0
ISOBU-01 0.3 0.4 0.15
I-C5H12 0.2 0.266667 0.1
C5H12 0.3 0 0.75
Mass Flows kg/hr 62.3315 34.313 28.0185

图 3-34 计算结果

计算结果与［例 3-3］完全一致。

【例 3-12】采用 Flash 2 计算［例 3-5］中的闪蒸与分凝问题。

（1）输入组分

点击主界面左下方的 Property 按钮，从左侧数据浏览窗口进入 Components｜Specifications｜Selection 页面，在 Selection 框中输入组分：N_2、H_2、NH_3、AR、CH_4，如图 3-35 所示。

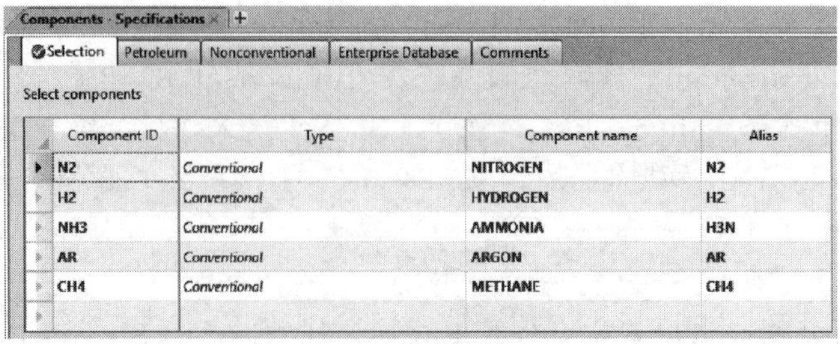

Components - Specifications
Selection
Petroleum
Nonconventional
Enterprise Database
Comments
Select components
Component ID
Type
Component name
Alias
N2 Conventional NITROGEN N2
H2 Conventional HYDROGEN H2
NH3 Conventional AMMONIA H3N
AR Conventional ARGON AR
CH4 Conventional METHANE CH4

图 3-35 输入组分

(2) 选择热力学模型

从左侧数据浏览窗口进入 Methods | Specifications | Global 页面，选择 PENG-ROB 热力学模型，如图 3-36 所示。

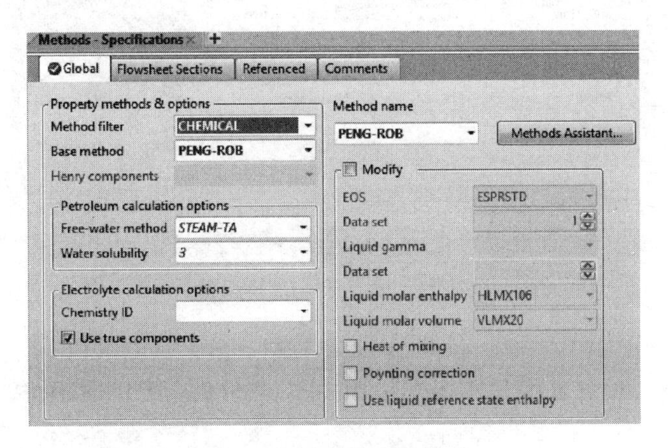

图 3-36 选择热力学模型

(3) 建立 Flash2 流程

点击主界面左下方的 Simulations 按钮，进入 Main flowsheet 界面，从下方的模型库中选择 Separators，在 Separators 模型库中选择 Flash2，点击该图标右边的向下箭头从中选择 VGRUM1，并拖到流程显示窗口中。从左侧的流股 Materials 模型中选择 Materials 流股线，添加到模块上，如图 3-37 所示。

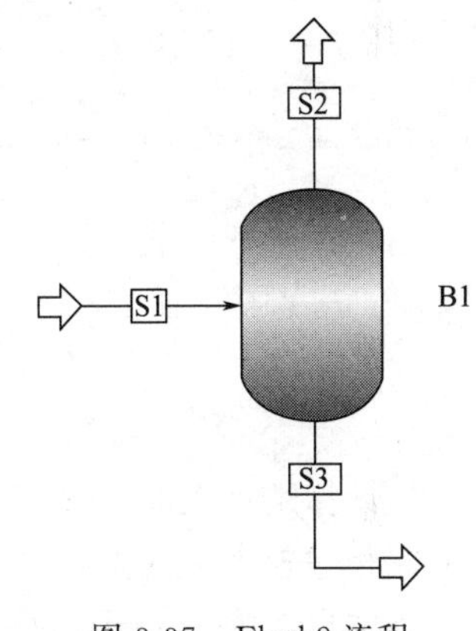

图 3-37 Flash2 流程

(4) 输入进料流股 S1 参数

点击左侧数据浏览窗口进入 Streams | S1 | Input | Mixed 页面，输入流股 S1 的温度、压力、摩尔流率和摩尔分数，如图 3-38 所示。

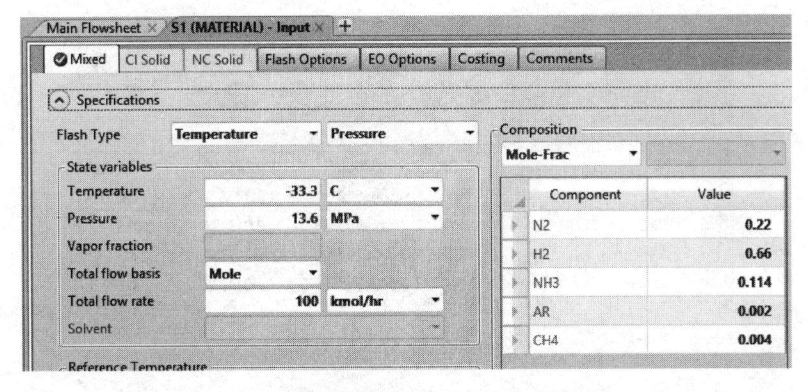

图 3-38 输入进料流股 S1 参数

(5) 输入 Flash2 模型参数

从左侧数据浏览窗口进入 Block | B1(Flash2) | Input | Specifications 页面。输入闪蒸温度和压力，如图 3-39 所示。

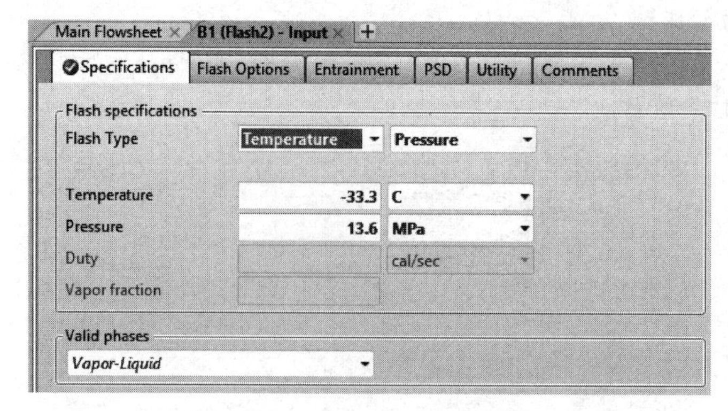

图 3-39 输入 Flash2 模型参数

（6）运行和查看结果

点击 Next，从左侧数据浏览窗口进入 Blocks | B1(Flash2) | Stream Results 页面，可获得每个输出流股的流量，如图 3-40 所示。

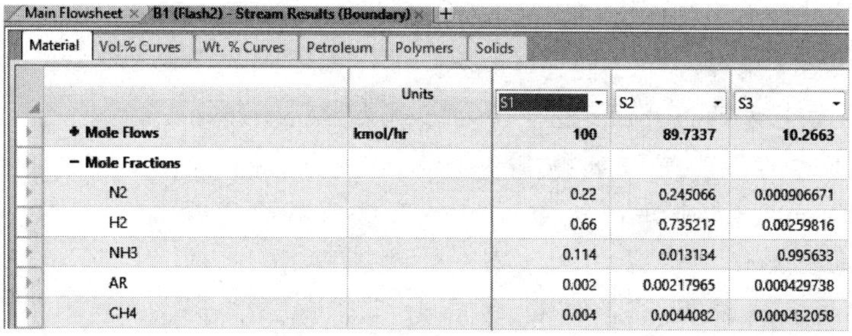

Main Flowsheet × B1 (Flash2) - Stream Results (Boundary) ×

Material | Vol.% Curves | Wt. % Curves | Petroleum | Polymers | Solids

	Units	S1	S2	S3
+ Mole Flows	kmol/hr	100	89.7337	10.2663
− Mole Fractions				
N2		0.22	0.245066	0.000906671
H2		0.66	0.735212	0.00259816
NH3		0.114	0.013134	0.995633
AR		0.002	0.00217965	0.000429738
CH4		0.004	0.0044082	0.000432058

图 3-40 计算结果

计算结果表明，气相与液相流量以及气相组成与［例 3-5］计算结果非常吻合，但液相组成相差较大。这里将 Aspen Plus 采用 P-R 方程计算的相平衡常数列出，如图 3-41 所示。可以发现，除了 NH_3 的平衡常数与［例 3-5］中给出的平衡常数一致外，其余组分平衡常数相差较大。

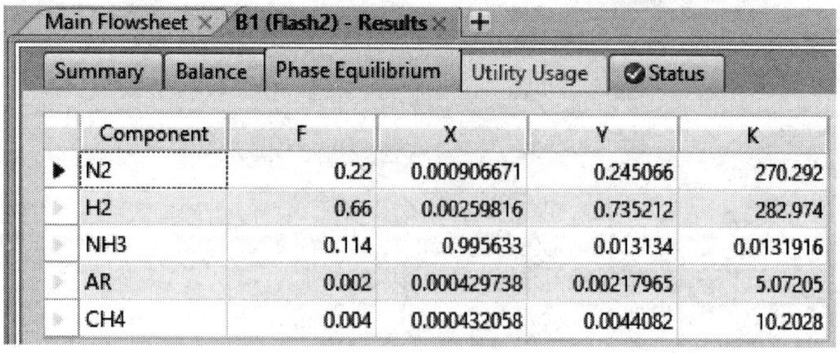

Main Flowsheet × B1 (Flash2) - Results ×

Summary | Balance | Phase Equilibrium | Utility Usage | Status

Component	F	X	Y	K
N2	0.22	0.000906671	0.245066	270.292
H2	0.66	0.00259816	0.735212	282.974
NH3	0.114	0.995633	0.013134	0.0131916
AR	0.002	0.000429738	0.00217965	5.07205
CH4	0.004	0.000432058	0.0044082	10.2028

图 3-41 计算平衡常数

【例 3-13】 采用 Flash3 对［例 3-6］三相闪蒸问题进行物料衡算。

（1）输入组分

点击主界面左下方的 Property 按钮，从左侧数据浏览窗口进入 Components | Specifications | Selection 页面，在 Selection 框中输入组分：C_2H_6O、C_7H_8 和 H_2O，如图 3-42 所示。

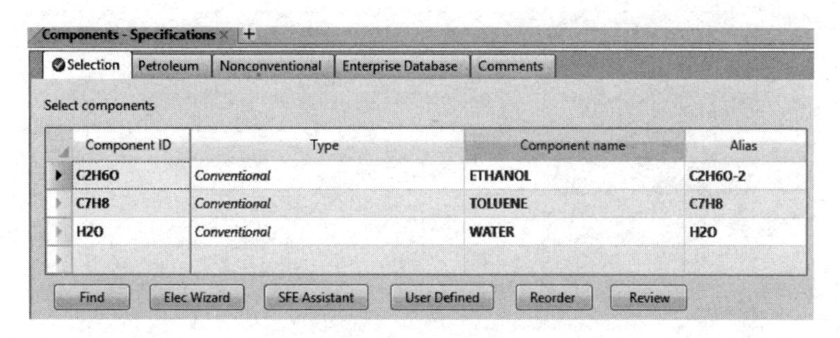

图 3-42　输入组分

(2) 选择热力学模型

从左侧数据浏览窗口进入 Methods | Specifications | Global 页面，选择 UNIQUAC 热力学模型，如图 3-43 所示。

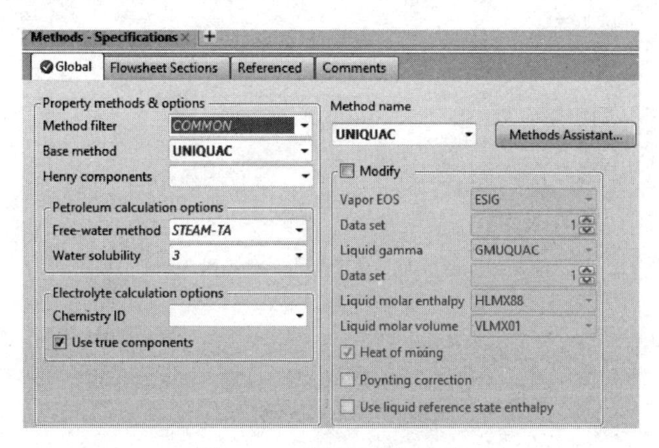

图 3-43　选择热力学模型

(3) 建立 Flash3 流程

点击主界面左下方的 Simulations 按钮，进入 Main flowsheet 界面，从下方的模型库中选择 Separators，在 Separators 模型库中选择 Flash3，点击该图标右边的向下箭头从中选择 VGRUM1，并拖到流程显示窗口中。从左侧的流股 Materials 模型中选择 Materials 流股线，添加到模块上，如图 3-44 所示。

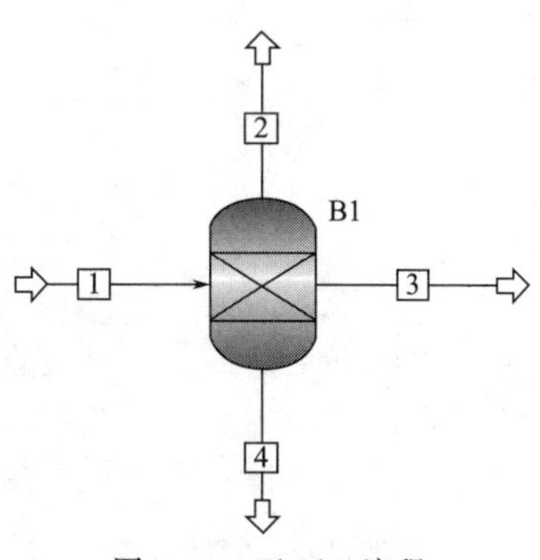

图 3-44　Flash3 流程

(4) 输入进料流股 1 参数

点击左侧数据浏览窗口进入 Streams | S1 | Input | Mixed 页面，输入流股 1 的温度、压力、摩尔流率和摩尔分数，如图 3-45 所示。

(5) 输入 Flash3 模型参数

从左侧数据浏览窗口进入 Block | B1(Flash3) | Input | Specifications 页面。输入闪蒸温度和压力。如图 3-46 所示。

(6) 运行和查看结果

点击 Next，从左侧数据浏览窗口进入 Blocks | B1(Flash3) | Stream Results 页面，如图 3-47 所示。

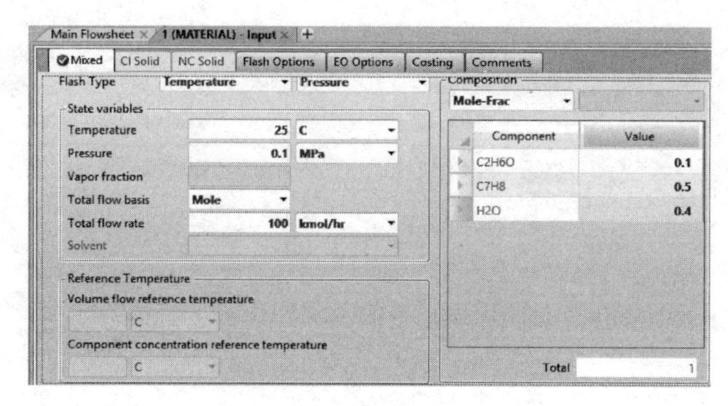

图 3-45 进料流股 1 参数

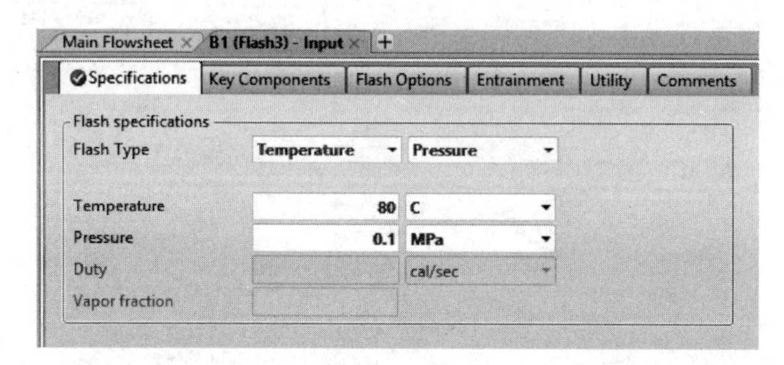

	Units	1	2	3	4
+ Mole Flows	kmol/hr	100	49.315	32.9613	17.7237
− Mole Fractions					
C2H6O		0.1	0.167807	0.0338201	0.0344057
C7H8		0.5	0.373245	0.958306	0.00036279
H2O		0.4	0.458947	0.00787438	0.965231
+ Mass Flows	kg/hr	5788.33	2484.97	2966.47	336.881
− Mass Fractions					
C2H6O		0.0795896	0.153419	0.017312	0.0833907
C7H8		0.795917	0.682499	0.981112	0.00175867
H2O		0.124494	0.164082	0.00157623	0.914851

图 3-47 计算结果

由此可见，每个输出流股的流量和组成与［例 3-6］相符。因此，对于基于相平衡常数的编程计算［例 3-6］，只要所采用的平衡常数与 Aspen Plus 依据热力学模型计算的相平衡常数一致，二者计算结果是相符的。这表明 Aspen Plus 所依据的相平衡计算的理论公式与本书所讲的是一致的。

【例 3-14】 用 Decant 模型计算［例 3-7］中液-液萃取问题。

（1）输入组分

点击主界面左下方的 Property 按钮，从左侧数据浏览窗口进入 Components | Specifications | Selection 页面，在 Selection 框中输入组分：甲基异丁基酮 $C_6H_{12}O$、丙酮 C_3H_6O 和 H_2O，如图 3-48 所示。

（2）选择热力学模型

从左侧数据浏览窗口进入 Methods | Specifications | Global 页面，选择 UNIQUAC 热力学模型，如图 3-49 所示。

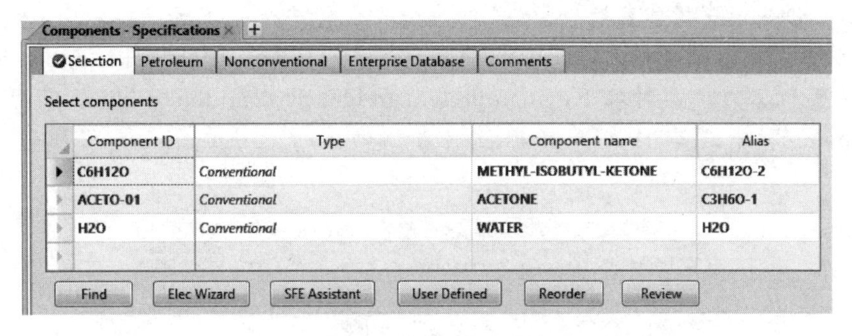

图 3-48　输入组分

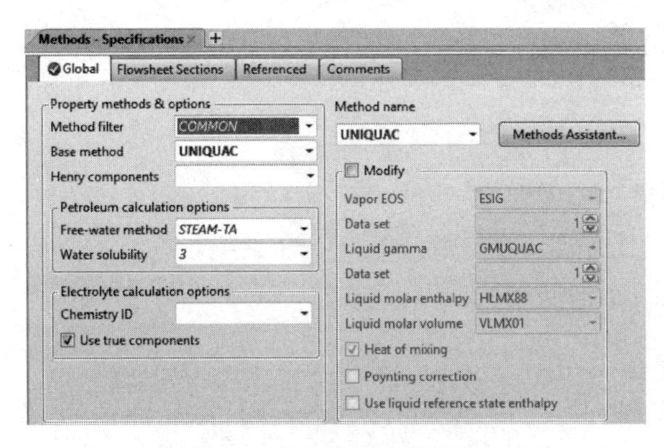

图 3-49　选择热力学模型

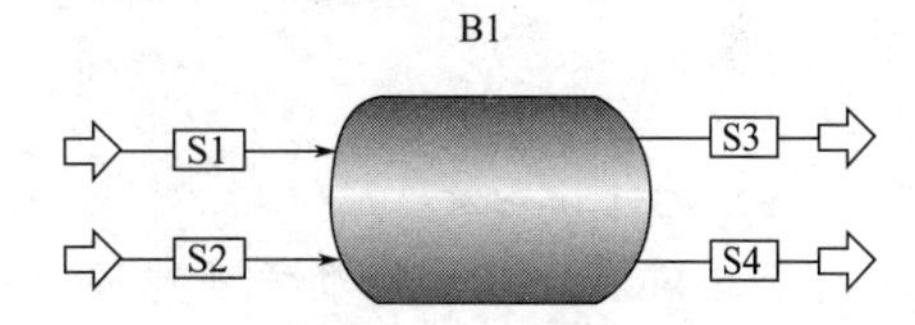

图 3-50　Decanter 流程

（3）建立 Decanter 流程

点击主界面左下方的 Simulations 按钮，进入 Main flowsheet 界面，从下方的模型库中选择 Separators，在 Separators 模型库中选择 Decanter，点击该图标右边的向下箭头从中选择 HGRUM1，并拖到流程显示窗口中。从左侧的流股 Materials 模型中选择 Materials 流股线，添加到模块上，如图 3-50 所示。

（4）输入进料流股 S1 和 S2 参数

点击左侧数据浏览窗口进入 Streams | S1 | Input | Mixed 页面，输入流股 S1 的温度、压力、摩尔流率和摩尔分数，如图 3-51 所示。类似地输入流股 S2 的流股参数。

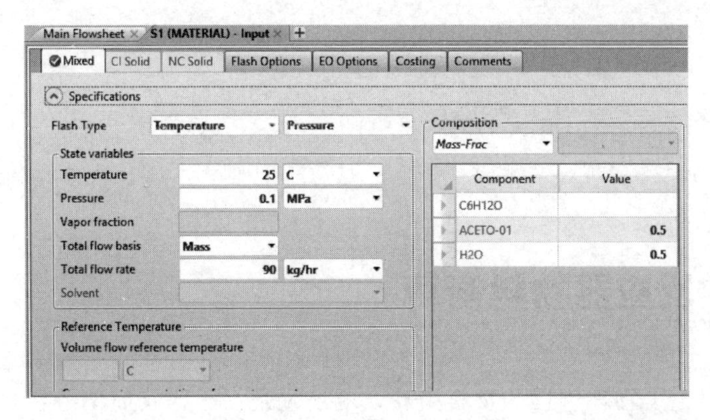

图 3-51　进料流股 S1 参数

（5）输入 Decanter 模型参数

从左侧数据浏览窗口进入 Block | B1（Decanter）| Input | Specifications 页面。输入 Decanter 温度和压力。同时在 Key component to identify 2nd liquid phase 下面的 Available components 栏中选择 H_2O，将其移到右侧的 Key component 一栏中，如图 3-52 所示。

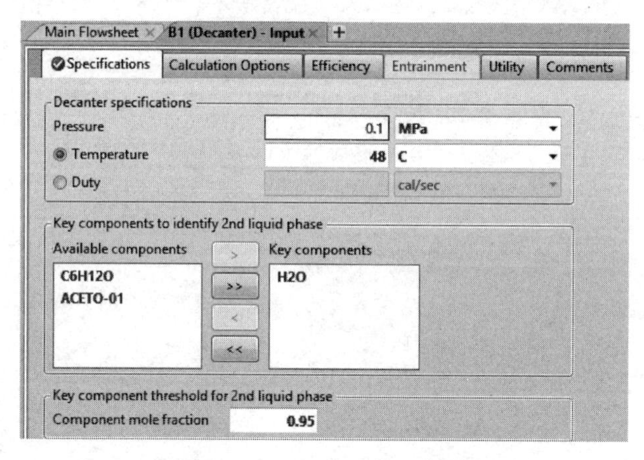

图 3-52 Decanter 模型参数

（6）运行和查看结果

点击 Next，从左侧数据浏览窗口进入 Blocks | B1（Decanter）| Stream Results 页面，如图 3-53 所示。由此可见，每个输出流股的流量和组成与［例 3-7］中编程计算结果一致。

根据图 3-53 计算结果，不难算出组分的液-液平衡常数为：$k_{丙酮}=1.65$，$k_{水}=0.06$，$k_{MIK}=26.8$，与［例 3-7］所给定的平衡常数相吻合。

Main Flowsheet | B1 (Decanter) - Stream Results (Boundary)

Material | Heat | Load | Vol.% Curves | Wt. % Curves | Petroleum | Polymers | Solids

	Units	S1	S2	S3	S4
− Mass Flows	kg/hr	90	110	154.865	45.1348
C6H12O	kg/hr	0	110	108.817	1.18338
ACETO-01	kg/hr	45	0	38.2327	6.76732
H2O	kg/hr	45	0	7.8159	37.1841
− Mass Fractions					
C6H12O		0	1	0.702654	0.0262189
ACETO-01		0.5	0	0.246877	0.149936
H2O		0.5	0	0.0504691	0.823845
Volume Flow	l/min	1.71086	2.30192	3.25544	0.812031

图 3-53 计算结果

3.4 化学反应器物料衡算

在 3.1 节中讨论了物理过程的物料衡算，应该说是一种比较简单的物料衡算。这里，将讨论化学反应器的物料衡算。与物理过程的物料衡算相比，化学反应过程的物料衡算问题要复杂些，有其自身的特点，可根据这些特点以及化学反应中各物质间的定量关系，建立物料平衡方程式，然后再进行求解。

3.4.1　化学反应过程物料平衡的特点和基本概念

(1) 化学反应过程物料平衡的特点

① 由于在化学反应过程中既有反应物的消耗，又有产物的生成，尽管总的质量仍是守恒的，但各个组分不再守恒，即

$$\sum_{i=1}^{N_s} F_i x_{ij} \neq 0$$

式中，j 不为惰性组分。

反应前后的物质的量往往也是不相同的，这是由于化学反应改变了物质的分子结构。但无论分子结构如何变化，其进出的原子总数，以及各种元素的原子数目保持守恒。

② 物料的组分比较复杂，其原因一般有如下几种情况：

- 反应往往不完全，留下剩余的反应物；
- 复杂反应，如平行反应、串联反应等，产生较多的副产物；
- 有时会有不参加反应的惰性组分，如在空气中的燃烧反应；
- 有些反应不是按化学计量比投料的。

③ 由于化学反应都是以分子为单位定量进行的，所以在对化学反应器进行物料衡算时，采用物质的量基准是很方便的。

(2) 基本概念

① 化学计量数　化学反应方程式决定着反应物与生成物间的定量关系。为配平化学反应方程式而写在每一个分子式前的系数称为化学计量系数。反应物的化学计量数是一个与该物质的量及化学计量系数有关的量，定义为

$$\text{反应物的化学计量数}=\frac{\text{反应物的物质的量}}{\text{该物质的化学计量系数}} \tag{3-61}$$

按此定义，任何一化学反应都是按等化学计量数进行的。

② 限制反应物　在化学反应过程中以最小化学计量数存在的反应物，称为该反应的限制反应物。换言之，如果一个反应可以一直进行下去，则反应中首先消耗完的那一种反应物就是限制反应物，因为它使反应的继续进行受到限制。

③ 过量反应物　化学计量数超过限制反应物需要的那部分反应物称为过量反应物，其过量程度通常用过量百分比表示，即

$$\text{过量百分比}=\frac{\text{过量的物质的量}}{\text{限制反应物完全作用需要的物质的量}}\times 100\% \tag{3-62}$$

④ 转化率　进料中某一组分转化为产物（包括主产物和副产物）的分率，称为该组分的转化率。如果反应物中 j 组分的转化率用 x_j 表示，则

$$x_j=\frac{N_{\text{入}j}-N_{\text{出}j}}{N_{\text{入}j}} \tag{3-63}$$

在一个化学反应中，以不同的组分所表示的转化率是不一致的，一般应予以说明。如果不加以特殊说明，则为限制反应物的转化率。

⑤ 产率　产率（或收率）是指主产物的实际收得量与按投入原料计算的理论产量之比值。若用 η 来表示产率，则

$$\eta=\frac{\text{产物的实际产量}}{\text{按原料计算的理论产量}} \tag{3-64a}$$

或

$$\eta=\frac{\text{产物的实际产量折算成的原料量}}{\text{投入反应器的原料量}} \tag{3-64b}$$

⑥ 选择性　生成主产物所消耗的原料量占原料总耗量的分率称为生成主产物的选择性，用符号 Φ 表示，则有

$$\Phi=\frac{\text{主产物生成量折算成原料量}}{\text{反应消耗掉的原料量}} \tag{3-65}$$

由此可见，转化率、产率与选择性之间存在如下关系

$$\eta=x\Phi \tag{3-66}$$

【例 3-15】 硫酸铝是用粉碎的铝土矿和硫酸作用制得的，其反应如下

$$Al_2O_3+3H_2SO_4 \longrightarrow Al_2(SO_4)_3+3H_2O$$

铝土矿含 Al_2O_3 55.4%（质量分数），其余为杂质，硫酸质量分数为 77.7%，其余为水。为生产 1798kg 纯 $Al_2(SO_4)_3$ 使用了 1080kg 铝土矿和 2510kg 硫酸溶液。试指出：

（1）限制反应物；

（2）过量反应物的过量百分比与被利用的百分数；

（3）限制反应物的转化率。

解： 将 Al_2O_3、H_2SO_4 以及 $Al_2(SO_4)_3$ 的质量转化为物质的量，求出反应物 Al_2O_3 和 H_2SO_4 的化学计量数

Al_2O_3：$\frac{1080\times0.554}{102}=5.866\text{kmol}$，$5.866/1=5.866$

H_2SO_4：$\frac{2510\times0.777}{98}=19.901\text{kmol}$，$19.901/3=6.634$

$Al_2(SO_4)_3$：$\frac{1798}{342}=5.257\text{kmol}$

可见：（1）Al_2O_3 为限制反应物；

（2）H_2SO_4 为过量反应物，其过量百分比为

$$\frac{19.901-5.866\times3}{5.866\times3}\times100\%=13.1\%$$

H_2SO_4 被利用的百分数为

$$\frac{5.257\times3}{19.901}\times100\%=79.2\%$$

（3）限制反应物 Al_2O_3 的转化率为

$$\frac{5.257}{5.866}=0.896=89.6\%$$

【例 3-16】 丁烯在空气中催化氧化脱氢的主要反应为

$$2C_4H_8+O_2 = 2C_4H_6+2H_2O$$

伴随这个主要反应还有许多副反应，生成酮、醛和有机酸等。从表 3-14 中所列气体分析数据计算正丁烯的转化率、丁二烯的收率和选择性。

表 3-14 气体分析数据

组分	反应前（摩尔分数）/%	反应后（摩尔分数）/%	组分	反应前（摩尔分数）/%	反应后（摩尔分数）/%
正丁烷	0.63	0.61	氮	27.00	26.10
正丁烯	7.05	1.70	水蒸气	57.44	62.70
丁二烯	0.06	4.45	一氧化碳	—	1.20
异丁烷	0.50	0.48	二氧化碳	—	1.80
异丁烯	0.13	0.00	有机酸	—	0.26
正戊烷	0.02	0.02	酮、醛	—	0.10
氧	2.17	0.64			

解：在丁烯氧化脱氢反应过程中，虽然气体混合物的总体积增加，但其中氮气量不变。以 100mol 原料气为基准，则可由氮气物料平衡得到反应后气体混合物的物质的量，即

$$100\times0.2700/0.2610=103.45\text{mol}$$

其中，正丁烯的物质的量为

$$103.45\times0.0170=1.7587\text{mol}$$

丁二烯的物质的量为

$$103.45\times0.0445=4.6035\text{mol}$$

故正丁烯的转化率为

$$x_{C_4H_8}=\frac{7.05-1.7587}{7.05}=0.7505$$

丁二烯的收率和选择性分别为

$$\eta=\frac{4.6035-0.06}{7.05}=0.6445,\quad \Phi=\frac{4.6035-0.06}{7.05-1.7587}=0.8587$$

⑦ 反应速率　任何一个化学反应，反应过程中各物质（反应物或生成物）的变化速率（增加或减少）除以各自的化学计量系数都是一个常数，把这个常数称为反应速率，用 r 表示，即

$$r=\frac{1}{\nu_j}\frac{\mathrm{d}N_j}{\mathrm{d}t}\quad 或\quad \frac{\mathrm{d}N_j}{\mathrm{d}t}=\nu_j r \tag{3-67}$$

式中　ν_j——j 组分的化学计量系数，对反应物取“－”，对生成物取“＋”；

r——化学反应速率，mol/h，对于稳态过程，r 是个常数，且 $r>0$。

⑧ 化学反应平衡常数 K

a. 所有化学反应可按平衡常数 K 分类

$K\ll1$	反应不可能进行
$K\approx1$	可逆反应
$K\gg1$	不可逆反应

对于乙烷燃烧反应

$$2C_2H_6+7O_2 \longrightarrow 4CO_2+6H_2O$$

$K \gg 1$，是一个高度不可逆反应，而其逆反应

$$4CO_2+6H_2O \longrightarrow 2C_2H_6+7O_2$$

则不可能自发地进行。

b. 平衡常数和反应速率对反应程度的影响　反应器内的实际转化率取决于平衡常数与反应速率这两个因素（见表 3-15）。

表 3-15　实际转化率的影响因素

平衡常数	反应速率	实际转化率
$K \ll 1$	很快	→0
	很慢	→0
$K \approx 1$	很快	平衡转化率
	很慢	→0
$K \gg 1$	很快	→100%
	很慢	→0

c. 低压下的气相反应平衡常数　对于压力较低的气体，可以应用理想气体定律，平衡常数 K 是产品物流的压力和组成的简单函数

$$K=p^{\sum \nu_j} \prod x_j^{\nu_j} \tag{3-68}$$

如合成氨反应

$$N_2+3H_2 \rightleftharpoons 2NH_3$$

编号　1　2　　3

则

$$K=p^{(-1-3+2)}x_1^{-1}x_2^{-3}x_3^2=p^{-2}\frac{x_3^2}{x_1x_2^3}$$

⑨ 原子矩阵与最大线性无关反应数　在分析一个化学反应过程中，首先要确定有哪些分子参与了化学反应，也就是说过程中涉及了哪些物质，一般来说，通过对典型物流进行化学分析就可以知道。下一步的任务就是要确定相互独立的化学反应最多有多少个，以及这些相互独立的化学反应具体的反应方程式都是什么。为完成这个任务，首先构造一个表格，其行代表某一物质所包含的元素及原子个数，列代表某元素在各物质中的原子个数。这样的表称为原子矩阵。如果过程涉及 N_c（Number of components）个组分，这些组分中包含 N_e（Number of elements）种元素，则原子矩阵为一个 $N_c \times N_e$ 阶矩阵，记为 $\boldsymbol{A}_a$。

若 $\boldsymbol{A}_a$ 的秩为 R_a，则 R_a 为构成这一平衡混合物最少的组分个数，且 $R_a \leqslant \min(N_c, N_e)$。则

最大线性无关化学反应个数＝组分个数－原子矩阵的秩

或记为

$$M_L=N_c-R_a \tag{3-69}$$

式中，M_L 为反应过程中最大线性无关反应个数。

【例 3-17】 用水吸收 NO_2 制取 HNO_3 在一定条件下达到平衡。试判断构成这一平衡混合物的最少组分数以及线性无关的化学反应。

解： 写出其原子矩阵（见表 3-16）：

表 3-16　［例 3-17］原子矩阵

组分	原子		
	H	N	O
HNO_3	1	1	3
NO	0	1	1
NO_2	0	1	2
H_2O	2	0	1

求这个原子矩阵的秩 R_a。由于此原子矩阵为 4×3 阶矩阵，所以 $R_a \leqslant 3$。而

$$\begin{vmatrix} 1 & 1 & 3 \\ 0 & 1 & 1 \\ 0 & 1 & 2 \end{vmatrix} = 2-1=1 \neq 0$$

故 $R_a=3$，即构成这一平衡混合物的最少组分数为 3，为 NO_2、H_2O、HNO_3 和 NO 中的任意三个。由 $M_L=N_c-R_a$ 可得，最大线性无关化学反应的个数为 4－3＝1，这个线性无关的化学反应就是

$$3NO_2+H_2O \rightleftharpoons 2HNO_3+NO$$

⑩ 化学反应矩阵　上述［例 3-17］是一个简单的例子，其最大线性无关反应的个数为 1，这当然很好确定。但如果反应比较复杂，经分析可能发生多个反应，此时如何在较多的可能发生的化学反应中，找出 M_L 个独立的化学反应呢？为此，构造一个反应矩阵：其行为某一组分在各化学反应中的化学计量系数，其列为某一化学反应中各组分的化学计量系数（化学计量系数对生成物取“＋”，对反应物取“－”，对惰性组分取“0”）。如果有 N_c 个组分，N_r（Number of reactions）个反应，则它是一个 $N_c \times N_r$ 阶矩阵，称为反应矩阵，记为 $\boldsymbol{A}_r$。为寻找 M_L 个线性无关反应，只需在 $\boldsymbol{A}_r$ 中选出 M_L 个这样的反应，它们在 $\boldsymbol{A}_r$ 中的子阵所形成的行列式不为零，即这个子阵的秩为 M_L。

由于在化学反应工程中，原子是守恒的，则有

$$(\boldsymbol{A}_r)^T \cdot \boldsymbol{A}_a = 0 \tag{3-70}$$

这说明反应矩阵的列向量与原子矩阵的列向量是垂直的。

【例 3-18】 试证明［例 3-17］中 NO_2 吸收过程 $(\boldsymbol{A}_r)^T \cdot \boldsymbol{A}_a = 0$。

表 3-17　［例 3-18］反应矩阵

组分	反应
HNO_3	2
NO	1
NO_2	－3
H_2O	－1

证明： 反应为

$$3NO_2+H_2O \rightleftharpoons 2HNO_3+NO$$

写出反应矩阵 $\boldsymbol{A}_r$（见表 3-17）。

则

$$(\boldsymbol{A}_r)^T=(2,1,-3,-1), \quad \boldsymbol{A}_a=\begin{bmatrix} 1 & 1 & 3 \\ 0 & 1 & 1 \\ 0 & 1 & 2 \\ 2 & 0 & 1 \end{bmatrix}$$

所以

$$(\boldsymbol{A}_r)^T \cdot \boldsymbol{A}_a=(2,1,-3,-1)\begin{bmatrix} 1 & 1 & 3 \\ 0 & 1 & 1 \\ 0 & 1 & 2 \\ 2 & 0 & 1 \end{bmatrix}=(0,0,0)$$

【例 3-19】 在硝酸的生产过程中，NO 氧化生成高价氮氧化物，再与水进行吸收，反应如下

$$2NO+O_2 \rightleftharpoons 2NO_2 \quad (A)$$

$$NO+NO_2 \rightleftharpoons N_2O_3 \quad (B)$$

$$2NO_2 \rightleftharpoons N_2O_4 \quad (C)$$

$$3NO_2+H_2O \rightleftharpoons 2HNO_3+NO \quad (D)$$

$$2NO_2+H_2O \rightleftharpoons HNO_3+HNO_2 \quad (E)$$

$$N_2O_3+H_2O \rightleftharpoons 2HNO_2 \quad (F)$$

$$N_2O_4+H_2O \rightleftharpoons HNO_3+HNO_2 \quad (G)$$

$$3HNO_2 \rightleftharpoons HNO_3+2NO+H_2O \quad (H)$$

问这 8 个反应式中最多有几个是线性无关的反应？是哪几个？

解： 原子矩阵见表 3-18。

表 3-18 ［例 3-19］原子矩阵

组分	原子		
	N	H	O
O_2	0	0	2
N_2O_3	2	0	3
N_2O_4	2	0	4
NO	1	0	1
NO_2	1	0	2
H_2O	0	2	1
HNO_3	1	1	3
HNO_2	1	1	2

由线性代数的知识可求得原子矩阵的秩 $R_a=3$，则 $M_L=N_c-R_a=8-3=5$，即有 5 个线性无关的反应发生。

为了确定是哪 5 个反应，写出其反应矩阵 $\boldsymbol{A}_r$（见表 3-19）：

表 3-19 ［例 3-19］反应矩阵

组分	化学计量系数							
	A	B	C	D	E	F	G	H
O_2	−1	0	0	0	0	0	0	0
N_2O_3	0	1	0	0	0	−1	0	0
N_2O_4	0	0	1	0	0	0	−1	0
NO	−2	−1	0	1	0	0	0	2
NO_2	2	−1	−2	−3	−2	0	0	0
H_2O	0	0	0	−1	−1	−1	−1	1
HNO_3	0	0	0	2	1	0	1	1
HNO_2	0	0	0	0	1	2	1	−3

可以验证 $(\boldsymbol{A}_r)^T \cdot \boldsymbol{A}_a=0$，且 $R(\boldsymbol{A}_r)=5$。很容易发现反应 A、B、C、D、E 是线性独立的，因为这 5 个反应对应于 O_2、N_2O_3、N_2O_4、NO、NO_2 的矩阵为主元均不为零的下三角矩阵。反应式 F、G、H 均可由 A、B、C、D、E 线性加和得到，分别为

$$F=-B-D+2E, G=-C-\frac{1}{3}D+E, H=2D-3E$$

在了解了上述化学反应过程物料平衡的特点及基本概念后，便可根据这些特点以及化学反应中各物质间的定量关系，建立物料平衡方程式，然后进行求解。

3.4.2　直接计算法

对于某些比较简单的化学反应过程，可以通过化学计量关系求解，无需采用系统的分析法。

【例 3-20】 合成氨塔的进料物流含氮气 N_2、氢气 H_2、循环氨气 NH_3 和惰性气杂质（甲烷 CH_4 和氩气 Ar）。反应式为

$$N_2+3H_2 \rightleftharpoons 2NH_3$$

氮气 N_2 和氢气 H_2 按化学计量比 1∶3 进料。已知进料物流流率为 100mol/h，含氮气 23%、甲烷 1.8%、氩气 0.8%，化学反应平衡常数 $K'=\frac{x_{NH_3}^2}{x_{N_2}x_{H_2}^3}=0.25$。试作物料衡算。

解： 假设反应达到化学平衡，且达到化学平衡时 N_2 的转化率为 α，则可根据反应的化学计量关系直接算出进出料情况（见表 3-20）。

反应式　　$N_2+3H_2+Ar+CH_4 \longrightarrow 2NH_3+Ar+CH_4$

表 3-20　[例 3-20] 进料情况

进料/(mol/h)	23	69	0.8	1.8	5.4	—	—
转化或生成/(mol/h)	23α	69α	0	0	46α	—	—
出料/(mol/h)	$23(1-\alpha)$	$69(1-\alpha)$	0.8	1.8	$5.4+46\alpha$	—	—

所以，出料流率为

$$23(1-\alpha)+69(1-\alpha)+0.8+1.8+5.4+46\alpha=100-46\alpha$$

则出料流股中 N_2、H_2、NH_3 的摩尔分数分别为

$$x_{N_2}=\frac{23(1-\alpha)}{100-46\alpha}, \quad x_{H_2}=\frac{69(1-\alpha)}{100-46\alpha}, \quad x_{NH_3}=\frac{5.4+46\alpha}{100-46\alpha}$$

所以

$$K'=\frac{\left(\frac{5.4+46\alpha}{100-46\alpha}\right)^2}{\frac{23(1-\alpha)}{100-46\alpha}\left[\frac{69(1-\alpha)}{100-46\alpha}\right]^3}=0.25$$

解得 $\alpha=0.125$

从而出料流率为

$$100-46\alpha=100-46\times0.125=94.25\text{mol/h}$$

出料流股中各组分的摩尔分数分别为

$$x_{N_2}=\frac{23\times(1-0.125)}{94.25}=0.214, \quad x_{H_2}=\frac{69\times(1-0.125)}{94.25}=0.641,$$

$$x_{NH_3}=\frac{5.4+46\times0.125}{94.25}=0.118, \quad x_{CH_4}=\frac{1.8}{94.25}=0.019, \quad x_{Ar}=\frac{0.8}{94.25}=0.008$$

由于反应是分子减少的反应，故出料流股的物质的量比进料流股的减少了。

3.4.3 利用反应速率进行计算

在 3.1 节里，已推得无化学反应的稳态连续过程的组分物料平衡方程式（3-8）

$$\sum_{i=1}^{N_s} F_i x_{ij} = 0 \qquad (j=1,2,3,\cdots,N_c)$$

这说明进入过程的任意组分量与其输出量的值是相等的。而对于一个有化学反应存在的过程，其进出的组分量是不等的，其差值恰为该组分在反应过程中的生成量（对产物）或消耗量（对反应物）。因而在列写化学反应过程的各组分物料平衡方程式时，要考虑到反应速率这一项。如果过程中仅有一个反应发生，则组分物料平衡方程式为

$$\sum_{i=1}^{N_s} F_i x_{ij} + \nu_j r = 0 \qquad (j=1,2,3,\cdots,N_c) \tag{3-71}$$

对于参与多个反应的组分有

$$\sum_{i=1}^{N_s} F_i x_{ij} + \sum_{m=1}^{N_r} (\nu_j r)_m = 0 \qquad (j=1,2,3,\cdots,N_c) \tag{3-72}$$

式中，$x_{ij} \geqslant 0$，$r \geqslant 0$；F_i 对进入物系取“+”，离开物系取“−”；ν_j 对生成物取“+”，对反应物取“−”，对惰性组分取“0”。

【例 3-21】 由乙烯氧氯化法生产氯乙烯包括乙烯氯化、乙烯氧氯化和二氯乙烷裂解 3 个工序。其中乙烯氧氯化部分主要反应为

$$CH_2{=}CH_2 + 2HCl + \frac{1}{2}O_2 \xrightarrow[250\sim350℃]{CuCl_2^{r_1}/KCl} CH_2Cl{-}CH_2Cl + H_2O$$

同时存在副反应

$$C_2H_4 + 3O_2 \xrightarrow{r_2} 2CO_2 + 2H_2O$$

如果进料流率为 1000mol/h，其中含乙烯 19%，氯化氢 35%（均为摩尔分数），其余均为空气。乙烯的转化率为 70%，二氯乙烷的选择性为 95%，计算反应器输出物流的流率与组成。

解：

（1）组分编号（见表 3-21）

表 3-21 ［例 3-21］组分编号

组分	C_2H_4	HCl	O_2	N_2	$C_2H_4Cl_2$	H_2O	CO_2
编号	1	2	3	4	5	6	7

（2）计算简图（见图 3-54）

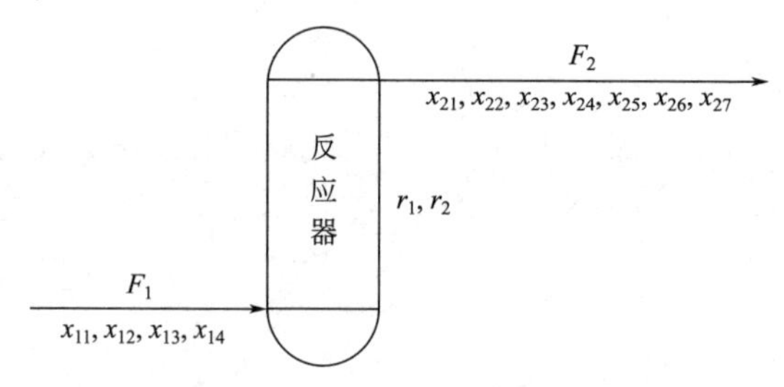

图 3-54 ［例 3-21］计算简图

(3) 方程与约束式

a. 组分平衡方程，根据式（3-72）列出

$$F_1x_{11}-F_2x_{21}-r_1-r_2=0 \tag{1}$$
$$F_1x_{12}-F_2x_{22}-2r_1=0 \tag{2}$$
$$F_1x_{13}-F_2x_{23}-\frac{1}{2}r_1-3r_2=0 \tag{3}$$
$$F_1x_{14}=F_2x_{24} \tag{4}$$
$$-F_2x_{25}+r_1=0 \tag{5}$$
$$-F_2x_{26}+r_1+2r_2=0 \tag{6}$$
$$-F_2x_{27}+2r_2=0 \tag{7}$$

b. 摩尔分数约束式

$$x_{11}+x_{12}+x_{13}+x_{14}=0 \tag{8}$$
$$x_{21}+x_{22}+x_{23}+x_{24}+x_{25}+x_{26}+x_{27}=0 \tag{9}$$

c. 设备约束式

$$\frac{F_1x_{11}-F_2x_{21}}{F_1x_{11}}=0.70 \tag{10}$$
$$\frac{F_2x_{25}}{0.70F_1x_{11}}=0.95 \tag{11}$$
$$\frac{x_{13}}{x_{14}}=\frac{0.21}{0.79} \tag{12}$$

(4) 变量分析

$$N_v=15,\quad N_e=12,\quad N_d=3$$

由题意取 $F_1=1000\text{mol/h}$，$x_{11}=0.19$，$x_{12}=0.35$ 为设计变量。

(5) 求解方程组

首先由式（8）和式（12）解出 x_{13} 与 x_{14}

$$x_{14}=\frac{1-(x_{11}+x_{12})}{1+\frac{0.21}{0.79}}=0.364$$

$$x_{13}=x_{14}\times\frac{0.21}{0.79}=0.096$$

将式（9）$\times F_2$，并令 $F_ix_{ij}=n_{ij}$，代入各式中，得

$$n_{11}-n_{21}-r_1-r_2=0 \tag{13}$$
$$n_{12}-n_{22}-2r_1=0 \tag{14}$$
$$n_{13}-n_{23}-\frac{1}{2}r_1-3r_2=0 \tag{15}$$
$$n_{14}=n_{24} \tag{16}$$
$$-n_{25}+r_1=0 \tag{17}$$
$$-n_{26}+r_1+2r_2=0 \tag{18}$$
$$-n_{27}+2r_2=0 \tag{19}$$
$$n_{21}+n_{22}+n_{23}+n_{24}+n_{25}+n_{26}+n_{27}=F_2 \tag{20}$$
$$\frac{n_{11}-n_{21}}{n_{11}}=0.70 \tag{21}$$
$$\frac{n_{25}}{0.70n_{11}}=0.95 \tag{22}$$

以上诸式中

$$n_{11}=F_1x_{11}=1000\times0.19=190\text{mol/h}$$
$$n_{12}=F_1x_{12}=1000\times0.35=350\text{mol/h}$$
$$n_{13}=F_1x_{13}=1000\times0.096=96\text{mol/h}$$
$$n_{14}=F_1x_{14}=1000\times0.364=364\text{mol/h}$$

式（13)～式（22）中，共有 10 个未知数 F_2、n_{21}、n_{22}、n_{23}、n_{24}、n_{25}、n_{26}、n_{27}、r_1、r_2 和 10 个线性方程，可用高斯消去法求解。将未知数系数与常数项构成的增广矩阵输入计算机中，调用 Gauss 程序，即可解出。这里，采用代入法解之。

由式（22）得 $n_{25}=0.95\times0.70n_{11}=126.35\text{mol/h}$

由式（17）得 $r_1=n_{25}=126.35\text{mol/h}$

由式（21）得 $n_{21}=0.3n_{11}=57\text{mol/h}$

由式（13）得 $r_2=n_{11}-n_{21}-r_1=6.65\text{mol/h}$

由式（14）得 $n_{22}=n_{12}-2r_1=97.3\text{mol/h}$

由式（15）得 $n_{23}=n_{13}-\frac{1}{2}r_1-3r_2=12.875\text{mol/h}$

由式（16）得 $n_{24}=n_{14}=364\text{mol/h}$

由式（18）得 $n_{26}=r_1+2r_2=139.65\text{mol/h}$

由式（19）得 $n_{27}=2r_2=13.3\text{mol/h}$

由式（20）得 $F_2=n_{21}+n_{22}+n_{23}+n_{24}+n_{25}+n_{26}+n_{27}=810.475\text{mol/h}$

则由式 $x_{2j}=\frac{n_{2j}}{F_2}$（$j=1，2，3，4，5，6，7$）得

$$x_{21}=0.070，\quad x_{22}=0.120，\quad x_{23}=0.016，\quad x_{24}=0.449，$$

$$x_{25}=0.156，\quad x_{26}=0.172，\quad x_{27}=0.017，\quad \sum_{j=1}^{N_c}x_{2j}=1$$

需说明一点，利用化学反应速率求算化学反应器的物料平衡时，不仅要清楚过程中涉及了哪些组分，还要确定反应器内发生了哪些化学反应，写出化学反应式。对于那些只知道进出物料的各种组分而不清楚有多少化学反应的复杂过程，可根据物流情况，找出可能发生的化学反应，再通过原子矩阵与反应矩阵，确定出最大线性无关反应的个数及具体反应式，以用于物料平衡问题的求解。

[例 3-21] 中共涉及 7 个组分，可以写出它的原子矩阵（见表 3-22)。

表 3-22 [例 3-21] 原子矩阵

组分	原子				
	O	H	C	Cl	N
O_2	2	0	0	0	0
H_2O	1	2	0	0	0
C_2H_4	0	4	2	0	0
HCl	0	1	0	1	0
N_2	0	0	0	0	2
$C_2H_4Cl_2$	0	4	2	2	0
CO_2	2	0	1	0	0

这是一个 7 行 5 列矩阵，其秩不可能高于 5。

为考虑其秩是否等于 5，只需看是否能在原子矩阵中找出一个行列式不为零的五阶子阵。很容易地发现，由 O_2、H_2O、C_2H_4、HCl 和 N_2 五个组分构成一个主元均不为零的下三角矩阵，所以 $R_a=5$。则 $M_L=N_c-R_a=7-5=2$，即有 2 个线性无关的化学反应。例题中给出 2 个反应式，满足了这一关系，不难证明这两个反应是线性无关的。

3.4.4 利用原子守恒原理进行计算

在利用化学反应速率求解化学反应过程物料平衡问题时，需要寻找过程中一切可能发生的化学反应，再从中选出 M_L 个线性无关的反应式。若利用原子守恒原理进行求解，则可回避这一麻烦。

所谓原子守恒原理，就是进入反应器某元素的原子总数，与离开反应器的该元素的原子总数一定相等。若在一分子组分 1 中有元素 k 原子数为 m_{1k} 个，在一分子组分 2 中有元素 k 原子数为 m_{2k} 个，在一分子组分 j 中有元素 k 原子数为 m_{jk} 个，则物流 i 中有元素 k 的原子物质的量为

$$\sum_{j=1}^{N_c} F_i x_{ij} m_{jk}$$

对反应器所有 N_s 股物流有

$$\text{进出反应器的元素 } k \text{ 物质的量总数} = \sum_{i=1}^{N_s}\sum_{j=1}^{N_c} F_i x_{ij} m_{jk} \tag{3-73}$$

对于稳态过程，上式为零，故有

$$\sum_{i=1}^{N_s}\sum_{j=1}^{N_c} F_i x_{ij} m_{jk} = 0 \qquad (k=1,2,3,\cdots,N_e) \tag{3-74}$$

式 (3-74) 即为用原子守恒法建立起来的化学反应器的物料平衡方程，是一个由 N_e 个方程构成的方程组，附以摩尔分数约束式与设备约束式，便可构成化学反应过程物流工况的数学模拟。原子守恒原理对物理过程同样适用，只是不如采用分子守恒简单。

【例 3-22】 环氧乙烷水合制取乙二醇，是由环氧乙烷装置氧化工段送来的环氧乙烷与水混合，在水合反应器内加压水合制得的。这一过程的主反应为

$$C_2H_4O + H_2O \longrightarrow C_2H_6O_2$$

同时存在副反应

$$C_2H_6O_2 + C_2H_4O \longrightarrow C_4H_{10}O_3$$
$$C_4H_{10}O_3 + C_2H_4O \longrightarrow C_6H_{14}O_4$$

该过程的主要产品是乙二醇 ($C_2H_6O_2$)，用来生产聚酯纤维、薄膜、瓶类容器以及汽车防冻剂、除水剂等。假设水和环氧乙烷的进料比为 4（摩尔比），液相产物中水、乙二醇、二甘醇的组成（摩尔分数）分别为 81.4%、14.6%、3.1%。若反应器负荷为 1200mol/h，试计算主产品乙二醇和副产品二甘醇 ($C_4H_{10}O_3$)、三甘醇 ($C_6H_{14}O_4$) 的产量 (mol/h)、环氧乙烷的转化率以及乙二醇的选择性。

解：

(1) 组分编号（见表 3-23）

表 3-23 ［例 3-22］组分编号

组分	H_2O	C_2H_4O	$C_2H_6O_2$	$C_4H_{10}O_3$	$C_6H_{14}O_4$
编号	1	2	3	4	5

（2）计算简图（见图 3-55）

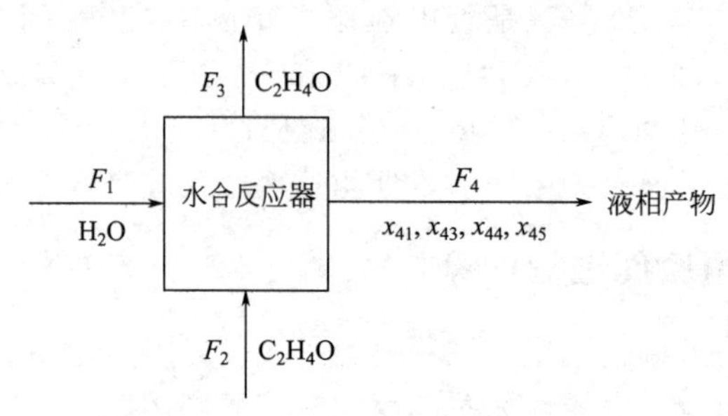

图 3-55 ［例 3-22］计算简图

（3）方程与约束式

① 原子衡算

C： $2F_2=2F_3+2F_4x_{43}+4F_4x_{44}+6F_4x_{45}$ （1′）

H： $2F_1+4F_2=4F_3+2F_4x_{41}+6F_4x_{43}+10F_4x_{44}+14F_4x_{45}$ （2′）

O： $F_1+F_2=F_3+F_4x_{41}+2F_4x_{43}+3F_4x_{44}+4F_4x_{45}$ （3′）

很容易发现，式（2′）－（3′）×2，即可得到式（1′）。所以原子守恒方程实为两个，可取以下两个

$$F_1+2F_2=2F_3+F_4x_{41}+3F_4x_{43}+5F_4x_{44}+7F_4x_{45} \tag{1}$$

$$F_1+F_2=F_3+F_4x_{41}+2F_4x_{43}+3F_4x_{44}+4F_4x_{45} \tag{2}$$

② 摩尔分数约束式

$$x_{41}+x_{43}+x_{44}+x_{45}=1 \tag{3}$$

③ 设备约束式

$$\frac{F_1}{F_2}=4 \tag{4}$$

（4）变量分析

$$N_v=8,\quad N_e=4,\quad N_d=4$$

由题意取 F_1、x_{41}、x_{43}、x_{44} 为一组设计变量，其值分别为 $F_1=1200\text{mol/h}$，$x_{41}=0.814$，$x_{43}=0.146$，$x_{44}=0.031$。

（5）求解方程组

由式（4）得 $F_2=\dfrac{F_1}{4}=\dfrac{1200}{4}=300\text{mol/h}$

由式（2）×2－式（1）得 $F_1=n_{41}+n_{43}+n_{44}+n_{45}=F_4$

所以 $F_4=F_1=1200\text{mol/h}$

则主产品乙二醇的产量为 $n_{43}=F_4x_{43}=1200\times0.146=175.2\text{mol/h}$

副产品二甘醇的产量为 $n_{44}=F_4x_{44}=1200\times0.031=37.2\text{mol/h}$

副产品三甘醇的产量为 $n_{45}=F_4-(n_{41}+n_{43}+n_{44})=10.8\text{mol/h}$

由式（2）得 $F_3=F_1+F_2-n_{41}-2n_{43}-3n_{44}-4n_{45}=18\text{mol/h}$

则环氧乙烷的转化率为 $x_{C_2H_4O}=\dfrac{F_2-F_3}{F_2}=\dfrac{300-18}{300}=0.94=94\%$

乙二醇的选择性为 $\Phi_{C_2H_6O_2}=\dfrac{n_{43}}{F_2-F_3}=\dfrac{175.2}{300-18}=0.621=62.1\%$

由此例可见，尽管环氧乙烷的转化率较高，达94%，但经水合反应得到的乙二醇溶液浓度并不高，大部分都是水，还有少量的副产物。此例中，虽然乙二醇的选择性并不高，只有62.1%，但副产物二甘醇、三甘醇也是有用的化工产品。工业上通常将水合反应得到的乙二醇溶液通过蒸发浓缩后，再用精馏的方法将乙二醇及副产物逐个分开。

【例 3-23】 设某种天然气成分为$CH_4$92%，$C_2H_6$6.5%，$C_3H_8$1.5%。为使燃料充分利用，通入过量空气以使燃料完全燃烧。反应式为

$$CH_4 + 2O_2 \longrightarrow CO_2 + 2H_2O$$

$$C_2H_6 + 3.5O_2 \longrightarrow 2CO_2 + 3H_2O$$

$$C_3H_8 + 5O_2 \longrightarrow 3CO_2 + 4H_2O$$

这三个反应都是很快的不可逆反应（$K \gg 1$）。试根据进料物流的各个变量解出烟道气的组成与流量。

解：

（1）组分编号（见表3-24）

表 3-24 ［例 3-23］组分编号

组分	CH_4	C_2H_6	C_3H_8	O_2	CO_2	H_2O	N_2
编号	1	2	3	4	5	6	7

（2）计算简图

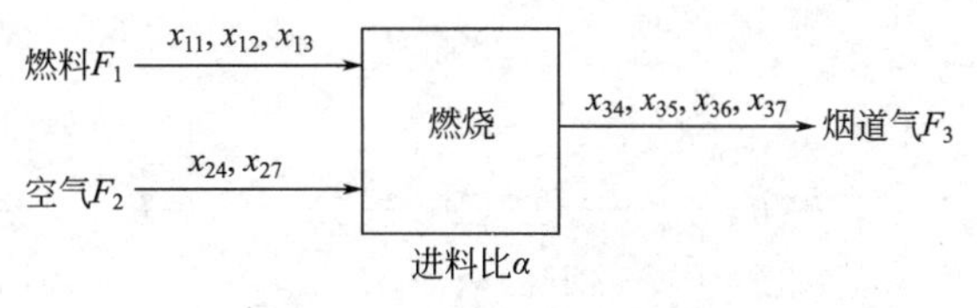

图3-56 ［例3-23］计算简图

（3）方程与约束式

① 物料平衡方程

a. 活性组分（原子守恒）

C：
$$F_1x_{11} + 2F_1x_{12} + 3F_1x_{13} = F_3x_{35} \tag{1}$$

H：
$$4F_1x_{11} + 6F_1x_{12} + 8F_1x_{13} = 2F_3x_{36} \tag{2}$$

O：
$$2F_2x_{24} = 2F_3x_{34} + 2F_3x_{35} + F_3x_{36} \tag{3}$$

b. 惰性组分（分子守恒）

N_2：
$$F_2x_{27} = F_3x_{37} \tag{4}$$

② 摩尔分数约束式

$$x_{34} + x_{35} + x_{36} + x_{37} = 1 \tag{5}$$

③ 设备约束式 此类反应为高度不可逆反应，为使燃料充分利用，通入过量空气以使燃料完全燃烧，此时取空气与燃料流量比α作为一个参数

$$\alpha = \frac{F_2}{F_1} \tag{6}$$

（4）变量分析

$$N_v = 13, \quad N_e = 6, \quad N_d = 7$$

取F_1和进料比α为设计变量是比较方便的。燃料的组成$x_{11} = 0.92$，$x_{12} = 0.065$，

$x_{13}=0.015$ 和空气的组成 $x_{24}=0.21$，$x_{27}=0.79$ 是已知的变量。

(5) 求解方程组

由式 (6)，得
$$F_2=\alpha F_1$$

还剩下 5 个方程［式 (1) ～式 (5)］和 5 个未知数 (F_3，x_{34}，x_{35}，x_{36}，x_{37})。做变换
$$n_{ij}=F_i x_{ij}$$

可将剩余 5 个方程线性化
$$n_{11}+2n_{12}+3n_{13}=n_{35} \tag{1'}$$
$$4n_{11}+6n_{12}+8n_{13}=2n_{36} \tag{2'}$$
$$2\alpha F_1 x_{24}=2n_{34}+2n_{35}+n_{36} \tag{3'}$$
$$\alpha F_1 x_{27}=n_{37} \tag{4'}$$
$$n_{34}+n_{35}+n_{36}+n_{37}=F_3 \tag{5'}$$

如上 n_{ij} 即可求出，分别为
$$n_{11}=F_1 x_{11},\quad n_{12}=F_1 x_{12},\quad n_{13}=F_1 x_{13}$$
$$n_{24}=F_2 x_{24}=\alpha F_1 x_{24},\quad n_{27}=F_2 x_{27}=\alpha F_1 x_{27}$$
$$n_{35}=n_{11}+2n_{12}+3n_{13}=F_1(x_{11}+2x_{12}+3x_{13})$$
$$n_{36}=2n_{11}+3n_{12}+4n_{13}=F_1(2x_{11}+3x_{12}+4x_{13})$$
$$n_{34}=\alpha F_1 x_{24}-n_{35}-0.5n_{36}=F_1(\alpha x_{24}-2x_{11}-3.5x_{12}-5x_{13})$$
$$n_{37}=\alpha F_1 x_{27}$$

则
$$\begin{aligned}F_3&=n_{34}+n_{35}+n_{36}+n_{37}\\&=\alpha F_1 x_{24}-2F_1 x_{11}-3.5F_1 x_{12}-5F_1 x_{13}+F_1 x_{11}+\\&\quad 2F_1 x_{12}+3F_1 x_{13}+2F_1 x_{11}+3F_1 x_{12}+4F_1 x_{13}+\alpha F_1 x_{27}\\&=F_1(\alpha+1+0.5x_{12}+x_{13})\end{aligned}$$

由此可以解出
$$x_{34}=\frac{n_{34}}{F_3}=\frac{F_1(\alpha x_{24}-2x_{11}-3.5x_{12}-5x_{13})}{F_1(\alpha+1+0.5x_{12}+x_{13})}=\frac{\alpha x_{24}-2x_{11}-3.5x_{12}-5x_{13}}{\alpha+1+0.5x_{12}+x_{13}}$$
$$x_{35}=\frac{n_{35}}{F_3}=\frac{F_1(x_{11}+2x_{12}+3x_{13})}{F_1(\alpha+1+0.5x_{12}+x_{13})}=\frac{x_{11}+2x_{12}+3x_{13}}{\alpha+1+0.5x_{12}+x_{13}}$$
$$x_{36}=\frac{n_{36}}{F_3}=\frac{F_1(2x_{11}+3x_{12}+4x_{13})}{F_1(\alpha+1+0.5x_{12}+x_{13})}=\frac{2x_{11}+3x_{12}+4x_{13}}{\alpha+1+0.5x_{12}+x_{13}}$$
$$x_{37}=\frac{n_{37}}{F_3}=\frac{\alpha F_1 x_{27}}{F_1(\alpha+1+0.5x_{12}+x_{13})}=\frac{\alpha x_{27}}{\alpha+1+0.5x_{12}+x_{13}}$$

因为 x_{34} 不能为负值，即
$$\alpha x_{24}-2x_{11}-3.5x_{12}-5x_{13}\geqslant 0$$

由此可以解出
$$\alpha\geqslant\frac{2x_{11}+3.5x_{12}+5x_{13}}{x_{24}}$$

即：若保证燃料完全燃烧，必须满足
$$\frac{F_2}{F_1}\geqslant\frac{2\times 0.92+3.5\times 0.065+5\times 0.015}{0.21}=10.2$$

具体地说，对 $F_1=100\text{mol/h}$ 和 $\alpha=14.3$ 时的解见表 3-25。

表 3-25　[例 3-23] 计算结果

物流编号	F_i/(mol/h)	摩尔分数						
		CH_4	C_2H_6	C_3H_8	O_2	CO_2	H_2O	N_2
1	100	0.92	0.065	0.015	0	0	0	0
2	1430.00	0	0	0	0.2100	0	0	0.7900
3	1534.75	0	0	0	0.0561	0.0713	0.1365	0.7361

3.4.5　可逆反应的物料衡算

在实际化工生产过程中，有些包含着复杂的化学反应，如平行反应或串联反应。有些反应是不可逆的，更多的则属于可逆反应。对于不同类型的反应，影响实际转化率的因素也不同。可逆反应达到了平衡状态，其转化率就受到化学平衡常数 K 的限制。下面通过 [例 3-24] 进行讨论。

【例 3-24】 以硫铁矿为原料接触法生产硫酸的过程中，制取 SO_3 的反应由下列两步完成

$$4FeS_2+11O_2 \longrightarrow 2Fe_2O_3+8SO_2$$

$$2SO_2+O_2 \rightleftharpoons 2SO_3$$

生成 SO_3 后，用水吸收而生成硫酸。假设硫铁矿在 850～950℃下焙烧完全，产生的含 SO_2 的炉气净化后进入转化炉，在一定温度、压力及催化剂作用下，将 SO_2 氧化为 SO_3。在此过程中，第一步是不可逆反应，第二步是可逆反应，其平衡常数为

$$K'=Kp=\frac{x_{SO_3}^2}{x_{SO_2}^2 x_{O_2}}=12.4$$

假设原料为纯硫铁矿，空气含 21%的氧气和 79%的氮气，试计算氧化物的流量及组成。

解：

(1) 组分编号（见表 3-26）

表 3-26　[例 3-24] 组分编号

组分	FeS_2	O_2	SO_2	SO_3	Fe_2O_3	N_2
编号	1	2	3	4	5	6

(2) 计算简图

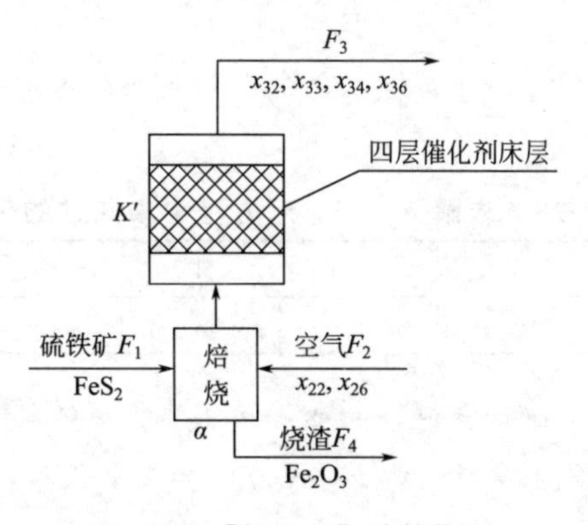

图 3-57　[例 3-24] 计算简图

(3) 方程与约束式

① 物料平衡方程

a. 活性组分(原子守恒)

S: $2F_1=F_3x_{33}+F_3x_{34}$ (1)

Fe: $F_1=2F_4$ (2)

O: $2F_2x_{22}=2F_3x_{32}+2F_3x_{33}+3F_3x_{34}+3F_4$ (3)

b. 惰性组分(分子守恒)

N_2: $F_2x_{26}=F_3x_{36}$ (4)

② 摩尔分数约束式

$$x_{32}+x_{33}+x_{34}+x_{36}=1 \tag{5}$$

③ 设备约束式

$$\alpha=\frac{F_2}{F_1} \tag{6}$$

$$K'=Kp=\frac{x_{34}^2}{x_{33}^2x_{32}} \tag{7}$$

(4) 变量分析

$$N_v=12,\quad N_e=7,\quad N_d=5$$

由已知条件 $x_{22}=0.21$,$x_{26}=0.79$,$K'=12.4$,取 $\alpha=20$,并取计算基准 $F_1=10\text{mol/h}$ 作为设计变量。

(5) 求解方程组

由于式(7)将非线性关系引入方程组中,使方程组的求解增加了难度。对于非线性方程组的求解,优先排序法(见附录3)是一个比较有效的方法,可用这个方法求解本例中的方程组。

首先统计每个方程中未知数的个数 N_u(Number of unknown variables),见表3-27。

表3-27 方程中未知数的个数

方程编号	1	2	3	4	5	6	7
N_u	3	1	6	3	4	1	3

按优先排序法的第一步,首先求解式(2)和式(6)。

由式(2),得 $F_4=0.5F_1$

由式(6),得 $F_2=\alpha F_1$

现已求得 F_2 和 F_4,则 F_2 和 F_4 在其余各式中不再是未知数。重新统计每个方程中未知数的个数,见表3-28。

表3-28 求解 F_2、F_4 后方程中未知数的个数

方程编号	1	3	4	5	7
N_u	3	5	2	4	3

方程中再无只含一个未知数的方程。但若做变换 $n_{ij}=F_ix_{ij}$,则可减少未知数的个数。因此,做变换 $n_{ij}=F_ix_{ij}$,同时将 F_2 和 F_4 视为已知变量代入,整理得

$$2F_1=n_{33}+n_{34} \tag{1'}$$

$$(2\alpha x_{22}-1.5)F_1=2n_{32}+2n_{33}+3n_{34} \tag{3'}$$

$$\alpha F_1 x_{26} = n_{36} \tag{4'}$$

$$n_{32} + n_{33} + n_{34} + n_{36} = F_3 \tag{5'}$$

$$K' = \frac{n_{34}^2 F_3}{n_{33}^2 n_{32}} \tag{7'}$$

重新统计每个方程中未知数的个数，见表3-29。

表3-29 变换方程后方程中未知数的个数

方程编号	1′	3′	4′	5′	7′
N_u	2	3	1	5	4

这里，方程式（4′）中只含一个未知数 n_{36}。

由式（4′），得

$$n_{36} = \alpha F_1 x_{26}$$

现已求得 n_{36}，则 n_{36} 在其余各式中不再是未知数。重新统计每个方程中未知数的个数，见表3-30。

表3-30 求解 n_{36} 后方程中未知数的个数

方程编号	1′	3′	5′	7′
N_u	2	3	4	4

方程中再无只含一个未知数的方程。进行优先排序第二步，考查在方程组中，每一个未知数所涉及的方程个数 N_o（Number of equations in which each unknown occurs），见表3-31。

表3-31 未知数所涉及的方程个数

未知数	F_3	n_{32}	n_{33}	n_{34}
N_o	2	3	4	4

可见，无“一个未知数只出现在一个方程中”的情况。则进行排序的第三步。方程式（1′）只含有两个未知数，将 n_{34} 解出

$$n_{34} = 2F_1 - n_{33} \tag{1''}$$

将式（1″）列入方程排序表中的最后，然后再将此式代入式（3′）中，整理得

$$n_{32} = (\alpha x_{22} - 3.75)F_1 + 0.5n_{33} \tag{3''}$$

将式（1″）、式（3″）以及 $n_{36} = \alpha F_1 x_{26}$ 代入式（5′）中，整理得

$$F_3 = (\alpha - 1.75)F_1 + 0.5n_{33} \tag{5''}$$

将式（1″）、式（3″）及式（5″）代入式（7′）中，得

$$K' = \frac{(2F_1 - n_{33})^2 \times [(\alpha - 1.75)F_1 + 0.5n_{33}]}{n_{33}^2 \times [(\alpha x_{22} - 3.75)F_1 + 0.5n_{33}]} \tag{7''}$$

式（7″）是只含一个未知数 n_{33} 的高次方程，可用数值法求解。

至此，获得本题目方程求解排序，见表3-32。

表3-32 [例3-24] 方程求解排序

求解次序	方程编号	解出变量	方程
1	(2)	F_4	$F_4 = 0.5F_1$
2	(6)	F_2	$F_2 = \alpha F_1$
3	(4′)	n_{36}	$n_{36} = \alpha F_1 x_{26}$

续表

求解次序	方程编号	解出变量	方程
4	(7″)	n_{33}	$K'=\dfrac{(2F_1-n_{33})^2\times[(\alpha-1.75)F_1+0.5n_{33}]}{n_{33}^2\times[(\alpha x_{22}-3.75)F_1+0.5n_{33}]}$
5	(5″)	F_3	$F_3=(\alpha-1.75)F_1+0.5n_{33}$
6	(3″)	n_{32}	$n_{32}=(\alpha x_{22}-3.75)F_1+0.5n_{33}$
7	(1″)	n_{34}	$n_{34}=2F_1-n_{33}$

从而，$x_{3j}=\dfrac{n_{3j}}{F_3}$。

按所确定的设计变量 $F_1=10\text{mol/h}$，$x_{22}=0.21$，$x_{26}=0.79$，$K'=12.4$，$\alpha=20$ 代入上述表格，得到如表 3-33 所示结果。

表 3-33 ［例 3-24］计算结果

物流号	F_i/(mol/h)	摩尔分数					
		FeS_2	O_2	SO_2	SO_3	Fe_2O_3	N_2
1	10	1	0	0	0	0	0
2	200	0	0.2100	0	0	0	0.7900
3	188.0165	0	0.0533	0.0587	0.0477	0	0.8403
4	5	0	0	0	0	1	0

通过上例的计算可以看出，即使按平衡关系计算，产物流中 SO_3 的含量仍然是很低的。在实际生产中，即使硫铁矿的纯度是百分之百，在氧气过量的情况下，硫铁矿也不能百分之百地反应。第二个反应所得到的 SO_3 也不会达到平衡时的含量。改进化学反应器的设计，仅能减少实际收率与理论收率之间的差距，而不会使 SO_3 的收率有显著的提高。此反应是放热反应，降低温度可增加 K 值，从而增加 K'值；从式（7）看到，提高反应压力亦有利于 SO_3 的生成，则通过调整反应条件，可能得到满意的效果。

3.4.6 平衡转化率与实际转化率

人们总是希望一个化工过程能够最大限度地利用原料，得到更多的产品。但反应物的实际转化率受化学反应平衡常数和化学反应速率的直接控制。这种关系已在 3.4.1 节中讨论过了。如果 K 为中等大小，则对快速反应（反应时间比物料在设备内停留时间短），可以获得平衡转化率，此时选化学反应平衡关系作为物料衡算的设备约束式；对非快速反应（反应时间比物料在设备内停留时间长），就只能获得一定的转化率，此时选转化率作为设备约束条件。平衡状态与非平衡状态的物料衡算在化工计算中都是经常遇到的。

平衡状态与非平衡状态的对比衡算无论是对化工工艺开发、化工设计，还是对现有设备的模拟与改造，都是很有意义的。对于设计型的计算，平衡计算可为过程提供理论值，作为设计参考。然后在此基础上进行设计计算，可获得比较实际的物流参数。对于现有设备，则可通过对比计算考核实际过程偏离理想情况的程度，为现有设备的改造提供依据和方案。下面通过具体实例来讨论平衡转化率与实际转化率的对比计算。

【例 3-25】 氨合成塔的进料物流含氮气、氢气、循环氨气和惰性气体杂质（甲烷和氩气）。反应式为

$$N_2+3H_2 \rightleftharpoons 2NH_3$$

进料中氮气和氢气按化学计量比 1∶3 投料。试由进料物流的各变量来决定产品物流的流量与组成。

解： A. 平衡转化率

（1）组分编号（见表 3-34）

（2）计算简图（见图 3-58）

表 3-34 ［例 3-25］组分编号

组分	N_2	H_2	NH_3	Ar	CH_4
编号	1	2	3	4	5

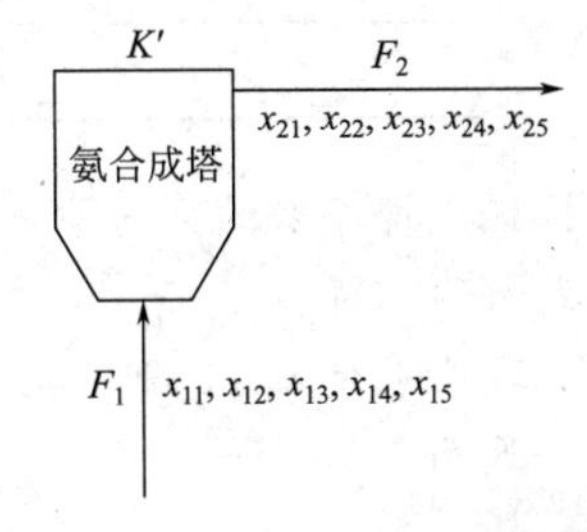

图 3-58 ［例 3-25］计算简图

（3）方程与约束式

① 物料平衡方程

a. 活性组分（原子守恒）

N：
$$2F_1x_{11}+F_1x_{13}=2F_2x_{21}+F_2x_{23} \tag{1}$$

H：
$$2F_1x_{12}+3F_1x_{13}=2F_2x_{22}+3F_2x_{23} \tag{2}$$

b. 惰性组分（分子守恒）

Ar：
$$F_1x_{14}=F_2x_{24} \tag{3}$$

CH_4：
$$F_1x_{15}=F_2x_{25} \tag{4}$$

② 摩尔分数约束式

$$x_{11}+x_{12}+x_{13}+x_{14}+x_{15}=1 \tag{5}$$

$$x_{21}+x_{22}+x_{23}+x_{24}+x_{25}=1 \tag{6}$$

③ 设备约束式

$$K'=\frac{x_{23}^2}{x_{21}x_{22}^3} \tag{7}$$

$$\frac{x_{11}}{x_{12}}=\frac{1}{3} \tag{8}$$

（4）变量分析

$$N_v=13,\quad N_e=8,\quad N_d=5$$

取 F_1、x_{11}、x_{14}、x_{15}、K' 为设计变量。

（5）求解方程组

同前例，采用优先排序法求解。

首先来统计每个方程中未知数的个数 N_u，见表 3-35。

表 3-35 方程中未知数的个数

方程编号	1	2	3	4	5	6	7	8
N_u	4	5	2	2	2	5	3	1

按优先排序法的第一步，首先求解式（8）。

由式（8），得
$$x_{12}=3x_{11}$$

现已求得 x_{12}，则 x_{12} 在其余各式中不再是未知数。重新统计每个方程中未知数的个数，见表 3-36。

表 3-36 求解 x_{12} 后方程中未知数的个数

方程编号	1	2	3	4	5	6	7
N_u	4	4	2	2	1	5	3

仍按优先排序法的第一步，可求解式（5）。

由式（5），得
$$x_{13}=1-x_{11}-x_{12}-x_{14}-x_{15}$$

现已求得 x_{13}，则 x_{13} 在其余各式中亦不再是未知数。重新统计每个方程中未知数的个数，见表 3-37。

表 3-37 求解 x_{13} 后方程中未知数的个数

方程编号	1	2	3	4	6	7
N_u	3	3	2	2	5	3

方程中再无只含一个未知数的方程。但若做变换 $n_{ij}=F_ix_{ij}$，则可减少未知数的个数。因此，做变换 $n_{ij}=F_ix_{ij}$，整理得

$$2n_{11}+n_{13}=2n_{21}+n_{23} \tag{1'}$$
$$2n_{12}+3n_{13}=2n_{22}+3n_{23} \tag{2'}$$
$$n_{14}=n_{24} \tag{3'}$$
$$n_{15}=n_{25} \tag{4'}$$
$$n_{21}+n_{22}+n_{23}+n_{24}+n_{25}=F_2 \tag{6'}$$
$$K'=\frac{n_{23}^2F_2^2}{n_{21}n_{22}^3} \tag{7'}$$

重新统计每个方程中未知数的个数，见表 3-38。

表 3-38 方程变换后方程中未知数的个数

方程编号	1′	2′	3′	4′	6′	7′
N_u	2	2	1	1	4	4

这里，方程式（3′）和方程式（4′）中均只含一个未知数，可求解式（3′）和式（4′）。

由式（3′）得
$$n_{24}=n_{14}$$

由式（4′）得
$$n_{25}=n_{15}$$

现已求得 n_{24} 和 n_{25}，则 n_{24} 和 n_{25} 在其余各式中不再是未知数。重新统计每个方程中未知数的个数，见表 3-39。

表 3-39 求解 n_{24}、n_{25} 后方程中未知数的个数

方程编号	1′	2′	6′	7′
N_u	2	2	4	4

方程中再无只含一个未知数的方程。进行优先排序第二步：考查在方程组中，每一个未知数所涉及的方程个数 N_o，见表3-40。

表3-40　未知数所涉及的方程个数

未知数	F_2	n_{21}	n_{22}	n_{23}
N_o	2	3	3	4

可见，无“一个未知数只出现在一个方程中”的情况。则进行排序的第三步。方程式（1′）只含有两个未知数，将 n_{23} 解出

$$n_{23}=2n_{11}+n_{13}-2n_{21} \tag{1''}$$

将式（1″）列入方程排序表中的最后，然后再将此式代入式（2′）中，整理得

$$n_{22}=3n_{21} \tag{2''}$$

将式（1″）、式（2″）以及 $n_{24}=n_{14}$、$n_{25}=n_{15}$ 代入式（6′）中，整理得

$$F_2=2n_{21}+n_{12}+n_{13}+n_{14}+n_{15}-n_{11} \tag{6''}$$

将式（1″）、式（3″）及式（6″）代入式（7′）中，得

$$K'=\frac{(2n_{11}+n_{13}-2n_{21})^2(2n_{21}+n_{12}+n_{13}+n_{14}+n_{15}-n_{11})^2}{n_{21}(3n_{21})^3} \tag{7''}$$

式（7″）是只含一个未知数 n_{21} 的高次方程，可用数值法求解。

至此，获得本题目方程求解排序，见表3-41。

表3-41　［例3-25］方程求解排序

求解次序	方程编号	解出变量	方程
1	(8)	x_{12}	$x_{12}=3x_{11}$
2	(5)	x_{13}	$x_{13}=1-x_{11}-x_{12}-x_{14}-x_{15}$
3	(3′)	n_{24}	$n_{24}=n_{14}$
4	(4′)	n_{25}	$n_{25}=n_{15}$
5	(7″)	n_{21}	$K'=\frac{(2n_{11}+n_{13}-2n_{21})^2(2n_{21}+n_{12}+n_{13}+n_{14}+n_{15}-n_{11})^2}{n_{21}(3n_{21})^3}$
6	(6″)	F_2	$F_2=2n_{21}+n_{12}+n_{13}+n_{14}+n_{15}-n_{11}$
7	(2″)	n_{22}	$n_{22}=3n_{21}$
8	(1″)	n_{23}	$n_{23}=2n_{11}+n_{13}-2n_{21}$

从而，$x_{2j}=\frac{n_{2j}}{F_2}$。

若设计变量取值 $F_1=100\text{mol/h}$，$x_{11}=0.230$，$x_{14}=0.008$，$x_{15}=0.018$，$K'=0.25$，则

$$x_{12}=3x_{11}=0.69$$

$$x_{13}=1-x_{11}-x_{12}-x_{14}-x_{15}=0.054$$

进料流股中各组分流量分别为

$$n_{11}=F_1x_{11}=23\text{mol/h},\quad n_{12}=F_1x_{12}=69\text{mol/h},\quad n_{13}=F_1x_{13}=5.4\text{mol/h}$$

$$n_{14}=F_1x_{14}=0.8\text{mol/h},\quad n_{15}=F_1x_{15}=1.8\text{mol/h}$$

由式（7″）迭代计算，得 $n_{21}=20.12\text{mol/h}$

所以产品物流总流量及各组分的流量为

$$F_2=2n_{21}+n_{12}+n_{13}+n_{14}+n_{15}-n_{11}=94.24\text{mol/h}$$

$$n_{22}=3n_{21}=60.36\text{mol/h},\quad n_{23}=2n_{11}+n_{13}-2n_{21}=11.16\text{mol/h}$$

$$n_{24}=n_{14}=0.8\text{mol/h},\quad n_{25}=n_{15}=1.8\text{mol/h}$$

由 $x_{2j}=\dfrac{n_{2j}}{F_2}$ 得

$$x_{21}=0.2135,\quad x_{22}=0.6405,\quad x_{23}=0.1184,\quad x_{24}=0.0085,\quad x_{25}=0.0191$$

计算结果见表 3-42。

表 3-42 ［例 3-25］平衡转化率计算结果

物流号	F_i/(mol/h)	摩尔分数				
		N_2	H_2	NH_3	Ar	CH_4
1	100	0.230	0.690	0.054	0.008	0.018
2	94.24	0.2135	0.6405	0.1184	0.0085	0.0191

氮气的平衡转化率为

$$\frac{F_1x_{11}-F_2x_{21}}{F_1x_{11}}=\frac{n_{11}-n_{21}}{n_{11}}=\frac{23-20.12}{23}=0.125=12.5\%$$

由于 N_2 和 H_2 是按化学计量比进料的，所以 H_2 的转化率与 N_2 的转化率相同，均为 12.5%。

在排序过程中，得到式（2″）为 $n_{22}=3n_{21}$，即 $x_{22}=3x_{21}$。可见在产品物流中，N_2 和 H_2 的摩尔分数仍维持化学计量比。

B. 实际转化率

解 A 是基于反应达到了平衡的理想状态，而实际过程是达不到平衡的。因此对于实际过程的衡算，设备约束式应为转化率关系。解题步骤与解 A 相同，只是将式（7）用转化率关系式代入，式（2）可直接用 $x_{22}=3x_{21}$ 来代替。

$$2F_1x_{11}+F_1x_{13}=2F_2x_{21}+F_2x_{23} \tag{1}$$

$$x_{22}=3x_{21} \tag{2}$$

$$F_1x_{14}=F_2x_{24} \tag{3}$$

$$F_1x_{15}=F_2x_{25} \tag{4}$$

$$x_{11}+x_{12}+x_{13}+x_{14}+x_{15}=1 \tag{5}$$

$$x_{21}+x_{22}+x_{23}+x_{24}+x_{25}=1 \tag{6}$$

$$\gamma=\frac{F_1x_{11}-F_2x_{21}}{F_1x_{11}} \tag{7}$$

$$\frac{x_{11}}{x_{12}}=\frac{1}{3} \tag{8}$$

变量分析中除用 γ 代替 K' 外，其余与解 A 相同。通过式（8）与式（5）解出 x_{12} 与 x_{13} 后，令

$$n_{ij}=F_ix_{ij}$$

则剩余方程化为

$$2n_{11}+n_{13}=2n_{21}+n_{23} \tag{1'}$$

$$n_{22}=3n_{21} \tag{2'}$$
$$n_{14}=n_{24} \tag{3'}$$
$$n_{15}=n_{25} \tag{4'}$$
$$n_{21}+n_{22}+n_{23}+n_{24}+n_{25}=F_2 \tag{6'}$$
$$n_{21}=(1-\gamma)n_{11} \tag{7'}$$

此为6个线性方程，含有6个未知数：n_{21}，n_{22}，n_{23}，n_{24}，n_{25}，F_2，很容易求解。

若设计变量取值 $F_1=100\text{mol/h}$，$x_{11}=0.230$，$x_{14}=0.008$，$x_{15}=0.018$，$\gamma=0.1$（平衡转化率的80%），则可求得

$$x_{12}=3x_{11}=0.69,\quad x_{13}=1-x_{11}-x_{12}-x_{14}-x_{15}=0.054$$
$$n_{11}=F_1x_{11}=23\text{mol/h},\quad n_{12}=F_1x_{12}=69\text{mol/h},\quad n_{13}=F_1x_{13}=5.4\text{mol/h}$$
$$n_{14}=F_1x_{14}=0.8\text{mol/h},\quad n_{15}=F_1x_{15}=1.8\text{mol/h}$$

从而求得上述线性方程组的解为

$$n_{21}=20.7\text{mol/h},\quad n_{22}=3n_{21}=62.1\text{mol/h},\quad n_{23}=10\text{mol/h}$$
$$n_{24}=0.8\text{mol/h},\quad n_{25}=1.8\text{mol/h},\quad F_2=95.4\text{mol/h}$$

根据 $x_{2j}=\dfrac{n_{2j}}{F_2}$，得

$$x_{21}=0.2170,\quad x_{22}=0.6509,\quad x_{23}=0.1048,\quad x_{24}=0.0084,\quad x_{25}=0.0189$$

计算结果见表3-43。

表3-43 ［例3-25］实际转化率计算结果

物流号	F_i/(mol/h)	摩尔分数				
		N_2	H_2	NH_3	Ar	CH_4
1	100	0.2300	0.6900	0.0540	0.0080	0.0180
2	95.4	0.2170	0.6509	0.1048	0.0084	0.0189

解A与解B的结果比较：由于实际转化率低于平衡转化率，所以产品物流中 NH_3 含量（0.1048）低于平衡值（0.1184）。

小结 求解化学反应器物料平衡的几点技巧

(1) 物料平衡方程

① 将惰性组分与化学活性组分分别列出物料平衡方程，惰性组分采用分子衡算，化学活性组分采用原子衡算。

② 将摩尔分数 x_{ij} 转换成摩尔流量 n_{ij}（$n_{ij}=F_ix_{ij}$），有时可以使方程组线性化，而得到解析解。

③ 对不含平行反应的化学反应过程，如果反应物的摩尔分数符合化学计量比，则产品物流中未反应完的反应物摩尔分数仍保持化学计量比。

(2) 设备约束式

① 可逆反应：对于已达到平衡或接近平衡的可逆反应，选化学反应平衡常数作为设备参数；对于未达到平衡的反应，取转化率（或产率、选择性）作为设备参数。分别取两种参数进行对比衡算，则可考察反应器偏离理想状态的程度。

② 不可逆反应：对于不可逆的快速反应，一般是一种反应物被消耗掉，而其他反应物是过量的，则取配料比作为设备参数。

3.4.7 连续搅拌槽式反应器的简化计算

在化学反应器理论中，最典型的两类理想流动模型是理想置换模型与理想混合模型。几乎所有反应工程方面的著作对这两类模型都进行了大量的论述，因为它们代表了反应器内流体流动的两种极端情况。工业中常见的反应器几乎都可认为属于这两个模型或介于两者之间。

理想置换模型亦称为平推流或活塞流模型。它假定：反应物料以稳定的流率进入反应器后，物料在反应器内沿其流向平行地向前移动，沿流动方向上的物料彼此不混合，垂直于物料流向的任一截面上，所有物系参数都是均匀的，亦即任一截面上各点的温度、压力、浓度和流速都相等，只是沿物料的流动方向变化。管式反应器的流动模型基本上是理想置换模型。

理想混合模型又称为完全混合模型。理想混合模型假定：反应物料以稳定的流率进入反应器后，新鲜物料粒子与存留在反应器内的粒子能在瞬间达到完全混合，反应器内各点的物系性质都是均匀的，并和反应器出口物流性质相同。连续搅拌槽式反应器 CSTR（Continuous Stirred Tank Reactor）的流体流动基本上是理想混合模型。特别是当物料黏度不太大，又搅拌强烈的情况下，可以看作是理想混合。

通过反应器的流动模型，力求找到表征这一过程特征的物料平衡设备约束条件。对于平推流反应器，由于物料性质随空间发生变化，比较复杂；而连续搅拌槽式反应器，由于物料性质既不随时间而变，也不随空间而变，比较简单。这里，仅就连续搅拌槽式反应器进行讨论。

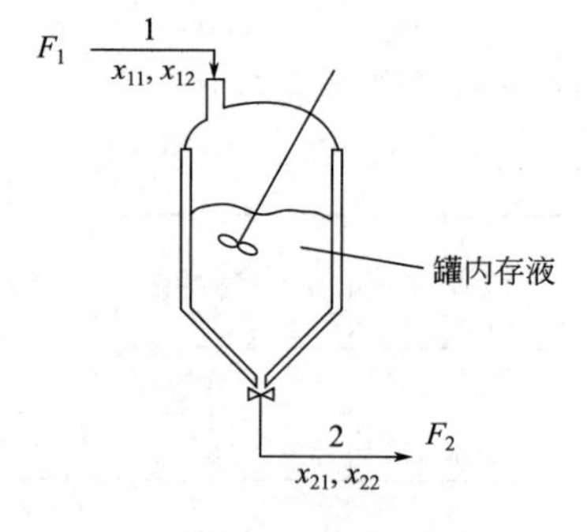

图 3-59 连续搅拌槽式反应器（CSTR）简图

图 3-59 所示为一连续搅拌槽式反应器。考察在其中所进行的一级可逆反应（如异构化反应）。

$$C_2 \underset{k_r'}{\overset{k_r}{\rightleftharpoons}} C_1$$

若反应器的有效体积为 V，n_1 为反应器内化合物 C_1 的物质的量，n_2 为反应器内化合物 C_2 的物质的量，则生成 C_1 的正反应速率 r'_{for} 与不希望生成的 C_2 的逆反应速率 r'_{rev}，按化学反应速率动力学方程有

$$r'_{for}=k_r\frac{n_2}{V} \tag{3-75}$$

$$r'_{rev}=k'_r\frac{n_1}{V} \tag{3-76}$$

生成 C_1 的净速率 r'_{net} 为

$$r'_{net}=r'_{for}-r'_{rev}=k_r\frac{n_2}{V}-k'_r\frac{n_1}{V} \tag{3-77}$$

因为在 CSTR 中的浓度与产品物流 2 的浓度相等，所以有

$$r'_{net}=\frac{n}{V}(k_r x_{22}-k'_r x_{21}) \tag{3-78}$$

式中 n——CSTR 中存留物料的总物质的量，$n=n_1+n_2$；

k_r——正向反应速率常数，是温度的函数，s^{-1}；

k'_r——逆向反应速率常数，是温度的函数，s^{-1}。

当反应达平衡时，正向反应速率与逆向反应速率相等，$r'_{net}=0$，则有

$$\frac{k_r}{k'_r}=\frac{x_{21}}{x_{22}}=K \tag{3-79}$$

式中，K 为一级可逆反应的平衡常数。此式尽管是在平衡状态下得到的，但 k_r、k'_r与 K 均为常数。

$$K=\frac{k_r}{k'_r} \tag{3-80}$$

式（3-80）则是平衡常数与速率常数之间的一般关系式。不管反应是否达到平衡，式（3-80）均成立。将式（3-80）代入式（3-78），得

$$r'_{net}=\frac{nk_r}{V}\left(x_{22}-\frac{1}{K}x_{21}\right) \tag{3-81}$$

将摩尔分数约束关系 $x_{22}=1-x_{21}$ 代入上式，得

$$r'_{net}=\frac{nk_r}{V}\left[1-\left(1+\frac{1}{K}\right)x_{21}\right] \tag{3-82}$$

从物料平衡角度看，只存在一个反应的物料平衡方程式（3-71）

$$\sum_{i=1}^{N_s}F_i x_{ij}+\nu_j r=0$$

对于产物 C_1，$\nu_1=1$，$\sum_{i=1}^{N_s}F_i x_{i1}=F_1x_{11}-F_2x_{21}$，则式（3-71）可写成

$$F_1x_{11}-F_2x_{21}+r=0 \tag{3-83}$$

即

$$r=F_2x_{21}-F_1x_{11} \tag{3-84}$$

则单位体积内的反应速率为

$$r'_{net}=\frac{r}{V}=\frac{1}{V}(F_2x_{21}-F_1x_{11}) \tag{3-85}$$

联立式（3-82）与式（3-85），有

$$nk_r\left[1-\left(1+\frac{1}{K}\right)x_{21}\right]=F_2x_{21}-F_1x_{11} \tag{3-86}$$

解出 x_{21}，得

$$x_{21}=\frac{1+\dfrac{F_1}{nk_r}x_{11}}{1+\dfrac{1}{K}+\dfrac{F_2}{nk_r}} \tag{3-87}$$

由于反应为一级反应，$F_1=F_2$，则

$$x_{21}=\frac{1+\dfrac{F_1}{nk_r}x_{11}}{1+\dfrac{1}{K}+\dfrac{F_1}{nk_r}} \tag{3-88}$$

式（3-88）即为反映 CSTR 中一级可逆反应特征的设备约束方程（注意使用条件：CSTR 中的一级可逆反应）。

下面对式（3-88）进行如下分析：如果进料物流中不含产物，即 $x_{11}=0$，则式（3-88）变为

$$x_{21}=\frac{1}{1+\frac{1}{K}+\frac{F_1}{nk_r}} \tag{3-89}$$

① 若 $K \ll 1$，则 $x_{21} \to 0$，反应不可能自发进行；

② 若 $K \gg 1$，则 $x_{21}=\frac{1}{1+\frac{F_1}{nk_r}}$，反应不可逆，产品含量为反应速率所控制；

③ 快速反应，$nk_r \gg F_1$，则 $x_{21}=\frac{1}{1+\frac{1}{K}}=\frac{K}{K+1}$，产物的生成量仅由化学反应平衡常数所决定；

④ 快速不可逆反应，$nk_r \gg F_1$，$K \gg 1$，则 $x_{21}=1$，输出物流全部为产品 C_1；

⑤ $K \approx 1$ 的非快速可逆反应，式（3-89）不能再简化。

由以上可知，式（3-89）计算的 x_{21} 小于平衡值，即

$$x_{21}=\frac{1}{1+\frac{1}{K}+\frac{F_1}{nk_r}}<\frac{1}{1+\frac{1}{K}}=\text{平衡值}$$

且 x_{21} 随 F_1 的增加而下降，当 $F_1 \to 0$ 时，才趋近于平衡值。假如取 $K=1$，$nk_r=1\text{mol/h}$，$x_{11}=0$，则 x_{21} 随 F_1 的变化关系如图 3-60 所示。

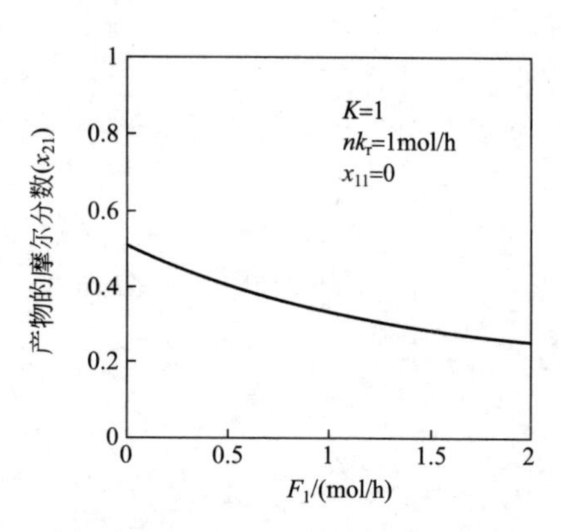

图 3-60 可逆反应产物的摩尔分数和进料流量之间的函数关系

【例 3-26】 C_5、C_6 烷烃异构化生成的支链化合物，如异戊烷、异己烷等，可直接作为高辛烷值汽油的掺合剂。在某温度、压力下，借助于催化剂将正戊烷（$n\text{-}C_5H_{12}$）异构化为异戊烷（$i\text{-}C_5H_{12}$）。其反应式为

$$n\text{-}C_5H_{12} \rightleftharpoons i\text{-}C_5H_{12}$$

反应在 CSTR 中进行，假定加料为纯正戊烷，试按加料流量来计算异戊烷的产生速率。假定操作条件下 $K=1$，$k_r=3.47\times10^{-4}\text{s}^{-1}$，$n=0.8\text{mol}$。

解：

（1）组分编号（见表 3-44）

表 3-44 ［例 3-26］组分编号

组分	$i\text{-}C_5H_{12}$	$n\text{-}C_5H_{12}$
编号	1	2

（2）计算简图

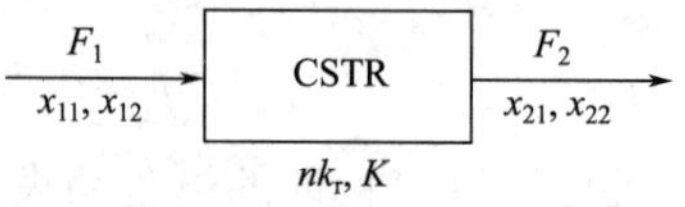

F_1 / x_{11}, x_{12} → CSTR（nk_r, K）→ F_2 / x_{21}, x_{22}

图 3-61 ［例 3-26］计算简图

(3) 方程与约束式

因为是在CSTR中的一级可逆反应，所以

① 物料平衡方程

$$F_1=F_2 \tag{1}$$

② 设备约束式

$$x_{21}=\frac{1+\dfrac{F_1}{nk_r}x_{11}}{1+\dfrac{1}{K}+\dfrac{F_1}{nk_r}} \tag{2}$$

③ 摩尔分数约束式

$$x_{11}+x_{12}=1 \tag{3}$$

$$x_{21}+x_{22}=1 \tag{4}$$

(4) 变量分析

$$N_v=9,\quad N_e=4,\quad N_d=5$$

取F_1、x_{11}、k_r、n、K为设计变量。

(5) 求解方程组

由式(2)求得异戊烷的产量为

$$n_{21}=F_2x_{21}=F_1x_{21}=\frac{F_1\left(1+\dfrac{F_1}{nk_r}x_{11}\right)}{1+\dfrac{1}{K}+\dfrac{F_1}{nk_r}}$$

若设计变量的取值为$x_{11}=0$，$K=1$，$k_r=3.47\times10^{-4}s^{-1}$，$n=0.8$ mol，$0<F_1<\infty$，则计算x_{21}及n_{21}与F_1的函数关系示于图3-62中。

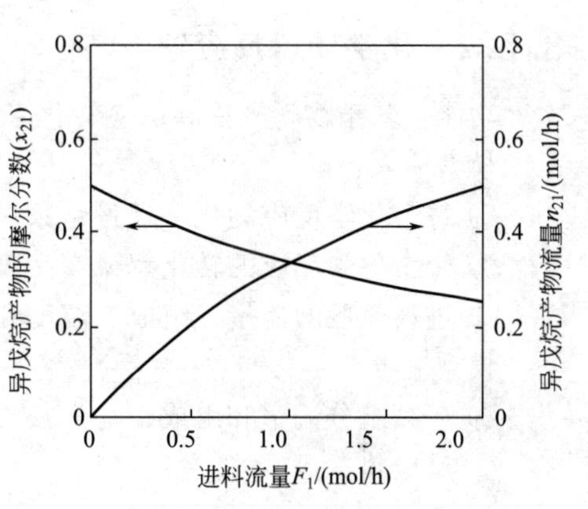

图3-62 CSTR中正戊烷异构化反应，异戊烷产量、含量与进料流量的关系

图3-62表明，在进料流量为零的极限情况下，得到产物的最大摩尔分数为

$$\lim_{F_1\to0}x_{21}=\lim_{F_1\to0}\frac{1+\dfrac{F_1x_{11}}{nk_r}}{1+\dfrac{1}{K}+\dfrac{F_1}{nk_r}}=\frac{K}{1+K}=0.5$$

当F_1增加时，产物的流量也增加，但以产物含量x_{21}逐渐降低为代价。在进料流量F_1无穷大的极限情况下，产物的摩尔分数趋于零，而产物的流量n_{21}具有一定的数值

$$\lim_{F_1\to\infty}n_{21}=\lim_{F_1\to\infty}\frac{F_1\left(1+\dfrac{F_1x_{11}}{nk_r}\right)}{1+\dfrac{1}{K}+\dfrac{F_1}{nk_r}}=nk_r$$

此值亦为产物流量设计的极限值，本题中

$$nk_r=0.8\text{mol}\times3.47\times10^{-4}\text{s}^{-1}=2.776\times10^{-4}\text{mol/s}=1\text{mol/h}$$

本例题的处理是为了加深对CSTR中一级可逆反应简化模型的处理，在列写方程式时直接采用推导的结果。实际上若不直接采用所推导的结果，而是从单分子反应动力学方程以及正、逆反应速率常数与平衡常数的关系出发，同样可以得到CSTR中一级可逆反应的设

备约束式（3-88），进而得到本题中的计算结果，且两种处理方法得到的结果是一样的。

3.5 反应器物料衡算的计算机模拟

上一节介绍了反应器物料衡算的几种基本方法，包括直接计算法，原子守恒法以及基于反应平衡和转化率的计算方法。本节介绍基于这些基本方法的 Aspen Plus 反应器模块，并结合上一节部分例题进行模拟计算。

3.5.1 反应器模型概述

Aspen Plus 提供了七种类型反应器模块。这七种类型反应器可划分成三类：

① 基于物料平衡的反应器（RStoic，RYield）；

② 基于化学平衡的反应器（REquil，RGibbs）；

③ 动力学反应器（RCSTR，RPlug，RBatch）。

3.5.2 化学计量反应器

功能：基于物料平衡和反应转化率进行反应计算

模型输入：

① 每个化学反应的化学计量系数；

② 每个化学反应的转化率或产品收率；

③ 进料流股的流量、组成、温度和压力或相态。

模型输出：

① 产品组分流率和组成；

② 反应热；

③ 选择性。

【例 3-27】 氨合成反应方程式为：$N_2+3H_2 \longrightarrow 2NH_3$，已知 N_2 的转化率为 12.5%，进料物流流率为 100mol/h，进料组成（摩尔分数）：N_2 23%、H_2 69%、NH_3 5.4%、CH_4 1.8%、Ar 0.8%，（即［例 3-25］），利用 RStoi 模型计算反应器出口物流组成和流量。

解：

（1）输入组分

点击主界面左下方的 Property 按钮，从左侧数据浏览窗口进入 Components | Specifications | Selection 页面，在 Select components 框中输入组分：H_2、N_2、NH_3、Ar 和 CH_4，如图 3-63 所示。

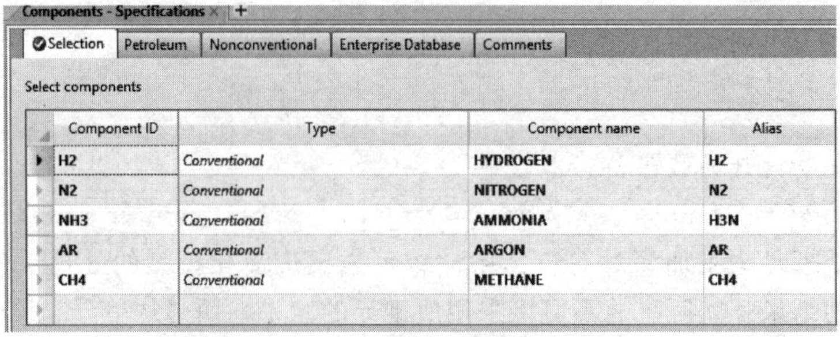

Components - Specifications × | +

Selection | Petroleum | Nonconventional | Enterprise Database | Comments

Select components

Component ID	Type	Component name	Alias
H2	Conventional	HYDROGEN	H2
N2	Conventional	NITROGEN	N2
NH3	Conventional	AMMONIA	H3N
AR	Conventional	ARGON	AR
CH4	Conventional	METHANE	CH4

图 3-63 输入组分

（2）选择热力学模型

从左侧数据浏览窗口进入 Methods｜Specifications｜Global 页面，选择 PENG-ROB 热力学模型，如图 3-64 所示。这里输入热力学模型是为了计算流股的热力学物性数据，并非进行平衡常数的计算，因为转化率已经给定。

（3）建立 RStoic 流程

点击主界面左下方的 Simulations 按钮，进入 Main flowsheet 界面，从下方的模型库中选择 Reactors，在 Reactors 模型库中选择 RStoic，点击该图标右边的向下箭头从中选择 ICON1，并拖到流程显示窗口中。从左侧的流股 Materials 模型中选择 Materials 流股线，添加到模块 ICON1 上，如图 3-65 所示。

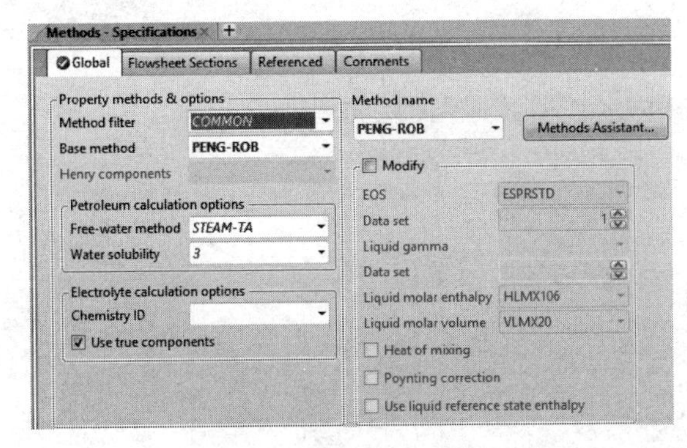

图 3-64　选择热力学模型

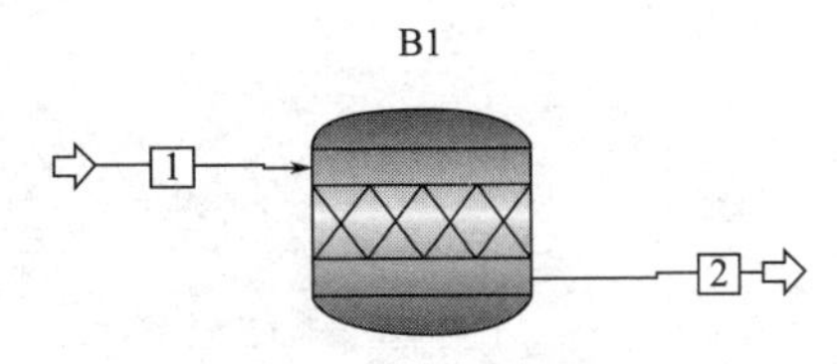

图 3-65　RStoic 流程

（4）输入进料流股参数

点击左侧数据浏览窗口进入 Streams｜1｜Input｜Mixed 页面，输入流股 1 的温度、压力、质量流率和质量分数，如图 3-66 所示。

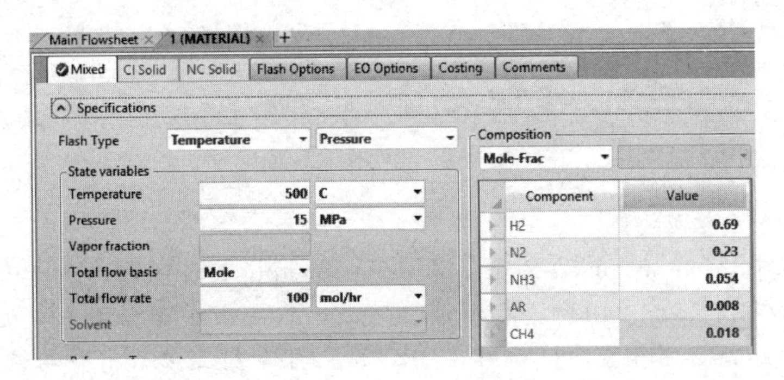

图 3-66　输入进料流股参数

（5）输入 RStoic 模型参数

从左侧数据浏览窗口进入 Block｜B1(RStoic)｜Setup｜Specifications 页面。输入反应器温度和压力，如图 3-67 所示。

点击该页面上的 Reactions 按钮，进入 Reactions。点击该页面中的 New 按钮，进入到 Edit Stoichiometry 页面，在该页面下 Reactants 输入反应物 N_2 和 H_2 的计量系数－1 和－3，在 Products 中输入产物 NH_3 的计量系数 2。在 Fraction conversion 中输入 N_2 的转化率 0.125，如图 3-68 所示。

点击 Closed，出现如面 3-69 显示化学反应的界面。

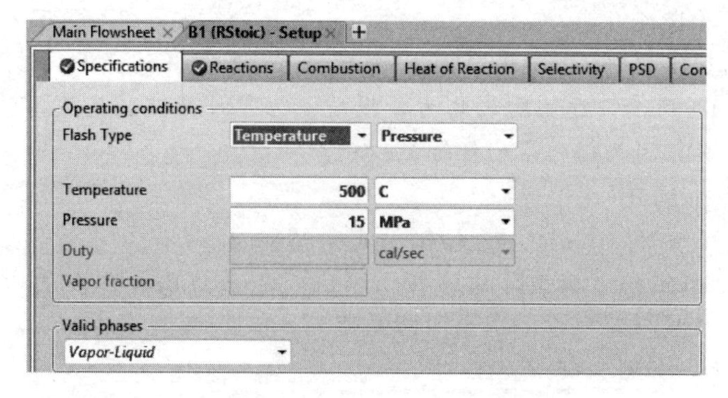

图 3-67 输入 RStoic 模型参数

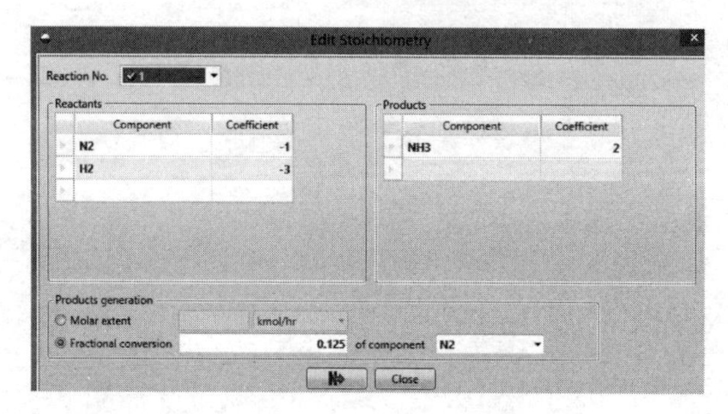

图 3-68 输入化学反应计量系数和转化率

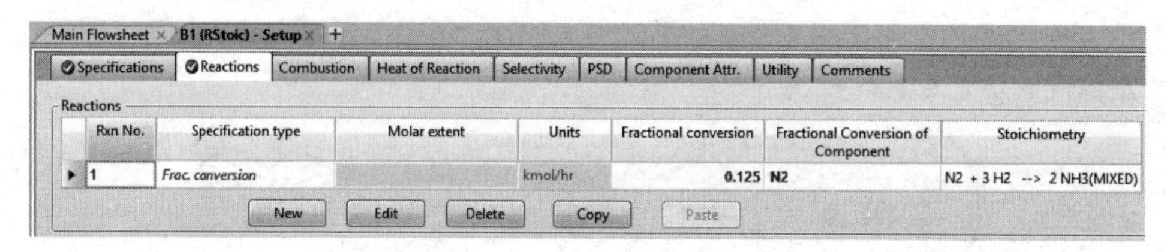

图 3-69 化学反应界面

(6) 运行和查看结果

点击菜单栏中的 Next，出现 Required Input Complete 对话框，点击 OK，开始运行。当左下角出现 Result Available 时，表示计算完成。从左侧数据浏览窗口进入 Blocks | B1 (RStoic) | Stream Results 页面，如图 3-70 所示。可看到反应器出口物流的流量和组成。计算结果与 [例 3-25] 计算结果一致。

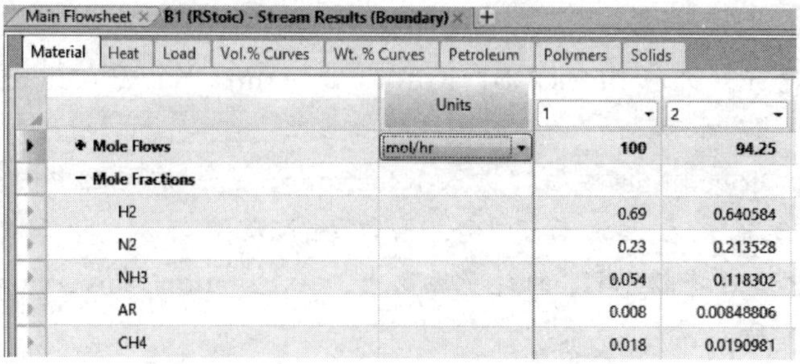

Main Flowsheet | B1 (RStoic) - Stream Results (Boundary)

Material | Heat | Load | Vol.% Curves | Wt. % Curves | Petroleum | Polymers | Solids

	Units	1	2
+ Mole Flows	mol/hr	100	94.25
− Mole Fractions			
H2		0.69	0.640584
N2		0.23	0.213528
NH3		0.054	0.118302
AR		0.008	0.00848806
CH4		0.018	0.0190981

图 3-70 计算结果

【例 3-28】用 RStoic 计算［例 3-23］中天然气燃烧问题，假定空气流量与燃料流量之比（摩尔比）为 14.3。

解：

（1）输入组分

点击主界面左下方的 Property 按钮，从左侧数据浏览窗口进入 Components｜Specifications｜Selection 页面，在 Select components 框中输入组分：CH_4、C_2H_6、C_3H_8、CO_2、H_2O、N_2 和 O_2，如图 3-71 所示。

Components - Specifications

Selection | Petroleum | Nonconventional | Enterprise Database | Comments

Select components

Component ID	Type	Component name	Alias
CH4	Conventional	METHANE	CH4
C2H6	Conventional	ETHANE	C2H6
C3H8	Conventional	PROPANE	C3H8
CO2	Conventional	CARBON-DIOXIDE	CO2
H2O	Conventional	WATER	H2O
N2	Conventional	NITROGEN	N2
O2	Conventional	OXYGEN	O2

图 3-71　输入组分

（2）选择热力学模型

从左侧数据浏览窗口进入 Methods｜Specifications｜Global 页面，选择 PENG-ROB 热力学模型，如图 3-72 所示。

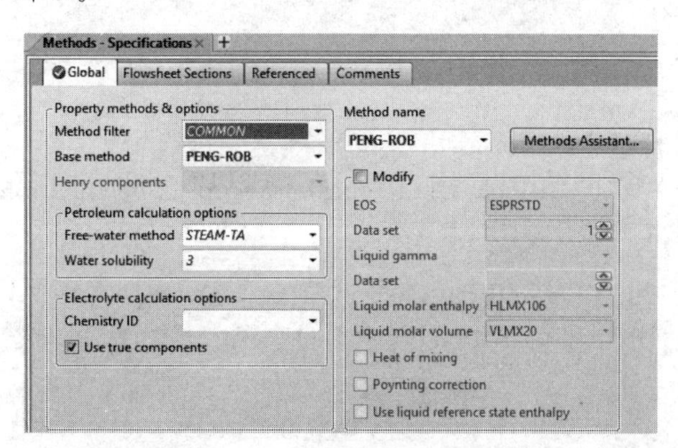

图 3-72　选择热力学模型

（3）建立 RStoic 流程

点击主界面左下方的 Simulations 按钮，进入 Main flowsheet 界面，从下方的模型库中选择 Reactors，在 Reactors 模型库中选择 RStoic，点击该图标右边的向下箭头从中选择 ICON1，并拖到流程显示窗口中。从左侧的流股 Materials 模型中选择 Materials 流股线，添加到模块 ICON1 上，如图 3-73 所示。

（4）输入进料流股参数

输入进料流股 1，该流股为燃料流股，温度为 25℃，压力为 0.1MPa，取 100mol/h 为计算基准。输入组分的摩尔分数如图 3-74 所示。

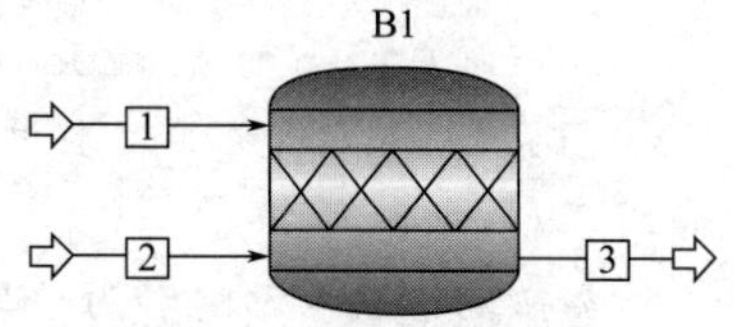

图 3-73　RStoic 流程

流股 2 为空气流股，温度为 25℃，压力为 0.1MPa，流

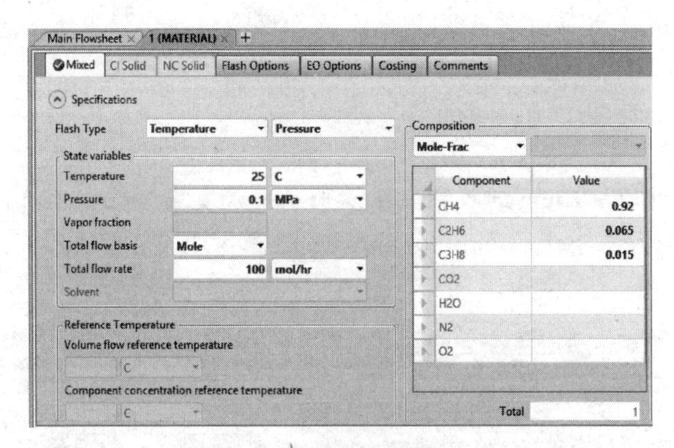

图 3-74 输入进料流股 1 参数

量为 1430mol/h。输入空气中 N_2 和 O_2 的摩尔分数为 0.79 和 0.21，如图 3-75 所示。

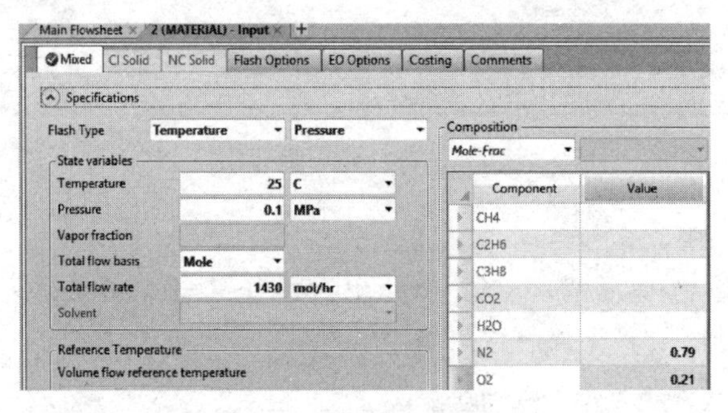

图 3-75 输入进料流股 2 参数

(5) 输入 RStoic 模型参数

从左侧数据浏览窗口进入 Block/B1(RStoic) | Setup | Specifications 页面。输入反应器温度和压力，如图 3-76 所示。

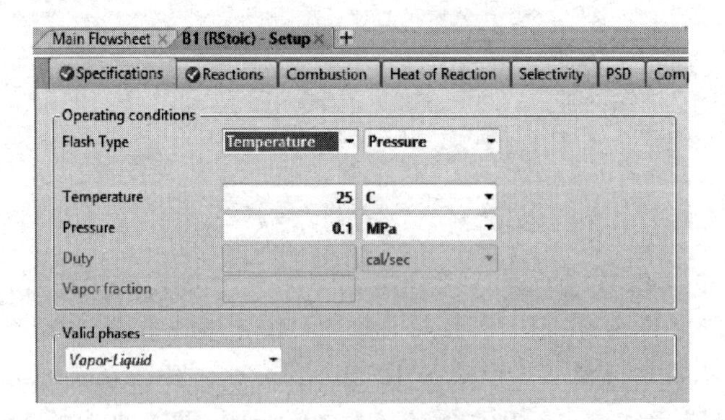

图 3-76 输入反应器温度和压力

点击该页面上的 Reactions 按钮，进入 Reactions。点击该页面中的 New 按钮，进入 Edit Stoichiometry 页面，在该页面下 Reactants 输入甲烷燃烧反应方程式的化学计量系数，如图 3-77 所示。

类似地，输入乙烷和丙烷燃烧反应方程式的化学计量系数，三个燃烧反应如图 3-78 所示，其转化率均为 1。

Edit Stoichiometry
Reaction No. 1
Reactants
Component Coefficient
CH4 -1
O2 -2
Products
Component Coefficient
CO2 1
H2O 2
Products generation
Molar extent
kmol/hr
Fractional conversion 1 of component CH4
Close

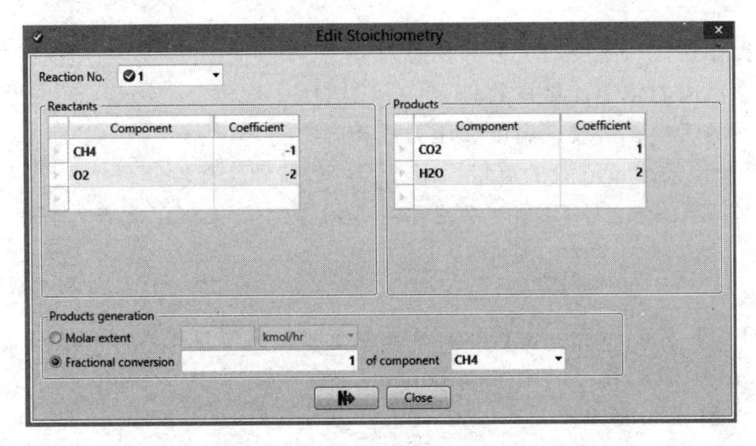

图 3-77　输入甲烷燃烧反应计量系数和转化率

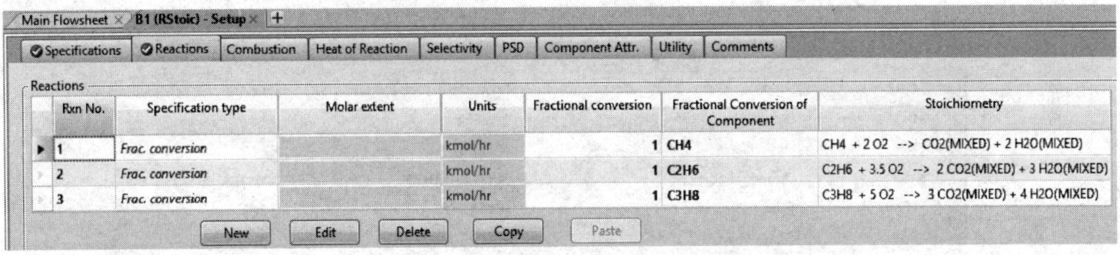

Main Flowsheet
B1 (RStoic) - Setup
Specifications
Reactions
Combustion
Heat of Reaction
Selectivity
PSD
Component Attr.
Utility
Comments
Reactions
Rxn No. Specification type Molar extent Units Fractional conversion Fractional Conversion of Component Stoichiometry
1 Frac. conversion kmol/hr 1 CH4 CH4 + 2 O2 --> CO2(MIXED) + 2 H2O(MIXED)
2 Frac. conversion kmol/hr 1 C2H6 C2H6 + 3.5 O2 --> 2 CO2(MIXED) + 3 H2O(MIXED)
3 Frac. conversion kmol/hr 1 C3H8 C3H8 + 5 O2 --> 3 CO2(MIXED) + 4 H2O(MIXED)
New
Edit
Delete
Copy
Paste

图 3-78　输入全部燃烧反应计量系数和转化率

（6）运行和查看结果

点击菜单栏中的 Next 开始运行。运行结束后，从左侧数据浏览窗口进入 Blocks | B1 (RStoic) | Stream Results 页面，如图 3-79 所示。可看到反应器出口物流的流量和组成。计算结果与［例 3-23］计算结果完全一致。

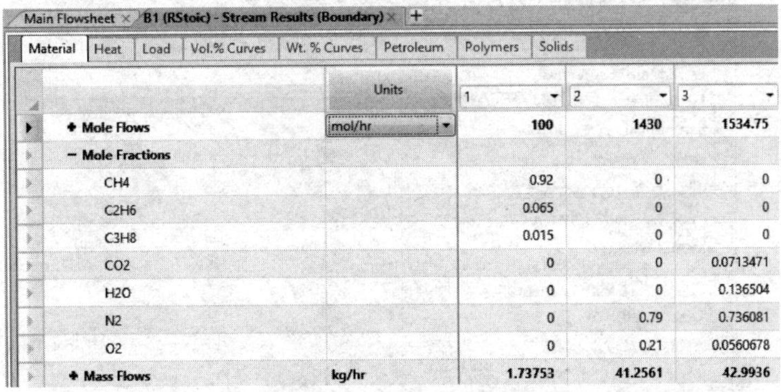

Main Flowsheet
B1 (RStoic) - Stream Results (Boundary)
Material
Heat
Load
Vol.% Curves
Wt. % Curves
Petroleum
Polymers
Solids
Units 1 2 3
Mole Flows mol/hr 100 1430 1534.75
Mole Fractions
CH4 0.92 0 0
C2H6 0.065 0 0
C3H8 0.015 0 0
CO2 0 0 0.0713471
H2O 0 0 0.136504
N2 0 0.79 0.736081
O2 0 0.21 0.0560678
Mass Flows kg/hr 1.73753 41.2561 42.9936

图 3-79　计算结果

3.5.3　平衡反应器

功能：按照化学反应方程的计量关系，以及相平衡和反应平衡进行反应计算。反应平衡常数通过吉布斯自由能最小原则计算，模型不考虑反应动力学。

模型输入：

① 反应器操作条件（温度、压力和相态）；

② 每个化学反应的化学计量系数；

③ 进料流股的流量、组成、温度和压力或相态。

模型输出：反应器出口流股的流量、组成、热负荷和选择性。

【例 3-29】 采用 RStoic 与 REquil 反应器对［例 3-24］中 SO_3 生产过程进行计算。

解：

（1）输入组分

点击主界面左下方的 Property 按钮，从左侧数据浏览窗口进入 Components | Specifications | Selection 页面，在 Select components 框中输入组分：FeS_2、O_2、N_2、SO_2、Fe_2O_3、SO_3，如图 3-80 所示。

Components - Specifications

Selection | Petroleum | Nonconventional | Enterprise Database | Comments

Select components

Component ID	Type	Component name	Alias
FES2	Solid	IRON-DISULFIDE-PYRITE	FES2
O2	Conventional	OXYGEN	O2
N2	Conventional	NITROGEN	N2
SO2	Conventional	SULFUR-DIOXIDE	O2S
FE2O3	Solid	HEMATITE	FE2O3
SO3	Conventional	SULFUR-TRIOXIDE	O3S

图 3-80　输入组分

（2）选择热力学模型

从左侧数据浏览窗口进入 Methods | Specifications | Global 页面，选择 IDEAL 热力学模型，如图 3-81 所示。

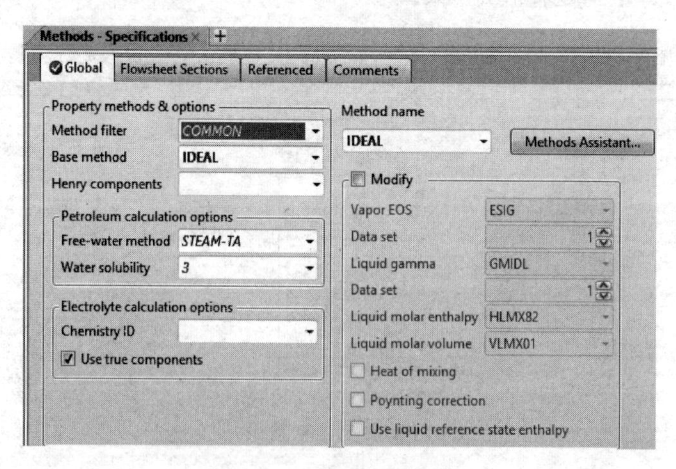

图 3-81　选择热力学模型

（3）建立流程

FeS_2 焙烧炉采用 RStoic 反应器，焙烧炉产物 Fe_2O_3、O_2、N_2、SO_2 采用 Sep 进行分离，SO_2 转化成 SO_3 反应器采用 REquil 反应器。

点击主界面左下方的Simulations按钮，进入Main flowsheet界面，从下方的模型库中选择Reactors，在Reactors模型库中选择RStoic和REquil模型，从Seporater模型库中选择Sep模型，建立如图3-82所示流程图。

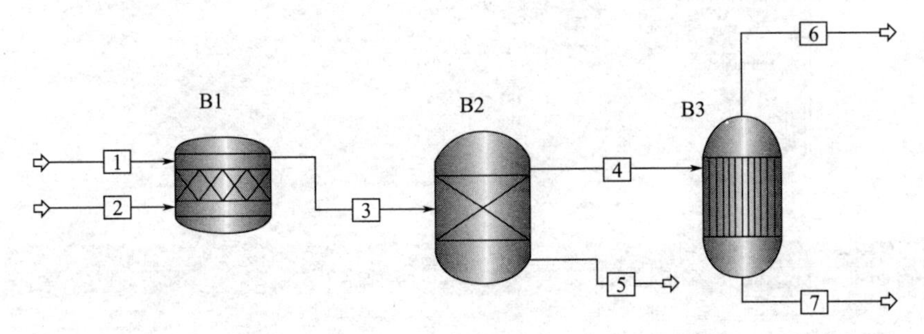

图3-82 RStoic、REquil及Sep流程

(4) 输入进料流股参数

进料流股1为FeS_2，温度为25℃，压力为0.1MPa，流率为10mol/h，如图3-83 (a) 所示。类似地输入空气流股2参数，温度为25℃，压力为0.1MPa，流率为200mol/h，空气摩尔分数为：O_2 0.21，N_2 0.79，如图3-83 (b) 所示。

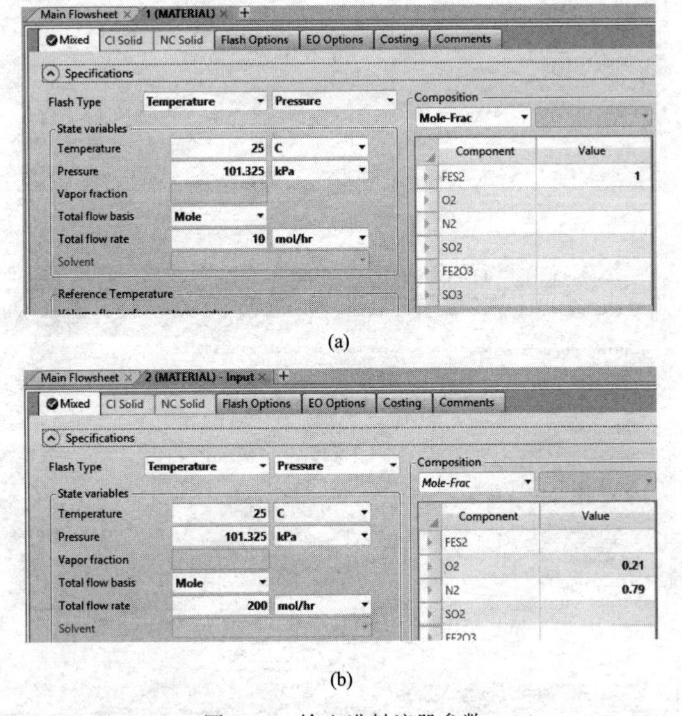

图3-83 输入进料流股参数

(5) 输入RStoic，Sep和REquil模型参数

从左侧数据浏览窗口进入Block | B1(RStoic) | Setup | Specifications页面。输入焙烧反应器的温度和压力，如图3-84 (a) 所示。点击同一页面上Reactions按钮，输入焙烧反应化学计量系数如图3-84 (b) 所示。类似地输入Sep和REquil模型参数，如图3-84 (c) ～ (e) 所示。

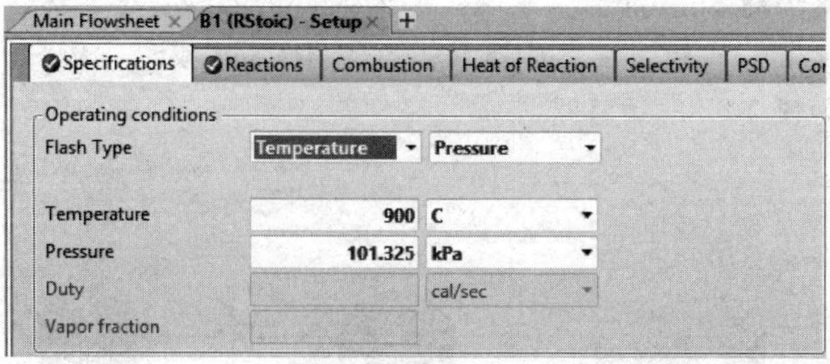

Main Flowsheet × B1 (RStoic) - Setup × +

Specifications | Reactions | Combustion | Heat of Reaction | Selectivity | PSD | Co

Operating conditions

Flash Type	Temperature	Pressure
Temperature	900	C
Pressure	101.325	kPa
Duty		cal/sec
Vapor fraction		

(a)

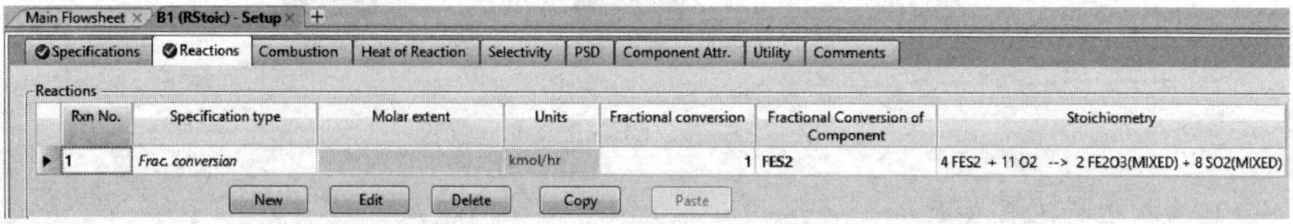

Main Flowsheet × B1 (RStoic) - Setup × +

Specifications | Reactions | Combustion | Heat of Reaction | Selectivity | PSD | Component Attr. | Utility | Comments

Reactions

Rxn No.	Specification type	Molar extent	Units	Fractional conversion	Fractional Conversion of Component	Stoichiometry
1	Frac. conversion		kmol/hr	1	FES2	4 FES2 + 11 O2 --> 2 FE2O3(MIXED) + 8 SO2(MIXED)

New | Edit | Delete | Copy | Paste

(b)

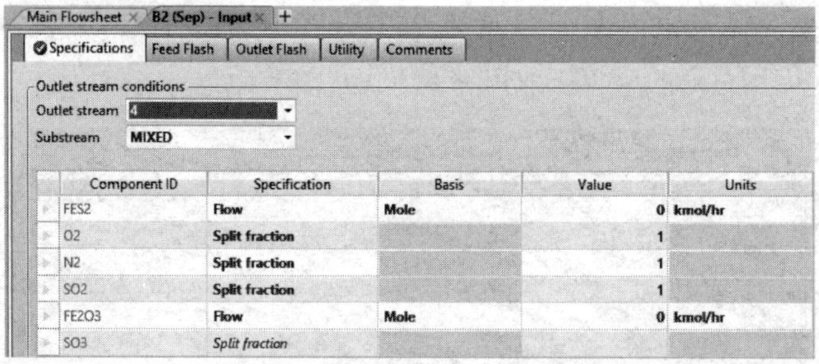

Main Flowsheet × B2 (Sep) - Input × +

Specifications | Feed Flash | Outlet Flash | Utility | Comments

Outlet stream conditions

Outlet stream 4

Substream MIXED

Component ID	Specification	Basis	Value	Units
FES2	Flow	Mole	0	kmol/hr
O2	Split fraction		1	
N2	Split fraction		1	
SO2	Split fraction		1	
FE2O3	Flow	Mole	0	kmol/hr
SO3	Split fraction			

(c)

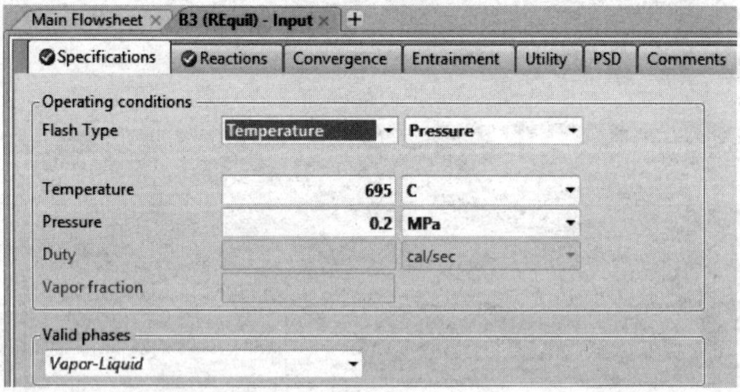

Main Flowsheet × B3 (REquil) - Input × +

Specifications | Reactions | Convergence | Entrainment | Utility | PSD | Comments

Operating conditions

Flash Type	Temperature	Pressure
Temperature	695	C
Pressure	0.2	MPa
Duty		cal/sec
Vapor fraction		

Valid phases

Vapor-Liquid

(d)

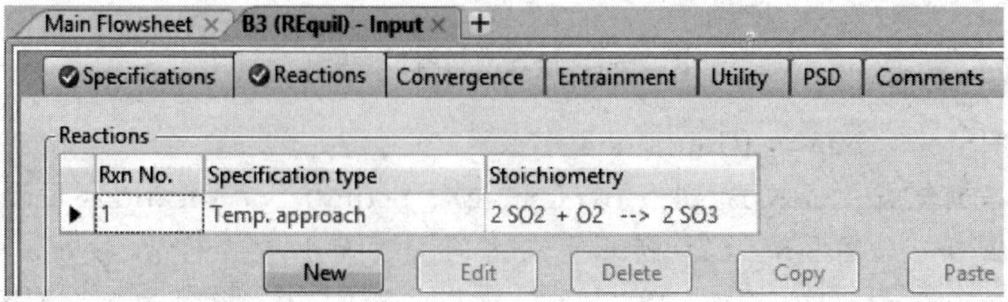

Main Flowsheet × B3 (REquil) - Input × +

Specifications | Reactions | Convergence | Entrainment | Utility | PSD | Comments

Reactions

Rxn No.	Specification type	Stoichiometry
1	Temp. approach	2 SO2 + O2 --> 2 SO3

New | Edit | Delete | Copy | Paste

(e)

图 3-84 输入模型参数

(6) 运行和查看结果

点击 Next，开始运行，运行结束后，从左侧数据浏览窗口进入 Results Summary | Streams 页面，可获得每个输出流股的流量，如图 3-85 所示。

Main Flowsheet × Results Summary - Streams (All) × +

Material | Heat | Load | Work | Vol.% Curves | Wt. % Curves | Petroleum | Polymers | Solids

	Units	1	2	3	4	5	6
+ Mole Flows	kmol/hr	0.01	0.2	0.1975	0.1925	0.005	0.187911
− Mole Fractions							
FES2		1	0	0	0	0	0
O2		0	0.21	0.0734177	0.0753247	0	0.052743
N2		0	0.79	0.8	0.820779	0	0.840824
SO2		0	0	0.101266	0.103896	0	0.0575909
FE2O3		0	0	0.0253165	0	1	0
SO3		0	0	0	0	0	0.0488425

图 3-85 计算结果

由此可见，模拟计算结果与［例 3-24］计算结果相一致。

从左侧数据浏览窗口进入 Blochs | B3 | Results 页面，点击 K_{eq} 按钮可知，SO_2 转化成 SO_3 反应的平衡常数 $K=6.9$，如图 3-86 所示。由此得到 $K'=Kp=13.8$，与［例 3-24］中的 12.4 接近。

Main Flowsheet × B3 (REquil) - Results × +

Summary | Balance | Keq | Utility Usage | Status

Rxn No.	Equilibrium constant	Equilibrium temperature (C)
1	6.90649	695

图 3-86 SO_2 转化 SO_3 反应的平衡常数

【例 3-30】 采用 REquil 模型对［例 3-27］中合成氨塔进行平衡转化率计算。

解： 在［例 3-27］中，按照氨合反应中 N_2 的转化率为 0.125 对合成塔进行物料衡算，本例中将按照氨合成反应平衡来进行计算，即进行平衡转化率计算。

步骤（1）和（2）与［例 3-27］完全相同。

(3) 建立 REquil 模型流程

点击主界面左下方的 Simulations 按钮，进入 Main flowsheet 界面，从下方的模型库中选择 Reactors，在 Reactors 模型库中选择 REquil，点击该图标右边的向下箭头从中选择 ICON2，并拖到流程显示窗口中。从左侧的流股 Materials 模型中选择 Materials 流股线，添加到模块 ICON2 上，如图 3-87 所示。

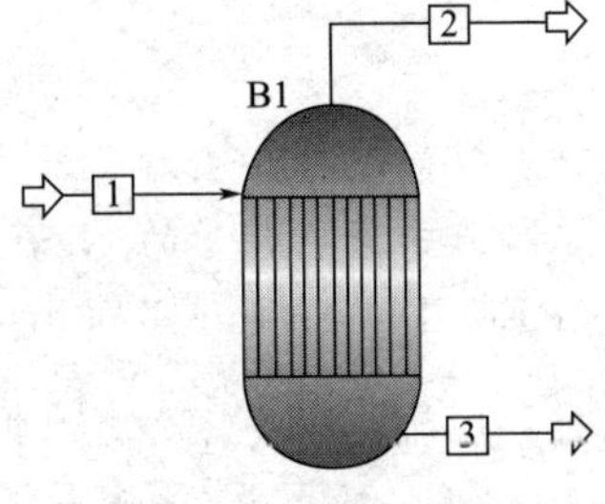

图 3-87 REquil 流程

(4) 输入进料流股参数

如图 3-88 所示。

(5) 输入 REquil 模型参数

输入反应温度 550℃和压力 20MPa，如图 3-89 所示。

点击该页面上的 Reactions 按钮，进入 Reactions。点击该页面中的 New 按钮，进入 Edit Stoichiometry 页面，在该页面下 Reactants 输入氨合成反应方程式的化学计量系数，如图 3-90 所示。与 RStoic 反应器不同，对于平衡反应器，其平衡转化率是未知的，需要通过平衡常数进行计算，而平衡常数则由反应温度和压力决定。

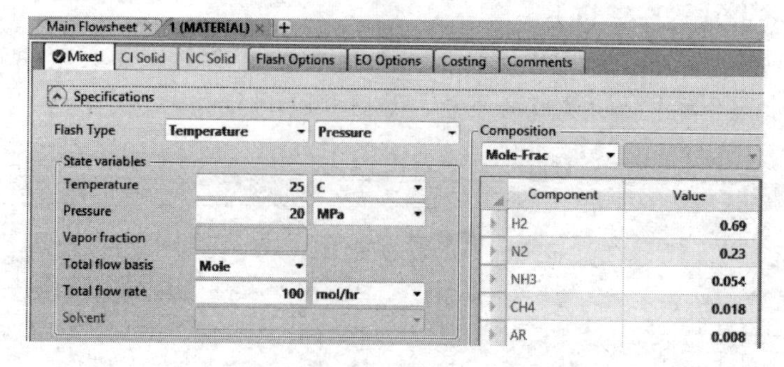

图 3-88 输入进料流股参数

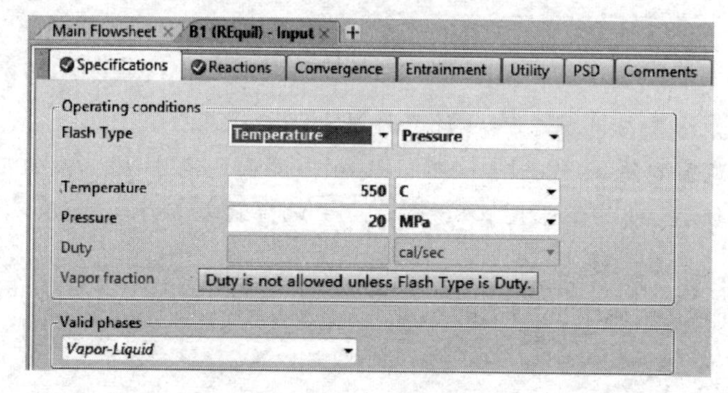

图 3-89 输入反应温度和压力

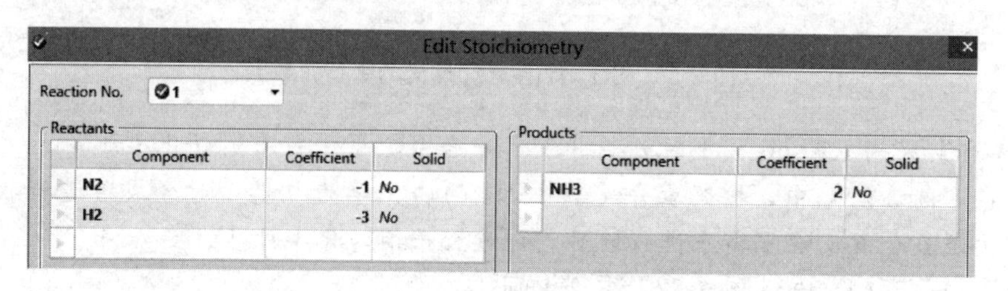

图 3-90 输入氨合成反应化学计量系数

(6) 运行和查看结果

点击菜单栏中的 Next 开始运行。运行结束后，从左侧数据浏览窗口进入 Blocks | B1 (REquil) | Stream Results 页面，如图 3-91 所示。可看到反应器出口物流的流量和组成与［例 3-20］、［例 3-25］和［例 3-27］计算结果一致。

Main Flowsheet | B1 (REquil) - Stream Results (Boundary)

Material | Heat | Load | Vol.% Curves | Wt. % Curves | Petroleum | Polymers | Solids

	Units	1	2
+ Mole Flows	mol/hr	100	94.2196
− Mole Fractions			
H2		0.69	0.640306
N2		0.23	0.213435
NH3		0.054	0.118663
CH4		0.018	0.0191043
AR		0.008	0.0084908

图 3-91 REquil 模型的计算结果

另外，进入 Blocks/B1(REquil)/Results 页面，点击 K_{eq} 按钮，可知反应平衡常数为 5.84998×10^{-6}。

氨合成反应　$N_2+3H_2 \longrightarrow 2NH_3$ 的平衡常数为

$$K=\frac{1}{p^2}\frac{x_{NH_3}^2}{x_{N_2}x_{H_2}^3}=5.84998\times10^{-6}$$

所以，$K'=Kp^2=\frac{x_{NH_3}^2}{x_{N_2}x_{H_2}^3}=5.84998\times10^{-6}\times200^2=0.234$，与［例 3-20］中的 $K'=0.25$ 比较接近。

3.5.4　吉布斯反应器

功能：按照相平衡和反应平衡进行反应计算，不需规定反应的化学计量系数，也不考虑反应动力学。反应平衡常数依据吉布斯自由能最小原则进行计算。

模型输入：

① 反应器操作条件（温度、压力和相态）；

② 指定产物组分；

③ 进料流股的流量、组成、温度和压力或相态。

模型输出：反应器出口物流的流量、组成、热负荷。

【例 3-31】 采用 RGibbs 模型对［例 3-30］中合成氨塔进行平衡转化率计算。

解： 步骤（1）～（4）与［例 3-30］相同，只是采用的模型为 RGibbs 模型。

（5）输入 RGibbs 模型参数

只需要输入反应温度 550℃和反应压力 20MPa，RGibbs 模型不需要指定反应物和产物，以及化学计量系数和转化率等数据。

（6）运行和查看结果

点击菜单栏中的 Next 开始运行。运行结束后，从左侧数据浏览窗口进入 Blocks/B1(RGibbs)｜Stream Results 页面，如图 3-92 所示。可看到反应器出口物流的流量和组成。计算结果与［例 3-30］计算结果完全一致。

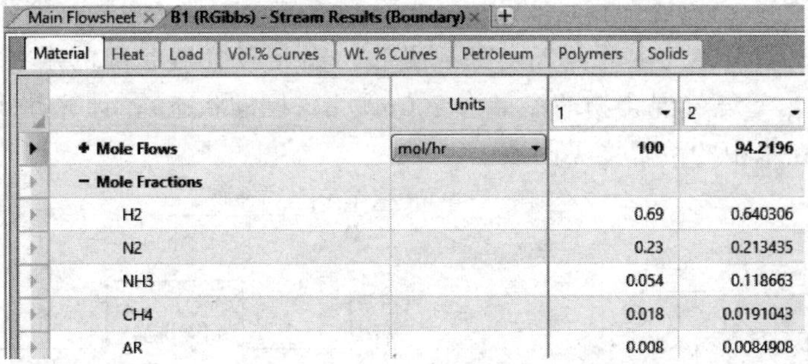

Main Flowsheet × B1 (RGibbs) - Stream Results (Boundary) ×

Material | Heat | Load | Vol.% Curves | Wt. % Curves | Petroleum | Polymers | Solids

	Units	1	2
+ Mole Flows	mol/hr	100	94.2196
− Mole Fractions			
H2		0.69	0.640306
N2		0.23	0.213435
NH3		0.054	0.118663
CH4		0.018	0.0191043
AR		0.008	0.0084908

图 3-92　RGibbs 模型的计算结果

RGibbs 模型不能提供反应平衡常数，因为该模型并没有明确指定发生了哪个具体的平衡反应。所得结果是所有可能反应总的结果。

习 题

基础部分习题

3-1　海水淡化稳态过程。设海水含盐分为 0.034（质量分数），每小时生产纯水 4000kg。要求排出的废盐水不超过 0.1（质量分数）。试求需进料的海水处理量为多少?

3-2　对于一个具有两股进料物流和一股产品物流的混合器如习题 3-2 附图所示，建立其物料平衡问题的全部方程与约束式，并确定设计变量的个数。假设共有三个组分，选择一组设计变量。

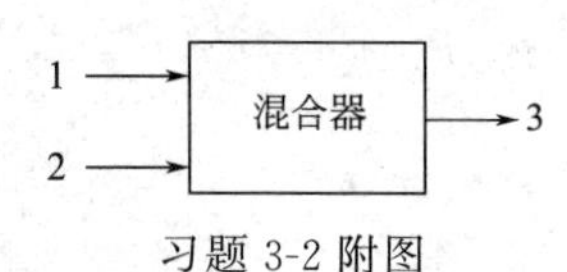

习题 3-2 附图

3-3　用纯水吸收丙酮混合气中的丙酮加以回收。如果吸收塔混合气进料流率为 200kg/h（其中丙酮质量分数为 20%），纯水进料流率为 1000kg/h，得到无丙酮的气体和丙酮水溶液，设气体不溶于水。试作出此过程的物料平衡。

3-4　将苯和四氯化碳的混合物用精馏的方法进行分离如习题 3-4 附图所示。四氯化碳比苯稍易挥发。在塔的连续操作期间，观测到如下物料工况：

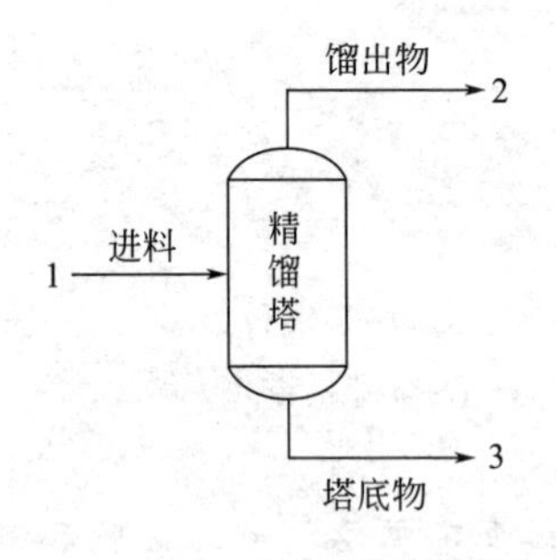

物流号	流量/(kmol/h)	CCl_4 的摩尔分数
1	5.26	0.445
2	2.32	0.932

习题 3-4 附图

试求出其余未知物流参数。

3-5　在精馏塔内，将等摩尔混合物乙醇、丙醇和丁醇进行精馏，分离出的顶流含乙醇（66.67%，摩尔分数）和丙醇，而不含丁醇；底流不含乙醇，只有丙醇和丁醇。试计算进料流率为 1000 mol/h 时，顶流和底流的流量和组成。

3-6　如习题 3-6 附图所示，采用一个气体吸收器除掉空气中的氨气。进入吸收器顶部的液体为纯水，氨气-空气混合物在 1MPa、30℃和氨气含量为 5.5%（摩尔分数）的条件下进入吸收器底部。假设空气中的氨气全部被吸收，离开吸收器底部的水在 30℃下为氨气所饱和。如果通入空气-氨气混合物的流量为 $200m^3/h$（标准状态），计算其他物流的含量和组成。30℃时氨气在水中的溶解度见附表。

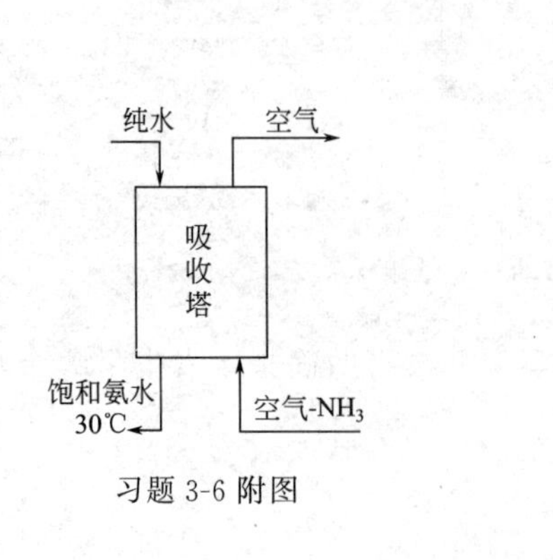

习题 3-6 附图

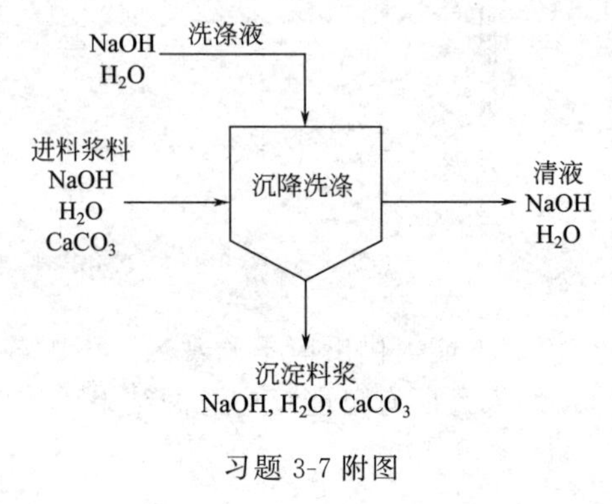

习题 3-7 附图

习题 3-6 附表

NH_3 溶解度/(g/100g H_2O)	40	30	25	20	15	10
NH_3 的分压/kPa	95.858	60.528	46.929	34.654	23.865	14.665

3-7 在 NaOH 溶液中含有 $CaCO_3$ 沉淀，用等质量的 5%（质量分数）NaOH 稀溶液洗涤，如习题 3-7 附图所示。洗净的沉淀料浆的组成为 1kg 固定 $CaCO_3$ 中含有 2kg 的溶液。如果进料中所有组分的质量分数相等，试算出全部未知物流参数（取计算基准为 1000kg/h 进料）。

3-8 精馏塔进料流率为 3000mol/h，其组成（质量分数，下同）为：苯 50%、甲苯 30%、二甲苯 20%：精馏后其馏出物组成为：苯 95%、甲苯 3%、二甲苯 2%，底流中二甲苯的组成为 96%。求底流组成及各物流流量为多少？

3-9 利用改进的 Linde-Frankl 法制氧。如习题 3-9 附图所示，从含氧气、氮气和氩气的空气中生产工业用的低纯度氧。在预处理中已从原料空气中除去了烃类、水和二氧化碳。试作出这一过程的物料平衡。

（1）列出全部独立的方程和约束式。

（2）进行变量分析，确定设计变量的个数。

（3）如果 $F_2=100$mol/h，含氧量 90%（体积分数，余同），物流 3 中含氮气 95.3%，空气组成为：O_2 20.98%，N_2 78.08%，其余为氩气。求各未知物流参数（Ar 全部进入物流 2 中）。

原料空气 1 → 制氧装置 → 2 低纯度氧；→ 3 粗氮气

习题 3-9 附图

3-10 有些设计变量会给出没有物理意义的解（例如：流量为负数）。试就习题 3-9 中所说明的制氧装置，证明下列这组设计变量在物理上是不可能的。其中组分编号为 O_2 1，N_2 2，Ar 3，$F_1=100$ mol/h，$x_{11}=0.2098$，$x_{12}=0.7808$，$x_{21}=0.93$，$x_{22}=0.03$。

3-11 将含有 40%苯和 60% 乙苯（摩尔分数）的溶液加到蒸馏釜中，并在 0.0115MPa 下加热到 50℃。假设拉乌尔定律适用，并已知苯和乙苯的 k 值分别为 3.1 和 0.403。计算在平衡条件下气相和液相的摩尔分数。

3-12 一股含有 7 个组分的物流进入闪蒸器后，在给定的温度和压力下闪蒸。已知各组分的进料组成与汽液平衡常数 k_j 见附表 [物质的量（mol）为基准]。

习题 3-12 附表

组分	1	2	3	4	5	6	7
进料组成	0.0079	0.1321	0.0849	0.2690	0.0589	0.1321	0.3151
k_j	16.2	5.20	2.60	1.98	0.91	0.72	0.28

试按式（3-20）求出 α 值；若进料流率为 1000mol/h，求出各物流参数，并按式（3-22）与式（3-24）求出此时的 $f(\infty)$ 与 $f(0)$。

3-13 在一个双组分系统中，只存在一个液相，若混合物处于泡点状态，试证：

$$x_1=\frac{1-k_2}{k_1-k_2}$$

式中 x_1——液相混合物中组分 1 的摩尔分数；

k_1，k_2——组分 1 与组分 2 的汽液平衡常数。

3-14 萘的气相催化氧化制取苯二甲酸酐（以下简称为苯酐）在固定床反应器内进行。主、副反应分别如下：

主反应：

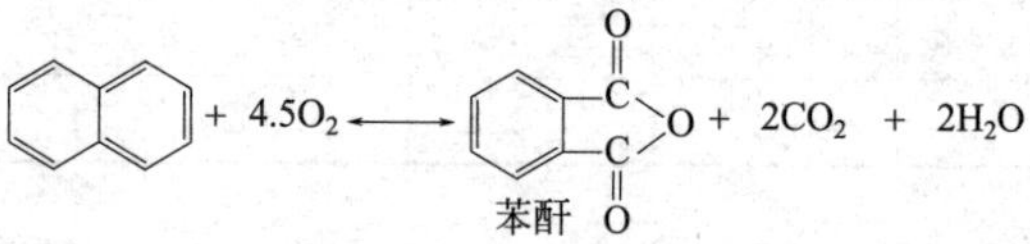

$$+\ 4.5O_2 \longleftrightarrow \ \ + 2CO_2 + 2H_2O$$

苯酐

副反应：

$$+\ 9O_2 \longrightarrow \ \ + 6CO_2 + 3H_2O$$

顺丁烯二酸酐

$$+\ 1.5O_2 \longleftrightarrow \ \ + H_2O$$

萘醌

$$+\ 12O_2 \longleftrightarrow 10CO_2 + 4H_2O$$

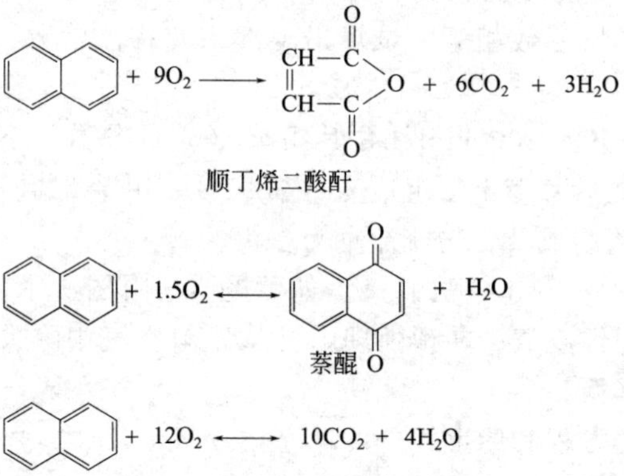

测得出口气体的分析数据（20℃）为：苯酐 45.68，顺丁烯二酸酐 2.2，萘醌 1.5，未反应萘 0.45（以上单位均为 g/m^3），CO_2 2.1%（体积分数），O_2 1.0%（体积分数）。

求：(1) 就主反应而言，指出限制反应物、过量反应物以及过量反应物的过量百分比；

(2) 萘的转化率、苯酐的产率与选择性。

3-15 对下列化合物：S_2、S_4、S_6、SO_2、SO_3、O_2、O_3，有多少独立的化学反应？

3-16 一种化学反应混合物由下列化合物组成：

$$SCl_2,\ O_2,\ S_2Cl_2,\ SCl_4,\ SO_2,\ SO_3$$

求独立的化学反应和独立的物料平衡方程数目。

3-17 在一钢制反应器内，水蒸气通过一碳坯床层，可以发生如下（或更多的）化学反应。试指出如下反应中线性独立的化学反应。

$$Fe(s)+H_2O(g)\longrightarrow FeO(s)+H_2(g) \tag{1}$$

$$C(s)+H_2O(g)\longrightarrow CO(g)+H_2(g) \tag{2}$$

$$C(s)+2H_2O(g)\longrightarrow CO_2(g)+2H_2(g) \tag{3}$$

$$C(s)+CO_2(g)\longrightarrow 2CO(g) \tag{4}$$

$$CO(g)+H_2O(g)\longrightarrow CO_2(g)+H_2(g) \tag{5}$$

$$H_2O(g)\longrightarrow H_2(g)+\frac{1}{2}O_2(g) \tag{6}$$

$$CO_2(g)\longrightarrow CO(g)+\frac{1}{2}O_2(g) \tag{7}$$

$$C(s)+2H_2(g)\longrightarrow CH_4(g) \tag{8}$$

$$CH_4(g)+2H_2O(g)\longrightarrow CO_2(g)+4H_2(g) \tag{9}$$

$$2CH_4(g)\longrightarrow C_2H_6(g)+H_2(g) \tag{10}$$

3-18 有人声称如下 5 个化学反应是线性独立的，你认为这个断定是否正确？

$$CO_2\longrightarrow CO+\frac{1}{2}O_2$$

$$H_2O\longrightarrow \frac{1}{2}H_2+OH$$

$$\frac{1}{2}N_2+\frac{1}{2}O_2 \longrightarrow NO$$

$$\frac{1}{2}H_2 \longrightarrow H$$

$$\frac{1}{2}O_2 \longrightarrow O$$

3-19　假若动力厂采用的燃料油内含过多的硫，则必须从烟道气内回收二氧化硫以防止空气污染。其途径之一是用一氧化碳将二氧化硫还原成元素硫。还原时产生了一些副产品（列在附图中）。假若所有反应达到平衡，写出物料平衡的全部方程与约束式，进行变量分析，确定出设计变量的数目。

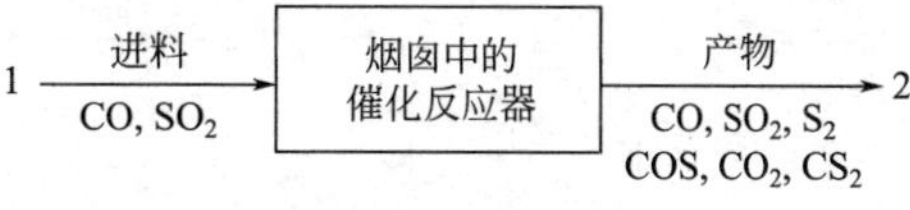

习题 3-19 附图

3-20　将组成（体积分数）为 CH_4 80%、N_2 20%的天然气送去燃烧，所产生的 CO_2 大部分被分离出来用于制取干冰。已知消除 CO_2 的尾气中含 CO_2 1.2%、O_2 4.9%、N_2 93.9%。试作出物料平衡，并求出未知物流的参数。

3-21　某氯化苯生产车间生产能力为 1t/h。液态产品的组成（质量分数）为苯 65.0%、氯化苯 32.0%、二氯化苯 2.5%、三氯化苯 0.5%。假定原料为纯苯与纯氯气，氯气过量投入与进料比（摩尔比）为 $\frac{n(Cl_2)}{n(C_6H_6)}=2$，主要反应有

$$C_6H_6+Cl_2 \longrightarrow C_6H_5Cl+HCl$$

$$C_6H_6+2Cl_2 \longrightarrow C_6H_4Cl_2+2HCl$$

$$C_6H_6+3Cl_2 \longrightarrow C_6H_3Cl_3+3HCl$$

试作出物料平衡。

3-22　冶炼厂中用燃烧炉提供热量并提供生产过程中使用的蒸汽。进入燃烧炉的燃料气组成为

习题 3-22 附表（1）

组分	CH_4	H_2	N_2	CO	CO_2
摩尔分数	0.52	0.24	0.15	0.06	0.03

空气的组成（摩尔分数）为 O_2 0.21，N_2 0.79，空气-燃料气的摩尔比为 γ。假设燃料气中的 CH_4、H_2 和 CO 完全被氧化，燃烧产物中含有 H_2O、CO_2、O_2 和 N_2，如附图所示。

1　燃料气　CH_4, H_2, N_2, CO, CO_2
2　空气　O_2, N_2
燃烧炉
燃烧产物　N_2, CO_2, O_2, H_2O　3

习题 3-22 附图

（1）采用附图中物流编号及如下组分编号，写出物料平衡的全部独立方程与约束式，确定设计变量的个数。

习题 3-22 附表（2）

组分	CH_4	H_2	N_2	CO	CO_2	O_2	H_2O
编号	1	2	3	4	5	6	7

（2）按如下规定的设计变量求解未知流股的流量和组成。

$F_1=100\text{mol/h}$，$\gamma=6.5$，$x_{11}=0.52$，$x_{12}=0.24$，$x_{13}=0.15$，$x_{14}=0.06$，$x_{26}=0.21$

3-23　如附图所示，丙烷在工业煤气燃烧炉内燃烧。操作人员认为现行的空气与燃料比过低，他测量了烟道气的流量 $F_3=1\text{mol/h}$（260℃，0.1MPa）。烟道气的分析结果为 CO_2 含量为 8.6%（摩尔分数）。指出操作人员是如何计算空气与燃料比值的。

1 丙烷燃料
2 干燥空气
煤气燃烧炉
烟道气 3

习题 3-23 附图

3-24　塔式法由二氧化硫制取硫酸，如附图所示。总反应式为 $2SO_2+O_2+2H_2O = 2H_2SO_4$。根据此反应，$SO_2$ 的部分转化率是 $\gamma=0.98$。硝酸起催化剂的作用，它的总反应是

$$4HNO_3 \longrightarrow 2H_2O+3O_2+4NO$$

假定在产品物流内没有硝酸。各组分编号见附表。

习题 3-24 附表

组分	SO_2	HNO_3	H_2O	O_2	N_2	NO	H_2SO_4
编号	1	2	3	4	5	6	7

（1）列写过程的物料平衡方程与约束式，确定设计变量数目。

（2）在下列条件下，解出各物流的流量与组成。

$$F_1=66\text{mol/h},\quad F_2=24.41\text{mol/h},\quad x_{11}=0.1515$$

$$x_{22}=0.0022,\quad x_{14}=0.1782,\quad \gamma=0.98$$

习题 3-24 附图

3-25　二氧化硫在反应器内连续氧化

$$2SO_2+O_2 \longrightarrow 2SO_3 \qquad K'=\frac{x_{SO_3}^2}{x_{SO_2}^2 x_{O_2}}$$

气体按化学计量比加入，常压并在 610℃下达到平衡，$K'=72.3$，用空气代替纯氧气。问 SO_3 的平衡产率是多少？

3-26　化学反应

$$A(液) \rightleftharpoons B(液)$$

在存有 2.6kmol 液体的 CSTR 内进行。进料是纯 A，产物是 B 和未反应的 A 混合物。液体 A 和液体 B 的密度相等。在不同的流量下转化数据见附表。

习题 3-26 附表

进料流量/(kmol/h)	2.65	4.60	8.55	17.32
B 在产品物流中的摩尔分数	0.640	0.590	0.513	0.392

计算正向和逆向反应速率常数。

Aspen Plus 流程模拟习题

3-27　某工艺将原料丙烷和循环丙烷两股物流混合，求混合流股中各组分的摩尔分数以及流股温度和压力。

习题 3-27 附表

物流	组分	流率/(kmol/h)	温度/℃	压力/MPa
原料丙烷	丙烷	10	10	2
循环丙烷	丙烷	15	30	2.5
	氢气	5		

3-28　工业上将甲醇与环氧丙烷两股物流混合，已知原料信息见附表。

习题 3-28 附表

名称	组成	流量/(kg/h)	温度/℃	压力/MPa
原料 1	甲醇	1050	20	0.6
原料 2	环氧丙烷	1085	24	0.6

求混合后的流股组成、温度和压力。

3-29　乙醇和乙酸在常压下反应生成乙酸乙酯，已知，反应温度 70℃，压力 1atm，反应为液相反应，化学计量式：

$$C_2H_5OH(\text{乙醇})+CH_3COOH(\text{乙酸})\rightleftharpoons CH_3COOC_2H_5(\text{乙酸乙酯})+H_2O(\text{水})$$

反应原料组成为：水 160kg/h，乙醇 8600kg/h，乙酸 11600kg/h，乙醇转化率为 70%，温度 70℃，压力 1atm，分别用化学计量反应器和吉布斯反应器计算产物组成。

3-30　甲烷在一定条件下分解得到乙炔和氢气，反应温度 1500℃，压力 1atm，反应式如下

$$2CH_4 \longrightarrow C_2H_2+3H_2$$

已知甲烷转化率为 60%，分别用化学计量反应器和吉布斯反应器计算产物组成。

提示：转化率模型取甲烷分子量 16.0428、氢气分子量 2.01588、乙炔分子量 26.03792。

3-31　乙醇和乙酸在常压下反应生成乙酸乙酯，已知反应温度 70℃，压力 1atm，反应为液相反应，化学计量式：

$$C_2H_5OH(A)+CH_3COOH(B)\rightleftharpoons CH_3COOC_2H_5(C)+H_2O(D)$$

正反应　$r_1=1.9\times10^8\times\exp(-E/RT)C_AC_B$

逆反应　$r_2=5\times10^7\times\exp(-E/RT)C_AC_B$

活化能 $E=5.95\times10^7$ J/kmol

原料组成为：

水 160kg/h，乙醇 8600kg/h，乙酸 11600kg/h。

采用釜式反应器（RCSTR，反应器体积为 0.14m^3）和活塞流反应器（RPlug，直径 0.3m、管长 2m）分别计算反应器出口产物组成。

3-32　工业上制备丙二醇（1,2-丙二醇）多采用环氧丙烷与水反应生成，为了增加环氧丙烷在水中的溶解度，在环氧丙烷中加入了甲醇，已知：

$$C_3H_6O+H_2O \longrightarrow C_3H_8O_2$$

该反应已被广泛研究，并公布了很多种反应动力学表达式，这里使用与环氧丙烷浓度相关的

二级反应动力学表达式：

$$-r_{C_3H_6O}=9.15\times10^{22}\times\exp\left(\frac{-1.556\times10^8}{RT}\right)\times c_{C_3H_6O}^2$$

式中，$r_{C_3H_6O}$ 为反应速率，kmol/(m^3 · s)；$c_{C_3H_6O}$ 为环氧丙烷摩尔浓度，kmol/m^3；活化能 1.556×10^{8}J/kmol。

已知反应器进料条件见附表。

习题 3-32 附表

名称	组成	流量/(kg/h)	温度/℃	压力/MPa
反应原料 1	水	3600	25	0.6
反应原料 2	环氧丙烷	1085	25	0.6
	甲醇	1050		

求产物组成。

3-33 假定甲醇部分氧化合成甲醛反应：

$$CH_3OH+\frac{1}{2}O_2\xrightarrow{R_{HCHO}}HCHO+H_2O$$

符合以 Langmuir-Hinshelwood 吸附理论为基础，按 Hougen-Watson 模型建立的速率方程甲醇部分氧化合成甲醛，表面反应为控制步骤，其余步骤达到了平衡，表面反应速率和吸附的甲醇和氧气的量成正比：

$$r_{HCHO}=k_{HCHO}\theta_{CH_3OH}\theta_{O_2}$$

根据 L-H 吸附模型：

$$\theta_{CH_3OH}=\frac{K_{CH_3OH}p_{g,CH_3OH}}{1+K_{CH_3OH}p_{g,CH_3OH}+K_{H_2O}p_{g,H_2O}}$$

$$\theta_{O_2}=\frac{K_{O_2}p_{g,O_2}^{1/2}}{1+K_{O_2}p_{g,O_2}^{1/2}}$$

则

$$r_{HCHO}=K_{HCHO}\frac{K_{CH_3OH}p_{g,CH_3OH}}{1+K_{CH_3OH}p_{g,CH_3OH}+K_{H_2O}p_{g,H_2O}}\times\frac{K_{O_2}p_{g,O_2}^{1/2}}{1+K_{O_2}p_{g,O_2}^{1/2}}$$

$$=\frac{K_{HCHO}K_{CH_3OH}K_{O_2}p_{g,CH_3OH}p_{g,O_2}^{1/2}}{1+K_{CH_3OH}p_{g,CH_3OH}+K_{H_2O}p_{g,H_2O}+K_{O_2}p_{g,O_2}^{1/2}+K_{CH_3OH}p_{g,CH_3OH}K_{O_2}p_{g,O_2}^{1/2}+K_{H_2O}p_{g,H_2O}K_{O_2}p_{g,O_2}^{1/2}}$$

已知反应的指前因子和活化能见附表。

习题 3-33 附表

反应常数		指前因子		E/(kJ/mol)
		数值	单位	
CH_3OH	K_{CH_3OH}	2.60E−04	atm^{-1}	−56.78
O_2	K_{O_2}	1.42E−05	atm$^{-1/2}$	−60.32

续表

反应常数		指前因子		E/(kJ/mol)
		数值	单位	
H_2O	K_{H_2O}	5.50E−07	atm^{-1}	−86.45
HCHO	K_{HCHO}	1.50E+07	mol/(kg·s)	86.00
CO	K_{CO}	3.50E+02	mol/(kg·atm·s)	46.00
	$K_{HCHO}K_{CH_3OH}K_{O_2}$	5.55E−02	$atm^{-3/2}$·mol/(kg·s)	−31.10
	$K_{CH_3OH}K_{O_2}$	3.70E−09	$atm^{-3/2}$	−117.10
	$K_{O_2}K_{H_2O}$	7.83E−12	$atm^{-3/2}$	−146.77

不考虑其他副反应，压力0.1MPa、温度250℃下，甲醇和氧气的摩尔比为2∶1（其中氧气来自空气），求甲醛的生成速率。提示：需转化单位到SI单位制。

第4章 过程单元能量衡算与计算机模拟

在化工过程中，往往伴随着大量的热量传递。如反应前要求将反应物预热到适宜的反应温度，在反应中或加入热量（吸热），或移去热量（放热）。产品分离与精制如精馏、结晶、干燥等过程，也都离不开热量的传递。热量传递的效果影响反应的进行、反应的转化率、产品收率、产品质量及经济效益等。而所有传热设施的设计、运行都是以过程的热量衡算为基础。通过热量衡算，可以解决如下几方面的问题：

① 确定传热方式；

② 选择热载体（传热剂）；

③ 选择传热设备，确定传热面积；

④ 确定传热剂的用量；

⑤ 计算设备的传热效率和热损失情况，采取节能措施；

⑥ 能量的综合利用；

⑦ 对于绝热过程，可确定过程的最终温度。

4.1 能量衡算基本方程

4.1.1 能量平衡方程

(1) 控制质量系统的能量平衡

所谓控制质量系统，就是热力学封闭系统。系统与环境之间无质量交换。由热力学第一定律可知，对于控制质量系统

$$\Delta E=Q+W \tag{4-1}$$

式中 ΔE——系统由状态1到状态2能量的变化，J；

$$\Delta E=E_2-E_1=\left(U_2+\frac{1}{2}m_2u_2^2+m_2gz_2\right)-\left(U_1+\frac{1}{2}m_1u_1^2+m_1gz_1\right)$$

Q——加入系统中的热量，J；

W——环境对系统所做的功，J；

U——流体的内能，J；

u——流体流速，m/s；

z——流体距离参照水平的位置高度，m；

g——重力加速度，9.81m/s^2；

m——流体的质量，kg。

对于化工过程，动能和势能的变化往往远小于内能的变化，可以忽略不计，即

$$\Delta E \approx \Delta U$$

则式（4-1）可写成

$$\Delta U = Q + W \tag{4-2}$$

对于等压过程有

$$\Delta H = H_2 - H_1 = Q + W_s \tag{4-3}$$

式中，ΔH 为等压下热焓的变化，J；W_s 为环境对系统所做的非体积功，J，如泵、压缩机等，若为透平机则为负值。

若轴功 W_s 可以忽略，则有

$$\Delta H = Q \tag{4-4}$$

(2) 控制体积系统的能量平衡

式（4-2）应用于位能变化与动能变化可以忽略的控制质量系统。而在化工过程中，原料物流流入系统，产物物流流出系统的连续操作过程更为常见，这种操作过程属于敞开系统或控制体积系统。对于常见的化工过程，流体总是通过规则的几何通道，流体的入口和出口截面的法向量与流体流动方向通常保持一致或相反。对于控制体积系统，由于存在着物料的输入与输出，因此伴随有能量的输入与输出，其能量平衡方程可表达如下：

流动输入能量的速率＋从环境输入热的速率＋环境对系统做功功率－

流动输出能量的速率＝系统内能量累计速率　　(4-5)

图 4-1 展示了一种常见的控制体积流动系统。反应物由泵从系统外注入反应器，产物将会从反应器中移出。环境与系统间有四种相互作用关系：通过泵输入的轴功、反应器中热量的添加、反应物的加入，以及产物移出。

在工程实际中，不只是环境向系统输入功和热量的情况，也有系统向环境输出功以及放热的情形。因此，将控制体积流动系统的能量平衡表达为一般形式，即为系统与环境之间不但有能量交换，还有质量交换，如图 4-2 所示。

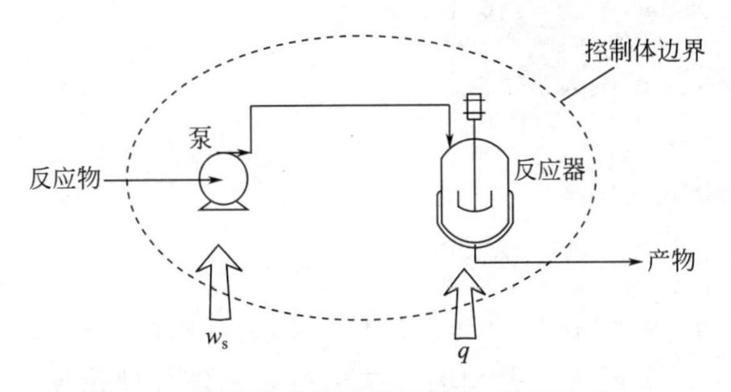

图 4-1　控制体积流动系统的能量平衡（一）

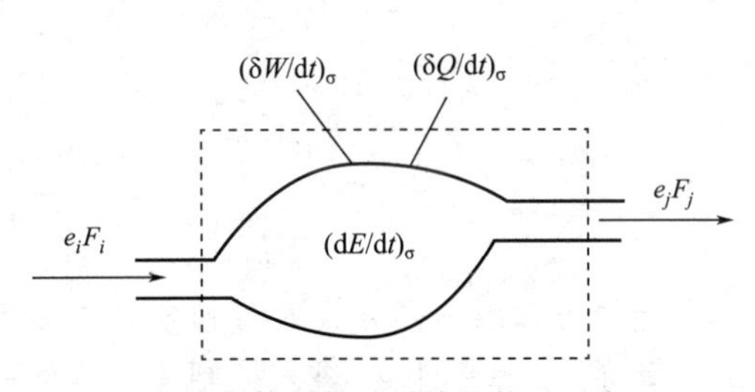

图 4-2　控制体积流动系统的能量平衡（二）

图 4-2 中，F_i、F_j 分别为流入和流出控制体积系统的质量流率，kg/s；e_i、e_j 分别为流入和流出控制体积系统的单位质量流体所携带的能量，J/kg；$(\delta W/dt)_\sigma$、$(\delta Q/dt)_\sigma$ 分别为控制体积系统与环境之间交换的功率和传热速率，J/s；$(dE/dt)_\sigma$ 为控制体积系统内能量的积累速率，J/s。则控制体积系统内能量的积累速率为

$$\Delta E = \sum_i e_i F_i - \sum_j e_j F_j + q + w \tag{4-6}$$

其中 w 包括流动功率 w_f 和轴功率 w_s 两部分，即

$$w=w_f+w_s \tag{4-7}$$

假设反应物和产物流入与流出控制体积系统是通过管道进行的，其前后截面积分别为 A_1 和 A_2，如图 4-3 所示。

对于在稳定状态下连续进行的过程，在时间点 $t=0$ 时，设定反应器中的全部物料加上额外的单位质量 1kg 进料作为控制质量，如图 4-3（a）所示。如果进料的比容为 v_1，那么距离 l_1 的长度为

$$l_1=\frac{v_1}{A_1} \tag{4-8}$$

在时间点 t 时，原料流入控制体积系统，与此同时同样质量的产物（比容为 v_2）从控制体积中被推出，行进了一段距离 l_2，则距离 l_2 的长度为

$$l_2=\frac{v_2}{A_2} \tag{4-9}$$

总的反应物在设备中移动到一个新的位置，如图 4-3（b）所示。假设 w_s 是周围其他环境对总的系统所输入的轴功率，q 是外界传给系统的热流率，则除了 w_s 之外，还有将反应物推入反应器中的流动功率 w_1 和将产物推出反应器的流动功率 w_2，即

$$w_f=w_1+w_2 \tag{4-10}$$

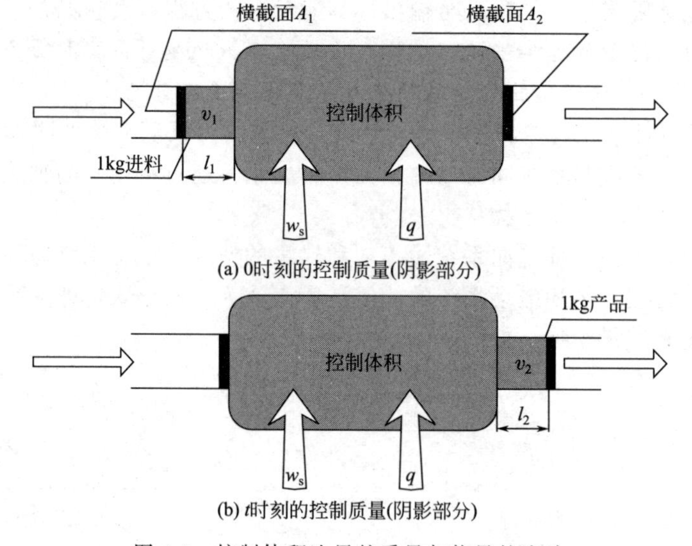

图 4-3 控制体积边界的质量与能量的流动

能量可以由不同方式通过控制体界面传递。所以在进口和出口处，物流可以带着内能 u_E、动能 e_k 和势能 e_p 进入控制体；能量还可以由传热和做功的方式通过控制体界面传递。因此，结合式（4-1）、式（4-7）与式（4-10），可知

$$\Delta u_E+\Delta e_k+\Delta e_p=q+w_s+w_1+w_2 \tag{4-11}$$

式（4-11）中

$$\Delta e_k=\frac{1}{2}\Delta u^2, \Delta e_p=g\Delta z, w_1=p_1A_1l_1=p_1v_1, w_2=-p_2A_2l_2=-p_2v_2$$

将这四个表达式代入式（4-11），得

$$\Delta u_{\mathrm{E}}+\frac{1}{2}\Delta u^{2}+g\Delta z=q+w_{\mathrm{s}}+p_{1}v_{1}-p_{2}v_{2} \tag{4-12}$$

式中，$\Delta u_{\mathrm{E}}=u_{\mathrm{E2}}-u_{\mathrm{E1}}$，表示单位质量的流体内能的变化。重组式（4-12），得

$$(u_{\mathrm{E2}}+p_{2}v_{2})-(u_{\mathrm{E1}}+p_{1}v_{1})+\frac{1}{2}\Delta u^{2}+g\Delta z=q+w_{\mathrm{s}} \tag{4-13}$$

由于比焓 $h=u_{\mathrm{E}}+pv$，因此式（4-13）可表达为

$$\Delta h+\frac{1}{2}\Delta u^{2}+g\Delta z=q+w_{\mathrm{s}}\text{(控制体积,稳态)} \tag{4-14}$$

式中，$\Delta h=h_{2}-h_{1}$。

如果整个过程包括多股物料、热量和轴功，且单位时间内流股 i 的质量流率为 F_i，则式（4-14）可表示为

$$\sum_{i=1}^{N_{\mathrm{s}}}F_{i}\left(h_{i}+\frac{1}{2}u_{i}^{2}+gz_{i}\right)+\sum_{i}q_{i}+\sum_{i}w_{\mathrm{s}i}=0\text{(控制体积,稳态)} \tag{4-15}$$

对于非稳态，就必须要考虑反应器中能量的累积，则有

$$\frac{\mathrm{d}E}{\mathrm{d}t}=\sum_{i=1}^{N_{\mathrm{s}}}F_{i}\left(h_{i}+\frac{1}{2}u_{i}^{2}+gz_{i}\right)+\sum_{i}q_{i}+\sum_{i}w_{\mathrm{s}i}\text{(控制体积)} \tag{4-16}$$

式中，F_i、q_i 和 w_{si} 分别指流股 i 的质量流率、第 i 个传热流股的传热速率以及第 i 个功流的轴功率。对于此三个变量，进入反应器时，均取“+”号；离开反应器时，均取“－”号。其中 h_i、u_i 和 z_i 是第 i 股物流的比焓、流速以及流股 i 距离参照水平的垂直高度。

式（4-16）是控制体积系统能量平衡的一般形式。对于大多数化工过程，动能和势能的变化要远远小于内能和焓的变化。所以式（4-16）可简化为

$$\frac{\mathrm{d}E}{\mathrm{d}t}=\sum_{i=1}^{N_{\mathrm{s}}}F_{i}h_{i}+\sum_{i}q_{i}+\sum_{i}w_{\mathrm{s}i} \tag{4-17}$$

对于稳态连续流动过程，则有

$$\sum_{i=1}^{N_{\mathrm{s}}}F_{i}h_{i}+\sum_{i}q_{i}+\sum_{i}w_{\mathrm{s}i}=0 \tag{4-18}$$

式中　F_i——质量流率或摩尔流率，进为正，出为负；

q_i——传热速率，加热为正，冷却为负；

w_{si}——轴功率，泵、压缩机等输入功率的为正，透平等输出功率的为负；

h_i——比焓或摩尔焓，与 F_i 的基准对应。

式（4-18）即为化工过程能量平衡中最常用，亦最重要的方程式。使用时要特别注意 F_i、q_i 和 w_{si} 正负号的规定及其量纲。

式（4-18）的应用范围：

① 动能、势能的变化可忽略的化工过程；

② 稳态流动；

③ 任何流体。

4.1.2　焓值方程

焓是一个状态函数。对于单组分系统可表达为

$$h=f(T,p,\text{聚集状态}) \tag{4-19}$$

对于多组分系统，焓值与组成有关，含有 N_c 个组分的物流 i 的焓可表达为

$$h_i=f_i[T_i,p_i,\text{聚集态},x_{ij}(j=1,2,\cdots,N_c-1)] \tag{4-20}$$

若物料是在同一聚集态下的变化过程，则为

$$h_i=f_i[T_i,p_i,x_{ij}(j=1,2,\cdots,N_c-1)] \tag{4-21}$$

由于焓是状态函数，不能计算其绝对值，只能计算焓差，所以在化工计算过程中，总是选择一个温度、压力和聚集态作为基准态，记基准态下的焓值为 h_0，并令 $h_0=0$。而后求出各物流在这一基准态下的相对焓值（亦即从基准态到实际状态下的焓差 Δh），将其代入能量平衡方程中进行能量衡算。

4.2 物理过程单元能量衡算

4.2.1 物理过程的焓差计算

(1) 恒压下的升温过程

由物理化学知识，第 i 股物流由状态 1 恒压变到状态 2 的焓差可由下式计算

$$\Delta h_i=\int_{T_0}^{T}c_{pi}\,\mathrm{d}T \tag{4-22}$$

式中，c_{pi} 为第 i 股物流流体的比定压热容。

如果第 i 股物流中只含有某一纯物质，则 c_{pi} 可按下式计算

$$c_{pi}=f(T)=a+bT+cT^2+dT^3+\cdots$$

式中，常数 a、b、c、d……可查手册；T 的单位为 K。

如果第 i 股物流是含有多个组分的混合物（绝大多数情况属于此类），当混合热可以忽略时，混合物的比定压热容 c_{pmi}，可按下式计算

$$c_{pmi}=\sum_{j=1}^{N_c}x_{ij}c_{pj}=\sum_{j=1}^{N_c}x_{ij}a_j+\sum_{j=1}^{N_c}x_{ij}b_jT+\sum_{j=1}^{N_c}x_{ij}c_jT^2+\cdots$$

理想气体的焓值与压力无关，液体与固体的焓值也几乎不随压力而变。所以理想气体、液体及固体的非恒压变温过程的焓差亦可用式（4-22）计算。

(2) 相变过程

化工中常见的相变过程有：汽化与凝结、溶解与结晶、熔融与凝固、升华与凝华等过程。所有这些过程都伴随着较大的热效应。在进行热量衡算过程中，可通过如下途径获取相变热数据：

① 查阅有关手册、文献；

② 经验公式估算；

③ 用临界常数估算；

④ 化工数据库。

4.2.2 物理过程单元能量衡算举例

能量平衡的计算是在物料平衡基础上或与物料平衡计算同时进行的。其衡算步骤与物料衡算步骤是一样的，只不过是在列写物料平衡方程的同时，补加上能量平衡方程与焓值方程。下面通过两个简单的例子来加以说明。

【例 4-1】 甲醇蒸气在0.1MPa、450℃下离开合成塔后，进入废热锅加热20℃，压力为0.45MPa（表压）的锅炉给水，产生0.45MPa（表压）的饱和水蒸气。已知锅炉水与甲醇蒸气的摩尔流量比为0.2。假定锅炉为绝热操作，求甲醇蒸气的出口温度。已知甲醇蒸气的比定压热容（300～450℃）为 $c_{p甲醇}=19.05+9.15\times10^{-2}T$[kJ/(kmol·K)]。

解：

（1）组分编号（见表4-1）

表4-1　［例4-1］组分编号

组分	H_2O	CH_3OH
编号	1	2

（2）计算简图（见图4-4）

图4-4　［例4-1］计算简图

（3）方程与约束式

① 物料平衡方程

$$F_1=F_3 \tag{1}$$

$$F_2=F_4 \tag{2}$$

② 设备约束式

$$\frac{F_1}{F_2}=0.2 \tag{3}$$

$$p_3=p_1 \tag{4}$$

$$p_4=p_2 \tag{5}$$

③ 摩尔分数约束式

都是纯组分，无摩尔分数约束式。

④ 能量平衡方程

$$F_1h_1+F_2h_2=F_3h_3+F_4h_4 \tag{6}$$

⑤ 焓值方程

$$h_1=f_1(T_1,p_1) \tag{7}$$

$$h_2=f_2(T_2,p_2) \tag{8}$$

$$h_3=f_3(T_3,p_3) \tag{9}$$

$$h_4=f_4(T_4,p_4) \tag{10}$$

（4）变量分析

$$N_v=16,\quad N_e=10,\quad N_d=6$$

取 $\{F_1, T_1, T_2, T_3, p_1, p_2\}$ = {1kmol/h（计算基准），20℃，450℃，155℃（0.55MPa下饱和水蒸气温度），0.55MPa，0.1MPa} 为一组设计变量。

（5）求解方程组

① 物料衡算问题求解

$N'_v=4$，$N'_e=3$，$N'_d=1$，取 $V'_d=F_1$ 物料衡算可直接求解。

则 $F_3=F_1=1\text{kmol/h}$，$F_2=\dfrac{F_1}{0.2}=\dfrac{1}{0.2}=5\text{kmol/h}$，$F_4=F_2=5\text{kmol/h}$

② 能量衡算问题求解　首先取基准态。对于纯物质物流（物理变化过程），一般取某一股物流的状态为基准态，可以使计算更为简单。若此两股流体不相混合，基准态一般为各自流股的状态。

在水蒸气表中，基准态为0℃水，则查水蒸气表可得h_1、h_3的值：

$$h_1=1507\text{kJ/kmol},h_3=49460\text{kJ/kmol}$$

另取450℃、0.1MPa甲醇蒸气为基准态，可得到h_2、h_4的值：

$$h_2=0$$

$$h_4=\int_{723.15}^{T_4}c_{p甲醇}\,\text{d}T=\int_{723.15}^{T_4}(19.05+9.15\times10^{-2}T)\text{d}T$$

$$=19.05\times(T_4-723.15)+\frac{1}{2}\times9.15\times10^{-2}(T_4^2-723.15^2)$$

由方程式（6），得

$$F_1(h_1-h_3)=F_2(h_4-h_2)$$

即 $$1\times(1507-49460)=5\times\left[19.05\times(T_4-723.15)+\frac{1}{2}\times9.15\times10^{-2}\times(T_4^2-723.15^2)-0\right]$$

解得 $$T_{4(1)}=602.8\text{K}=329.7℃,T_{4(2)}=-1019.2\text{K}(此结果不合理,舍去)$$

所以甲醇蒸气的出口温度约为329.7℃。实际过程并不能做到完全绝热，甲醇蒸气冷却降温时所释放出的热量，除了一部分会使锅炉给水温度升高外，还有一部分会散失到废热锅炉外的环境中。因此T_4的实际温度会比上述计算得到的值低，且散失的热量越多，T_4的实际温度就越低。

【例4-2】将苯和乙苯的气体混合物在200℃、151.988kPa（绝压）下送入分凝器进行分离（见图4-5），其操作条件为100℃、101.33kPa（绝压）。进料中含苯75%（摩尔分数），其余为乙苯。假定气体为理想气体混合物，液体为理想溶液，分凝器内达到汽液两相平衡，气体和液体的热容恒定，物性数据见表4-2。试计算过程需要移走的热量。

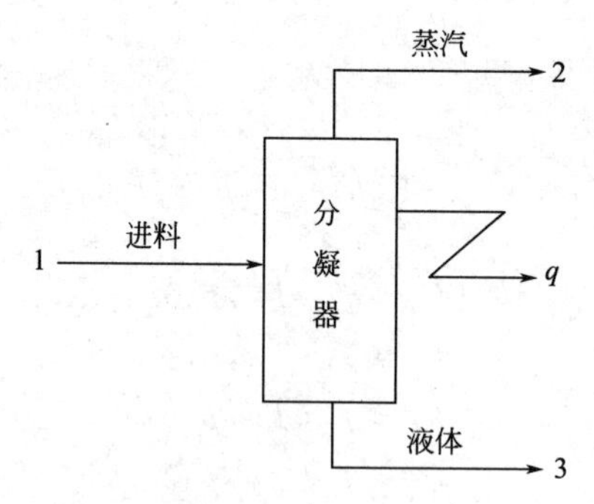

图4-5 ［例4-2］工艺流程简图

表4-2 ［例4-2］物性数据

名称	正常沸点T_b /℃	T_b下汽化热 /(J/mol)	液体摩尔热容 /[J/(mol·K)]	气体摩尔热容 /[J/(mol·K)]	100℃饱和蒸气压/kPa
苯	80.1	30752.4	144.35	115.48	178.782
乙苯	136.2	35982.4	200.00	175.73	34.290

解:

(1) 组分编号(见表4-3)

(2) 计算简图(见图4-6)

表4-3 [例4-2] 组分编号

组分	苯	乙苯
编号	1	2

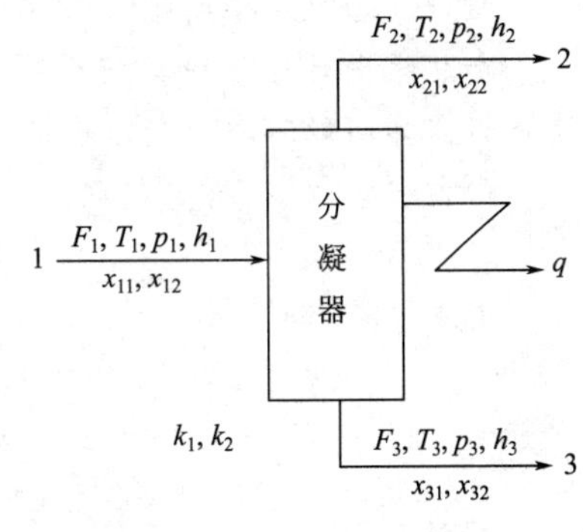

图4-6 [例4-2] 计算简图

(3) 方程与约束式

① 物料平衡方程

$$F_1 x_{11} = F_2 x_{21} + F_3 x_{31} \tag{1}$$

$$F_1 x_{12} = F_2 x_{22} + F_3 x_{32} \tag{2}$$

② 设备约束式

$$k_1 = \frac{x_{21}}{x_{31}} \tag{3}$$

$$k_2 = \frac{x_{22}}{x_{32}} \tag{4}$$

$$T_3 = T_2 \tag{5}$$

$$p_3 = p_2 \tag{6}$$

③ 摩尔分数约束式

$$x_{21} + x_{22} = 1 \tag{7}$$

$$x_{31} + x_{32} = 1 \tag{8}$$

④ 能量平衡方程

$$F_1 h_1 = F_2 h_2 + F_3 h_3 + q \tag{9}$$

⑤ 焓值方程

$$h_1 = f_1(T_1, p_1, x_{11}) \tag{10}$$

$$h_2 = f_2(T_2, p_2, x_{21}) \tag{11}$$

$$h_3 = f_3(T_3, p_3, x_{31}) \tag{12}$$

(4) 变量分析

$$N_v = 21, \quad N_e = 12, \quad N_d = 9$$

取 $\{F_1, x_{11}, x_{12}, T_1, T_2, p_1, p_2, k_1, k_2\}$ = {100mol/h(计算基准),0.75,0.25,200℃,100℃,151.988kPa,101.33kPa,k_1,k_2} 为一组设计变量。

因为气相为理想气体混合物,液相为理想溶液,所以 k_1、k_2 可按下式计算

$$k_j = \frac{x_{2j}}{x_{3j}} = \frac{p_j^s}{p_2}$$

则

$$k_1 = \frac{p_1^s}{p_2} = \frac{178.782}{101.33} = 1.76, \quad k_2 = \frac{p_2^s}{p_2} = \frac{34.290}{101.33} = 0.34$$

(5) 求解方程组

① 物料衡算问题求解

$N'_v=11$，即 $\{F_1,x_{11},x_{12},F_2,x_{21},x_{22},F_3,x_{31},x_{32},k_1,k_2\}$；

$N'_e=6$，即方程式 {(1)，(2)，(3)，(4)，(7)，(8)}，所以 $N'_d=5$。

在总的设计变量中，物料衡算子问题的设计变量 $V'_d=\{F_1,x_{11},x_{12},k_1,k_2\}$ 均已知，故物料衡算问题可以单独求解。

由方程式 (3) 得

$$x_{21}=k_1x_{31} \tag{13}$$

由方程式 (4) 得

$$x_{22}=k_2x_{32} \tag{14}$$

由方程式 (13) ＋方程式 (14)，得

$$k_1x_{31}+k_2x_{32}=x_{21}+x_{22}=1 \tag{15}$$

将方程式 (8) 代入方程式 (15)，得

$$x_{31}=\frac{1-k_2}{k_1-k_2}=\frac{1-0.34}{1.76-0.34}=0.46$$

则

$$x_{32}=1-x_{31}=1-0.46=0.54,\quad x_{21}=k_1x_{31}=1.76\times0.46=0.81,$$
$$x_{22}=1-x_{21}=1-0.81=0.19$$

已知 $x_{11}=0.75$，$x_{12}=0.25$。可见，气相中苯的浓度增加，液相中乙苯的浓度增加，分凝器具有分离作用。

由方程式 (1) ＋方程式 (2)，得 $F_1=F_2+F_3$

则 $F_3=F_1-F_2$，代入方程式 (1)，整理得

$$F_2=\frac{x_{11}-x_{31}}{x_{21}-x_{31}}F_1=\frac{0.75-0.46}{0.81-0.46}\times100=82.9\text{mol/h},$$
$$F_3=F_1-F_2=100-82.9=17.1\text{mol/h}$$

② 能量衡算问题求解

取 $T_0=80.1℃$、$p_0=0.1\text{MPa}$ 为基准态，则液态苯 $h_0=0$。当然取其他温度、压力时的状态为基准态也可以。

由于气体为理想气体混合物，则每一股理想气体混合物的焓等于构成该流股的各纯组分的焓与其摩尔分数之积的线性加和，且压力对理想气体的焓没有影响，所以

$$\begin{aligned}h_1&=x_{11}h_{11}+x_{12}h_{12}\\&=x_{11}\left(h_{b11}+\int_{353.25}^{473.15}c_{pg11}\mathrm{d}T\right)+x_{12}\left(\int_{353.25}^{409.35}c_{pL12}\mathrm{d}T+h_{b12}+\int_{409.35}^{473.15}c_{pg12}\mathrm{d}T\right)\\&=0.75\times[30752.4+115.48\times(473.15-353.25)]\\&\quad+0.25\times[200.00\times(409.35-353.25)+35982.4+175.73\times(473.15-409.35)]\\&=48052.3\text{J/mol}\end{aligned}$$

$$\begin{aligned}h_2&=x_{21}h_{21}+x_{22}h_{22}\\&=x_{21}\left(h_{b21}+\int_{353.25}^{373.15}c_{pg21}\mathrm{d}T\right)+x_{22}\left(\int_{353.25}^{409.35}c_{pL22}\mathrm{d}T+h_{b22}+\int_{409.35}^{373.15}c_{pg22}\mathrm{d}T\right)\\&=0.81\times[30752.4+115.48\times(373.15-353.25)]\\&\quad+0.19\times[200.00\times(409.35-353.25)+35982.4+175.73\times(373.15-409.35)]\\&=34530.7\text{J/mol}\end{aligned}$$

由于液体为理想溶液，所以其混合热为 0，且压力对液体的焓没有影响，所以

$$h_3=x_{31}h_{31}+x_{32}h_{32}=x_{31}\int_{353.25}^{373.15}c_{pL31}\mathrm{d}T+x_{32}\int_{353.25}^{373.15}c_{pL32}\mathrm{d}T$$

$$=0.46\times144.35\times(373.15-353.25)+0.54\times200.00\times(373.15-353.25)$$

$$=3470.6\text{J/mol}$$

由方程式（9），得

$$q=F_1h_1-F_2h_2-F_3h_3=100\times48052.3-82.9\times34530.7-17.1\times3470.6$$

$$=1883287.71\text{J/h}$$

即过程需要移走的热量为 1883287.71J/h。

4.3 反应过程单元能量衡算

4.3.1 反应过程的焓差计算

对于化学反应过程，通常取常温（298 K）常压（0.1MPa）下的稳定单质为基准态。常温常压下化合物的焓，即为化合物的生成焓，可通过查表获得。

某些过程的反应热可按盖斯定律求得：

(1) 用标准生成焓计算

$$\Delta h_{\mathrm{r}}^{\ominus}=\sum_j[\nu_j(\Delta h_{298}^{\mathrm{f}})_{j产物}]-\sum_j[\nu_j(\Delta h_{298}^{\mathrm{f}})_{j反应物}] \tag{4-23}$$

(2) 用标准燃烧热计算

$$\Delta h_{\mathrm{r}}^{\ominus}=\sum_j[\nu_j(\Delta h_{298}^{\mathrm{c}})_{j反应物}]-\sum_j[\nu_j(\Delta h_{298}^{\mathrm{c}})_{j产物}] \tag{4-24}$$

式中　$\Delta h_{\mathrm{r}}^{\ominus}$——298K、0.1MPa 下的反应焓变；

$\Delta h_{298}^{\mathrm{f}}$——化合物的标准生成热；

$\Delta h_{298}^{\mathrm{c}}$——化合物的标准燃烧热；

ν_j——j 组分的化学反应计量系数。

由于焓只是状态的函数，故非标准状态下的反应焓变可按图 4-7 途径求得（对于真实气体，低压下适用）。

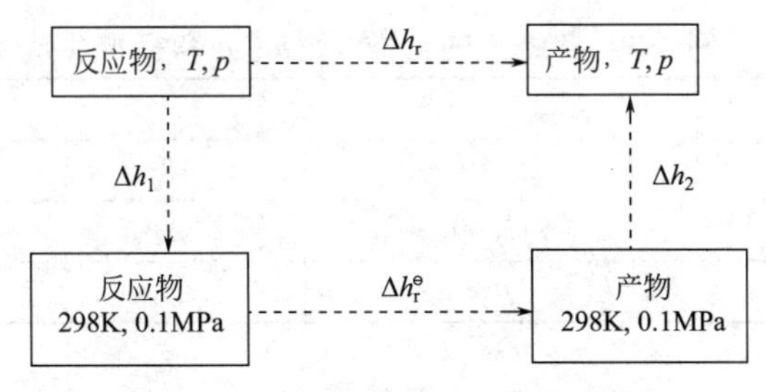

图 4-7　非标准态下反应焓变计算

即

① 先求反应物从反应初始状态（T，p）到标准状态（298K，0.1MPa）这一物理过程的焓差 $\Delta h_1=\int_T^{298}c_{p1}\mathrm{d}T$；

② 再由式（4-23）或式（4-24）计算求得 298K、0.1MPa 下标准反应焓变；

③ 最后，求得将产物由标准态（298K，0.1MPa）到实际反应终态（T，p）这一物理过程的焓差 $\Delta h_2=\int_{298}^{T}c_{p2}\mathrm{d}T$ 。

则非标准状态下的反应焓为如上几步焓差的代数和

$$\Delta h_r=\Delta h_1+\Delta h_r^{\ominus}+\Delta h_2$$

对于纯组分在非标准状态下发生化学反应的过程，则第 i 股物流的焓可按下式计算

$$h_i=(\Delta h_{298}^{f})_j+\int_{298}^{T_i}c_{pi}\mathrm{d}T \tag{4-25}$$

对于理想气体混合物或理想溶液在非标准状态下发生化学反应的过程，则第 i 股物流的焓可按下式计算

$$h_i=\sum_{j=1}^{N_c}x_{ij}(\Delta h_{298}^{f})_j+\sum_{j=1}^{N_c}x_{ij}\int_{298}^{T_i}c_{pj}\mathrm{d}T \tag{4-26}$$

将式（4-26）重新整理，可得

$$h_i=\sum_{j=1}^{N_c}x_{ij}(\Delta h_{298}^{f})_j+\int_{298}^{T_i}\bar{c}_{pj}\mathrm{d}T$$

其中

$$\bar{c}_{pi}=\sum_{j=1}^{N_c}x_{ij}c_{pj}=\sum_{j=1}^{N_c}x_{ij}a_j+\sum_{j=1}^{N_c}x_{ij}b_jT+\sum_{j=1}^{N_c}x_{ij}c_jT^2+\sum_{j=1}^{N_c}x_{ij}d_jT^3$$
$$=\bar{a}_j+\bar{b}_jT+\bar{c}_jT^2+\bar{d}_jT^3$$

4.3.2 反应过程单元能量衡算举例

与无化学反应过程的能量平衡相类似，化学反应过程的能量衡算亦是在其物料平衡方程的基础上，增加能量平衡方程及焓值方程，再进行求解。

【例 4-3】 乙苯在催化剂作用下，于 600℃、常压下脱氢生成苯乙烯，反应式为

$$C_6H_5CH_2CH_3 \rightleftharpoons C_6H_5CH=CH_2+H_2$$

假设进料为纯乙苯蒸气 100mol/h，乙苯的转化率为 45%。由于此反应为吸热反应，若要保持乙苯在反应器内恒温脱氢制取苯乙烯，试计算所需要的供热速率。各组分的比定压热容（298～1500K）近似为 $c_{pj}=a_j+b_jT+c_jT^2$[J/(mol·K)]，其中 a、b、c 为常数，T 为热力学温度 K。各组分的常数 a、b、c 和标准生成焓 Δh_{298}^{f} 的值见表 4-4。

表 4-4 ［例 4-3］各组分的常数 a、b、c 和标准生成焓 Δh_{298}^{f}

组分	编号	Δh_{298}^{f}/(J/mol)	a	$b\times10^3$	$c\times10^6$
C_8H_{10}	1	29920	1.124	55.380	−18.476
C_8H_8	2	147360	2.050	50.192	−16.662
H_2	3	0	3.249	0.422	0

解：

（1）组分编号（见表 4-5）

表 4-5 ［例 4-3］组分编号

组分	C_8H_{10}	C_8H_8	H_2
编号	1	2	3

(2) 流程简图(见图4-8)

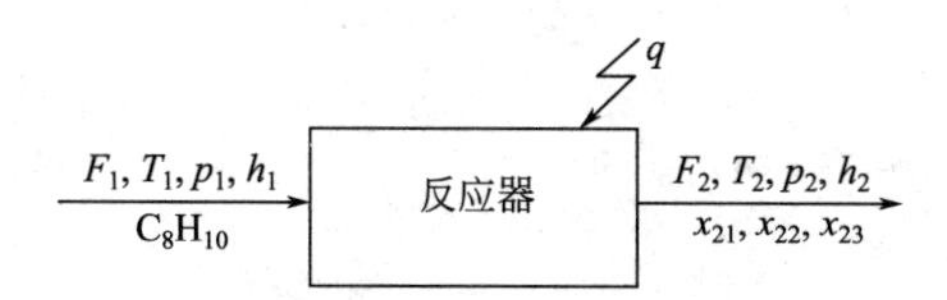

图4-8 [例4-3]流程简图

(3) 方程与约束式

① 物料平衡方程

C: $$8F_1=8F_2x_{21}+8F_2x_{22} \quad (1)$$

H: $$10F_1=10F_2x_{21}+8F_2x_{22}+2F_2x_{23} \quad (2)$$

② 设备约束式

$$\frac{F_1-F_2x_{21}}{F_1}=0.45 \quad (3)$$

$$p_2=p_1 \quad (4)$$

③ 摩尔分数约束式

$$x_{21}+x_{22}+x_{23}=1 \quad (5)$$

④ 能量平衡方程

$$F_1h_1-F_2h_2+q=0 \quad (6)$$

⑤ 焓值方程

$$h_1=f_1(T_1,p_1) \quad (7)$$

$$h_2=f_2(T_2,p_2,x_{21},x_{22}) \quad (8)$$

(4) 变量分析

$$N_v=12,\quad N_e=8,\quad N_d=4$$

取 $\{F_1,T_1,T_2,p_1\}=\{100\text{mol/h},600℃,600℃,0.1\text{MPa}\}$ 为一组设计变量。

(5) 求解方程组

① 物料衡算问题求解

$N'_v=5$,即 $\{F_1,F_2,x_{21},x_{22},x_{23}\}$;

$N'_e=4$,即方程式 $\{(1),(2),(3),(5)\}$,所以 $N'_d=1$。

在总的设计变量中,物料衡算子问题的设计变量 $V'_d=\{F_1\}$ 已知,则未知设计变量数 $N'_{ud}=0$,故物料衡算问题可以单独(直接)求解。

令 $n_{ij}=F_{ij}$,对物料衡算方程进行变换,得

$$F_1=n_{21}+n_{22} \quad (1')$$

$$5F_1=5n_{21}+4n_{22}+n_{23} \quad (2')$$

$$\frac{F_1-n_{21}}{F_1}=0.45 \quad (3')$$

$$n_{21}+n_{22}+n_{23}=F_2 \quad (5')$$

由式(3')得

$$n_{21}=0.55F_1=0.55\times100=55\text{mol/h}$$

由式(1')得

$$n_{22}=F_1-n_{21}=100-55=45\text{mol/h}$$

由式（2′）得

$$n_{23}=5F_1-5n_{21}-4n_{22}=5\times100-5\times55-4\times45=45\text{mol/h}$$

由式（5′）得

$$F_2=n_{21}+n_{22}+n_{23}=55+45+45=145\text{mol/h}$$

则

$$x_{21}=\frac{n_{21}}{F_2}=\frac{55}{145}=0.38,\quad x_{22}=\frac{n_{22}}{F_2}=\frac{45}{145}=0.31,\quad x_{23}=\frac{n_{23}}{F_2}=\frac{45}{145}=0.31$$

② 能量衡算问题求解

取基准态：25℃、0.1MPa 下，稳定单质，$h_0=0$。则

$$h_1=(\Delta h^{\mathrm{f}}_{298})_1+\int_{298}^{873}c_{p1}\mathrm{d}T$$

$$=29920+\int_{298}^{873}(1.124+55.380\times10^{-3}T-18.476\times10^{-6}T^2)\mathrm{d}T$$

$$=29920+1.124\times(873-298)+\frac{55.380}{2}\times10^{-3}\times(873^2-298^2)-\frac{18.476}{3}\times10^{-6}\times(873^3-298^3)$$

$$=45276.05\text{J/mol}$$

$$h_2=x_{21}(\Delta h^{\mathrm{f}}_{298})_1+x_{22}(\Delta h^{\mathrm{f}}_{298})_2+x_{23}(\Delta h^{\mathrm{f}}_{298})_3+\int_{298}^{873}\bar{c}_{p2}\mathrm{d}T$$

$$=0.38\times29920+0.310\times147360+0.310\times0+\int_{298}^{873}(\bar{a}_2+\bar{b}_2\times10^{-3}T+\bar{c}_2\times10^{-6}T^2)\mathrm{d}T$$

$$=\left[57051.2+\int_{298}^{873}(\bar{a}_2+\bar{b}_2\times10^{-3}T+\bar{c}_2\times10^{-6}T^2)\mathrm{d}T\right]\text{J/mol}$$

其中，$\bar{a}_2=x_{21}a_1+x_{22}a_2+x_{23}a_3=0.38\times1.124+0.310\times2.050+0.310\times3.249=2.07$

$\bar{b}_2=x_{21}b_1+x_{22}b_2+x_{23}b_3=0.38\times55.380+0.310\times50.192+0.310\times0.422=36.73$

$\bar{c}_2=x_{21}c_1+x_{22}c_2+x_{23}c_3=0.38\times(-18.476)+0.310\times(-16.662)+0.310\times0=-12.19$

所以

$$h_2=57051.2+\int_{298}^{873}(2.07+36.73\times10^{-3}T-12.19\times10^{-6}T^2)\mathrm{d}T$$

$$=57051.2+2.07\times(873-298)+\frac{36.73}{2}\times10^{-3}\times(873^2-298^2)-\frac{12.19}{3}\times10^{-6}\times(873^3-298^3)$$

$$=57051.2+2.07\times575+\frac{36.73}{2}\times10^{-3}\times1171\times575-\frac{12.19}{3}\times638.88$$

$$=68011.08\text{J/mol}$$

由能量方程式 $F_1h_1-F_2h_2+q=0$，得

$$q=F_2h_2-F_1h_1=145\times68011.08-100\times45276.05=5334001.6\text{J/h}=1.482\text{kW}$$

即要保持乙苯在反应器内恒温脱氢制取苯乙烯，所需要的供热速率为 1.482kW。

【例 4-4】将流量为 200mol/h 的含氢气 25%和甲烷 75%（均为摩尔分数）的混合气体作为工业炉燃料。假定燃料和氧气在 298K、0.1MPa 下按化学计量比加入工业炉内燃烧。试求燃料气与空气在工业炉内绝热完全燃烧时产生的烟道气的温度。假定空气含 21%的 O_2 和 79%的 N_2，烟道气为理想气体混合物，忽略产物的热分解反应。各气体组分的比定压热容近似为 $c_{pj}=a_j+b_jT$[J/(mol·K)]，各组分的常数 a、b 和标准生成热 Δh_{298}^{f} 的值见表 4-6。

表 4-6 ［例 4-4］各组分的常数 a、b 和标准生成热 Δh_{298}^{f} 的值

组分	编号	Δh_{298}^{f}/(kJ/mol)	a	$b\times10^3$
H_2	1	0	26.90	4.3
CH_4	2	−74.85	38.39	−73.7
O_2	3	0	30.30	4.2
CO_2	4	−393.10	45.10	8.7
H_2O	5	−241.60	28.90	12.1
N_2	6	0	27.30	4.9

解：

（1）组分编号（见表 4-7）

表 4-7 ［例 4-4］组分编号

组分	H_2	CH_4	O_2	CO_2	H_2O	N_2
编号	1	2	3	4	5	6

（2）计算简图（见图 4-9）

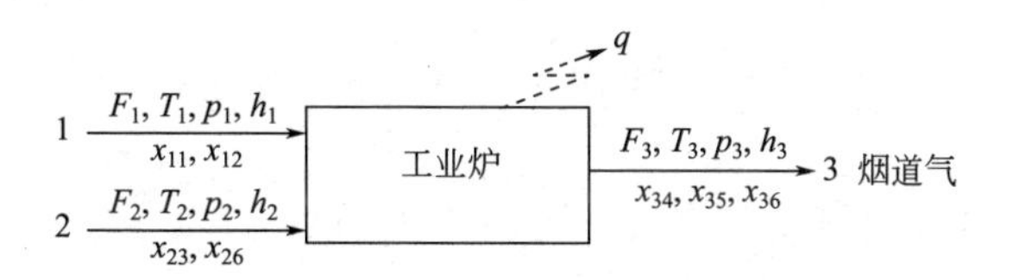

图 4-9 ［例 4-4］计算简图

（3）方程与约束式

① 物料平衡方程

$$C:F_1x_{12}=F_3x_{34} \tag{1}$$

$$H:2F_1x_{11}+4F_1x_{12}=2F_3x_{35} \tag{2}$$

$$O:2F_2x_{23}=2F_3x_{34}+F_3x_{35} \tag{3}$$

$$N_2:F_2x_{26}=F_3x_{36} \tag{4}$$

② 设备约束式

$$T_2=T_1 \tag{5}$$

$$p_2=p_1 \tag{6}$$

$$p_3=p_1 \tag{7}$$

③ 摩尔分数约束式

$$x_{34}+x_{35}+x_{36}=1 \tag{8}$$

④ 能量平衡方程

$$F_1h_1+F_2h_2-F_3h_3-q=0 \tag{9}$$

⑤ 焓值方程

$$h_1=f_1(T_1,p_1,x_{11}) \tag{10}$$

$$h_2=f_2(T_2,p_2,x_{23}) \tag{11}$$

$$h_3=f_3(T_3,p_3,x_{34},x_{35}) \tag{12}$$

(4) 变量分析

$$N_v=20,\quad N_e=12,\quad N_d=8$$

取 $V_d=\{F_1,x_{11},x_{12},x_{23},x_{26},T_1,p_1,q\}=\{200\text{mol/h},0.25,0.75,0.21,0.79,298\text{K},0.1\text{MPa},0\}$ 为一组设计变量。

(5) 求解方程组

① 物料衡算问题求解

$N'_v=10$，即 $\{F_1,x_{11},x_{12},F_2,x_{23},x_{26},F_3,x_{34},x_{35},x_{36}\}$；

$N'_e=5$，即方程式 {(1),(2),(3),(4),(8)}，所以 $N'_d=5$。

在总的设计变量中，物料衡算子问题的设计变量 $V'_d=\{F_1,x_{11},x_{12},x_{23},x_{26}\}$ 已知，则 $N'_{ud}=0$，故物料衡算问题可以单独（直接）求解。

令 $n_{ij}=F_{ij}x_{ij}$，对物料衡算方程进行变换，得

$$n_{12}=n_{34} \tag{1'}$$

$$n_{11}+2n_{12}=n_{35} \tag{2'}$$

$$2n_{23}=2n_{34}+n_{35} \tag{3'}$$

$$n_{26}=n_{36} \tag{4'}$$

$$n_{34}+n_{35}+n_{36}=F_3 \tag{8'}$$

由式 (1′) 得 $$n_{34}=n_{12}=F_1x_{12}=200\times0.75=150\text{mol/h}$$

由式 (2′) 得 $$n_{35}=n_{11}+2n_{12}=F_1(x_{11}+2x_{12})=200\times(0.25+2\times0.75)=350\text{mol/h}$$

由式 (3′) 得 $$n_{23}=n_{34}+\frac{n_{35}}{2}=150+\frac{350}{2}=325\text{mol/h}$$

则 $$F_2=\frac{n_{23}}{x_{23}}=\frac{325}{0.21}=1547.62\text{mol/h}$$

所以 $$n_{36}=n_{26}=F_2x_{26}=1547.62\times0.79=1222.62\text{mol/h}$$

则 $$F_3=n_{34}+n_{35}+n_{36}=150+350+1222.62=1722.62\text{mol/h}$$

$$x_{34}=\frac{n_{34}}{F_3}=\frac{150}{1722.62}=0.087,\quad x_{35}=\frac{n_{35}}{F_3}=\frac{350}{1722.62}=0.203,\quad x_{36}=\frac{n_{36}}{F_3}=\frac{1222.62}{1722.62}=0.710$$

② 能量衡算问题求解

取基准态：298K、0.1MPa 下，稳定单质，$h_0=0$。则

$$h_1=x_{11}(\Delta h_{298}^{f})_1+x_{12}(\Delta h_{298}^{f})_2+\int_{298}^{T_1}c_{p1}\text{d}T=0-74.85\times0.75+0=-56.138\text{kJ/mol}$$

$$h_2=0$$

$$\begin{aligned}h_3&=x_{34}(\Delta h_{298}^{f})_4+x_{35}(\Delta h_{298}^{f})_5+x_{36}(\Delta h_{298}^{f})_6+\int_{298}^{T_3}\sum_{j=4}^{6}(x_{3j}a_j+x_{3j}b_jT)\text{d}T\\&=0.087\times(-393.1)+0.203\times(-241.6)+0+\\&\quad\int_{298}^{T_3}[(0.087\times45.1+0.203\times28.9+0.710\times27.3)+\\&\quad(0.087\times8.7+0.203\times12.1+0.710\times4.9)\times10^{-3}T]\times10^{-3}\text{d}T\end{aligned}$$

$$=-83.245+\int_{298}^{T_3}(29.173+6.692\times10^{-3}T)\times10^{-3}\mathrm{d}T$$

$$=-83.245+\left[29.173\times(T_3-298)+\frac{6.692}{2}\times10^{-3}\times(T_3^2-298^2)\right]\times10^{-3}$$

$$=(3.346\times10^{-6}T_3^2+29.173\times10^{-3}T_3-92.236)\mathrm{kJ/mol}$$

由能量平衡方程式 $F_1h_1+F_2h_2-F_3h_3-q=0$，得

$$h_3=\frac{1}{F_3}(F_1h_1+F_2h_2-q)=\frac{1}{1722.62}\times[200\times(-56.138)+1547.62\times0-0]$$

$$=-6.518\mathrm{kJ/mol}$$

所以有 $$3.346\times10^{-6}T_3^2+29.173\times10^{-3}T_3-92.236=-6.518$$

解得 $$T_3=2320.5\mathrm{K}$$

4.4 过程单元能量衡算的计算机模拟

Aspen Plus 提供了单流股换热器（Heater），多流股换热器（HeatX、MHeatX）等模型用于多种不同的传热单元能量衡算和传热计算。除此之外，其他一些模型如 Mixer、Separators、Columns 模型也包含了能量衡算的内容。

4.4.1 单流股换热器

主要功能：对已知的单股或多股进口物流进行能量衡算，使其成为某一特定温度、压力或相态下的单股物流。通过设定条件，可获得出口物流的热力学状态（温度、压力、气含率等）。还可计算泡露点或计算达到某一状态所需热负荷等。

【例 4-5】 一台蒸发器在常压下每小时蒸发 1500kg CCl_4，有两股进料物流：30℃的液体 1000kg/h，70℃的液体 500kg/h。产物是 200℃的过热蒸汽，计算蒸发器的热负荷。

这里采用 Heater 模型进行计算。

(1) 输入组分

点击主界面左下方的 Property 按钮，从左侧数据浏览窗口进入 Components | Specifications | Selection 页面，在 Select components 框中输入组分 CCl_4，如图 4-10 所示。

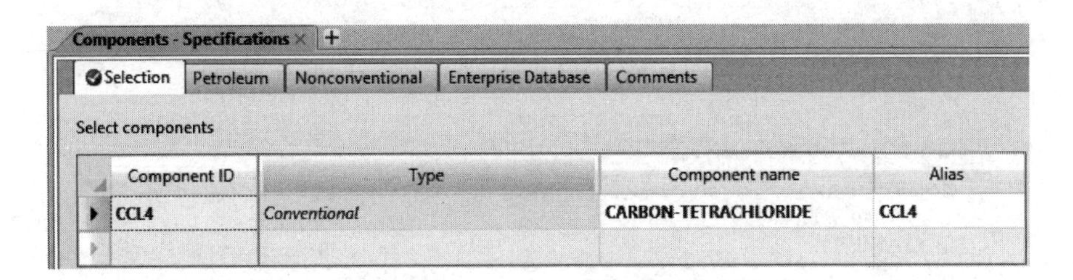

图 4-10 输入组分

(2) 选择热力学模型

从左侧数据浏览窗口进入 Methods | Specifications | Global 页面，选择 SRK 热力学模型，如图 4-11 所示。

(3) 建立 Heater 流程

点击主界面左下方的 Simulations 按钮，进入 Main flowsheet 界面，从下方的模型库中

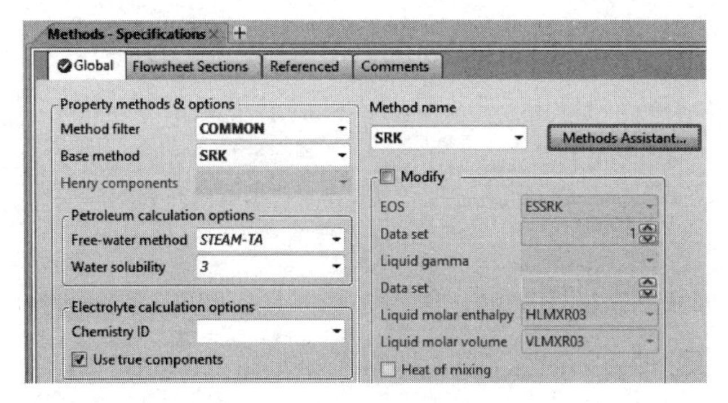

图 4-11 选择 SRK 热力学模型

选择 Exchangers，在模型库 Exchangers 中选择 Heater，并拖到流程显示窗口中。从左侧的流股 Materials 模型中选择 Materials 流股线，添加到模块上，如图 4-12 所示。

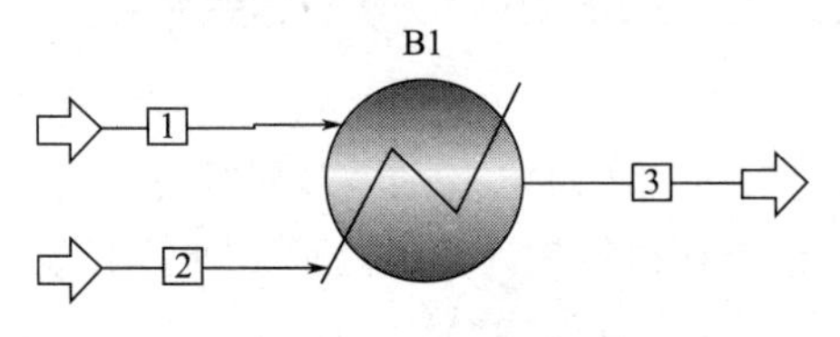

图 4-12 Heater 流程

(4) 输入进料流股参数

点击左侧数据浏览窗口进入 Streams | 1 | Input | Mixed 和 Stream | 2 | Input | Mixed 页面，分别输入流股 1 和 2 的温度、压力、质量流率和质量分数，如图 4-13 (a) 和 (b) 所示。

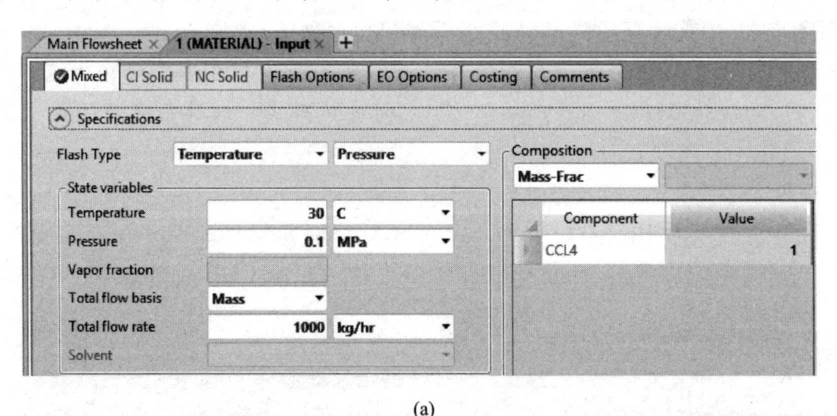

(a)

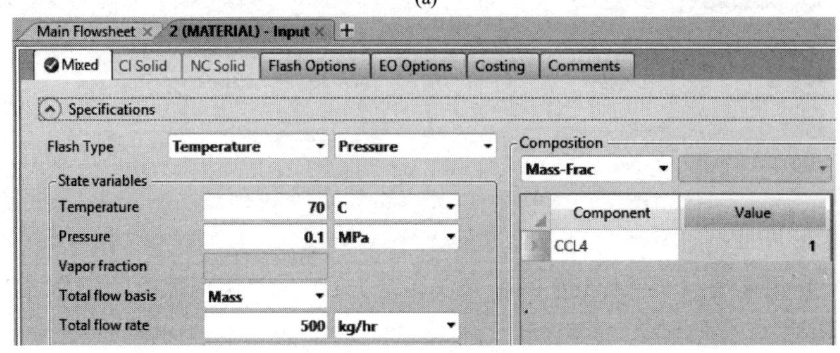

(b)

图 4-13 输入流股 1 和 2 的物流参数

（5）输入 Heater 模型参数

从左侧数据浏览窗口进入 Block | B1(Heater) | Input | Specifications 页面。输入 Heater 的温度和压力，如图 4-14 所示。

（6）运行和查看结果

点击菜单栏中的 Next，出现 Required Input Complete 对话框，点击 OK，开始运行。当左下角出现 Result Available 时，表示计算完成。从左侧数据浏览窗口进入 Blocks | B1 (Heater) | Results 页面，如图 4-15 所示。可看到蒸发器的热负荷为 123.67kW。

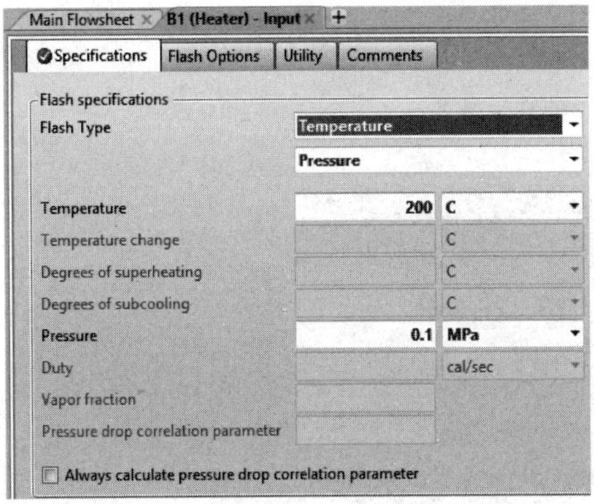

图 4-14　输入 Heater 模型参数

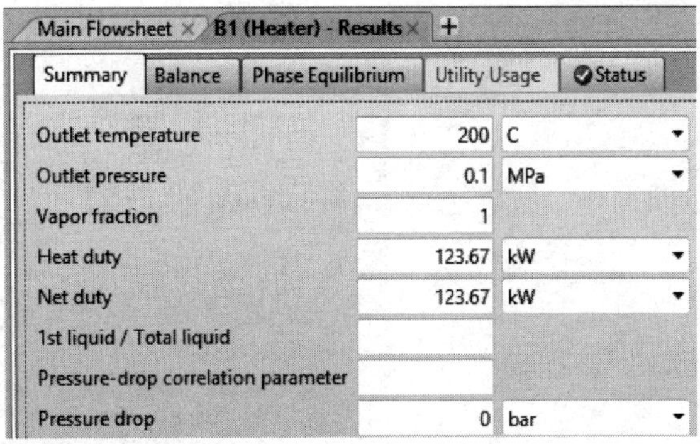

图 4-15　计算结果

【例 4-6】 计算 1000kg/h，压力 0.2MPa，组成为：甲醇 30%（质量分数，以下相同）、乙醇 30%和水 40%饱和蒸汽的露点温度，以及全凝后的泡点温度和热负荷。物性方法采用 UNIQUAC。

（1）输入组分

点击主界面左下方的 Property 按钮，从左侧数据浏览窗口进入 Components | Specifications | Selection 页面，在 Select components 框中输入组分：甲醇、乙醇和水。

（2）选择热力学模型

从左侧数据浏览窗口进入 Methods | Specifications | Global 页面，选择 UNIQUAC 热力学模型。

（3）建立 Heater 流程

在模型库 Exchangers 中选择 Heater，并拖到流程显示窗口中。从左侧的流股 Materials 模型中选择 Materials 流股线，添加到模块上。

（4）输入进料流股参数

点击左侧数据浏览窗口进入 Streams | 1 | Input | Mixed 页面，分别输入流股 1 的压力、气相分率，质量流率和质量分数，如图 4-16 所示。

（5）输入 Heater 模型参数

从左侧数据浏览窗口进入 Block | B1 (Heater) | Input | Specifications 页面。输入 Heater 的压力 0.2MPa 和气相分率 0，如图 4-17 所示。

（6）运行和查看结果

点击菜单栏中的 Next，出现 Required Input Complete 对话框，点击 OK，开始运行。当左下角出现 Result Available 时，表示计算完成。从左侧数据浏览窗口进入 Blocks | B1

Main Flowsheet
1 (MATERIAL) - Input
Mixed
CI Solid
NC Solid
Flash Options
EO Options
Costing
Comments
Specifications
Flash Type
Pressure
Vapor Fraction
State variables
Temperature
C
Pressure
0.2
MPa
Vapor fraction
1
Total flow basis
Mass
Total flow rate
100
kg/hr
Solvent
Composition
Mass-Frac
Component
Value
CH4O
0.3
C2H6O
0.3
H2O
0.4

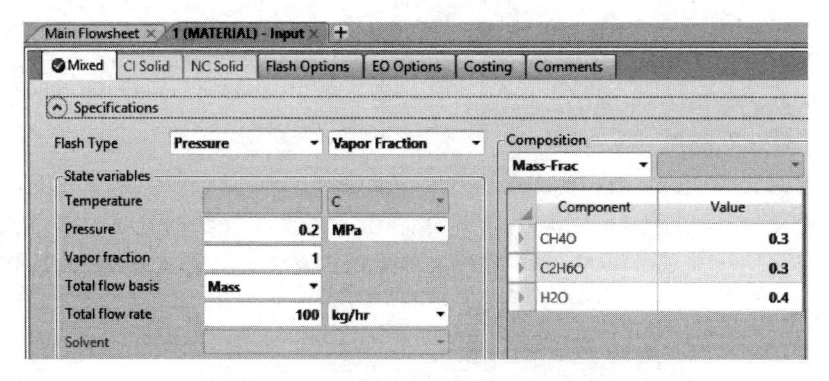

图 4-16 输入进料流股 1 的物流参数

Main Flowsheet
B1 (Heater) - Input
Specifications
Flash Options
Utility
Comments
Flash specifications
Flash Type
Pressure
Vapor fraction
Temperature
C
Temperature change
C
Degrees of superheating
C
Degrees of subcooling
C
Pressure
0.2
MPa
Duty
cal/sec
Vapor fraction
0
Pressure drop correlation parameter
Always calculate pressure drop correlation parameter

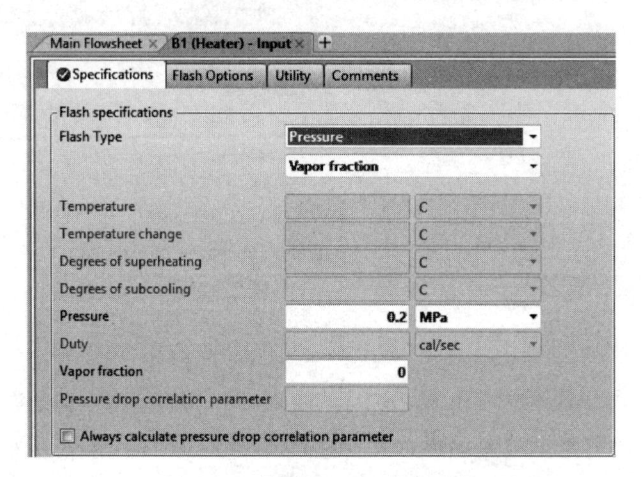

图 4-17 输入 Heater 模型参数

(Heater) | Stream Results 页面，如图 4-18 所示。可看到换热器的进口温度为 106.565℃，即进料蒸汽的露点温度。出口温度为 95.626℃，即冷凝液的泡点温度。

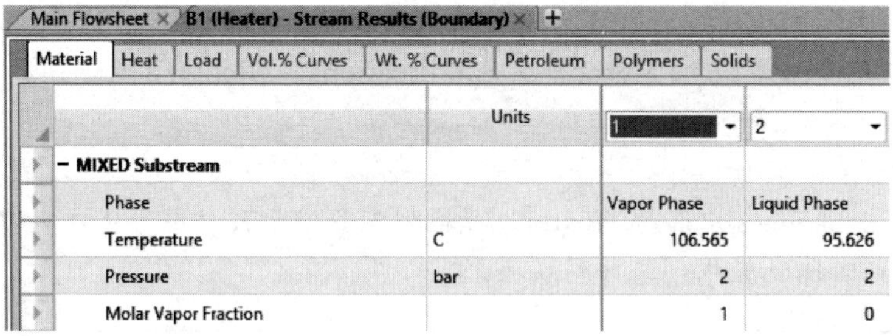

Main Flowsheet
B1 (Heater) - Stream Results (Boundary)
Material
Heat
Load
Vol.% Curves
Wt. % Curves
Petroleum
Polymers
Solids
Units
1
2
- MIXED Substream
Phase
Vapor Phase
Liquid Phase
Temperature
C
106.565
95.626
Pressure
bar
2
2
Molar Vapor Fraction
1
0

图 4-18 计算结果

进入 Blocks | B1(Heater) | Results 页面，可查看到蒸汽全部冷凝时的热负荷为 41.5323kW。

4.4.2 多流股换热器

多流股换热器（HeatX）用于模拟两股物流逆流或并流换热时的热交换过程，如图 4-19 所示。HeatX 可进行简捷计算（Shortcut）和详细计算（Detailed）。

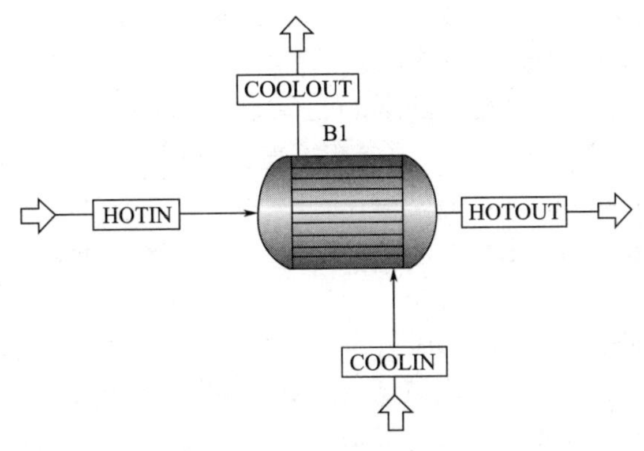

图 4-19　HeatX 模块

主要功能：

① 简捷计算（Shortcut）　只完成总的物料与能量衡算，不涉及换热器具体结构和尺寸，总传热系数采用用户设定或系统默认值；

② 详细计算（Detailed）　需要给定换热器的具体结构和尺寸，计算实际换热面积、传热系数、对数传热温差校正因子和压降等参数。总传热系数采用膜系数的严格计算方法，并考虑管壁的阻力。

模型设置：进入 BLOCKS | B1 | Setup | Specifications 页面，如图 4-20 所示。

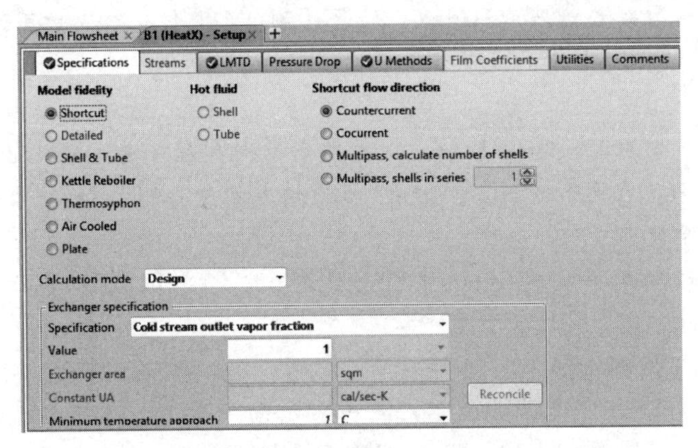

图 4-20　模型设置

页面中有五个设定选项：模型类型（Model fidelity）、热流体（Hot fluid）、流动方向（Shortcut flow direction）、计算模式（Calculation mode）、换热器设定（Exchanger specification）。

(1) 模型类型（Model fidelity）

有七个选项：简洁计算（Shortcut）、详细计算（Detailed）、管壳式换热器（Shell & tube）、釜式再沸器（Kettle Reboiler）、热虹吸再沸器（Thermosyphon）、空冷器（Air-Cooled）和板式换热器（Plate）。

在 Model fidelity 中选择简洁计算（Shortcut）时，计算模式 Calculation mode 中只能选择设计（Design）。在 Model fidelity 中选择详细计算（Detailed）时，计算模式 Calculation mode 中只能选择校核（Rating）。在 Aspen Plus10.0 软件中 Detailed 模式是为了兼容以前版本而设的，只有打开旧版本文件且其中使用了 Detailed 选项才可以激活 Hot fluid 选项。

简洁模式下不需要确定热流股位置，故不可以选择热流体是走管程还是走壳层。

(2) 流动方向 (Shortcut flow direction)

设置四个选项：逆流（Countercurrent）；并流（Cocurrent）；多管层，计算壳程数（Multipass，calculate number shells）；多管程，壳程串联（Multipass，shells in series）。

(3) 计算模式 (Calculation mode)

有设计计算（Design）、校核计算（Rating）、模拟计算（Simulation）和最大污垢计算（Maximum fouling）。

(4) 换热器设定 (Exchanger specification)

有12个选项，用于不同换热条件下的计算。①热流体出口温度（Hot stream outlet temperature）；②热流体出口温度降（Hot stream outlet temperature decrease）；③热流体出口与冷流体入口温度差（Hot outlet-cold inlet temperature difference）；④热流体出口过冷度（Hot stream outlet degrees subcooling）；⑤热流体出口汽化率（Hot stream outlet vapor fraction）；⑥热流体入口与冷流体出口温度差（Hot inlet-cold outlet temperature difference）；⑦冷流体出口温度（Cold stream outlet temperature）；⑧冷流体出口温升（Cold stream outlet temperature increase）；⑨冷流体出口过热度（Cold stream outlet degrees superheat）；⑩冷流体出口汽化率（Cold stream outlet vapor fraction）；⑪换热器热负荷（Exchanger duty）；⑫热流体出口与冷流体出口温度差（Hot/cold outlet temperature approach）。

【例4-7】 采用多流股换热器（HeatX）计算［例4-1］中废热锅炉甲醇蒸汽的出口温度和热负荷（注：将［例4-1］中的流量扩大100倍）。

(1) 输入组分

点击主界面左下方的Property按钮，从左侧数据浏览窗口进入Components | Specifications | Selection页面，在Select components框中输入组分：甲醇和水。

(2) 选择热力学模型

从左侧数据浏览窗口进入Methods | Specifications | Global页面，选择PENG-ROB热力学模型。

(3) 建立HeatX流程

在模型库Exchangers中选择HeatX，点击右端向下箭头，选择GE-HT图标，并拖到流程显示窗口中。从左侧的流股Materials模型中选择Materials流股线，添加冷流体和热流体物流线到模块上，如图4-21所示。

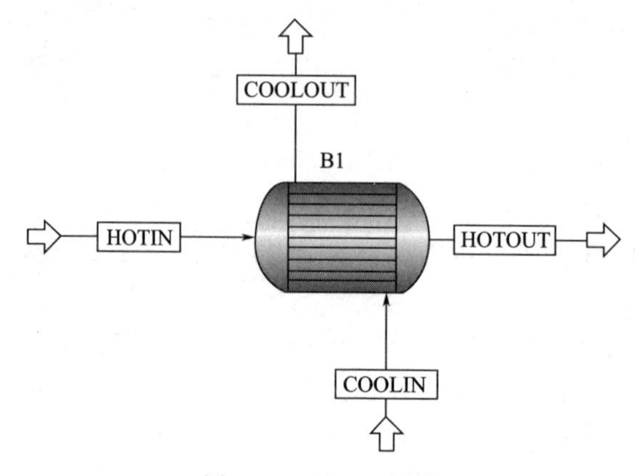

图4-21 HeatX流程

（4）输入进料流股参数

点击左侧数据浏览窗口进入 Streams | COOLIN | Input | Mixed 和 Streams | HOTIN | Input | Mixed 页面，分别输入冷/热流股进料 COOLIN、HOTIN 的温度、压力、摩尔流率和摩尔分数，如图 4-22（a）和（b）所示。

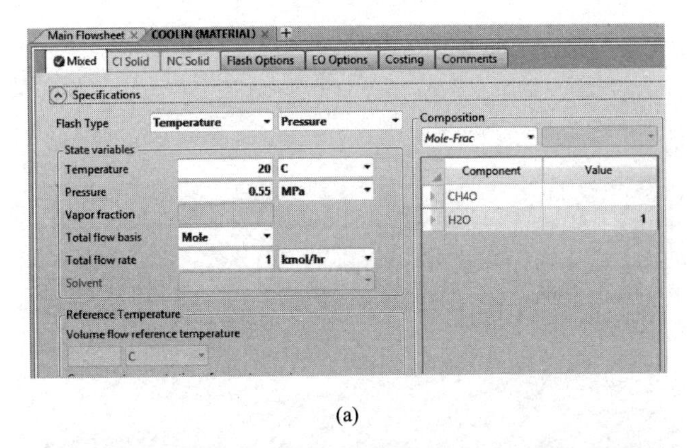

(a)

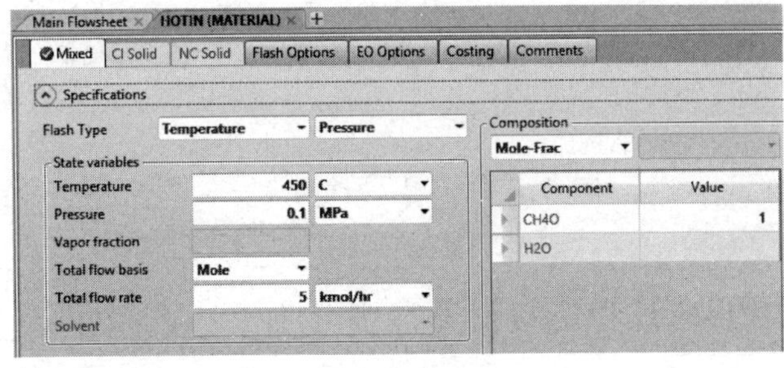

(b)

图 4-22　冷流股进料参数

（5）输入 HeatX 模型参数

进入 Blocks | B1 | Setup | Specifications 页面，在 Model fidelity 中选择 Shortcut，在流动方向 Shortcut flow direction 中选择 Countercurrent，在计算模式 Calculation mode 中选择 Design，在换热器设定（Exchanger specification）中选择 Cold stream outlet vapor fraction，如图 4-23 所示。

图 4-23　输入模型参数

(6) 运行和查看结果

点击菜单栏中的 Next，出现 Required Input Complete 对话框，点击 OK，开始运行。当左下角出现 Result Available 时，表示计算完成。从左侧数据浏览窗口进入 Blocks | B1（HeatX） | Thermal Results 页面，如图 4-24 所示。

Main Flowsheet × | B1 (HeatX) - Thermal Results × | +

Summary | Balance | Exchanger Details | Pres Drop/Velocities | Zones | Utility Usage | Status

Heatx results

	Inlet		Outlet	
Calculation Model	Shortcut			
Hot stream:	HOTIN		HOTOUT	
Temperature	450	C	307.429	C
Pressure	1	bar	1	bar
Vapor fraction	1		1	
1st liquid / Total liquid	1		1	
Cold stream	COOLIN		COOLOUT	
Temperature	20	C	156.377	C
Pressure	5.5	bar	5.5	bar
Vapor fraction	0		1	
1st liquid / Total liquid	1		1	
Heat duty	1401.76	kW		

图 4-24 计算结果

甲醇出口温度为 307.43℃。与［例 4-1］计算结果 329.7℃ 比较接近，热负荷为 1402kW。

4.4.3 闪蒸与化学反应过程能量衡算举例

【例 4-8】 采用两相闪蒸 Flash2 模块对［例 4-2］中分凝过程进行物料与能量衡算。

(1) 输入组分

点击主界面左下方的 Property 按钮，从左侧数据浏览窗口进入 Components | Pecifications | Selection 页面，在 Select components 框中输入组分：苯和乙苯。

(2) 选择热力学模型

从左侧数据浏览窗口进入 Methods | Specifications | Global 页面，选择 PENG-ROB 热力学模型。

(3) 建立 Flash2 流程

在模型库 Separators 中选择 Flash2，点击右端向下箭头，选择 V-DRUM1 图标，并拖到流程显示窗口中。从左侧的流股 Materials 模型中选择 Materials 流股线，添加到模块上，如图 4-25 所示。

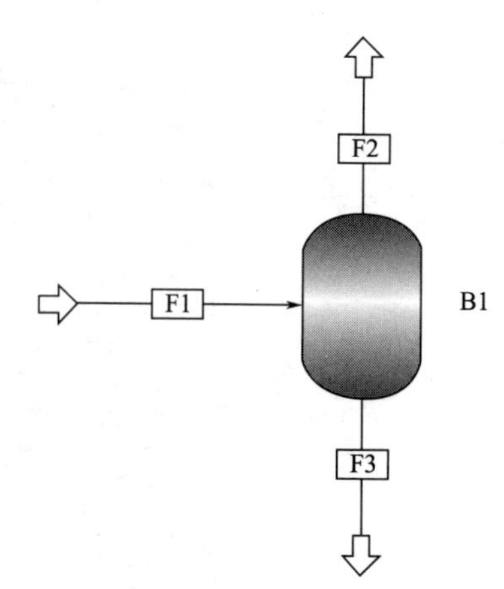

图 4-25 Flash2 流程

(4) 输入进料流股参数

点击左侧数据浏览窗口进入 Streams | F1 | Input | Mixed 页面，输入 F1 流股的温度、压力、摩尔流率和摩尔分数，如图 4-26 所示。

(5) 输入 Flash2 模型参数

进入 Blocks | B1（Flash2） | Input | Specifications 页面，输入闪蒸温度和压力，如图 4-27 所示。

Main Flowsheet　F1 (MATERIAL)

Mixed　CI Solid　NC Solid　Flash Options　EO Options　Costing　Comments

Specifications

Flash Type　Temperature　Pressure

State variables

Temperature	200	C
Pressure	151.988	kPa
Vapor fraction		
Total flow basis	Mole	
Total flow rate	100	mol/hr
Solvent		

Reference Temperature

Volume flow reference temperature　C

Component concentration reference temperature　C

Composition　Mole-Frac

Component	Value
C6H6	0.75
C8H10	0.25

Total　1

图 4-26　输入 F1 流股参数

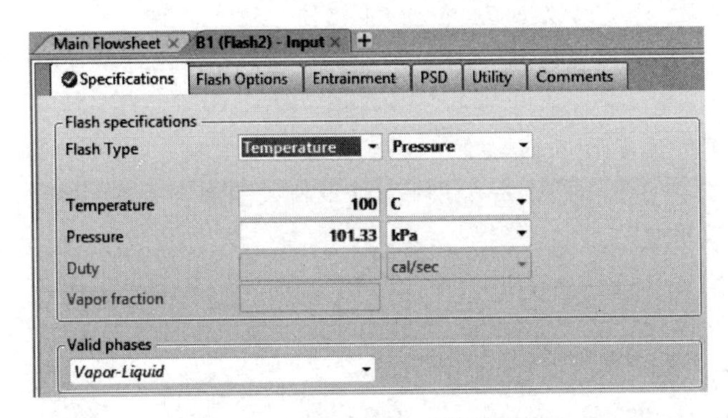

图 4-27　输入 Flash2 模型参数

（6）运行和查看结果

点击菜单栏中的 Next，出现 Required Input Complete 对话框，点击 OK，开始运行。当左下角出现 Result Available 时，表示计算完成。从左侧数据浏览窗口进入 Blocks | B1 (Flash2) | Stream Results 页面，如图 4-28 所示。分凝器出口流股参数与［例 4-2］计算结果接近。

Material　Vol.% Curves　Wt. % Curves　Petroleum　Polymers　Solids

	Units	S1	S2	S3
+ Mole Flows	mol/hr	100	81.9031	18.0969
− Mole Fractions				
C6H6		0.75	0.812322	0.467943
C8H10		0.25	0.187678	0.532057
+ Mass Flows	kg/hr	8.51271	6.82898	1.68373
− Mass Fractions				
C6H6		0.688209	0.761026	0.392872
C8H10		0.311791	0.238974	0.607128
Volume Flow	l/min	42.1312	40.5892	0.0354797

图 4-28　分凝器进出口流股参数

从左侧数据浏览窗口进入 Blocks | B1 (Flash2) | Results 页面，如图 4-29 所示。分凝器热负荷为－1955.02kJ/h，负号表示冷凝为放热过程。计算结果与［例 4-2］计算结果－1883.287kJ/h 接近。

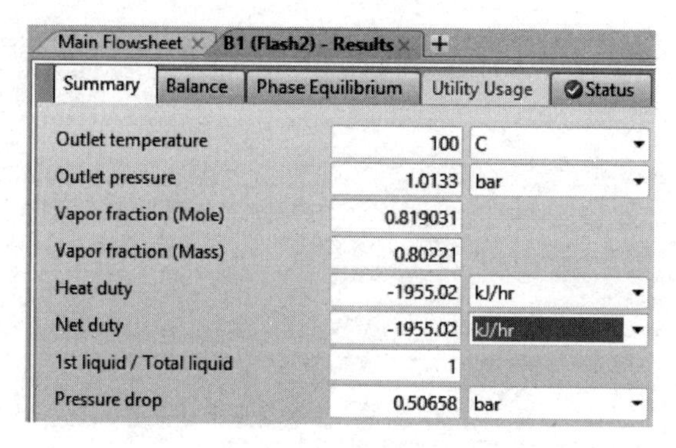

图 4-29 分凝器热负荷

点击同一页面上的 Phase Equilibrium 按钮，可获得苯和乙苯的平衡常数分别为 1.736 和 0.353。与［例 4-2］计算结果 1.76 和 0.34 比较接近。

【例 4-9】 利用 RStoic 模型计算［例 4-3］中苯乙烯反应器的热负荷。

（1）输入组分

点击主界面左下方的 Property 按钮，从左侧数据浏览窗口进入 Components｜Specifications｜Selection 页面，在 Select components 框中输入组分：乙苯、苯乙烯和氢气。

（2）选择热力学模型

从左侧数据浏览窗口进入 Methods｜Specifications｜Global 页面，选择 PENG-ROB 热力学模型。

（3）建立 RStoic 流程

在模型库 Reactors 中选择 RStoic，点击右端向下箭头，选择 ICON1 图标，并拖到流程显示窗口中。从左侧的流股 Materials 模型中选择 Materials 流股线，添加到模块上，如图 4-30 所示。

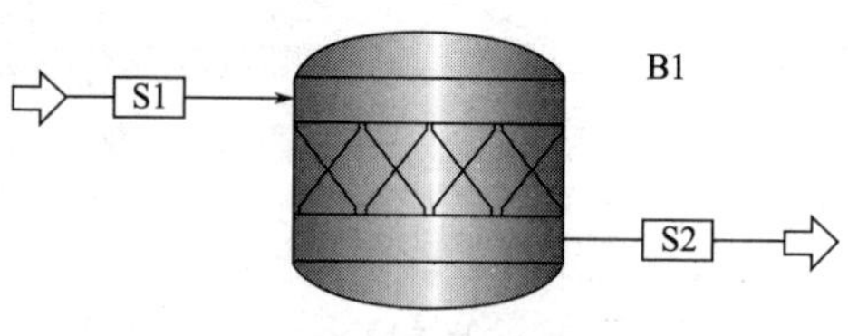

图 4-30 RStoic 流程

（4）输入进料流股参数

点击左侧数据浏览窗口进入 Streams｜S1｜Input｜Mixed 页面，输入 F1 流股的温度、压力、摩尔流率和摩尔分数，如图 4-31 所示。

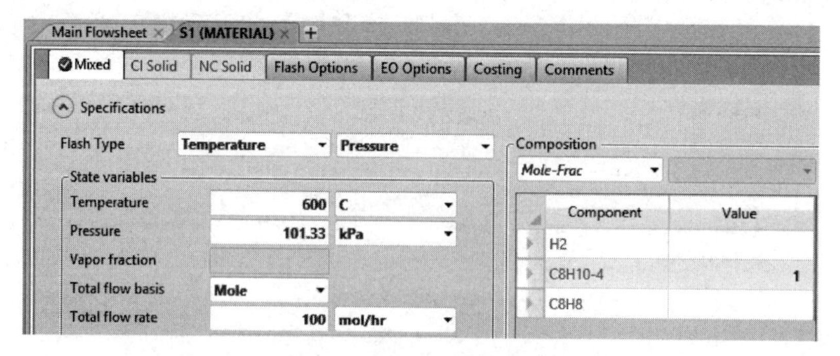

图 4-31 输入 S1 流股参数

（5）输入 RStoic 模型参数

进入 Blocks｜B1（RStoic）｜Setup｜Specifications 页面，输入反应温度和压力，如图 4-32 所示。

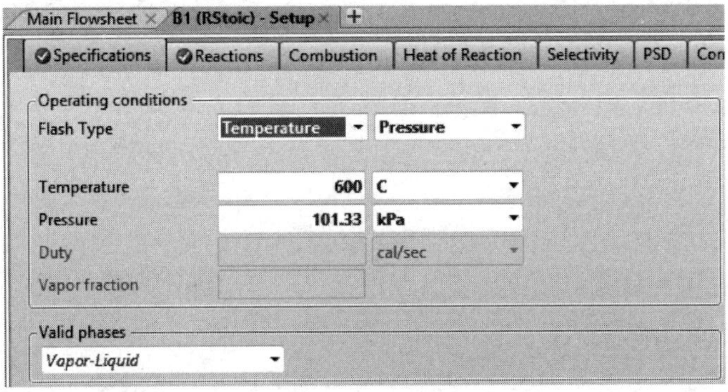

Main Flowsheet × B1 (RStoic) - Setup × +

Specifications | Reactions | Combustion | Heat of Reaction | Selectivity | PSD | Con

Operating conditions

Flash Type	Temperature	Pressure
Temperature	600	C
Pressure	101.33	kPa
Duty		cal/sec
Vapor fraction		

Valid phases

Vapor-Liquid

图 4-32　输入 RStoic 模型参数

点击 Reactions 按钮，进入 Reactions 界面，点击 New，进入 Edit Stoichiometry 界面，输入反应物乙苯和产物苯乙烯、氢气的化学计量系数和乙苯转化率，如图 4-33 所示。

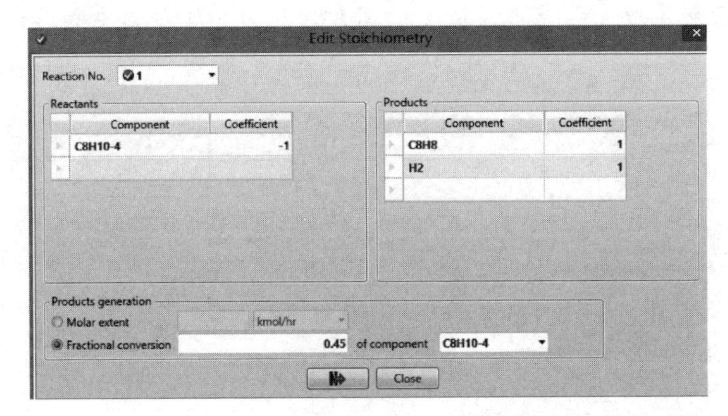

图 4-33　输入化学反应计量系数和转化率

(6) 运行和查看结果

点击菜单栏中的 Next，出现 Required Input Complete 对话框，点击 OK，开始运行。当左下角出现 Result Available 时，表示计算完成。从左侧数据浏览窗口进入 Blocks | B1 (RStoic) | Stream Results 页面，如图 4-34 所示。反应器出口流股流量和组成与［例 4-3］相符。

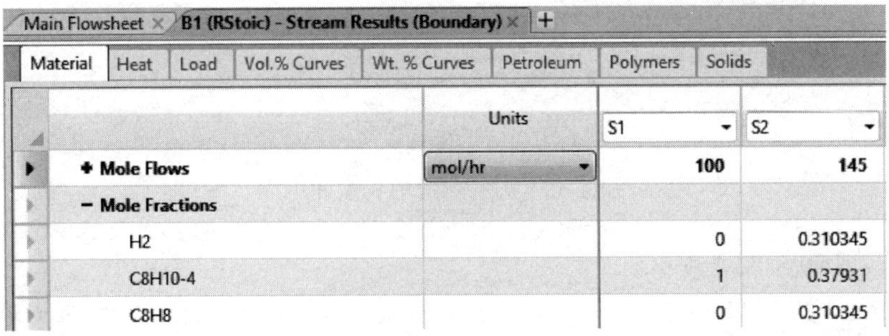

Main Flowsheet × B1 (RStoic) - Stream Results (Boundary) × +

Material | Heat | Load | Vol.% Curves | Wt. % Curves | Petroleum | Polymers | Solids

	Units	S1	S2
+ Mole Flows	mol/hr	100	145
− Mole Fractions			
H2		0	0.310345
C8H10-4		1	0.37931
C8H8		0	0.310345

图 4-34　反应器出口流股流量和组成

从左侧数据浏览窗口进入 Blocks | B1 (RStoic) | Results 页面，可看到反应器热负荷为 1.556kW，与［例 4-3］计算结果 1.482kW 非常接近。

【例 4-10】利用 RStoic 模型计算［例 4-4］中 H_2 与 CH_4 混合燃料的燃烧温度。

（1）输入组分

点击主界面左下方的 Property 按钮，从左侧数据浏览窗口进入 Components｜Specifications｜Selection 页面，在 Select components 框中输入组分：氢气 H_2 和甲烷 CH_4。

（2）选择热力学模型

从左侧数据浏览窗口进入 Methods｜Specifications｜Global 页面，选择 PENG-ROB 热力学模型。

（3）建立 RStoic 流程

在模型库 Reactors 中选择 RStoic，点击右端向下箭头，选择 ICON1 图标，并拖到流程显示窗口中。从左侧的流股 Materials 模型中选择 Materials 流股线，添加到模块上。

（4）输入进料流股参数

点击左侧数据浏览窗口进入 Streams｜1｜Input｜Mixed 和 Streams｜2｜Input｜Mixed 页面，分别输入燃料流股 1 和空气流股 2 的温度、压力、摩尔流率和摩尔分数，如图 4-35 所示。

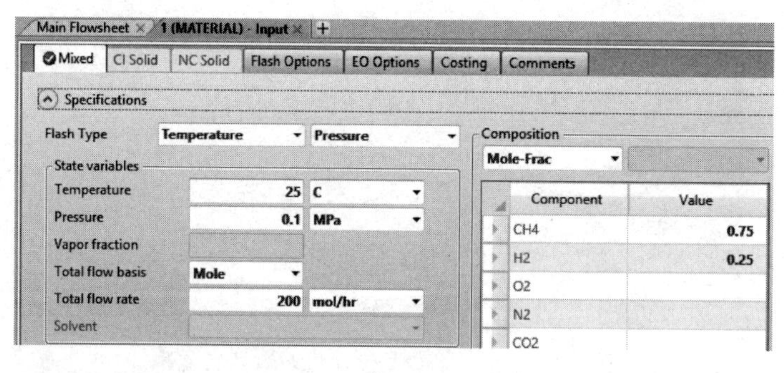

(a)

(b)

图 4-35 进料流股的流量和组成

（5）输入 RStoic 模型参数

进入 Blocks｜B1（RStoic）｜Setup｜Specifications 页面，输入反应压力和热负荷。由于是绝热燃烧，所以在 Duty 项中输入 0，如图 4-36 所示。

点击 Reactions 按钮，进入 Reactions 界面，点击 New，进入 Edit Stoichiometry 界面，输入氢气和甲烷两个燃烧反应的化学计量系数和转化率，如图 4-37 所示。

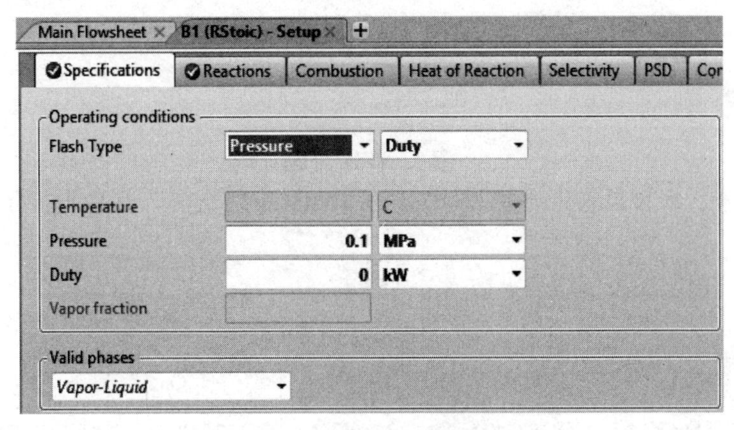

图 4-36　输入模型参数

Main Flowsheet × B1 (RStoic) - Setup ×

Specifications | Reactions | Combustion | Heat of Reaction | Selectivity | PSD | Component Attr. | Utility | Comments

Reactions

Rxn No.	Specification type	Molar extent	Units	Fractional conversion	Fractional Conversion of Component	Stoichiometry
1	Frac. conversion		kmol/hr	1	H2	H2 + 0.5 O2 --> H2O(MIXED)
2	Frac. conversion		kmol/hr	1	CH4	CH4 + 2 O2 --> CO2(MIXED) + 2 H2O(MIXED)

图 4-37　输入燃烧反应的化学计量系数和转化率

(6) 运行和查看结果

点击菜单栏中的 Next，出现 Required Input Complete 对话框，点击 OK，开始运行。当左下角出现 Result Available 时，表示计算完成。从左侧数据浏览窗口进入 Blocks | B1 (RStoic) | Stream Results 页面，如图 4-38 所示。反应器出口流股流量和组成与［例 4-4］相符。

Main Flowsheet × B1 (RStoic) - Stream Results (Boundary) ×

Material | Heat | Load | Vol.% Curves | Wt. % Curves | Petroleum | Polymers | Solids

	Units	1	2	3
+ Mole Flows	mol/hr	200	1547.62	1722.62
− Mole Fractions				
CH4		0.75	0	0
H2		0.25	0	0
O2		0	0.21	1.16102e-07
N2		0	0.79	0.709744
CO2		0	0	0.0870767
H2O		0	0	0.203179

图 4-38　燃烧炉出口流股参数

从左侧数据浏览窗口进入 Blocks | B1 (RStoic) | Results 页面，绝热燃烧温度为 2343.72K，与［例 4-4］的计算结果 2320.5K 非常接近。

习 题

基础部分习题

4-1 计算苯、水和四氯化碳在 1500℃、0.1MPa 下的焓值。设基准态为 30℃、0.1MPa 下的纯液体。

4-2 一燃烧炉的烟道气组成见附表。

习题 4-2 附表

组分	O_2	CO_2	H_2O	N_2
摩尔分数/%	2.93	10.00	13.33	73.74

试计算该气体混合物在 2100℃、0.1MPa 下的焓值（取基准态为 25℃、0.1MPa 下稳定单质）。

4-3 如附图所示，物流 1（纯液体水）在 0.1MPa 下与物流 2（纯硫酸）绝热混合，若

$$F_1=1000\text{kg/h},\ T_1=30℃,\ F_2=250\text{kg/h},\ T_2=40℃$$

试计算产品物流的温度与组成。

4-4 如附图所示，一个氧气透平膨胀机输出功率为 834W，稳态质量流量 15g/s。氧气在 200K、6MPa 下进入透平，排出压力为 0.9MPa。假定透平是绝热的，计算氧气的出口温度。

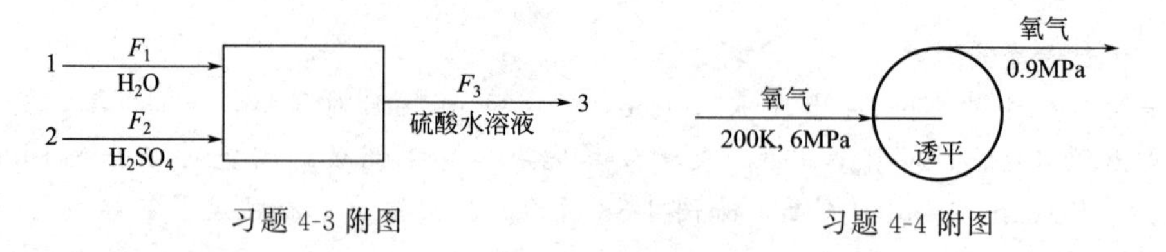

习题 4-3 附图　　习题 4-4 附图

4-5 纯氢气与纯氧气在燃烧室中燃烧，氧气的流量为 85kmol/h，氢气与氧气的比为 5（体积比）。假定燃烧室是绝热的，燃料的温度为 25℃，压力为 300Pa（表压）。燃烧后气体排出压力为 0.1MPa。假定气体为理想气体，氧气全部耗尽并忽略水的分解，计算燃烧排出气体的组成、流量和温度。

4-6 一个煤气化器用煤、氧气和水蒸气，可生产直接用作燃料的动力煤气或加工成甲烷。在试验运转中，以石墨代替煤加进气化器，反应为

$$C+H_2O \longrightarrow CO+H_2$$

$$2C+O_2 \longrightarrow 2CO$$

石墨的进料流率为 100kg/h，石墨、氧气、水蒸气的进料比（分子比）为 7∶2.7∶1。其余条件标于附图中。在此条件下，反应生成少量二氧化碳可忽略。

（1）做出物料平衡，求出产品气体的流量和组成；

（2）做出能量平衡，求出产热速率 q；

（3）计算石墨气化的总效率：

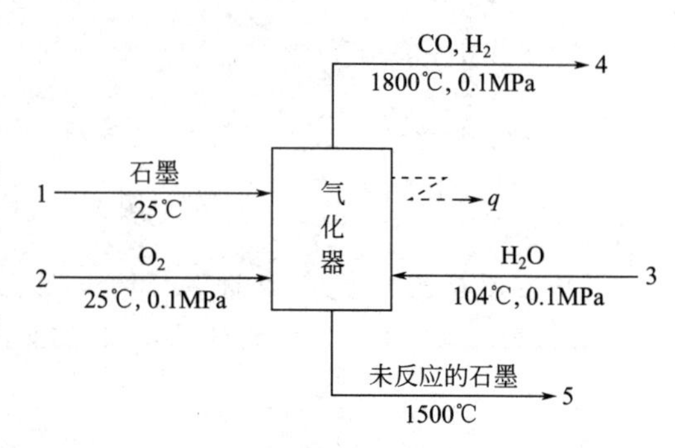

习题 4-6 附图

$$\eta=产品气体的标准燃烧热/石墨的标准燃烧热$$

石墨温度在 298～2000K 时比定压热容按下式计算（T 为热力学温度，K）：

$$c_p=16.85+0.477\times10^{-2}T-8.527\times10^5/T^2[\mathrm{J/(mol\cdot K)}]$$

4-7　已知氧化反应 $2CO+O_2 \rightleftharpoons 2CO_2$，在某温度、压力下的化学平衡常数 $K'=\dfrac{x_{33}^2}{x_{31}^2 x_{32}}=0.70$。反应器一股为纯 CO，另一股为含 O_2 21%和 $N_2$79%的空气。为使 CO 充分燃烧，空气过量加入，假定每 1mol CO 提供 0.88mol 的 O_2。CO 的进料量为 100mol/h。如果该反应在连续稳态操作的反应器内已经达到平衡，试采用优先排序法对该过程进行物料平衡计算。组分编号：CO（1），O_2（2），CO_2（3），N_2（4）。

Aspen Plus 流程模拟习题

4-8　采用 Mixer 模型计算习题 4-3 中绝热混合硫酸的温度和组成。

4-9　采用 RStoic、REquil、RGibbs 反应器计算［例 4-5］氢气绝热燃烧排出气体的组成、流量和温度。

4-10　采用 HeatX 计算丙醇塔冷却器热负荷以及冷却水出口温度，已知：正丙醇入口温度为 118℃，压力 0.2MPa，流量为 2722kg/h，要求正丙醇出口温度为 115℃，冷却水入口温度为 30℃，压力为 0.2MPa，流量 7226kg/h，求冷却水出口温度。

4-11　采用水作为冷却介质冷却正丙醇，正丙醇入口温度为 118℃，压力 0.2MPa，流量为 2722kg/h，要求正丙醇允许压降为 0.015MPa，出口气体分率为 0，冷却水允许压降为 0.07MPa，冷却水入口温度为 30℃，压力为 0.2MPa，流量 7226kg/h，两侧污垢热阻均为 $0.00026\mathrm{m^2\cdot K/W}$，试采用 EDR 软件设计一个 BGW 型换热器满足上述要求，计算正丙醇和冷却水出口温度。

第5章 过程单元物料衡算与能量衡算联解

5.1 概述

在前述各章节中，讨论了稳态下化工过程单元的物料平衡、能量平衡的求解方法与技巧以及 Aspen Plus 软件在物料平衡、能量平衡中的基本方法。本章将如上内容综合起来，讨论化工过程中最常见的衡算问题：物料平衡与能量平衡的联立求解。在问题讨论之前，首先对物料平衡方程与能量平衡方程进行简要的复习。

5.1.1 物料平衡方程的复习

① 对于某一无化学反应的过程单元，由于无新物质生成，也就无原料的消耗。在稳态下，进出系统的任一组分的量都保持守恒，即式（3-8）

$$\sum_{i=1}^{N_s} F_i x_{ij} = 0 \quad (j = 1,2,3,\cdots,N_c)$$

对于进出系统的每一组分都有如式（3-8）这样的方程。

② 在化学反应过程中，对那些参与化学反应的组分，式（3-8）不再适用。可按两种方法建立平衡方程。

a. 利用反应速率建立平衡方程式（3-72）

$$\sum_{i=1}^{N_s} F_i x_{ij} + \sum_{m=1}^{N_r} (\nu_j r)_m = 0 \quad (j = 1,2,3,\cdots,N_c)$$

式中，N_r 为独立的化学反应的个数；r 为第 m 个化学反应的速率；ν_j 为组分 j 在第 m 个化学反应中的化学计量系数。对于生成物，ν_j 取正；对于反应物，ν_j 取负。

进出系统的每一组分，都有如式（3-72）的方程。

b. 根据原子守恒原理建立平衡方程

参与化学反应的某元素的原子数，在化学反应过程中保持守恒，即式（3-74）

$$\sum_{i=1}^{N_s} \sum_{j=1}^{N_c} F_i x_{ij} m_{jk} = 0 \quad (k = 1,2,3,\cdots,N_e)$$

式中，m_{jk} 为元素 k 在组分 j 中的原子个数。反应组分中的每一元素都有如式（3-74）的方程。但要注意，这些方程并不总是独立的。

对于通过反应器但又未参与化学反应的惰性组分，式（3-8）仍然适用。

以上三式中，F_i 与 x_{ij} 分别为第 i 股物流的流量和组分 j 在第 i 股物流中的含量。

5.1.2　能量平衡方程的复习

对于稳态的化工过程，能量平衡原理表达为式（4-18）

$$\sum_{i=1}^{N_s} F_i h_i + \sum_i q_i + \sum_i w_{si} = 0$$

式中，h_i 为第 i 股物流的比焓，需根据各物流的具体状态求得；q_i 与 w_{si} 分别为系统与环境交换的热流流率与轴功率（不包括流动功）。

上述式（3-8）、式（3-72）、式（3-74）以及式（4-18）中，F_i、q_i、w_{si} 均有正负号规定。按照惯例，归纳为如表 5-1 所示。

表 5-1　物料平衡与能量平衡方程正负号规定

质量或能量的流动方向	进入过程单元	离开过程单元
质量或能量项的符号	+	−

5.1.3　物料平衡与能量平衡的系统分析

在求解化工过程的物料平衡与能量平衡时，仍采用前述各章的处理方法。首先对过程有一个清楚的了解，包括过程内涉及哪些组分，发生哪些变化。在对所有组分进行编号和画出计算简图之后，列写平衡方程与约束式。描述化工过程物料与能量平衡的方程有如下五种：

① 物料平衡方程。对于化学活性组分，列写各元素的原子衡算式；对于惰性组分及无化学反应的过程，列写各组分的分子衡算式。

② 设备约束式。依据各设备和特定操作条件的限制列出。对于物料平衡问题的设备约束式已在第三章讨论过；对于能量平衡问题，某些物流具有相同的温度与压力，亦属于一种设备约束。

③ 摩尔分数约束式，每股物流一个。对于各组分摩尔分数均为已知的流股，可不写摩尔分数约束式。

④ 能量平衡方程，每个过程单元一个。

⑤ 焓值方程，每股物流一个。焓值的计算依据各物流的状态而定。由热力学相律可知，含有 N_c 个组分的一股单相物流的分子焓是（N_c+1）个强度变量的函数，这组强度变量为温度、压力和组成，即

$$h_i = f_i[T_i, p_i, x_{i1}, x_{i2}, \cdots, x_{iN_c-1}] \tag{5-1}$$

这（N_c+1）个变量都是独立的。但第 N_c 个组分的摩尔分数不独立，它由第 i 股物流的摩尔分数约束式所确定

$$\sum_{j=1}^{N_c} x_{ij} = 1 \tag{5-2}$$

如果物流的相态未知，则焓值可表达为

$$h_i = f_i[T_i, p_i, \text{聚集态}, x_{i1}, x_{i2}, \cdots, x_{iN_c-1}] \tag{5-3}$$

在进行变量分析时，变量的个数除包含物料平衡子问题的全部变量外，还要包括能量平衡及焓值方程中所涉及的变量。对于每股物流均含有全部组分的过程单元，每股物流含有（N_c+4）个变量（N_c 个摩尔分数，流量、温度、压力和焓值各 1 个）。若过程还有 N_q 个

热流、N_w 个功流以及 N_p 个设备参数，则总变量数为

$$N_v = N_s(N_c+4)+N_q+N_w+N_p \tag{5-4}$$

若某些组分在某些物流中消失，则 N_v 需一一统计。

设计变量数为

$$N_d = N_v - N_e \tag{5-5}$$

在求解方程组之前，可先作如下分析：

① 是否可将物料平衡子问题分离出来单独求解？如果能（物料平衡子问题的设计变量全部包含在总设计变量之中），先解物料平衡，使问题简化。

② 若不能将物料平衡子问题分离出来单独求解（物料平衡子问题含有未知设计变量），则需将物料平衡与能量平衡联立求解，比较困难，一般采用剥离变量法通过计算机进行数值求解。

5.2 闪蒸与泡露点计算

在 3.2 节中讨论了多组分闪蒸过程的物料衡算问题，并建立了闪蒸方程。在已知相平衡常数的情况下，可以对闪蒸过程进行物料平衡计算。然而，在很多情况下，相平衡常数是未知的。由于平衡常数取决于闪蒸温度、压力和气液相组成，即使在等温闪蒸情况下，虽然已知闪蒸温度和压力，但平衡的气液相组成仍然未知，仍然需要迭代计算液相组成和气相组成。在绝热闪蒸过程中，闪蒸温度以及平衡的气液相组成均是未知，需要通过迭代计算获得闪蒸温度。因此，物料平衡与能量平衡是分不开的。下面就来讨论这一过程的物料平衡与能量平衡问题。

【例 5-1】 在保温良好的绝热闪蒸室内，闪蒸一股含有 N_c 个组分的液体原料，求其物料平衡与能量平衡。

解：

(1) 计算简图（见图 5-1）

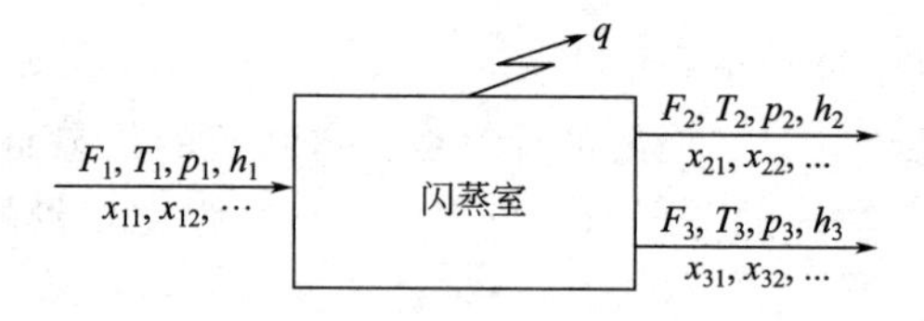

图 5-1 [例 5-1] 计算简图

(2) 方程与约束式

① 物料平衡方程

$$F_1 x_{1j} = F_2 x_{2j} + F_3 x_{3j} \qquad (j=1,2,\cdots,N_c) \tag{1}$$

② 设备约束式

$$T_2 = T_3 \tag{2}$$

$$p_2 = p_3 \tag{3}$$

$$\hat{f}_{2j}(T_2, p_2, x_{21}, x_{22}, \cdots, x_{2,N_c-1}) = \hat{f}_{3j}(T_3, p_3, x_{31}, x_{32}, \cdots, x_{3,N_c-1})$$

$$(j=1,2,\cdots,N_c) \tag{4}$$

③ 摩尔分数约束式

$$\sum_{j=1}^{N_c} x_{2j}=1 \tag{5}$$

$$\sum_{j=1}^{N_c} x_{3j}=1 \tag{6}$$

④ 能量平衡方程

$$F_1h_1-F_2h_2-F_3h_3-q=0 \tag{7}$$

⑤ 焓值方程

$$h_i=f_i(T_i,p_i,x_{i1},x_{i2},\cdots,x_{i,N_c-1}) \qquad (i=1,2,3) \tag{8}$$

(3) 变量分析

$N_v=N_s\ (N_c+4)\ +N_q+N_w+N_p=3(N_c+4)+1=3N_c+13$，$N_e=2N_c+8$，则 $N_d=N_c+5$

取 $V_d=\{F_1,x_{11},x_{12},\cdots,x_{1N_c},T_1,p_1,p_2,q\}$ 为一组设计变量。

(4) 求解方程组

① 物料衡算问题求解

由物料平衡子问题的设备约束式 (4) 可以看出，温度 T 与压力 p 亦属于物料平衡子问题的变量，加之摩尔分数与流量，每股物流的变量个数为 (N_c+3)，所以物料平衡子问题的变量个数为

$$N'_v=N_s(N_c+3)+N_p=3(N_c+3)+0=3N_c+9, N'_e=2N_c+4, \text{则 } N'_d=N_c+5$$

在总的设计变量中，$\{F_1,x_{11},x_{12},\cdots,x_{1N_c},T_1,p_1,p_2\}$ 共计 (N_c+4) 个变量可作为物料平衡子问题的设计变量，尚有一个未知的设计变量，即 $N'_{ud}=1$，故物料平衡子问题不能单独求解。但可以采用剥离变量法（见附录4），将 T_3 作为剥离变量，赋予初值 T_3^*，则物料平衡子问题可求解。

现在来考虑式 (4) 的具体形式。对于不同的系统和不同的操作条件，其具体的表达形式是不同的。对于比较复杂的系统，需查阅有关资料或专著。在实际化工过程中，闪蒸压力较低是较为常见的情况，此时式 (4) 可表达为

$$p_2x_{2j}=\gamma_j x_{3j}p_j^s$$

或

$$\frac{x_{2j}}{x_{3j}}=\frac{\gamma_j p_j^s}{p_2} \tag{4'}$$

式中，γ_j 为组分 j 在液相中的活度系数，可以参照热力学方面的参考书得到其求算方法。通常 γ_j 是温度 T 与液相组成的函数。如果液相可按理想溶液处理，有 $\gamma_j=1$，则式 (4′) 可简化为

$$\frac{x_{2j}}{x_{3j}}=\frac{p_j^s}{p_2}$$

由平衡常数的定义

$$k_j=\frac{x_{2j}}{x_{3j}} \tag{4''}$$

则有

$$k_j=\frac{p_j^s}{p_2}$$

组分 j 的饱和蒸气压 p_j^s 是温度的函数，可由安托因 (Antoine) 方程求得

$$\ln p_j^{s}=A_j-\frac{B_j}{T+C_j}$$

式中，A、B、C 对于确定的纯组分 j 为常数，可由附表 4 查得。在这种情况下，方程式（1）～方程式（6）可写成如下形式

$$F_1x_{1j}=F_2x_{2j}+F_3x_{3j} \qquad (j=1,2,\cdots,N_c) \tag{1}$$

$$T_2=T_3 \tag{2}$$

$$p_2=p_3 \tag{3}$$

$$k_j=\frac{x_{2j}}{x_{3j}} \tag{4''}$$

$$\sum_{j=1}^{N_c}x_{2j}=1 \tag{5}$$

$$\sum_{j=1}^{N_c}x_{3j}=1 \tag{6}$$

在 T_3 赋予初值后，平衡常数成为已知量，物料平衡子问题可以求解，其求解过程与 3.2.3 节中闪蒸过程计算完全相同。由以上 6 式即可求得，得到闪蒸方程

$$\sum_{j=1}^{N_c}\frac{(1-k_j)x_{1j}}{k_j+\alpha}=0 \tag{9}$$

其中

$$\alpha=\frac{F_3}{F_2} \tag{10}$$

用数值法求解式（9），得 α 后，F_2、F_3、x_{2j} 及 x_{3j} 按以下各式求得

$$F_2=\frac{F_1}{1+\alpha} \tag{11}$$

$$F_3=F_1-F_2 \tag{12}$$

$$x_{2j}=\frac{F_1k_jx_{1j}}{F_2(k_j+\alpha)} \tag{13}$$

$$x_{3j}=\frac{x_{2j}}{k_j} \tag{14}$$

即为初值 T_3^* 下物料平衡子问题的解。然后求解能量平衡。

② 能量衡算问题求解

定义

$$f(T_3)=F_1h_1-F_2h_2-F_3h_3-q \tag{15}$$

式中，h_1、h_2、h_3 为各流股物流的比焓，可根据式（8）给出的具体表达形式进行计算。由于 h_2 与 h_3 均为 T_3 的函数，所以能量平衡方程式（7）为温度 T_3 的一元方程，可通过牛顿迭代法（Newton's method）获得其解。牛顿迭代公式如下：

$$T_3=T_3^*-\frac{f(T_3^*)}{f'(T_3^*)}$$

若 T_3 满足下式时，则达到收敛解

$$\left|\frac{T_3-T_3^*}{T_3^*}\right|<\varepsilon$$

否则，赋予 T_3 新的估计值，进行迭代运算。一般情况下

$$T_3^* \leftarrow T_3$$

由于汽液平衡温度处于混合物的泡点 T_{bub} 与露点 T_{dew} 之间，所以 T_3 的初值 T_3^* 应在 $T_{\text{bub}} < T_3^* < T_{\text{dew}}$ 内选取。在牛顿迭代过程中，有时 T_3 会推到两相之外，此时应使下一个 T_3 的估计值位于 T_3 和 T_{bub} 或 T_{dew} 之间

$$T_3^* \leftarrow \frac{T_3 + T_{\text{bub}}}{2} \quad (T_3 < T_{\text{bub}} \text{ 时})$$

$$T_3^* \leftarrow \frac{T_3 + T_{\text{dew}}}{2} \quad (T_3 > T_{\text{dew}} \text{ 时})$$

式中，T_{bub} 与 T_{dew} 分别为混合物的泡点与露点，其求法将于下例中讨论。

(5) 计算框图

此例需要借助于计算机进行计算求解，计算框图如图 5-2 所示。

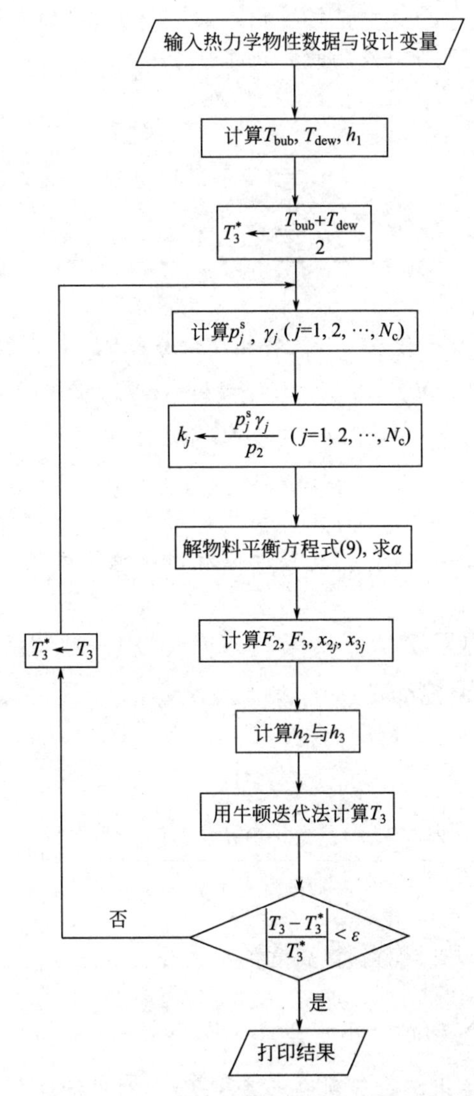

图 5-2　多组分闪蒸过程的物料衡算与能量衡算计算框图

绝热闪蒸问题涉及泡露点计算问题，在精馏塔的严格计算问题中，也需要计算塔板的泡点温度，所以泡露点计算也是化工计算的基本内容之一。

混合物没有沸点，在恒压蒸发期间液体与蒸气的温度逐渐升高，故用泡点和露点代替沸点来表示其特征。当温度升高到泡点时，液体混合物出现第一个气泡；当温度降低到露点时，蒸气混合物出现一滴液体。下例将说明计算混合物泡点与露点的方法。

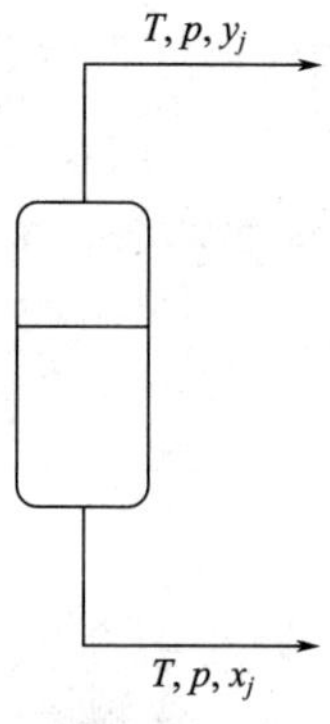

图 5-3 ［例 5-2］计算简图

【例 5-2】 计算含 N_c 个组分的混合物泡点与露点。

解：

(1) 计算简图（见图 5-3）

(2) 方程与约束式

在平衡状态下，气液两相的温度和压力相等，每一组分在两相的逸度相等，即

$$\hat{f}_j^{\mathrm{v}}(T, p, y_1, y_2, \cdots)=\hat{f}_j^{\mathrm{L}}(T, p, x_1, x_2, \cdots) \qquad (j=1,2,\cdots,N_c) \tag{1}$$

逸度的详细方程取决于压力、液相的非理想性等。

摩尔分数约束式

$$\sum_{j=1}^{N_c} y_j=1 \tag{2}$$

$$\sum_{j=1}^{N_c} x_j=1 \tag{3}$$

(3) 变量分析

$N_v=2N_c+2$（气相摩尔分数 N_c 个，液相摩尔分数 N_c 个，T，p），$N_e=N_c+2$

则
$$N_d=N_v-N_e=(2N_c+2)-(N_c+2)=N_c$$

对泡点计算取设计变量为 $V_d=\{x_1, x_2, \cdots, x_{N_c-1}, p\}$

对露点计算取设计变量为 $V_d=\{y_1, y_2, \cdots, y_{N_c-1}, p\}$

(4) 求解方程组

如果压力为常压或更低的情况，蒸气可近似看作理想气体混合物，则式（1）的具体形式可表达为

$$p y_j=\gamma_j(T, x_1, x_2, \cdots) x_j p_j^{\mathrm{s}}(T) \qquad (j=1,2,\cdots,N_c) \tag{4}$$

引入汽液平衡常数 k 值

$$k_j=\frac{y_j}{x_j} \tag{5}$$

则有

$$k_j=\frac{\gamma_j p_j^{\mathrm{s}}}{p}=\frac{\gamma_j(T, x_1, x_2, \cdots) p_j^{\mathrm{s}}(T)}{p} \qquad (j=1,2,\cdots,N_c) \tag{6}$$

泡点温度计算

合并式（2）、式（5）和式（6），得到有一个未知数泡点 T_b 的泡点方程

$$f_b(T_b)=\sum_{j=1}^{N_c} k_j x_j-1=\sum_{j=1}^{N_c} k_j(T_b, p, x_1, x_2, \cdots) x_j-1=0 \tag{7}$$

方程式（7）可用数值法求解，得到泡点温度 T_b。利用活度系数模型和公式（4），还可获得气相组成 y_j。

露点温度计算

把式（5）代入式（3）中，得到露点方程

$$f_{\mathrm{d}}(T_{\mathrm{d}})=\sum_{j=1}^{N_{\mathrm{c}}}\frac{y_j}{k_j}-1=0 \tag{8}$$

将式（8）与式（6）联立求解，可获得露点 T_{d} 和液体摩尔分数 x_j。

式（7）中的 x_j 与式（8）中的 y_j，实际上均为混合物的进料组成，故此二式与 3.2.2 节中的式（3-21）和式（3-23）是一致的。泡点与露点的计算框图如图 5-4 所示。

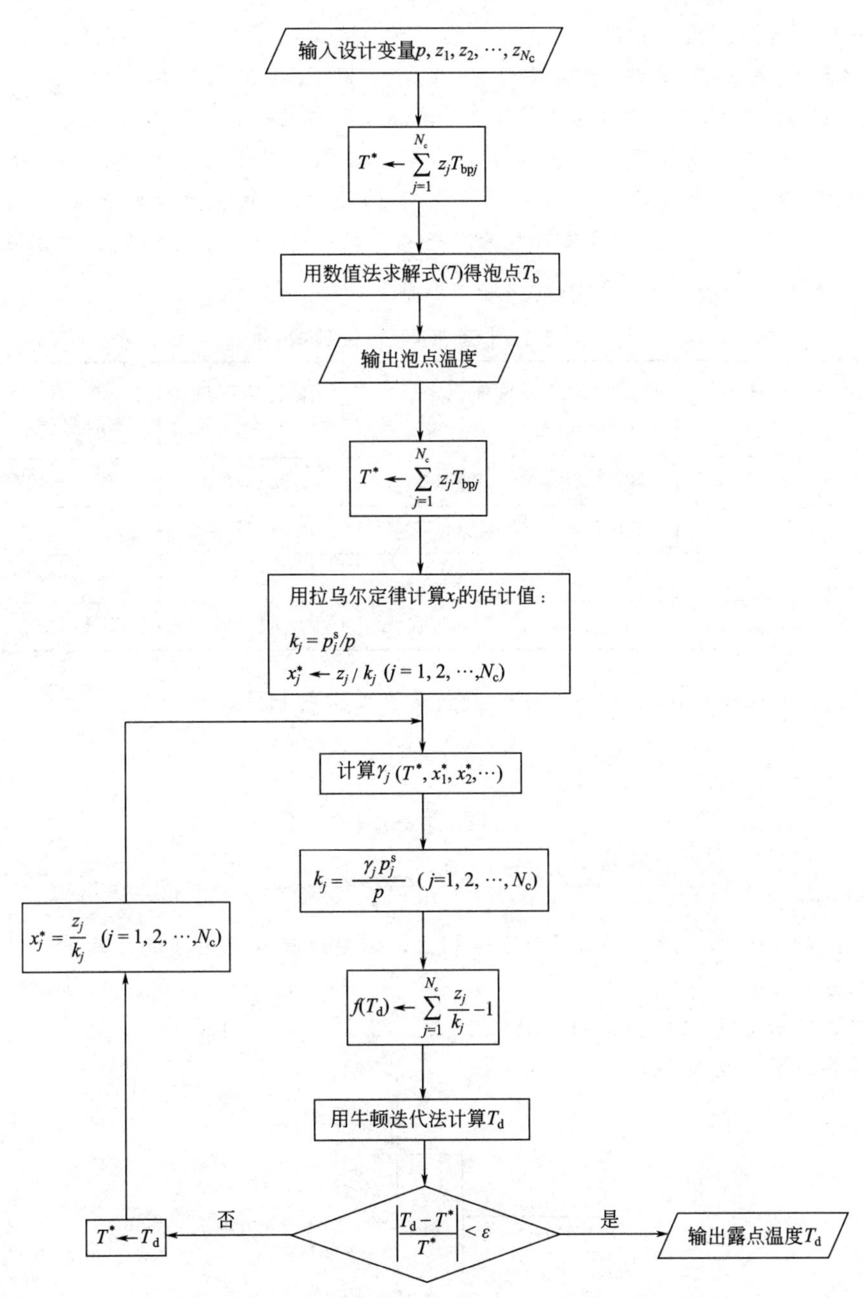

图 5-4　含 N_{c} 个组分的混合物泡点与露点计算框图

计算框图中，z_j 为组分 j 在混合物中的摩尔分数；x_j 为混合物在露点下组分 j 在液相（第一个液滴）中的摩尔分数；T_{bpj} 为纯组分 j 在压力 p 下的沸点。

对于等温闪蒸或分凝问题，可以通过下面的分析来判断闪蒸或分凝问题是否成立。若 $\sum_{j=1}^{N_c} x_{1j}k_j < 1$，表示闪蒸温度低于泡点，闪蒸不能进行；若 $\sum_{j=1}^{N_c} \frac{x_{1j}}{k_j} < 1$，表示冷凝温度高于露点，分凝不能进行。只有 $\sum_{j=1}^{N_c} x_{1j}k_j > 1$ 且 $\sum_{j=1}^{N_c} \frac{x_{1j}}{k_j} > 1$ 时，混合物在闪蒸温度和压力下才出现气液两相，等温闪蒸才能进行。

【例 5-3】 常温常压下某气体混合物组成为甲烷 0.0977%、乙烯 85.76%、乙烷 13.942%、丙烯 0.2003%（均为摩尔分数）。该混合物以 100mol/h 的流率进入分凝器，在压力 2.33MPa、温度−18℃下，用盐水进行冷凝。设组分编号为甲烷（1）、乙烯（2）、乙烷（3）、丙烯（4）。2.33MPa、−18℃下各组分的汽液平衡常数分别为 $k_1=4.9$、$k_2=1.046$、$k_3=0.71$、$k_4=0.19$。液体可视为理想液体，气体和液体的比定压热容恒定，物性数据见表 5-2。试对该过程做物料衡算与能量衡算。

表 5-2 ［例 5-3］物性数据

组分＼项目	正常沸点 T_b /℃	T_b 下汽化热 /(J/mol)	液体比定压热容 /[J/(mol·K)]	气体比定压热容 /[J/(mol·K)]	2.33MPa、−18℃下气体的剩余焓/(J/mol)
甲烷	−161.5	8291.38	64.35	34.56	−487.28
乙烯	−103.9	13515.62	68.66	43.85	−1424.19
乙烷	−88.6	14789.28	69.67	51.90	−1884.91
丙烯	−47.4	18558.76	85.46	64.85	−3661.50

解： 首先判断 2.33MPa、−18℃下，物料是否处于两相区。

$$\sum_{j=1}^{4} x_{1j}k_j = 0.000977\times 4.9 + 0.8576\times 1.046 + 0.13942\times 0.71 + 0.002003\times 0.19 = 1.001206 > 1$$

$$\sum_{j=1}^{4} \frac{x_{1j}}{k_j} = \frac{0.000977}{4.9} + \frac{0.8576}{1.046} + \frac{0.13942}{0.71} + \frac{0.002003}{0.19} = 1.026993 > 1$$

可见，2.33MPa、−18℃下物料处于两相区，需要进行等温闪蒸的计算。

（1）组分编号

题目中已给出 CH_4（1）、C_2H_4（2）、C_2H_6（3）、C_3H_6（4）

（2）计算简图（见图 5-5）

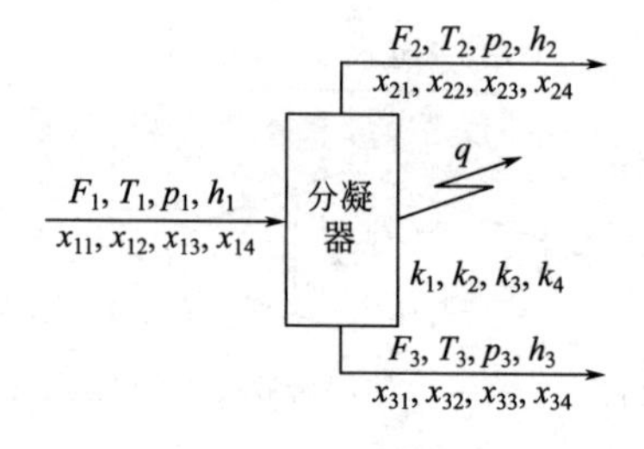

图 5-5 ［例 5-3］计算简图

(3) 方程与约束式

① 物料平衡方程

$$F_1 x_{1j} = F_2 x_{2j} + F_3 x_{3j} \qquad (j=1,2,3,4) \tag{1}$$

② 设备约束式

$$k_j = \frac{x_{2j}}{x_{3j}} \qquad (j=1,2,3,4) \tag{2}$$

$$T_3 = T_2 \tag{3}$$

$$p_3 = p_2 \tag{4}$$

③ 摩尔分数约束式

$$x_{21} + x_{22} + x_{23} + x_{24} = 1 \tag{5}$$

$$x_{31} + x_{32} + x_{33} + x_{34} = 1 \tag{6}$$

④ 能量平衡方程

$$F_1 h_1 = F_2 h_2 + F_3 h_3 + q \tag{7}$$

⑤ 焓值方程

$$h_1 = f_1(T_1, p_1, x_{11}, x_{12}, x_{13}) \tag{8}$$

$$h_2 = f_2(T_2, p_2, x_{21}, x_{22}, x_{23}) \tag{9}$$

$$h_3 = f_3(T_3, p_3, x_{31}, x_{32}, x_{33}) \tag{10}$$

(4) 变量分析

$$N_v = 29, \quad N_e = 16, \quad N_d = 13$$

取 $\{F_1, x_{11}, x_{12}, x_{13}, x_{14}, T_1, T_2, p_1, p_2, k_1, k_2, k_3, k_4\} = \{100\text{mol/h}, 0.000977, 0.8576, 0.13942, 0.002003, 25℃, -18℃, 0.1\text{MPa}, 2.33\text{MPa}, 4.9, 1.046, 0.71, 0.19\}$ 为一组设计变量。

(5) 求解方程组

① 物料衡算问题求解

$N_v' = 19$，即$\{F_1, x_{11}, x_{12}, x_{13}, x_{14}, F_2, x_{21}, x_{22}, x_{23}, x_{24}, F_3, x_{31}, x_{32}, x_{33}, x_{34}, k_1, k_2, k_3, k_4\}$；

$N_e' = 10$，即方程式 {(1),(2),(5),(6)}，所以 $N_d' = 9$。

在总的设计变量中，物料衡算子问题的设计变量 $V_d' = \{F_1, x_{11}, x_{12}, x_{13}, x_{14}, k_1, k_2, k_3, k_4\}$ 已知，则 $N_{ud}' = 0$，故物料衡算问题可以单独（直接）求解。

由闪蒸方程

$$\sum_{j=1}^{4} \frac{x_{1j}(1-k_j)}{k_j + \alpha} = 0$$

采用牛顿迭代法（Newton method）可以求出 α，其中 $\alpha = \frac{F_3}{F_2}$。

令

$$f(\alpha) = \sum_{j=1}^{4} \frac{x_{1j}(1-k_j)}{k_j + \alpha}$$

则

$$f'(\alpha) = -\sum_{j=1}^{4} \frac{x_{1j}(1-k_j)}{(k_j + \alpha)^2}$$

从而

$$\alpha^{(n+1)} = \alpha^{(n)} - \frac{f(\alpha^{(n)})}{f'(\alpha^{(n)})}$$

直至

$$\left|\frac{\alpha^{(n+1)}-\alpha^{(n)}}{\alpha^{(n)}}\right|<\varepsilon$$

本例中α初值的选取可以这样考虑：$\alpha^{*}=\frac{F_3^{*}}{F_2^{*}}$。由于混合物中大部分为乙烯，所以可以假设冷凝下来的液相中全部为乙烯，气相为其他三个组分，则

$$\alpha^{*}=\frac{F_3^{*}}{F_2^{*}}=\frac{F_1x_{12}}{F_1(x_{11}+x_{13}+x_{14})}=\frac{x_{12}}{x_{11}+x_{13}+x_{14}}=\frac{0.8576}{0.000977+0.13942+0.002003}=6.022$$

所以可取初值$\alpha^{*}=6$进行试差计算。经九次迭代计算，得$\alpha=22$，即$\frac{F_3}{F_2}=22$。

另 $$F_3+F_2=F_1=100\text{mol/h}$$

解得 $$F_2=4.35\text{mol/h},\quad F_3=95.65\text{mol/h}$$

进而由式$F_1x_{1j}=F_2x_{2j}+F_3x_{3j}$和式$k_j=\frac{x_{2j}}{x_{3j}}$（$j=1$，2，3，4），得到冷凝后汽液两相的组成，见表 5-3。

表 5-3 冷凝后汽液两相组成

组分 \ 项目	x_{1j}	k_j	x_{3j}	$x_{2j}=k_jx_{3j}$
CH_4	0.000977	4.900	8.353×10^{-4}	4.093×10^{-3}
C_2H_4	0.857600	1.046	0.8559	0.8953
C_2H_6	0.139420	0.710	0.1412	0.10025
C_3H_6	0.002003	0.190	2.076×10^{-3}	3.944×10^{-4}
总计	1.000000		1.0000113	1.0000374

可见$\sum_{j=1}^{4}x_j=1.0000113\approx1$，$\sum_{j=1}^{4}y_j=1.0000374\approx1$，故所计算的$\alpha$值是正确的。

② 能量衡算问题求解

取$T_0=-161.5$℃，$p_0=0.1$MPa 为基准态，则液态甲烷$h_0=0$。当然取其他温度、压力时的状态为基准态也是可以的。

本例中，进料流股为常温常压下的气体混合物，可视为理想气体混合物，其焓等于构成该流股的各纯组分的焓与其摩尔分数之积的线性加和，且压力对理想气体的焓没有影响，所以

$$\begin{aligned}h_1&=x_{11}h_{11}+x_{12}h_{12}+x_{13}h_{13}+x_{14}h_{14}\\&=x_{11}\left(h_{b11}+\int_{111.65}^{298.15}c_{pg11}\mathrm{d}T\right)+x_{12}\left(\int_{111.65}^{169.25}c_{pL12}\mathrm{d}T+h_{b12}+\int_{169.25}^{298.15}c_{pg12}\mathrm{d}T\right)+\\&\quad x_{13}\left(\int_{111.65}^{184.55}c_{pL13}\mathrm{d}T+h_{b13}+\int_{184.55}^{298.15}c_{pg13}\mathrm{d}T\right)+x_{14}\left(\int_{111.65}^{225.75}c_{pL14}\mathrm{d}T+h_{b14}+\int_{225.75}^{298.15}c_{pg14}\mathrm{d}T\right)\\&=9.77\times10^{-4}\times[8291.38+34.56\times(298.15-111.65)]+\\&\quad 0.8576\times[68.66\times(169.25-111.65)+13515.62+43.85\times(298.15-169.25)]+\\&\quad 0.13942\times[69.67\times(184.55-111.65)+14789.28+51.9\times(298.15-184.55)]+\\&\quad 2.003\times10^{-3}\times[85.46\times(225.75-111.65)+18558.76+64.85\times(298.15-225.75)]\\&=23500.52\text{J/mol}\end{aligned}$$

在 2.33MPa、-18℃下闪蒸后达汽液平衡时，气相为真实气体，其焓值为构成该流股的各纯组分的焓与此温度压力下的剩余焓之和与其摩尔分数之积的线性加和，即

$$h_2=x_{21}(h_{21}+h^{R}_{m21})+x_{22}(h_{22}+h^{R}_{m22})+x_{23}(h_{23}+h^{R}_{m23})+x_{24}(h_{24}+h^{R}_{m24})$$

$$=x_{21}\left(h_{b21}+\int_{111.65}^{255.15}c_{pg21}dT-487.28\right)+x_{22}\left(\int_{111.65}^{169.25}c_{pL22}dT+h_{b22}+\int_{169.25}^{255.15}c_{pg22}dT-1424.19\right)+$$

$$x_{23}\left(\int_{111.65}^{184.55}c_{pL23}dT+h_{b23}+\int_{184.55}^{255.15}c_{pg23}dT-1884.91\right)+$$

$$x_{24}\left(\int_{111.65}^{225.75}c_{pL24}dT+h_{b24}+\int_{225.75}^{255.15}c_{pg24}dT-3661.50\right)$$

$$=4.093\times10^{-3}\times[8291.38+34.56\times(255.15-111.65)-487.28]+0.8953\times[68.66\times(169.25-111.65)+13515.62+43.85\times(255.15-169.65)-1424.19]+0.10025\times[69.67\times(184.55-111.65)+14789.28+51.9\times(255.15-184.55)-1884.91]+3.944\times10^{-4}\times[85.46\times(225.75-111.65)+18558.76+64.85\times(255.15-225.75)-3661.50]$$

$$=56376.54\text{J/mol}$$

由于液体为理想溶液，所以其混合热为0，且压力对液体的焓影响可以忽略，所以有：

$$h_3=x_{31}h_{31}+x_{32}h_{32}+x_{33}h_{33}+x_{34}h_{34}$$

$$=x_{31}\int_{111.65}^{255.15}c_{pL31}dT+x_{32}\int_{111.65}^{255.15}c_{pL32}dT+x_{33}\int_{111.65}^{255.15}c_{pL33}dT+x_{34}\int_{111.65}^{255.15}c_{pL34}dT$$

$$=8.353\times10^{-4}\times64.35\times(255.15-111.65)+0.8559\times68.66\times(255.15-111.65)+0.1412\times69.67\times(255.15-111.65)+2.076\times10^{-3}\times85.46\times(255.15-111.65)$$

$$=9877.77\text{J/mol}$$

由方程式（7）得

$$q=F_1h_1-F_2h_2-F_3h_3=100\times23500.52-4.35\times56376.54-96.65\times9877.77$$

$$=1150127.58\text{J/h}$$

即该等温闪蒸过程每小时需要移走1150127.58 J的热量。

5.3 绝热燃烧过程

前述多组分闪蒸过程属于物理过程，其物料衡算与能量衡算联立求解虽需借助于计算机计算，但整个求解过程并不是很复杂。在化工过程中，经常会遇到同时含有一个或多个化学反应的过程，如绝热燃烧过程，其物料平衡与能量平衡问题相对于不含化学反应的物理过程来说，复杂很多。如果考虑燃烧时部分产物在燃烧温度下还会发生分解现象，则情况就会更复杂。下面讨论一下绝热燃烧过程的物料平衡与能量平衡问题。

【例 5-4】 烃类 C_kH_l 按下列反应式与空气呈完全燃烧，计算其绝热燃烧温度：

$$C_kH_l+\left(k+\frac{l}{4}\right)O_2\longrightarrow kCO_2+\frac{l}{2}H_2O$$

试给出氢气、甲烷、乙烷、乙烯、乙炔、丙烷和正丁烷的绝热燃烧温度。假设 C_kH_l 和 O_2 在室温和常压下按化学计量比投入燃烧室中。

解：

（1）组分编号（见表5-4）

表 5-4 ［例 5-4］组分编号

组分	C_kH_l	O_2	CO_2	H_2O	N_2
编号	1	2	3	4	5

(2) 计算简图(见图 5-6)

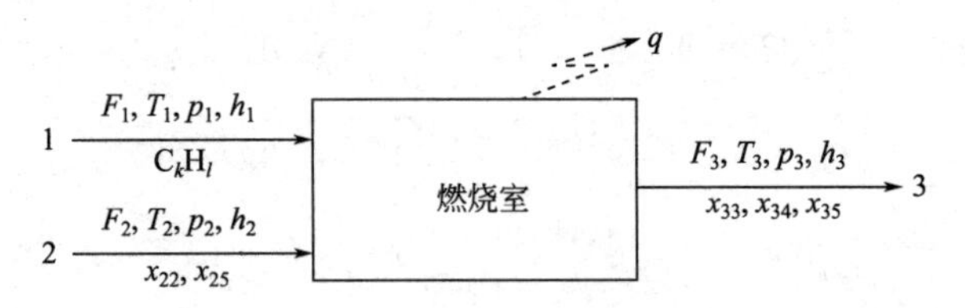

图 5-6 [例 5-4] 计算简图

(3) 方程与约束式

① 物料平衡方程

$$C: kF_1 = F_3 x_{33} \tag{1}$$

$$H: lF_1 = 2F_3 x_{34} \tag{2}$$

$$O: 2F_2 x_{22} = 2F_3 x_{33} + F_3 x_{34} \tag{3}$$

$$N_2: F_2 x_{25} = F_3 x_{35} \tag{4}$$

② 摩尔分数约束式

$$x_{33} + x_{34} + x_{35} = 1 \tag{5}$$

③ 能量平衡方程

$$F_1 h_1 + F_2 h_2 - F_3 h_3 - q = 0 \tag{6}$$

④ 焓值方程

$$h_1 = f_1(T_1, p_1) \tag{7}$$

$$h_2 = f_2(T_2, p_2, x_{22}) \tag{8}$$

$$h_3 = f_3(T_3, p_3, x_{33}, x_{34}) \tag{9}$$

(4) 变量分析

$N_v = 18$,$N_e = 9$,所以 $N_d = 9$

取 $V_d = \{F_1, x_{22}, x_{25}, T_1, p_1, T_2, p_2, p_3, q\}$ 为一组设计变量。

(5) 求解方程组

① 物料衡算问题求解

$N'_v = 8$,即 $\{F_1, F_2, x_{22}, x_{25}, F_3, x_{33}, x_{34}, x_{35}\}$;

$N'_e = 5$,即方程式 $\{(1),(2),(3),(4),(5)\}$,所以 $N'_d = 3$。

在总的设计变量中,物料衡算子问题的设计变量 $V'_d = \{F_1, x_{22}, x_{25}\}$ 已知,则 $N'_{ud} = 0$,故物料衡算问题可以单独(直接)求解。

令 $n_{ij} = F_{ij} x_{ij}$,对物料衡算方程进行变换,得

$$kF_1 = n_{33} \tag{1'}$$

$$lF_1 = 2n_{34} \tag{2'}$$

$$2n_{22} = 2n_{33} + n_{34} \tag{3'}$$

$$n_{25} = n_{35} \tag{4'}$$

则 $$n_{33} = kF_1,\quad n_{34} = \frac{l}{2}F_1,\quad n_{22} = n_{33} + \frac{l}{2}n_{34} = \left(k + \frac{l}{4}\right)F_1$$

由 $n_{22} = F_2 x_{22} = \left(k + \frac{l}{4}\right)F_1$,得 $F_2 = \left(k + \frac{l}{4}\right)\frac{F_1}{x_{22}}$,所以

$$n_{35} = n_{25} = F_2 x_{25} = \left(k + \frac{l}{4}\right)\frac{F_1 x_{25}}{x_{22}}$$

故$F_3=n_{33}+n_{34}+n_{35}=kF_1+\frac{l}{2}F_1+\left(k+\frac{l}{4}\right)\frac{F_1x_{25}}{x_{22}}=\left[k+\frac{l}{2}+\left(k+\frac{l}{4}\right)\frac{x_{25}}{x_{22}}\right]F_1$

$$x_{33}=\frac{n_{33}}{F_3}=\frac{k}{k+\frac{l}{2}+\left(k+\frac{l}{4}\right)\frac{x_{25}}{x_{22}}},\quad x_{34}=\frac{n_{34}}{F_3}=\frac{l}{2k+l+\left(2k+\frac{l}{2}\right)\frac{x_{25}}{x_{22}}},$$

$$x_{35}=\frac{n_{35}}{F_3}=\frac{\left(k+\frac{l}{4}\right)\frac{x_{25}}{x_{22}}}{k+\frac{l}{2}+\left(k+\frac{l}{4}\right)\frac{x_{25}}{x_{22}}}$$

② 能量平衡问题求解

先计算各股物流的焓值，取基准态 25℃、0.1MPa 下，稳定单质，$h_0=0$，则

$$h_1=(\Delta h_{298}^{\mathrm{f}})_1+\int_{298}^{T_1}c_{p1}\mathrm{d}T=(\Delta h_{298}^{\mathrm{f}})_1 \tag{7'}$$

$$h_2=x_{22}(\Delta h_{298}^{\mathrm{f}})_2+x_{25}(\Delta h_{298}^{\mathrm{f}})_5+\int_{298}^{T_2}\bar{c}_{p2}\mathrm{d}T=0 \tag{8'}$$

$$h_3=\sum_{j=3}^{5}x_{3j}(\Delta h_{298}^{\mathrm{f}})_j+\int_{298}^{T_3}\bar{c}_{p3}\mathrm{d}T \tag{9'}$$

式（9′）中，由于绝热燃烧温度 T_3 未知，因此 h_3 由此式无法求得，但 h_3 可由能量平衡方程式（6）求得

$$h_3=\frac{1}{F_3}(F_1h_1+F_2h_2-q) \tag{6}$$

由式（6）求出 h_3 后，式（9′）即为只含一个未知数 T_3 的非线性方程

$$\sum_{j=3}^{5}x_{3j}(\Delta h_{298}^{\mathrm{f}})_j+\int_{298}^{T_3}\bar{c}_{p3}\mathrm{d}T-h_3=0 \tag{9'}$$

式中，$\bar{c}_{p3}$ 为第三股物流各纯组分比定压热容的平均值

$$\bar{c}_{p3}=\bar{a}_3+\bar{b}_3T+\bar{c}_3T^2+\bar{d}_3T^{-0.5}$$

其中 $\bar{a}_3=\sum_{j=3}^{5}x_{3j}a_j$，$\bar{b}_3=\sum_{j=3}^{5}x_{3j}b_j$，$\bar{c}_3=\sum_{j=3}^{5}x_{3j}c_j$，$\bar{d}_3=\sum_{j=3}^{5}x_{3j}d_j$

式（9′）需采用数值法用计算机求解。若采用牛顿法（Newton method），先设 T_3 的初值 T_3^*，然后按如下二式计算 $f(T_3^*)$ 及 $f'(T_3^*)$

$$f(T_3^*)=\sum_{j=3}^{5}x_{3j}(\Delta h_{298}^{\mathrm{f}})_j+\int_{298}^{T_3}\bar{c}_{p3}\mathrm{d}T-h_3 \tag{10}$$

$$f'(T_3^*)=\bar{c}_{p3}(T_3^*)=\bar{a}_3+\bar{b}_3T_3^*+\bar{c}_3T_3^{*2}+\bar{d}_3T_3^{*-0.5} \tag{11}$$

则新的 T_3 为

$$T_3=T_3^*-\frac{f(T_3^*)}{f'(T_3^*)} \tag{12}$$

比较 T_3 与 T_3^*，进行迭代计算，直至达到收敛解

$$\left|\frac{T_3-T_3^*}{T_3^*}\right|<\varepsilon$$

初值 T_3^* 的选取可作如下考虑，将式（9′）改写为

$$\int_{298}^{T_3}\bar{c}_{p3}\mathrm{d}T=h_3-\sum_{j=3}^{5}x_{3j}(\Delta h_{298}^{\mathrm{f}})_j$$

若 $\bar{c}_{p3}$ 中只取第一项，则有 $\bar{c}_{p3}\approx\bar{a}_3$，代入上式可以得到 T_3 的估计值 T_3^* 为

$$T_3^*=298+\frac{1}{\bar{a}_3}\left[h_3-\sum_{j=3}^{5}x_{3j}(\Delta h_{298}^{\mathrm{f}})_j\right] \tag{13}$$

(6) 计算框图

本例中烃类绝热燃烧温度计算框图如图 5-7 所示。

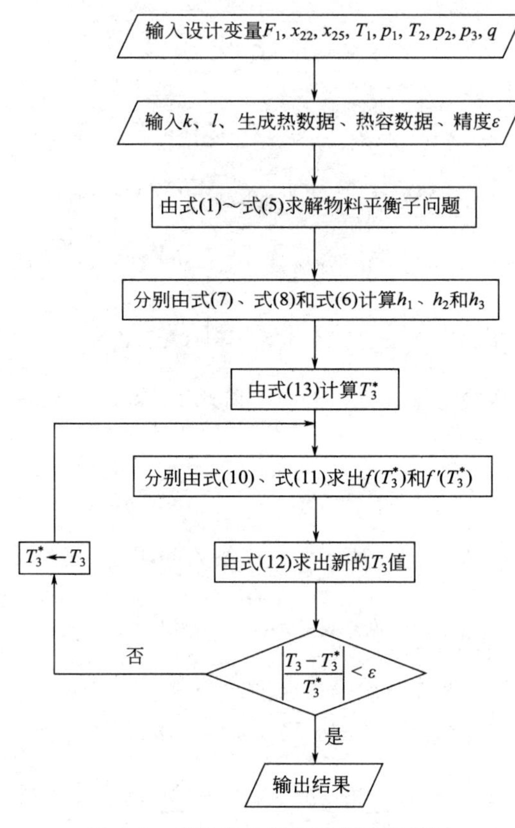

图 5-7 烃类绝热燃烧温度计算框图

(7) 计算结果

对于不同的 k 与 l 值（对应于不同的烃类化合物），所计算的绝热燃烧（$q=0$ 时）温度（$T_{3\mathrm{cal}}$）与实测值（$T_{3\mathrm{exp}}$）如表 5-5 所示。

表 5-5 烃类绝热燃烧温度计算值与实测值

燃料	$T_{3\mathrm{cal}}$/K	$T_{3\mathrm{exp}}$/K	误差/%
H_2	2530	2318	9.1
CH_4	2328	2148	8.4
C_2H_6	2382	2168	9.9
C_2H_4	2566	2248	14.1
C_2H_2	2905	2600	11.7
C_3H_8	2395	2200	8.9

续表

燃料	T_{3cal}/K	T_{3exp}/K	误差/%
n-C_4H_{10}	2400	2168	10.7

由表 5-5 可见，对于每一种燃料，燃烧温度的计算值均比实测值高。这是因为在很高的火焰温度下，燃烧产物有部分分解的缘故，这种分解作用的影响将在［例 5-5］中讨论。

在第 4 章以及［例 5-3］、［例 5-4］中关于能量平衡的问题都是首先求出物料平衡部分，再求解能量平衡，这样做并非总是可能的。有时物料平衡与能量平衡是相互制约和相互影响的，只能将物料平衡与能量平衡联立求解。如［例 5-4］中，实际燃烧时，会有部分产物 CO_2 和 H_2O 在燃烧温度下分解：

$$CO_2 \longrightarrow CO + \frac{1}{2}O_2$$

$$H_2O \longrightarrow H_2 + \frac{1}{2}O_2$$

这两个反应均为吸热反应，从而会使火焰温度低于［例 5-4］中的计算值。而其分解度是温度的函数，燃烧产物的组成亦是温度的函数，所以没有能量平衡，其物料平衡是解不出来的。如前述绝热闪蒸过程，因两相分配函数是温度的函数，其平衡温度与组成相互制约，故其物料平衡与能量平衡亦必须联立求解。下面讨论一下烃类燃烧时，部分产物 CO_2 和 H_2O 在燃烧温度下分解时，物料平衡与能量平衡联立求解的问题。

【例 5-5】 气态烃 C_kH_l 按下列反应式与空气呈完全燃烧，计算其绝热燃烧温度：

$$C_kH_l + \left(k + \frac{l}{4}\right)O_2 \longrightarrow kCO_2 + \frac{l}{2}H_2O$$

部分燃烧产物分解的反应式为

$$CO_2 \rightleftharpoons CO + \frac{1}{2}O_2$$

$$H_2O \rightleftharpoons H_2 + \frac{1}{2}O_2$$

分解反应在火焰温度下可快速达到平衡，C_kH_l 和 O_2 在室温和常压下按化学计量比投入燃烧室中。

解：

（1）组分编号（见表 5-6）

表 5-6 ［例 5-5］组分编号

组分	C_kH_l	O_2	CO_2	H_2O	N_2	CO	H_2
编号	1	2	3	4	5	6	7

（2）计算简图（见图 5-8）

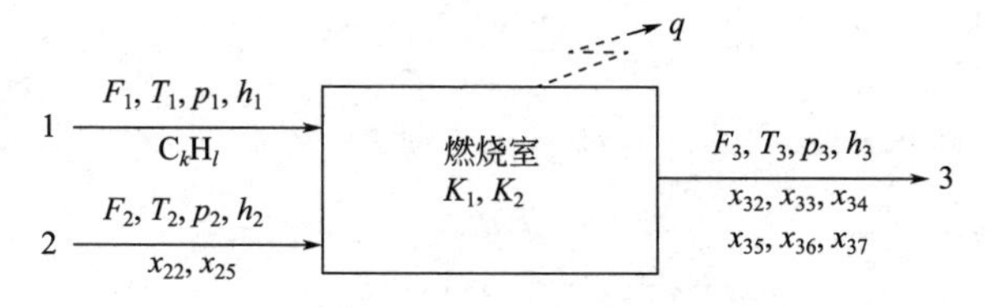

图 5-8 ［例 5-5］计算简图

(3) 方程与约束式

① 物料平衡方程

$$C: kF_1 = F_3x_{33} + F_3x_{36} \tag{1}$$

$$H: lF_1 = 2F_3x_{34} + 2F_3x_{37} \tag{2}$$

$$O: 2F_2x_{22} = 2F_3x_{32} + 2F_3x_{33} + F_3x_{34} + F_3x_{36} \tag{3}$$

$$N_2: F_2x_{25} = F_3x_{35} \tag{4}$$

② 摩尔分数约束式

$$x_{32} + x_{33} + x_{34} + x_{35} + x_{36} + x_{37} = 1 \tag{5}$$

③ 设备约束式

$$F_2x_{22} = \left(k + \frac{l}{4}\right)F_1 \tag{6}$$

$$K_1 = \frac{x_{36}\sqrt{x_{32}}}{x_{33}}\text{（常压）} \tag{7}$$

$$K_2 = \frac{x_{37}\sqrt{x_{32}}}{x_{34}}\text{（常压）} \tag{8}$$

$$K_1 = K_1(T_3) \tag{9}$$

$$K_2 = K_2(T_3) \tag{10}$$

④ 能量平衡方程

$$F_1h_1 + F_2h_2 - F_3h_3 - q = 0 \tag{11}$$

⑤ 焓值方程

$$h_1 = f_1(T_1, p_1) \tag{12}$$

$$h_2 = f_2(T_2, p_2, x_{22}) \tag{13}$$

$$h_3 = f_3(T_3, p_3, x_{32}, x_{33}, x_{34}, x_{35}, x_{36}) \tag{14}$$

(4) 变量分析

$N_v = 23$，$N_e = 14$，所以 $N_d = 9$。取 $V_d = \{F_1, x_{22}, x_{25}, T_1, p_1, T_2, p_2, p_3, q\}$ 为一组设计变量。

(5) 求解方程组

① 物料平衡子问题的分析

$N'_v = 14$，即 $\{F_1, F_2, x_{22}, x_{25}, F_3, x_{32}, x_{33}, x_{34}, x_{35}, x_{36}, x_{37}, K_1, K_2, T_3\}$；

$N'_e = 10$，即方程式 $\{(1)\sim(10)\}$，所以 $N'_d = 4$。

在总的设计变量中，物料平衡子问题的设计变量 $V'_d = \{F_1, x_{22}, x_{25}\}$ 已知，则 $N'_{ud} = 1$，故物料平衡子问题不能单独求解。

与绝热闪蒸的处理方法相同，采用剥离变量法联立求解物料平衡与能量平衡。将 T_3 作为剥离变量，赋予初值 T_3^*，则可分别由式 (9) 和式 (10) 求得 K_1 与 K_2。式 (6) 只含一个未知数 F_2，可先解出来：

$$F_2 = \left(k + \frac{l}{4}\right)\frac{F_1}{x_{22}}$$

令 $n_{ij} = F_{ij}x_{ij}$，对物料衡算方程进行变换，得

$$kF_1 = n_{33} + n_{36} \tag{1'}$$

$$lF_1 = 2(n_{34} + n_{37}) \tag{2'}$$

$$2n_{22} = 2n_{32} + 2n_{33} + n_{34} + n_{36} \tag{3'}$$

$$n_{25}=n_{35} \tag{4'}$$

$$n_{32}+n_{33}+n_{34}+n_{35}+n_{36}+n_{37}=F_3 \tag{5'}$$

$$K_1=\frac{n_{36}\sqrt{n_{32}/F_3}}{n_{33}} \tag{7'}$$

$$K_2=\frac{n_{37}\sqrt{n_{32}/F_3}}{n_{34}} \tag{8'}$$

在剥离出 T_3 值，求出 K_1、K_2 后，加之 F_2 已解出，则以上各式［除式（5′）外］的左边均为已知量。7个方程中有7个未知变量，即物流3中各组分的流量及总流量。可采用优先排序法并结合牛顿法进行求解。

由式（4′）得

$$n_{35}=n_{25}$$

将式（1′）与式（2′）相加，得

$$n_{33}+n_{34}+n_{36}+n_{37}=\left(k+\frac{l}{2}\right)F_1$$

将上式代入式（5′）解出 n_{32}

$$n_{32}=F_3-\left(k+\frac{l}{2}\right)F_1-n_{35} \tag{15}$$

由式（7′）解出 n_{33}

$$n_{33}=\frac{n_{36}\sqrt{n_{32}/F_3}}{K_1} \tag{16}$$

代入式（1′）解出 n_{36}

$$n_{36}=\frac{kF_1}{\dfrac{\sqrt{n_{32}/F_3}}{K_1}+1} \tag{17}$$

由式（8′）解出 n_{34}

$$n_{34}=\frac{n_{37}\sqrt{n_{32}/F_3}}{K_2} \tag{18}$$

代入式（2′）解出 n_{37}

$$n_{37}=\frac{\dfrac{l}{2}F_1}{\dfrac{\sqrt{n_{32}/F_3}}{K_2}+1} \tag{19}$$

由式（3′）得

$$2n_{22}-2n_{32}-2n_{33}-n_{34}-n_{36}=0 \tag{20}$$

在式（20）中，n_{22} 可先行解出

$$n_{22}=F_2x_{22}=\left(k+\frac{l}{4}\right)F_1$$

然后，综合式（15）～式（19）可知，式（20）可整理成只含一个未知数 F_3 的函数，故式（20）就成了关于 F_3 的一元非线性方程

$$f(F_3)=2n_{22}-2n_{32}-2n_{33}-n_{34}-n_{36}=0$$

令

$$f(F_3)=2n_{22}-2n_{32}-2n_{33}-n_{34}-n_{36}$$

得出 $f'(F_3)$ 的表达式。

采用牛顿迭代法，赋予 F_3 一估计值 F_3^*，则新的 F_3 为

$$F_3=F_3^*-\frac{f(F_3^*)}{f'(F_3^*)}$$

比较 F_3 与 F_3^*，进行迭代计算，直至达到收敛解

$$\left|\frac{F_3-F_3^*}{F_3^*}\right|<\varepsilon$$

具体过程按表5-7次序求解。

表5-7 物料平衡问题求解次序

运算次序	源自方程号	解出变量	表达式
1	输入已知变量		$k,l,F_1,x_{22},x_{25},T_3^*$
2	(9),(10),(6)	K_1,K_2,n_{22}	$K_1=K_1(T_3^*),K_2=K_2(T_3^*),n_{22}=(k+l/4)F_1$
3		F_2,n_{25}	$F_2=\dfrac{n_{22}}{x_{22}},n_{25}=F_2x_{25}$
4	(4′)	n_{35}	$n_{35}=n_{25}$
5	(1′),(2′),(5′)	n_{32}	$n_{32}=F_3-\left(k+\dfrac{l}{2}\right)F_1-n_{35}$
6	(1′)	n_{36}	$n_{36}=\dfrac{kF_1}{\dfrac{\sqrt{n_{32}/F_3}}{K_1}+1}$
7	(7′)	n_{33}	$n_{33}=\dfrac{n_{36}\sqrt{n_{32}/F_3}}{K_1}$
8	(2′)	n_{37}	$n_{37}=\dfrac{\dfrac{l}{2}F_1}{\dfrac{\sqrt{n_{32}/F_3}}{K_2}+1}$
9	(8′)	n_{34}	$n_{34}=\dfrac{n_{37}\sqrt{n_{32}/F_3}}{K_2}$
10	(3′)	$f(F_3)$	$f(F_3)=2n_{22}-2n_{32}-2n_{33}-n_{34}-n_{36}$
11		x_{3j}	$x_{3j}=\dfrac{n_{3j}}{F_3}\quad(j=2,3,\cdots,7)$

此时，只是得到了 T_3^* 下的物料平衡子问题的解。

② 接下来求解能量平衡

取基准态25℃、0.1MPa下稳定单质，$h_0=0$。则式（12）～式（14）的具体形式为

$$h_1=(\Delta h_{298}^{\mathrm{f}})_1+\int_{298}^{T_1}c_{p1}\mathrm{d}T=(\Delta h_{298}^{\mathrm{f}})_1 \tag{12′}$$

$$h_2=x_{22}(\Delta h_{298}^{\mathrm{f}})_2+x_{25}(\Delta h_{298}^{\mathrm{f}})_5+\int_{298}^{T_2}\bar{c}_{p2}\mathrm{d}T=0 \tag{13′}$$

$$h_3=\sum_{j=2}^{7}x_{3j}(\Delta h_{298}^{\mathrm{f}})_j+\int_{298}^{T_3}\bar{c}_{p3}\mathrm{d}T \tag{14′}$$

式（14′）中，$\bar{c}_{p3}$ 为第三股物流各纯组分比定压热容的平均值。

$$\bar{c}_{p3}=\bar{a}_3+\bar{b}_3T+\bar{c}_3T^2+\bar{d}_3T^{-0.5} \tag{21}$$

其中 $\bar{a}_3=\sum_{j=2}^{7}x_{3j}a_j$，$\bar{b}_3=\sum_{j=2}^{7}x_{3j}b_j$，$\bar{c}_3=\sum_{j=2}^{7}x_{3j}c_j$，$\bar{d}_3=\sum_{j=2}^{7}x_{3j}d_j$

h_1、h_2 分别由式（12′）式（13′）即可求得；而 h_3 由于绝热燃烧温度 T_3 未知，故由式（14′）无法求得，但 h_3 可由能量平衡方程式（11）求得

$$h_3=\frac{1}{F_3}(F_1h_1+F_2h_2-q)$$

由式（11）求出 h_3 后，式（14′）即为只含一个未知数 T_3 的非线性方程

$$\sum_{j=2}^{7}x_{3j}(\Delta h_{298}^{\mathrm{f}})_j+\int_{298}^{T_3}\bar{c}_{p3}\mathrm{d}T-h_3=0$$

将式（21）代入上式，积分，得

$$\sum_{j=2}^{7}x_{3j}(\Delta h_{298}^{\mathrm{f}})_j+\bar{a}_3(T_3-298)+\frac{\bar{b}_3}{2}(T_3^2-298^2)+\frac{\bar{c}_3}{3}(T_3^3-298^3)$$
$$+2\bar{d}_3(T_3^{0.5}-298^{0.5})-h_3=0$$

记为

$$g(T_3)=\sum_{j=2}^{7}x_{3j}(\Delta h_{298}^{\mathrm{f}})_j+\bar{a}_3(T_3-298)+\frac{\bar{b}_3}{2}(T_3^2-298^2)$$
$$+\frac{\bar{c}_3}{3}(T_3^3-298^3)+2\bar{d}_3(T_3^{0.5}-298^{0.5})-h_3=0 \tag{22}$$

则

$$g'(T_3)=\bar{c}_{p3}(T_3)=\bar{a}_3+\bar{b}_3T_3+\bar{c}_3T_3^2+\bar{d}_3T_3^{-0.5}$$

由牛顿法

$$T_3=T_3^*-\frac{g(T_3^*)}{g'(T_3^*)} \tag{23}$$

比较 T_3 与 T_3^*，给出新的 T_3 估计值，重复全过程的计算，直到满足计算精度。

至此，[例 5-5] 中采用剥离变量法联立求解物料平衡与能量平衡的问题似乎已经得解，但还有两个遗留问题需要解决：

a. 通过式（9）、式（10）得到 K_1、K_2（分解反应的化学平衡常数与燃烧温度之间的关系），具体由以下关系确定

$$\ln[K(T_3)]=\frac{-\Delta G_0^{\ominus}}{RT_0}+\frac{(\Delta H_0^{\ominus}-I_0)(T_3-T_0)}{RT_0T_3}+\int_{T_0}^{T_3}\frac{I}{RT^2}\mathrm{d}T \tag{24}$$

式中

$$I_0=(\Delta a)T_0+\frac{\Delta b}{2}T_0^2+\frac{\Delta c}{3}T_0^3+2(\Delta d)T_0^{0.5}$$

$$\int_{T_0}^{T_3}\frac{I}{RT^2}\mathrm{d}T=\frac{\Delta a}{R}\ln\frac{T_3}{T_0}+\frac{\Delta b}{2R}(T_3-T_0)+\frac{\Delta c}{6R}(T_3^2-T_0^2)-\frac{4\Delta d}{R}(T_3^{-0.5}-T_0^{-0.5})$$

$$\Delta a=\sum_j\nu_ja_j,\quad \Delta b=\sum_j\nu_jb_j,\quad \Delta c=\sum_j\nu_jc_j,\quad \Delta d=\sum_j\nu_jd_j$$

$$\Delta H_0^{\ominus}=\sum_j\nu_j(\Delta h_{298}^{\mathrm{f}})_j,\quad \Delta G_0^{\ominus}=\sum_j\nu_j(\Delta g_{298}^{\mathrm{f}})_j$$

式中，T_0 为基准态的温度，这里是 298 K；j 只限于参与该反应的组分，这里是指参与 $CO_2 \rightleftharpoons CO+\frac{1}{2}O_2$ 和 $H_2O \rightleftharpoons H_2+\frac{1}{2}O_2$ 这两个反应的组分。ν_j 为 j 组分在该反应中的化学计量系数，对生成物，ν_j 取“+”；对反应物，ν_j 取“−”，下同。a、b、c、d 为比定

压热容计算表达式（$c_p=a+bT+cT^2+dT^{-0.5}$）中的常数；$(\Delta h_{298}^f)_j$ 与 $(\Delta g_{298}^f)_j$ 为 j 组分的标准生成焓与标准生成吉布斯自由能。各组分的对应值如表 5-8 所示。

表 5-8 比定压热容计算表达式常数及标准生成焓和标准生成吉布斯自由能

组分	编号	a	$b/10^{-4}$	$c/10^{-7}$	d	$(\Delta h_{298}^f)_j$ /(J/mol)	$(\Delta g_{298}^f)_j$ /(J/mol)
O_2	2	28.140	62.909	−7.486	0	0	0
CO_2	3	75.390	−1.870	0	−660.774	−393129	−394007
H_2O	4	29.135	144.795	−20.202	0	−241604	−228395
N_2	5	27.291	62.198	−9.493	0	0	0
CO	6	27.086	65.459	−9.978	0	−110436	−137146
H_2	7	26.852	43.430	−3.262	0	0	0

K_1 为第一个分解反应 $CO_2 \rightleftharpoons CO+\frac{1}{2}O_2$ 的化学平衡常数，对于此反应，有

$$\Delta a=a_6+\frac{a_2}{2}-a_3=27.086+\frac{28.140}{2}-75.390=-34.234\text{J/(mol}\cdot\text{K)}$$

$$\Delta b=b_6+\frac{b_2}{2}-b_3=\left(65.459+\frac{62.909}{2}+1.870\right)\times10^{-4}=9.878\times10^{-3}\text{J/(mol}\cdot\text{K}^2\text{)}$$

$$\Delta c=c_6+\frac{c_2}{2}-c_3=\left(-9.978+\frac{-7.486}{2}-0\right)\times10^{-7}=1.372\times10^{-6}\text{J/(mol}\cdot\text{K}^3\text{)}$$

$$\Delta d=d_6+\frac{d_2}{2}-d_3=0+\frac{0}{2}+660.774=660.774\text{J/(mol}\cdot\text{K}^{0.5}\text{)}$$

$$\Delta H_0^{\ominus}=(\Delta h_{298}^f)_6+\frac{(\Delta h_{298}^f)_2}{2}-(\Delta h_{298}^f)_3=-110436+\frac{0}{2}-(-393129)=282693\text{J/mol}$$

$$\Delta G_0^{\ominus}=(\Delta g_{298}^f)_6+\frac{(\Delta g_{298}^f)_2}{2}-(\Delta g_{298}^f)_3=-137146+\frac{0}{2}-(-394007)=256861\text{J/mol}$$

K_2 为第二个分解反应 $H_2O \rightleftharpoons H_2+\frac{1}{2}O_2$ 的化学平衡常数，对于此反应，有

$$\Delta a=a_7+\frac{a_2}{2}-a_4=26.852+\frac{28.140}{2}-29.135=11.787\text{J/(mol}\cdot\text{K)}$$

$$\Delta b=b_7+\frac{b_2}{2}-b_4=\left(43.430+\frac{62.909}{2}-144.795\right)\times10^{-4}=6.991\times10^{-3}\text{J/(mol}\cdot\text{K}^2\text{)}$$

$$\Delta c=c_7+\frac{c_2}{2}-c_4=\left[-3.262+\frac{-7.486}{2}-(-20.202)\right]\times10^{-7}=1.320\times10^{-6}\text{J/(mol}\cdot\text{K}^3\text{)}$$

$$\Delta d=d_7+\frac{d_2}{2}-d_4=0+\frac{0}{2}-0=0$$

$$\Delta H_0^{\ominus}=(\Delta h_{298}^f)_7+\frac{(\Delta h_{298}^f)_2}{2}-(\Delta h_{298}^f)_4=0+\frac{0}{2}-(-241604)=241604\text{J/mol}$$

$$\Delta G_0^{\ominus}=(\Delta g_{298}^f)_7+\frac{(\Delta g_{298}^f)_2}{2}-(\Delta g_{298}^f)_4=0+\frac{0}{2}-(-228395)=2283951\text{J/mol}$$

至此，在不同的温度 T_3 下，便可得到相应的 K_1、K_2，然后再进行下一步计算。在求解能量平衡过程中，需要用到 C_kH_l 的物性数据，这要视 k、l 的不同由具体的燃料而定。

b. 初值的选取。在迭代运算之前，需给两个变量 T_3 和 F_3 赋予初值，即 T_3^* 和 F_3^*。T_3^* 的初值可参照按产物不分解的计算结果赋给；F_3^* 是求物料平衡子问题所需的初值，由于产物的分解率不会很高，故亦按产物不分解考虑来赋给。

$$C_kH_l+\left(k+\frac{l}{4}\right)O_2 \longrightarrow kCO_2+\frac{l}{2}H_2O$$

$$\left(1 \quad + \; k+\frac{l}{4}\right) \quad : \quad \left(k \quad + \quad \frac{l}{2}\right)$$

$$(F_1 \quad + 0.21F_2) \quad : \quad (F_3^* \quad -0.79F_2)$$

所以有

$$\frac{1+k+\dfrac{l}{4}}{F_1+0.21F_2}=\frac{k+\dfrac{l}{2}}{F_3^*-0.79F_2}$$

将 $F_2=\left(k+\dfrac{l}{4}\right)\dfrac{F_1}{x_{22}}$ 代入上式，解出 F_3^* 得

$$F_3^*=F_1\left[\frac{0.79}{0.21}\left(k+\frac{l}{4}\right)+k+\frac{l}{2}\right] \tag{25}$$

假设取 $F_1=100\text{mol/h}$ 为计算基准，若 $k=1$、$l=4$，则燃料为甲烷，根据上式计算得到其 $F_3^*=1052.38\text{mol/h}$。由于分解反应使 F_3 有所增加，故 F_3^* 应比 1052.38mol/h 稍大一点。取 $F_3^*=1100\text{mol/h}$ 即可（在完全燃烧的假定下，F_3^* 取值不可小于 1052.38mol/h，否则将是无解的）。与此相似，若 $k=3$、$l=8$，则燃料为丙烷，$F_3^*=2580.95\text{mol/h}$，故取 $F_3^*=2600\text{mol/h}$ 即可。

（6）计算框图

本例中考虑部分燃烧产物分解时，烃类绝热燃烧温度计算框图如图 5-9 所示。

（7）计算结果

在燃料与空气均于常温常压下进入燃烧室及 $q=0$（绝热）条件下，计算结果及与实测值的比较如表 5-9 所示。

表 5-9　烃类绝热燃烧温度计算值与实测值

燃料	T_{3cal}/K		T_{3exp}/K	误差/%	
	不考虑分解	考虑分解		不考虑分解	考虑分解
CH_4	2328	2250	2148	8.4	4.7
C_2H_6	2382	2286	2168	9.9	5.4
C_2H_4	2566	2407	2248	14.1	7.1
C_2H_2	2905	2599	2600	11.7	0
C_3H_8	2395	2294	2200	8.9	4.3
n-C_4H_{10}	2400	2297	2168	10.7	6.0

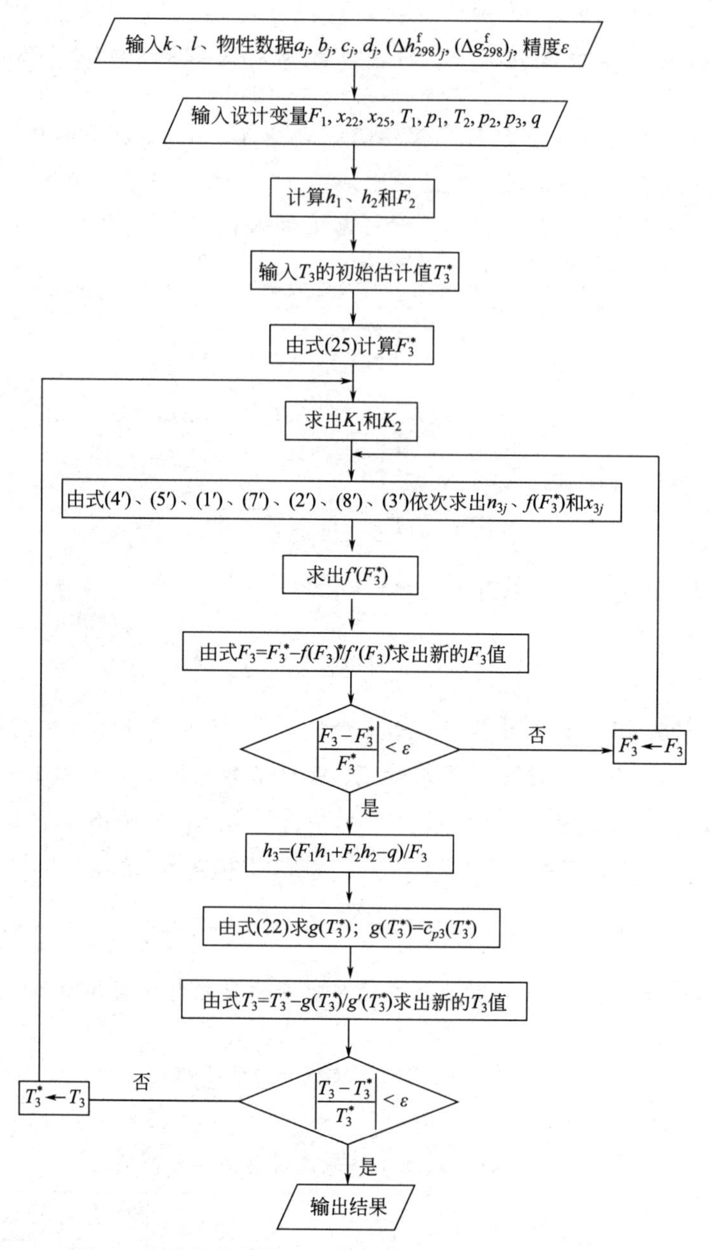

图 5-9 部分燃烧产物分解时烃类绝热燃烧温度计算框图

在［例 5-4］中，已经知道，燃烧温度的计算值比实测值高，主要是因为在计算时，没有考虑到部分产物分解的情况，而实际上在很高的火焰温度下会有部分燃烧产物发生分解。但由本例的计算结果可以看到，即使考虑了部分燃烧产物分解的情况，火焰温度的实测值仍低于所计算的理论值。其原因是在实测过程中，不可能达到真正的绝热，辐射传热、对流传热以及燃料的不完全燃烧均会造成能量的损失，从而引起温度下降。

（8）讨论

如上求解是由所列写的方程直接求解，它并非最佳求解方法，主要是物料平衡计算对F_3的初值要求严格。若所选初值比由式（25）算的值小，则方程组无解；初值太大可能出现不合理解或解不收敛。为此，利用两个分解反应的分解率作为求解变量来处理物料平衡子问题，则初值选取比较容易。

假设燃料的燃烧与产物的分解是依次发生的，全部燃料与氧均在产物分解之前耗尽，则每摩尔燃料产生 k mol CO_2 和 $\frac{l}{2}$ mol H_2O。令 CO_2 的分解率为 α_1，H_2O 的分解率为 α_2，则分解前后各组分的量可经由表5-10所列反应式表示。

表5-10 分解前后各组分的量

分解反应	$CO_2 \rightleftharpoons$	CO +	$\frac{1}{2}O_2$	$H_2O \rightleftharpoons$	H_2 +	$\frac{1}{2}O_2$
反应前的物质的量	k	0	0	$\frac{l}{2}$	0	0
分解或生成的物质的量	$k\alpha_1$	$k\alpha_1$	$\frac{1}{2}k\alpha_1$	$\frac{l}{2}\alpha_2$	$\frac{l}{2}\alpha_2$	$\frac{l}{4}\alpha_2$
反应后的物质的量	$k(1-\alpha_1)$	$k\alpha_1$	$\frac{1}{2}k\alpha_1$	$\frac{l}{2}(1-\alpha_2)$	$\frac{l}{2}\alpha_2$	$\frac{l}{4}\alpha_2$

不计氮气在内，每摩尔燃料在燃烧、分解后的总物质的量为

$$k(1-\alpha_1)+k\alpha_1+\frac{1}{2}k\alpha_1+\frac{l}{2}(1-\alpha_2)+\frac{l}{2}\alpha_2+\frac{l}{4}\alpha_2=k\left(1+\frac{1}{2}\alpha_1\right)+\frac{l}{2}\left(1+\frac{1}{2}\alpha_2\right)$$

与每摩尔燃料相当的氮的物质的量为

$$F_2x_{25}=F_2(1-x_{22})=\frac{1-x_{22}}{x_{22}}\left(k+\frac{l}{4}\right)$$

则流股3的摩尔流率为

$$F_3=k\left(1+\frac{1}{2}\alpha_1\right)+\frac{l}{2}\left(1+\frac{1}{2}\alpha_2\right)+\frac{1-x_{22}}{x_{22}}\left(k+\frac{l}{4}\right)$$

现在流股1中燃料的摩尔流率为 F_1，则流股3的摩尔流率为

$$F_3=\left[k\left(1+\frac{1}{2}\alpha_1\right)+\frac{l}{2}\left(1+\frac{1}{2}\alpha_2\right)+\frac{1-x_{22}}{x_{22}}\left(k+\frac{l}{4}\right)\right]F_1$$

所以

$$\frac{F_3}{F_1}=k\left(1+\frac{1}{2}\alpha_1\right)+\frac{l}{2}\left(1+\frac{1}{2}\alpha_2\right)+\frac{1-x_{22}}{x_{22}}\left(k+\frac{l}{4}\right) \tag{26}$$

流股3中各组分的摩尔流率为

$$n_{32}=\left(\frac{1}{2}k\alpha_1+\frac{l}{4}\alpha_2\right)F_1,\quad n_{33}=k(1-\alpha_1)F_1,\quad n_{34}=\frac{l}{2}(1-\alpha_2)F_1$$

$$n_{35}=\frac{1-x_{22}}{x_{22}}\left(k+\frac{l}{4}\right)F_1,\quad n_{36}=k\alpha_1F_1,\quad n_{37}=\frac{l}{2}\alpha_2F_1$$

所以流股3中各组分的摩尔分数为

$$x_{32}=\frac{n_{32}}{F_3}=\left(\frac{1}{2}k\alpha_1+\frac{l}{4}\alpha_2\right)\frac{F_1}{F_3},\quad x_{33}=\frac{n_{33}}{F_3}=k(1-\alpha_1)\frac{F_1}{F_3},\quad x_{34}=\frac{n_{34}}{F_3}=\frac{l}{2}(1-\alpha_2)\frac{F_1}{F_3}$$

$$x_{35}=\frac{n_{35}}{F_3}=\frac{1-x_{22}}{x_{22}}\left(k+\frac{l}{4}\right)\frac{F_1}{F_3},\quad x_{36}=\frac{n_{36}}{F_3}=k\alpha_1\frac{F_1}{F_3},\quad x_{37}=\frac{n_{37}}{F_3}=\frac{l}{2}\alpha_2\frac{F_1}{F_3}$$

将式(7′)除以式(8′)，再将 n_{33}、n_{34}、n_{36} 和 n_{37} 的表达式代入，则可得到一个由 α_1 表达 α_2 的方程

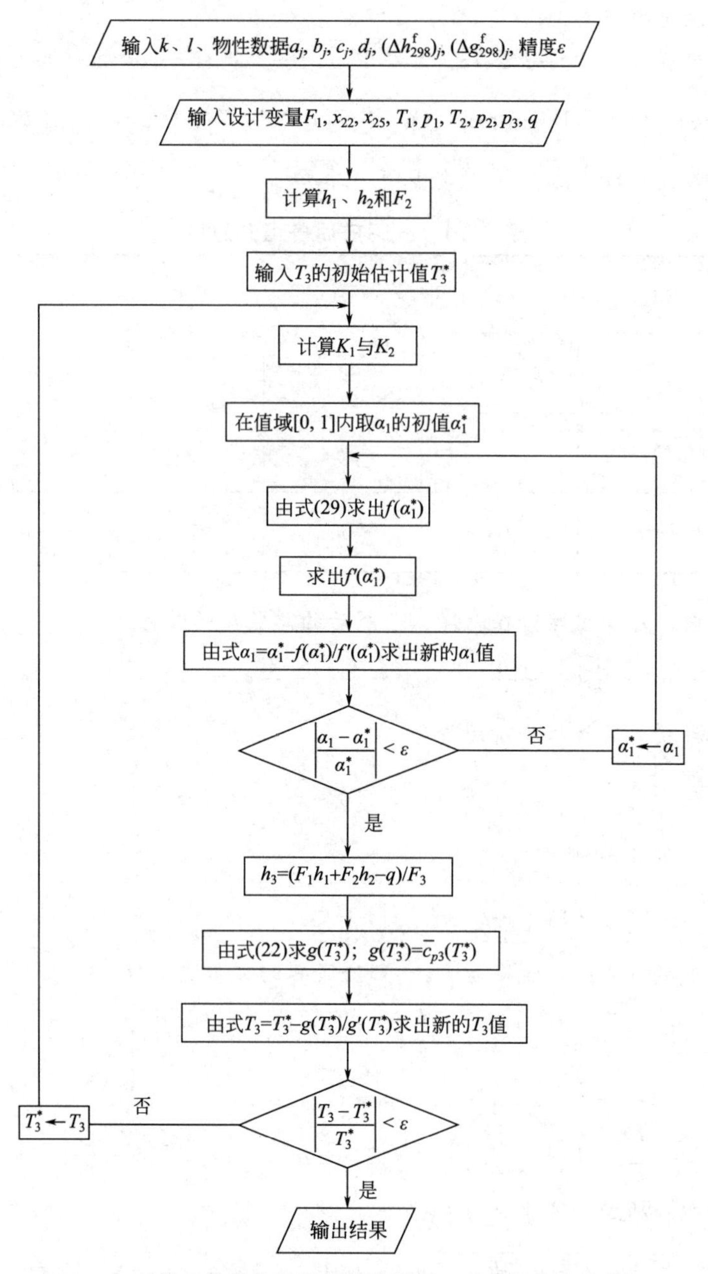

图 5-10 烃类绝热燃烧温度的计算框图（考虑燃烧产物分解）

$$\alpha_2=\frac{1}{1+\frac{K_1}{K_2}\frac{1-\alpha_1}{\alpha_1}} \tag{27}$$

再将 n_{32}、n_{33}、和 n_{36} 代入式（7′）中，便可得到一个含有两个未知数 T_3 和 α_1 的简单方程

$$K_1(T_3)=\frac{\alpha_1}{1-\alpha_1}\sqrt{\left(\frac{1}{2}k\alpha_1+\frac{l}{4}\alpha_2\right)\frac{F_1}{F_3}} \tag{28}$$

其中，$\frac{F_1}{F_3}$与 α_2 分别由式（26）与式（27）均表达成 α_1 的函数。在 T_3 为剥离变量的情

况下，式（28）只是关于α_1的一元非线性方程。

采用牛顿迭代法，令

$$f(\alpha_1)=K_1(T_3^*)-\frac{\alpha_1}{1-\alpha_1}\sqrt{\left(\frac{1}{2}k\alpha_1+\frac{l}{4}\alpha_2\right)\frac{F_1}{F_3}} \tag{29}$$

赋予α_1初值α_1^*，求出$f(\alpha_1^*)$及$f'(\alpha_1^*)$，则新的α_1为

$$\alpha_1=\alpha_1^*-\frac{f(\alpha_1^*)}{f'(\alpha_1^*)}$$

比较α_1与α_1^*，当满足$\left|\frac{\alpha_1-\alpha_1^*}{\alpha_1^*}\right|<\varepsilon$时，即达到收敛。

能量平衡同第一步方法。以燃烧产物分解率为求解变量来处理物料平衡子问题时，烃类绝热燃烧温度的计算框图如图5-10所示。由于CO_2分解率α_1的取值范围为$0\leqslant\alpha_1\leqslant 1$，故可在值域[0,1]内取$\alpha_1$的初值$\alpha_1^*$，收敛性较好。

5.4 精馏塔的逐级计算

精馏塔的逐级计算是化学工程中一种重要的计算。在精馏塔的逐级计算过程中，每一级的物料平衡与能量平衡都必须联立求解，各级的计算又由逆流流动相互关联起来。要对全塔进行过程模拟，必须对描述全塔各级物料、能量平衡问题的全部方程进行联立求解。

精馏塔是一种典型的过程单元，如图5-11所示。

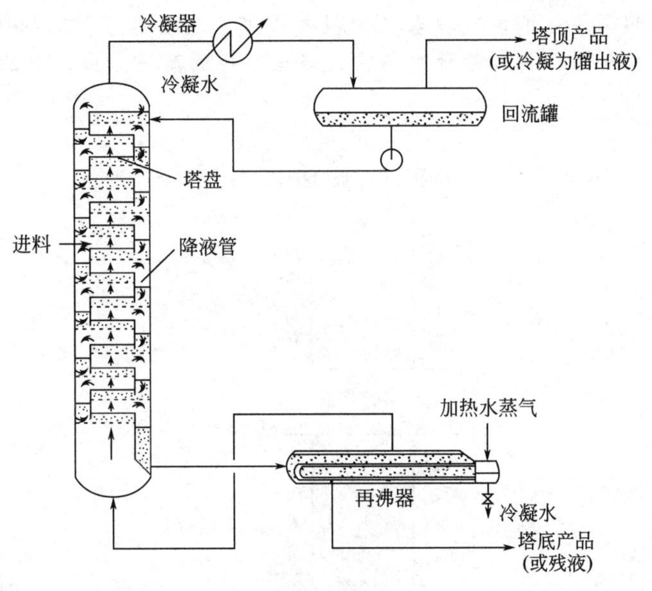

图5-11 精馏塔

精馏塔的作用是对含有多种挥发组分的混合物进料物流进行分离和精制。由塔顶获得富含轻组分的馏出产物，由塔底获得富含重组分的塔釜产物。塔内装有许多塔盘，上一块塔盘上的液体借重力往下流，下一块塔盘上的蒸汽向上升，穿过液体，发生汽-液传质。塔盘上的轻组分进入气相，随蒸汽上升；蒸汽中的重组分进入液相，随液体向下流。经多级传质，

实现分离目的。泡罩塔、筛板塔及浮阀塔均属常规精馏塔。

下面将通过［例 5-6］讨论精馏塔的逐级计算。

【例 5-6】 对多元混合物原料，利用图 5-6 所示的精馏塔将其分离为馏出物（低沸物）与塔釜液（高沸物）。试作出物料平衡与能量平衡。假设：

① 每一级在馏出物之间的传热与传质均达到平衡（实际上，精馏塔的每一级并不是平衡的，但利用这种平衡的概念可以确定一个效率，用这个效率与塔的实际特性关联起来）。

② 冷凝器刚好把全部蒸汽冷凝为其泡点下的液体（全凝器），而后再把这种液体分成两股：馏出产品和回流液。

③ 塔板数为已知，而要计算产品的流量与组成，即模拟问题（若在不同的塔板数下进行若干次计算，也可根据得到的产品工况确定合适的塔板数，即设计问题）。

解：

(1) 计算简图　精馏塔的每一块塔板都有两股输入物流和两股输出物流，并且是以液体向下流动、蒸汽向上流动构成逆流操作，如图 5-12 所示。按照平衡的假定，离开各块塔板的产品物流具有相同的温度和压力。计算简图中，L_l 与 V_l 分别为离开第 l 块塔板的液体与蒸汽的摩尔流量；h_l^{L} 与 h_l^{v} 分别为离开第 l 块塔板的液体与蒸汽的焓值；T_l、p_l、q_l 分别为第 l 块塔板上的温度、压力与热损失（对冷凝器与再沸器则为冷凝传热速率与加热速率）；$x_{l,j}$ 与 $y_{l,j}$ 分别为离开第 l 块塔板的液体与蒸汽中组分 j 的摩尔分数。塔板的序号是从塔顶向塔底编排的，如图 5-13 所示。精馏塔的总级数用 N_{T} 来表示，冷凝器为第 1 级塔板，再沸器为第 N_{T} 级塔板。进料物流的流量与组成分别用 F、z_j 表示，f 为进料板位置。馏出物与塔釜液的流量分别用 D 与 B 表示。进料板多一股物流进入，再沸器无来自下面的蒸汽，冷凝器无来自上面的液体，馏出物组成（和回流液组成）与来自第 2 块板的蒸汽组成相同。虽然没有蒸汽离开全凝器，但必须计算与回流液呈平衡的蒸汽组成，目的是为了计算其泡点温度。

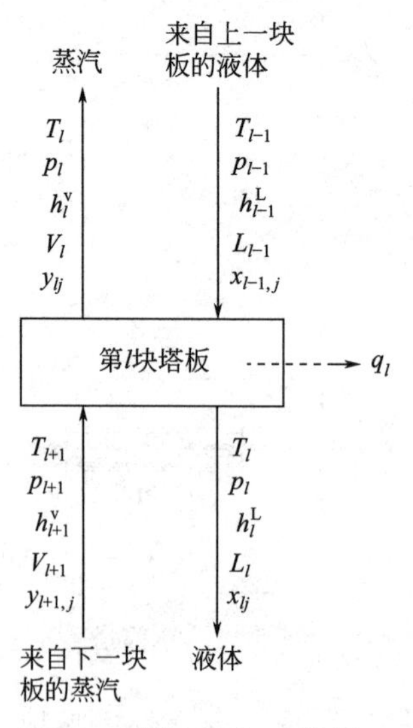

图 5-12 ［例 5-6］计算简图

(2) 方程与约束式

① 物料平衡方程　对第 l 块塔板

$$V_{l+1}y_{l+1,j}+L_{l-1}x_{l-1,j}=V_l y_{lj}+L_l x_{lj} \qquad (j=1,2,\cdots,N_c) \tag{1}$$

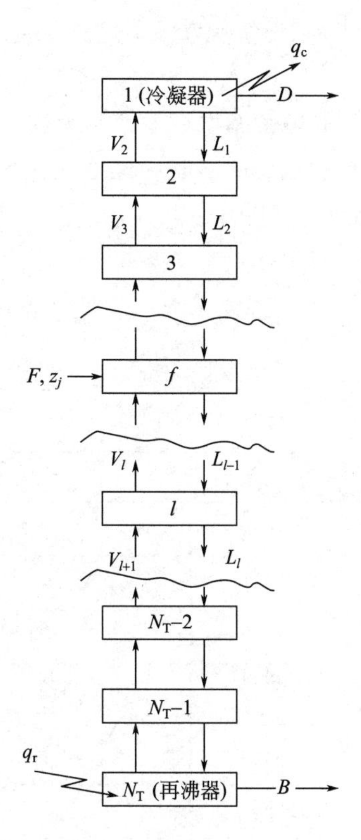

图5-13 精馏塔的逐级计算示意图

将式(1)变为适用于冷凝器、进料板和再沸器的物料平衡方程，则有

冷凝器 $V_2y_{2j}=(L_1+D)x_{1j}$

$$(j=1,2,\cdots,N_c) \tag{1a}$$

进料板 $V_{f+1}y_{f+1,j}+L_{f-1}x_{f-1,j}+Fz_j=V_f y_{fj}+L_f x_{fj}$

$$(j=1,2,\cdots,N_c) \tag{1b}$$

再沸器 $L_{N_T-1}x_{N_T-1,j}=V_{N_T}y_{N_Tj}+Bx_{N_Tj}$

$$(j=1,2,\cdots,N_c) \tag{1c}$$

② 摩尔分数约束式 对于$(2N_T-2)$股内部物流来说，每一股都有一个方程

$$\sum_{j=1}^{N_c}x_j=1 \tag{2a}$$

$$\sum_{j=1}^{N_c}y_j=1 \tag{2b}$$

此外，对于冷凝器中的平衡蒸汽（计算液体泡点所需的蒸汽组成）以及对于塔釜液B都各有一个方程。进料组成是已知的，馏出物D的组成与L_1的组成相同。因此，总计有$(2N_T-2)+1+1=2N_T$个摩尔分数约束式。

③ 设备约束式 首先是平衡约束式。自第l块塔板流出的气相物流与液相物流呈汽液平衡状态，两相的逸度相等，即

$$\hat{f}_{lj}^{v}(T_l,p_l,y_{l,1},y_{l,2},\cdots,y_{l,N_c-1})=\hat{f}_{lj}^{L}(T_l,p_l,y_{l,1},y_{l,2},\cdots,y_{l,N_c-1})$$

$$(j=1,2,\cdots,N_c) \tag{3}$$

然后是回流比。从冷凝器返回到塔内的液体叫作回流液，其量的大小影响塔的性能。回流比R是指回流量L_1与产品流出量D之比，即

$$R=\frac{L_1}{D} \tag{4}$$

对于给定的塔板数，产品的纯度随回流比的增加而提高。但回流比增加后，需要加热和冷却的内部物流量也增加，其操作费用也相应提高。所以要综合考虑，选择一个比较适宜的回流比。

④ 能量平衡方程 对第l块塔板

$$V_{l+1}h_{l+1}^{v}+L_{l-1}h_{l-1}^{L}=V_l h_l^{v}+L_l h_l^{L}+q_l \tag{5}$$

将式(5)变为适用于冷凝器、进料板和再沸器的能量平衡方程，则有

冷凝器 $$V_2h_2^{v}=(L_1+D)h_1^{L}+q_c \tag{5a}$$

进料板

$$V_{f+1}h_{f+1}^{v}+L_{f-1}h_{f-1}^{L}+Fh_f=V_f h_f^{v}+L_f h_f^{L}+q_f \tag{5b}$$

式中，h_f为进料物流的焓值。

再沸器 $$L_{N_T-1}h_{N_T-1}^{L}+q_r=V_{N_T}h_{N_T}^{v}+Bh_B \tag{5c}$$

式中，h_B 为塔釜液的焓值。

⑤ 焓值方程 对于 $(2N_T-2)$ 股内部物流、馏出物、塔釜液以及进料流股来说，每一股物流都有一个焓值方程。这种方程的详式取决于物流是液体还是气体，焓又是温度、压力和组成的函数。假定进料焓是已知的，由于馏出物的摩尔焓与 L_1 的摩尔焓相同，即 $h_{L_1}=h_D$。所以，总计有 $(2N_T-2)+1-1+1=(2N_T-1)$ 个焓值方程。

(3) 变量分析

① 变量数 全塔包含物流 $(2N_T-2)+3=(2N_T+1)$ 个、变量 $2N_TN_c+7N_T+N_c+6$ 个，详见表 5-11。

表 5-11 变量数分析

变量	变量数	备注
流量	$2N_T+1$	
温度	N_T+1	每块塔板一个温度，外加进料温度
压力	N_T+1	每块塔板一个压力，外加进料压力
组成	$(2N_T+1)N_c$	包括 y_{1j}，但不包括 D 的组成（D 与 L_1 组成相同，即 $x_{L_1,j}=x_{Dj}$）
焓值	$2N_T$	不包括物流 D 的焓值（D 的焓值与 L_1 的相同，即 $h_{L_1}=h_D$）
热流 q_l	N_T	每一级一个热流
回流比 R	1	
板数 N_T	1	
进料位置 f	1	
合计	$2N_TN_c+7N_T+N_c+6$	

② 方程数 $N_e=2N_TN_c+5N_T$，详见表 5-12。

表 5-12 方程数分析

方程类型	方程数	方程类型	方程数
相平衡约束式	N_TN_c	摩尔分数约束式	$2N_T$
物料平衡方程	N_TN_c	焓值方程	$2N_T-1$
能量平衡方程	N_T	总计	$2N_TN_c+5N_T$
回流比 R	1		

③ 设计变量

$$N_d=N_v-N_e=2N_TN_c+7N_T+N_c+6-(2N_TN_c+5N_T)=2N_T+N_c+6$$

例如，一个具有 15 块塔板（$N_T=15$）和三元混合物（$N_c=3$）的精馏塔，共有：变量 $2\times15\times3+7\times15+3+6=204$ 个，需要联立求解的方程 $2\times15\times3+5\times15=165$ 个，设计变量 $2\times15+3+6=39$ 个。

对于模拟问题，一组合适的设计变量见表 5-13。

表5-13　设计变量

变量类型	变量数	变量类型	变量数
馏出物流量 D	1	进料物流的流量、温度、压力、组成与性质	N_c+4
回流比 R	1	塔板级数 N_T	1
传热速率 q（再沸器和冷凝器除外）	N_T-2	进料位置 f	1
压力 p	N_T	总计	$2N_T+N_c+6$

(4) 求解方程组

关于求解方程与迭代技术，在有关逐级计算的教科书及分离工程方面的书目中，都有专门的论述。这里介绍王-亨克（Wang-Henke）法求解的基本过程。这种方法是从每块塔板上的温度和流量的估计值开始计算。如果精馏塔是在较低的压力下操作，则逸度方程式（3）可写成

$$k_{lj}=\frac{y_{lj}}{x_{lj}}$$

式中，k_{lj} 为 j 组分在第 l 级塔板的 T_l 和压力 p_l 下的汽液平衡常数，$k_{lj}=\dfrac{p_{lj}^{s}\gamma_{lj}}{p_l}$；$p_{lj}^{s}$ 为 j 组分在 T_l 下的饱和蒸气压；γ_{lj} 为 j 组分在 T_l、p_l 与液相组成 x_{lj} 的活度系数。将各级塔板上的物料平衡与能量平衡方程写得稍加详细些，则有

① 物料平衡方程与约束式

第1级（冷凝器）：$V_2y_{2j}=(L_1+D)x_{1j}$，$y_{1j}=k_{1j}x_{1j}$，$R=\dfrac{L_1}{D}$

第2级：$V_3y_{3j}+L_1x_{1j}=V_2y_{2j}+L_2x_{2j}$，$y_{2j}=k_{2j}x_{2j}$

第3级：$V_4y_{4j}+L_2x_{2j}=V_3y_{3j}+L_3x_{3j}$，$y_{3j}=k_{3j}x_{3j}$

⋮　　　⋮

第 f 级（进料板）：$V_{f+1}y_{f+1,j}+L_{f-1}x_{f-1,j}+Fz_j=V_fy_{fj}+L_fx_{fj}$，$y_{fj}=k_{fj}x_{fj}$

第（$f+1$）级：$V_{f+2}y_{f+2,j}+L_fx_{fj}=V_{f+1}y_{f+1,j}+L_{f+1}x_{f+1,j}$，$y_{f+1,j}=k_{f+1,j}x_{f+1,j}$

⋮　　　⋮

第 N_T 级（再沸器）：$L_{N_T-1}x_{N_T-1,j}=V_{N_T}y_{N_T,j}+Bx_{N_T,j}$，　$y_{N_T,j}=k_{N_T,j}x_{N_T,j}$

以上诸式中，$j=1$，2，…，N_c。

② 能量平衡方程

第1级（冷凝器）：$V_2h_2^{v}=(L_1+D)h_1^{L}+q_c$

第2级：$V_3h_3^{v}+L_1h_1^{L}=V_2h_2^{v}+L_2h_2^{L}+q_2$

第3级：$V_4h_4^{v}+L_2h_2^{L}=V_3h_3^{v}+L_3h_3^{L}+q_3$

⋮　　　⋮

第 f 级（进料板）：$V_{f+1}h_{f+1}^{v}+L_{f-1}h_{f-1}^{L}+Fh_f=V_fh_f^{v}+L_fh_f^{L}+q_f$

第（$f+1$）级：$V_{f+2}h^{v}_{f+2}+L_{f}h^{L}_{f}=V_{f+1}h^{v}_{f+1}+L_{f+1}h^{L}_{f+1}+q_{f+1}$

⋮ ⋮

第 N_T-1 级：$V_{N_T}h^{v}_{N_T}+L_{N_T-2}h^{L}_{N_T-2}=V_{N_T-1}h^{v}_{N_T-1}+L_{N_T-1}h^{L}_{N_T-1}+q_{N_T-1}$

第 N_T 级（再沸器）：$L_{N_T-1}h^{L}_{N_T-1}=V_{N_T}h^{v}_{N_T}+Bh_B-q_r$

③ 摩尔分数约束式

$$\sum_{j=1}^{N_c}x_{lj}=1,\quad \sum_{j=1}^{N_c}y_{lj}=1\qquad(l=1,2,\cdots,N_T)$$

④ 焓值方程

共计（$2N_T-1$）个。

将相平衡约束式 $y_{lj}=k_{lj}x_{lj}$ 代入物料平衡方程，经整理可得

$$\begin{aligned}
&-(L_1+D)x_{1j}+V_2k_{2j}x_{2j} &&=0\\
&L_1x_{1j}-(V_2k_{2j}+L_2)x_{2j}+V_3k_{3j}x_{3j} &&=0\\
&L_2x_{2j}-(V_3k_{3j}+L_3)x_{3j}+V_4k_{4j}x_{4j} &&=0\\
&\ddots\\
&L_{f-1}x_{f-1,\,j}-(V_fk_{fj}+L_f)x_{fj}+V_{f+1}k_{f+1,\,j}x_{f+1,\,j} &&=-Fz_j\\
&L_fx_{fj}-(V_{f+1}k_{f+1,\,j}+L_{f+1})x_{f+1,\,j}+V_{f+2}k_{f+2,\,j}x_{f+2,\,j} &&=0\\
&\ddots\\
&L_{N_T-1}x_{N_T-1,\,j}-(V_{N_T}k_{N_T,\,j}+B)x_{N_T,\,j} &&=0
\end{aligned}$$

如上方程组可写成矩阵形式，令

$$\mathbf{A}_j=\begin{pmatrix}
-(L_1+D) & V_2k_{2j} & & & & & \\
L_1 & -(V_2k_{2j}+L_2) & V_3k_{3j} & & & & \\
 & L_2 & -(V_3k_{3j}+L_3) & V_4k_{4j} & & & \\
 & & \ddots & \ddots & \ddots & & \\
 & & & L_{f-1} & -(V_fk_{fj}+L_f) & V_{f+1}k_{f+1,j} & \\
 & & & & \ddots & \ddots & \ddots \\
 & & & & & L_{N_T-1} & -(V_{N_T}k_{N_T,j}+B)
\end{pmatrix}$$

$$\mathbf{x}_j=\begin{pmatrix}x_{1j}\\x_{2j}\\x_{3j}\\\vdots\\\vdots\\x_{fj}\\\vdots\\\vdots\\x_{N_T,j}\end{pmatrix},\quad \mathbf{C}_j=\begin{pmatrix}0\\0\\0\\\vdots\\0\\-Fz_j\\0\\\vdots\\0\end{pmatrix}$$

则

$$\mathbf{A}_j\cdot\mathbf{x}_j=\mathbf{C}_j\qquad(j=1,2,\cdots,N_c)\tag{6}$$

可见，物料平衡子问题构成 N_c 个形式如式（6）的矩阵方程组。矩阵 $\boldsymbol{A}_j$ 为三对角矩阵，其中产品流出量 D 为设计变量，按式（4）可求得 L_1：$L_1=RD$

由冷凝器的物料平衡有 $V_2=L_1+D=(R+1)D$

通过对全塔的物料平衡有 $B=F-D$

按王-亨克（Wang-Henke）法，首先对各级塔板的温度 T_l 赋予初值 T_l^*，则可先按 $\gamma_{lj}=1$ 估计出 k_{lj}^*

$$k_{lj}^*=\left.\frac{p_{lj}^{s}\gamma_{lj}}{p_l}\right|_{\gamma_{lj}=1}=\frac{p_{lj}^{s}}{p_l}$$

再对 V_l（$l=3,4,\cdots,N_T$）赋予初值，则可通过关系式

$$L_l=V_{l+1}^*+L_{l-1}-V_l^*$$

依次求出 L_l（$l=2,3,\cdots,N_{T-1}$）。此时三对角矩阵 $\boldsymbol{A}_j$ 中的每一元素均为已知量。求解矩阵方程式（6），得各板上的液相组成：

$$\boldsymbol{x}_j=\begin{pmatrix} x_{1j} \\ x_{2j} \\ x_{3j} \\ \vdots \\ \vdots \\ x_{fj} \\ \vdots \\ \vdots \\ x_{N_T,j} \end{pmatrix}=\boldsymbol{A}_j^{-1}\boldsymbol{C}_j \qquad (j=1,2,\cdots,N_c)$$

因为流量与 k 值都是估计的，故求解出的各板摩尔分数之和不一定等于1。如果不等于1，则须进行归一化处理：

$$x_{lj}\leftarrow\frac{x_{lj}}{\sum_{j=1}^{N_c}x_{lj}} \tag{7}$$

然后计算各块板上的泡点温度（参见［例5-2］）、蒸汽组成（$y_{lj}=k_{lj}x_{lj}$），并计算各股物流的焓值：

$$h_l^{v}=h_l^{v}(T_l,p_l,y_{l1},y_{l2},\cdots,y_{l,N_c-1}) \tag{8a}$$

$$h_l^{L}=h_l^{L}(T_l,p_l,x_{l1},x_{l2},\cdots,x_{l,N_c-1}) \tag{8b}$$

最后，利用每一块板上的物料平衡与能量平衡依次求出各块板的蒸汽流量与液体流量：

第2级

$$V_3+L_1=V_2+L_2$$

$$V_3h_3^{v}+L_1h_1^{L}=V_2h_2^{v}+L_2h_2^{L}+q_2$$

解得

$$V_3=\frac{V_2(h_2^{v}-h_2^{L})+L_1(h_2^{L}-h_1^{L})+q_2}{h_3^{v}-h_2^{L}} \tag{9a}$$

$$L_2=V_3+L_1-V_2 \tag{10a}$$

第3级

$$V_4+L_2=V_3+L_3$$

$$V_4h_4^{v}+L_2h_2^{L}=V_3h_3^{v}+L_3h_3^{L}+q_3$$

解得
$$V_4=\frac{V_3(h_3^{\mathrm{v}}-h_3^{\mathrm{L}})+L_2(h_3^{\mathrm{L}}-h_2^{\mathrm{L}})+q_3}{h_4^{\mathrm{v}}-h_3^{\mathrm{L}}} \tag{9b}$$

$$L_3=V_4+L_2-V_3 \tag{10b}$$

⋮ ⋮

第 f 级（进料板）
$$V_{f+1}+L_{f-1}+F=V_f+L_f$$
$$V_{f+1}h_{f+1}^{\mathrm{v}}+L_{f-1}h_{f-1}^{\mathrm{L}}+Fh_f=V_fh_f^{\mathrm{v}}+L_fh_f^{\mathrm{L}}+q_f$$

解得
$$V_{f+1}=\frac{V_f(h_f^{\mathrm{v}}-h_f^{\mathrm{L}})+L_{f-1}(h_f^{\mathrm{L}}-h_{f-1}^{\mathrm{L}})+F(h_f^{\mathrm{L}}-h_f)+q_f}{h_{f+1}^{\mathrm{v}}-h_f^{\mathrm{L}}} \tag{9c}$$

$$L_f=V_{f+1}+L_{f-1}+F-V_f \tag{10c}$$

第（$f+1$）级
$$V_{f+2}+L_f=V_{f+1}+L_{f+1}$$
$$V_{f+2}h_{f+2}^{\mathrm{v}}+L_fh_f^{\mathrm{L}}=V_{f+1}h_{f+1}^{\mathrm{v}}+L_{f+1}h_{f+1}^{\mathrm{L}}+q_{f+1}$$

解得
$$V_{f+2}=\frac{V_{f+1}(h_{f+1}^{\mathrm{v}}-h_{f+1}^{\mathrm{L}})+L_f(h_{f+1}^{\mathrm{L}}-h_f^{\mathrm{L}})+q_{f+1}}{h_{f+2}^{\mathrm{v}}-h_{f+1}^{\mathrm{L}}} \tag{9d}$$

$$L_{f+1}=V_{f+2}+L_f-V_{f+1} \tag{10d}$$

⋮ ⋮

第（$N_{\mathrm{T}}-1$）级
$$V_{N_{\mathrm{T}}}+L_{N_{\mathrm{T}}-2}=V_{N_{\mathrm{T}}-1}+L_{N_{\mathrm{T}}-1}$$
$$V_{N_{\mathrm{T}}}h_{N_{\mathrm{T}}}^{\mathrm{v}}+L_{N_{\mathrm{T}}-2}h_{N_{\mathrm{T}}-2}^{\mathrm{L}}=V_{N_{\mathrm{T}}-1}h_{N_{\mathrm{T}}-1}^{\mathrm{v}}+L_{N_{\mathrm{T}}-1}h_{N_{\mathrm{T}}-1}^{\mathrm{L}}+q_{N_{\mathrm{T}}-1}$$

解得

$$V_{N_{\mathrm{T}}}=\frac{V_{N_{\mathrm{T}}-1}(h_{N_{\mathrm{T}}-1}^{\mathrm{v}}-h_{N_{\mathrm{T}}-1}^{\mathrm{L}})+L_{N_{\mathrm{T}}-2}(h_{N_{\mathrm{T}}-1}^{\mathrm{L}}-h_{N_{\mathrm{T}}-2}^{\mathrm{L}})+q_{N_{\mathrm{T}}-1}}{h_{N_{\mathrm{T}}}^{\mathrm{v}}-h_{N_{\mathrm{T}}-1}^{\mathrm{L}}} \tag{9e}$$

$$L_{N_{\mathrm{T}}-1}=V_{N_{\mathrm{T}}}+L_{N_{\mathrm{T}}-2}-V_{N_{\mathrm{T}}-1} \tag{10e}$$

将计算所得到的各板泡点温度 T_l（$l=1,2,\cdots,N_{\mathrm{T}}$）与蒸汽流量 V_l（$l=3,4,\cdots,N_{\mathrm{T}}$）与其初始值进行比较，若满足精度，则由冷凝器与再沸器的能量平衡求出冷凝器热负荷与再沸器热负荷（含热损失）：

$$q_{\mathrm{c}}=V_2h_2^{\mathrm{v}}-(L_1+D)h_1^{\mathrm{L}} \tag{11a}$$

$$q_{\mathrm{r}}=V_{N_{\mathrm{T}}}h_{N_{\mathrm{T}}}^{\mathrm{v}}+Bh_B-L_{N_{\mathrm{T}}-1}h_{N_{\mathrm{T}}-1}^{\mathrm{L}} \tag{11b}$$

输出全部计算结果。若不满足精度，则将算得的泡点温度 T_l（$l=1,2,\cdots,N_{\mathrm{T}}$）及蒸汽流量 V_l（$l=3,4,\cdots,N_{\mathrm{T}}$）作为新的估计值，迭代计算，直到满足计算精度。

（5）初值选取　T_l 的初值可首先估计出塔顶与塔底温度，中间各板温度的初值按线性分布选取。V_l 的初值则可参考 V_2 值，按等物质的量流动取。

（6）计算框图　精馏塔的逐级计算框图如图5-14所示。

【例5-7】含苯0.35（摩尔分数，下同）、甲苯0.35、乙苯0.3的饱和三元液体混合物，以100kmol/h的流率进入一带有侧线出料的精馏塔，在常压下进行分离。已知此塔具有5块塔板（即 $N_{\mathrm{T}}=5$，其中塔顶为全凝器，编号为第1块板；塔底为再沸器，编号为第5块板），进料加在编号为3的塔板上，在编号为2的塔板上有一液相侧线出料，出料量 $U_2=$ 10kmol/h，塔顶出料量 $D=40$kmol/h，回流比 $R=1$，操作压力 $p=0.1013$MPa。求分离后各块板的浓度分布及温度分布（假定为恒分子流）。

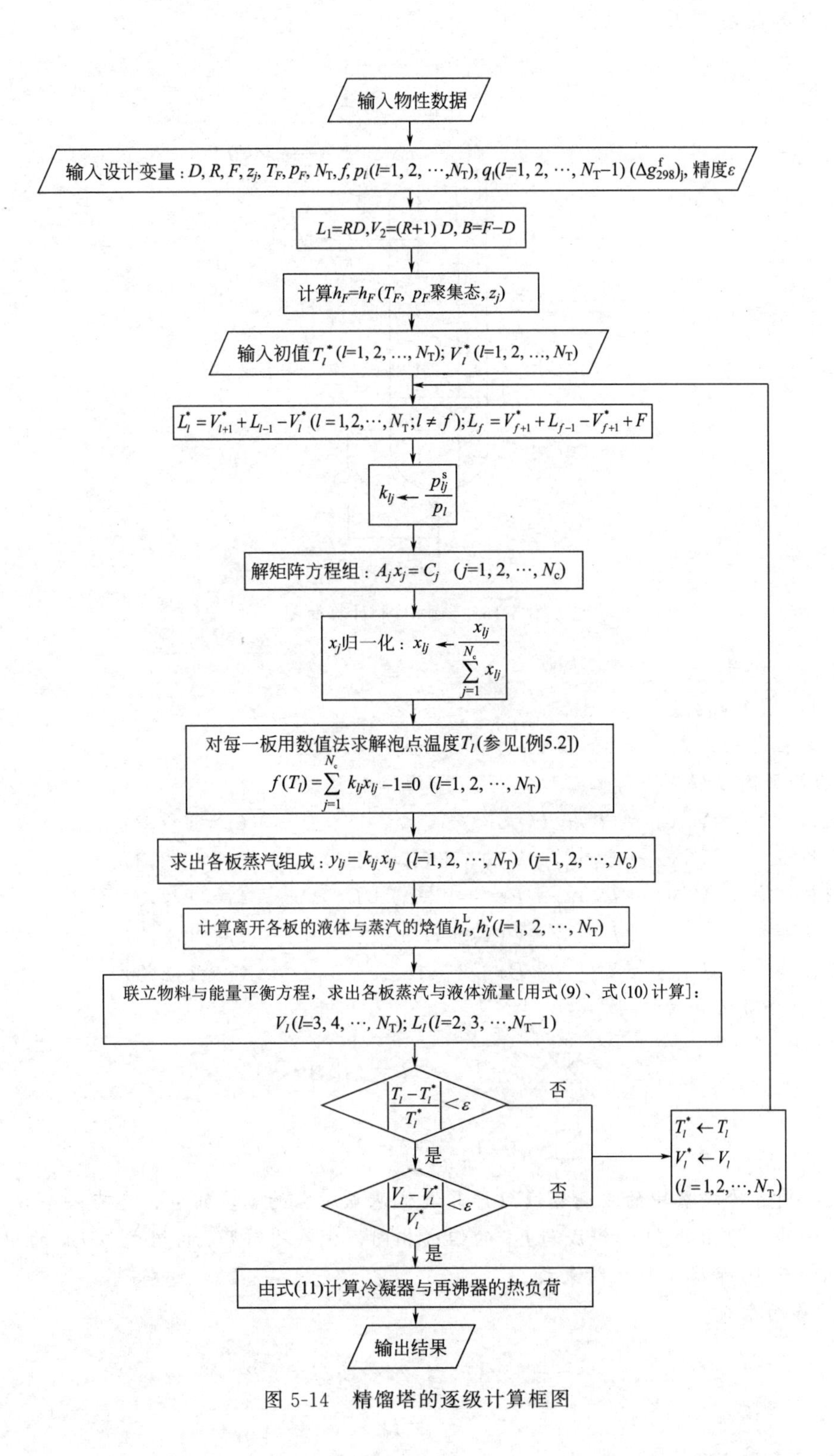

图 5-14　精馏塔的逐级计算框图

解：

（1）计算简图（见图 5-15）

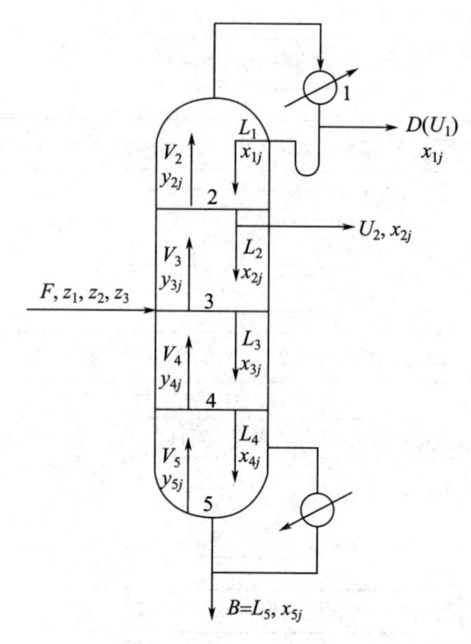

图 5-15 ［例 5-7］计算简图

（2）组分编号

苯：1，甲苯：2，乙苯：3

（3）方程与约束式

① 物料平衡方程

冷凝器 $V_2y_{2j}=(L_1+D)x_{1j}$ $(j=1,2,3)$ (1)

第 2 块板 $V_3y_{3j}+L_1x_{1j}=V_2y_{2j}+(L_2+U_2)x_{2j}$ $(j=1,2,3)$ (2)

进料板 $V_4y_{4j}+L_2x_{2j}+Fz_j=V_3y_{3j}+L_3x_{3j}$ $(j=1,2,3)$ (3)

第 4 块板 $V_5y_{5j}+L_3x_{3j}=V_4y_j+L_4x_{4j}$ $(j=1,2,3)$ (4)

再沸器 $L_4x_{4j}=V_5y_{5j}+Bx_{5j}$ $(j=1,2,3)$ (5)

② 摩尔分数约束式

$$\sum_{j=1}^{3}x_{lj}=1 \qquad (l=1,2,\cdots,5) \tag{6}$$

$$\sum_{j=1}^{3}y_{lj}=1 \qquad (l=2,3,\cdots,5) \tag{7}$$

此外，对于冷凝器中的平衡蒸汽（计算液体泡点所需的蒸汽组成）还有一个方程。进料组成是已知的，馏出物 D 的组成与 L_1 的组成相同，侧线出料 U_2 的组成与 L_2 的组成相同。因此，总计有 10 个摩尔分数约束式。

③ 设备约束式

$$k_{lj}=\frac{y_{lj}}{x_{lj}} \qquad (l=1,2,\cdots,5;j=1,2,3) \tag{8}$$

$$L_1=D \tag{9}$$

④ 能量平衡方程

冷凝器

$$V_2h_2^{\mathrm{v}}=(L_1+D)h_1^{\mathrm{L}}+q_{\mathrm{c}} \tag{10}$$

第2块板 $$V_3h_3^{\mathrm{v}}+L_1h_1^{\mathrm{L}}=V_2h_2^{\mathrm{v}}+(L_2+U_2)h_2^{\mathrm{L}}+q_2 \tag{11}$$

进料板 $$V_4h_4^{\mathrm{v}}+L_2h_2^{\mathrm{L}}+Fh_f=V_3h_3^{\mathrm{v}}+L_3h_3^{\mathrm{L}}+q_f \tag{12}$$

第4块板 $$V_5h_5^{\mathrm{v}}+L_3h_3^{\mathrm{L}}=V_4h_4^{\mathrm{v}}+L_4h_4^{\mathrm{L}}+q_4 \tag{13}$$

再沸器 $$L_4h_4^{\mathrm{L}}+q_{\mathrm{r}}=V_5h_5^{\mathrm{v}}+Bh_B \tag{14}$$

式中，h_B 为塔釜液的焓值。

⑤ 焓值方程　对于8股内部物流、馏出物、塔釜液、进料流股以及侧线出料来说，每一股物流都有一个焓值方程。假定进料焓是已知的，由于馏出物的摩尔焓与 L_1 的摩尔焓相同，即 $h_{L_1}=h_D$；侧线出料的摩尔焓与 L_2 的摩尔焓相同，即 $h_{L_2}=h_{U_2}$。所以，总计有9个焓值方程。

(4) 变量分析

① 变量数　全塔包含12个物流，75个变量，详见表5-14。

表5-14　变量数分析

变量	变量数	备注
流量	12	
温度	6	每块塔板一个温度，外加进料温度
压力	6	每块塔板一个压力，外加进料压力
组成	33	包括 y_{1j}，但不包括 D 和 U_2 的组成，D 与 L_1 组成相同，U_2 与 L_2 组成相同
焓值	10	不包括物流 D 和 U_2 的焓值（D 的焓值与 L_1 的相同，U_2 的焓值与 L_2 的相同）
热流 q_l	5	每一级一个热流
回流比 R	1	
板数 N_{T}	1	
进料位置 f	1	
合计	75	

② 方程数　$N_{\mathrm{e}}=55$，详见表5-15。

表5-15　方程数分析

方程类型	方程数	方程类型	方程数
相平衡约束式	15	摩尔分数约束式	10
物料平衡方程	15	焓值方程	9
能量平衡方程	5	总计	55
回流比 R	1		

③ 设计变量

$$N_{\mathrm{d}}=N_{\mathrm{v}}-N_{\mathrm{e}}=75-55=20$$

(5) 求解方程组

这里采用王-亨克（Wang-Henke）法来求解此问题，先从每块塔板上的温度和流量的估计值开始计算。

从手册查得各组分的安托因常数值，其计算饱和蒸气压的公式为

$$\ln p_{lj}^{s}=A-\frac{B}{T+C}-\ln 7501$$

式中，T 为温度，K；p_{lj}^{s} 为 j 组分在 T_l 下的饱和蒸气压，MPa。各组分安托因常数见表 5-16。

表 5-16 各组分安托因常数

组分	组成	A	B	C
苯（1）	0.35	15.91857	2797.327	−51.945
甲苯（2）	0.35	16.01755	3097.735	−53.634
乙苯（3）	0.3	16.02667	3282.843	−59.805

① 假设温度分布和流量分布　根据苯、甲苯、乙苯的沸点范围，设第一块板的温度为 110℃，塔釜为 130℃，通过线性分布得各板的温度初值。

流量分布：由 $V_2=L_1+D$ 可得 $V_2=(R+1)D=2\times40=80$kmol/h。由于气相为恒分子流，没有侧线出料，所以 $V_2=V_3=V_4=V_5=80$kmol/h。对每块板作总的物料平衡，可得到 L_l 值，现将结果列于表 5-17（假定塔内压力降可以忽略）。

表 5-17 温度、压力及流量分布

板号（l）	F_l/(kmol/h)	U_l/(kmol/h)	V_l/(kmol/h)	L_l/(kmol/h)	T_l/℃	p_l/MPa
1	0	40	0	40	110	0.1013
2	0	10	80	30	115	0.1013
3	100	0	80	130	120	0.1013
4	0	0	80	130	125	0.1013
5	0	0	80	50	130	0.1013

② 根据各板的温度、压力找出各组分的 k_{lj} 值　假设为理想溶液，利用安托因公式求各饱和蒸气压，而后利用 $k_{lj}=\dfrac{p_{lj}^{s}}{p}$ 求各板的 k_{lj}（见表 5-18）。

表 5-18 各板 k_{lj} 值

板号（l）	T_l/℃	k_{lj}		
		$j=1$	$j=2$	$j=3$
1	110	2.3148	0.9835	0.4679
2	115	2.6247	1.1319	0.5462
3	120	2.965	1.2973	0.6346
4	125	3.3377	1.4809	0.734
5	130	3.7446	1.6842	0.8454

③ 求三对角矩阵 $\boldsymbol{A}_{lj}$ 的解以及 $\boldsymbol{x}_{lj}$ 的值　经计算得到如下结果：

$$\boldsymbol{A}_{l1}=\begin{bmatrix} -80 & 209.9725 & & & \\ 40 & -249.9725 & 237.1996 & & \\ & 30.0000 & -367.1996 & 267.0151 & \\ & & 130.0000 & -397.0151 & 299.5668 \\ & & & 130.0000 & -349.5668 \end{bmatrix},\quad \boldsymbol{x}_{l1}=\begin{bmatrix}0.7645\\0.2913\\0.1780\\0.0810\\0.0301\end{bmatrix},\quad \boldsymbol{C}_{l1}=\begin{bmatrix}0\\0\\-35\\0\\0\end{bmatrix}$$

$$\boldsymbol{A}_{l2}=\begin{bmatrix} -80 & 90.5506 & & & \\ 40 & -130.5506 & 103.7812 & & \\ & 30.0000 & -233.7812 & 118.475 & \\ & & 130.0000 & -248.475 & 134.7378 \\ & & & 130.000 & -184.7378 \end{bmatrix},\quad \boldsymbol{x}_{l2}=\begin{bmatrix}0.4968\\0.4390\\0.3607\\0.3051\\0.2147\end{bmatrix},\quad \boldsymbol{C}_{l2}=\begin{bmatrix}0\\0\\-35\\0\\0\end{bmatrix}$$

$$\boldsymbol{A}_{l3}=\begin{bmatrix} -80 & 43.6947 & & & \\ 40 & -83.6947 & 50.7643 & & \\ & 30.0000 & -180.7643 & 58.717 & \\ & & 130.0000 & -188.717 & 67.6282 \\ & & & 130.000 & -117.6282 \end{bmatrix},\quad \boldsymbol{x}_{l3}=\begin{bmatrix}0.1508\\0.2762\\0.3364\\0.3837\\0.4241\end{bmatrix},\quad \boldsymbol{C}_{l3}=\begin{bmatrix}0\\0\\-30\\0\\0\end{bmatrix}$$

④ 判别各块板的 $\sum_{j=1}^{3} x_{lj}$ 值，并进行圆整（见表 5-19）。

表 5-19　各板 $\sum_{j=1}^{3} x_{lj}$ 值及其圆整

板号 (l)	x_{lj}				$x_{lj}/\sum x_{lj}$		
	$j=1$	$j=2$	$j=3$	$\sum x_{lj}$	$j=1$	$j=2$	$j=3$
1	0.7645	0.4968	0.1508	1.4122	0.5414	0.3518	0.1068
2	0.2913	0.4390	0.2762	1.0064	0.2894	0.4362	0.2744
3	0.1780	0.3607	0.3364	0.8752	0.2034	0.4121	0.3844
4	0.0810	0.3051	0.3837	0.7699	0.1053	0.3963	0.4984
5	0.0301	0.2147	0.4241	0.6690	0.0451	0.3210	0.6340

最大的 $(\sum x_{lj}-1)=1.4122-1=0.4122$，误差太大，需要重新假设温度循环迭代计算。

⑤ 利用泡点法来试差各块板上新的温度分布以及各块板上各组分的 k_{lj} 值（见表 5-20）。

表 5-20　新的温度分布及各板组分 k_{lj} 值

板号 (l)	T_l/℃	k_{lj}		
		$j=1$	$j=2$	$j=3$
1	92.01	1.4250	0.5715	0.2573
2	102.63	1.9098	0.7931	0.3692
3	108.04	2.2012	0.9296	0.4398
4	115.11	2.6315	1.1352	0.5479
5	121.78	3.0940	1.3605	0.6687

⑥ 重复上述 3）～5）的计算，直至最大的$(\sum x_{lj}-1)$小于精度要求为止。

$$\boldsymbol{A}_{l1}=\begin{bmatrix} -80 & 152.787 & & & \\ 40 & -192.787 & 176.0927 & & \\ & 30.000 & -306.0927 & 210.5226 & \\ & & 130.0000 & -340.5226 & 247.5173 \\ & & & 130.0000 & -297.5173 \end{bmatrix},\quad \boldsymbol{x}_{l1}=\begin{bmatrix} 0.7076 \\ 0.3705 \\ 0.2449 \\ 0.1370 \\ 0.0599 \end{bmatrix},\quad \boldsymbol{C}_{l1}=\begin{bmatrix} 0 \\ 0 \\ -35 \\ 0 \\ 0 \end{bmatrix}$$

$$\boldsymbol{A}_{l2}=\begin{bmatrix} -80 & 63.4468 & & & \\ 40 & -103.4468 & 74.3699 & & \\ & 30.0000 & -204.3699 & 90.816 & \\ & & 130.0000 & -220.816 & 108.8428 \\ & & & 130.0000 & -158.8428 \end{bmatrix},\quad \boldsymbol{x}_{l2}=\begin{bmatrix} 0.3441 \\ 0.4339 \\ 0.4184 \\ 0.4129 \\ 0.3379 \end{bmatrix},\quad \boldsymbol{C}_{l2}=\begin{bmatrix} 0 \\ 0 \\ -35 \\ 0 \\ 0 \end{bmatrix}$$

$$\boldsymbol{A}_{l3}=\begin{bmatrix} -80 & 29.538 & & & \\ 40 & -69.538 & 35.1845 & & \\ & 30.000 & -165.1845 & 43.8356 & \\ & & 130.0000 & -173.8356 & 53.4924 \\ & & & 130.0000 & -103.4924 \end{bmatrix},\quad \boldsymbol{x}_{l3}=\begin{bmatrix} 0.0769 \\ 0.2084 \\ 0.3244 \\ 0.3955 \\ 0.4968 \end{bmatrix},\quad \boldsymbol{C}_{l3}=\begin{bmatrix} 0 \\ 0 \\ -30 \\ 0 \\ 0 \end{bmatrix}$$

判别各块板的 $\sum_{j=1}^{3} x_{lj}$ 值，并进行圆整（见表 5-21）。

表 5-21　重复计算各板 $\sum_{j=1}^{3} x_{lj}$ 值及其圆整

板号（l）	x_{lj}				$x_{lj}/\sum x_{lj}$		
	$j=1$	$j=2$	$j=3$	$\sum x_{lj}$	$j=1$	$j=2$	$j=3$
1	0.7076	0.3441	0.0769	1.1286	0.6269	0.3049	0.0682
2	0.3705	0.4339	0.2084	1.0128	0.3658	0.4284	0.2058
3	0.2449	0.4184	0.3244	0.9877	0.2479	0.4236	0.3284
4	0.1370	0.4129	0.3955	0.9454	0.1449	0.4368	0.4183
5	0.0599	0.3379	0.4968	0.8946	0.0669	0.3778	0.5553

最大的$(\sum x_{lj}-1)=1.1286-1=0.1286$，误差仍太大，需再重复计算。下面列出最终结果（表 5-22）。

表 5-22　重复计算结果

板号（l）	T_l/℃	k_{lj}		
		$j=1$	$j=2$	$j=3$
1	88.00	1.2693	0.5020	0.2230
2	97.05	1.6416	0.6695	0.3064
3	103.79	1.9697	0.8210	0.3835
4	109.50	2.2856	0.9696	0.4607
5	116.81	2.7440	1.1896	0.5769

续表

板号（l）	x_{lj}				$x_{lj}/\sum x_{lj}$		
	$j=1$	$j=2$	$j=3$	$\sum x_{lj}$	$j=1$	$j=2$	$j=3$
1	0.6695	0.2752	0.0555	1.0002	0.6694	0.2751	0.0555
2	0.4078	0.4110	0.1812	1.0000	0.4078	0.4110	0.1812
3	0.2735	0.4179	0.3086	1.0000	0.2735	0.4179	0.3086
4	0.1718	0.4441	0.3841	0.9999	0.1718	0.4441	0.3841
5	0.0829	0.3977	0.5193	0.9998	0.0829	0.3977	0.5194

最大的$(\sum x_{lj}-1)=1.0002-1=2\times10^{-4}$，$(\sum x_{lj}-1)=0.9998-1=-2\times10^{-4}$，可以满足要求。

⑦ 利用焓值方程来校核 V_l　由于本题给定的是恒分子流，所以不需再作 V_l 的校核。最终的计算结果见表 5-23。

表 5-23　流量及组成最终计算结果

板号（l）	T_l/℃	V_l	L_l	x_{lj}		
				$j=1$	$j=2$	$j=3$
1	88.00	0	40	0.6695	0.2751	0.0555
2	97.05	80	30	0.4078	0.4110	0.1812
3	103.79	80	130	0.2735	0.4179	0.3086
4	109.50	80	130	0.1718	0.4441	0.3841
5	116.81	80	50	0.0829	0.3977	0.5194

5.5　物料与能量衡算联解问题的计算机模拟

5.5.1　绝热闪蒸过程计算

绝热闪蒸与等温闪蒸问题均可以采用 Flash2 或 Flash3 模块进行求解，只是模块输入的参数不同而已，绝热闪蒸需要输入闪蒸压力，并指定热负荷（Duty）为零，而等温闪蒸需要输入闪蒸温度和压力。

【例 5-8】 某气体混合物的温度为 25℃，压力为 2.33MPa，其组成为：甲烷 0.0977%，乙烯 85.76%，乙烷 13.942%，丙烯 0.2003%（均为摩尔分数）。该混合物以 100mol/h 的流率进入分凝器，在压力 2.51MPa、温度 −18℃ 下进行冷凝，冷凝液进入闪蒸器进行绝热闪蒸，闪蒸压力 1MPa，计算冷凝器热负荷以及绝热闪蒸器的闪蒸温度。

解：

（1）输入组分

点击主界面左下方的 Property 按钮，从左侧数据浏览窗口进入 Components | Specifications | Selection 页面，在 Select components 框中输入组分 CH_4、C_2H_4、C_2H_6、C_3H_6。

(2) 选择热力学模型

从左侧数据浏览窗口进入 Methods | Specifications | Global 页面，选择 PENG-ROB 热力学模型。

(3) 建立流程

建立如图 5-16 所示流程，流程由两个 Flash2 模块 B1 和 B2 所组成。

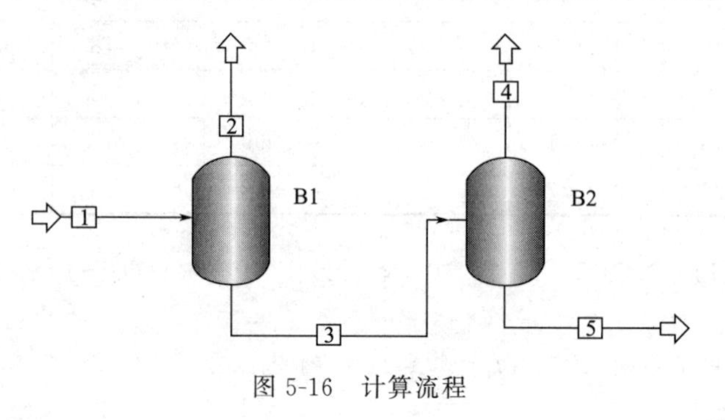

图 5-16　计算流程

(4) 输入进料流股参数

点击左侧数据浏览窗口进入 Streams | 1 | Input | Mixed 页面，分别输入进料流股 1 的温度、压力、摩尔流率和摩尔分数，如图 5-17 所示。

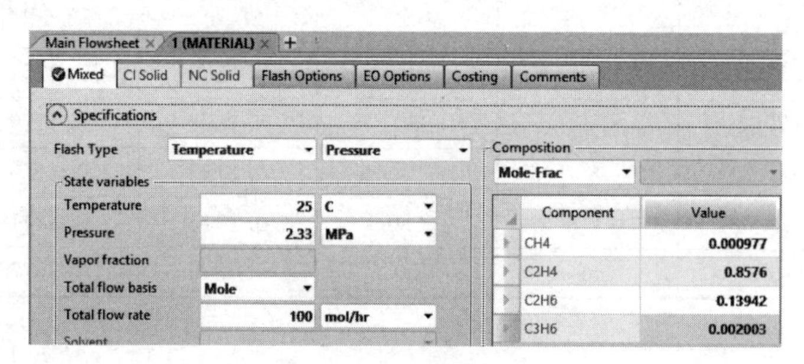

图 5-17　输入进料流股参数

(5) 输入模型参数

从左侧数据浏览窗口进入 Block | B1 (Flash2) | Input | Specifications 页面。输入模块 B1 的压力和温度，如图 5-18 所示。

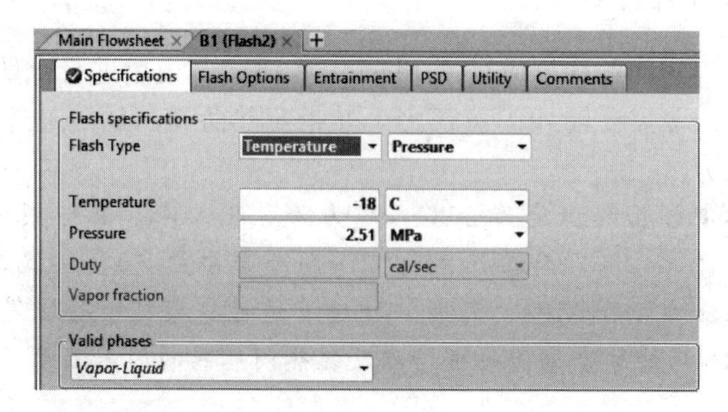

图 5-18　输入 B1 (Flash2) 模型参数

类似地输入模块 B2 (Flash2) 的压力和热负荷 (Duty) 如图 5-19 所示，由于是绝热闪蒸，所以 Duty 栏中输入 0。

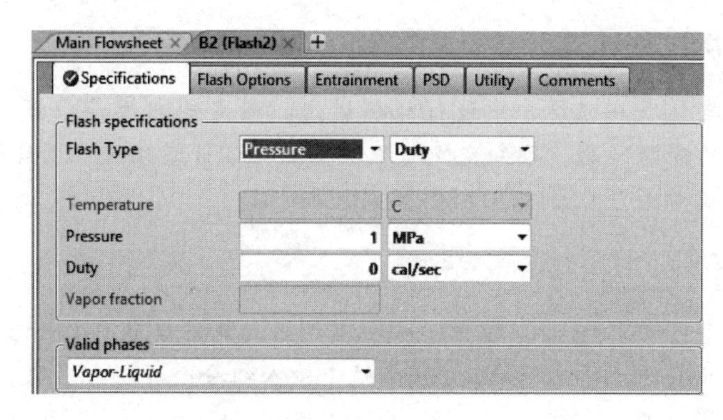

图 5-19　输入 B2（Flash2）模型参数

（6）运行和查看结果

点击菜单栏中的 Next，出现 Required Input Complete 对话框，点击 OK，开始运行。当左下角出现 Result Available 时，表示计算完成。从左侧数据浏览窗口进入 Result Summary | Streams 页面，如图 5-20 所示。

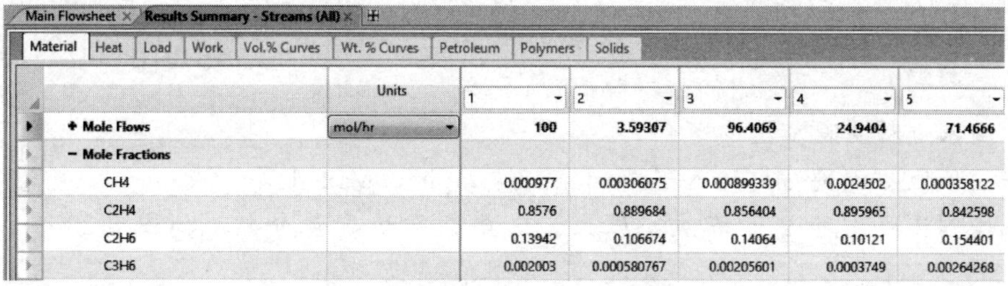

Main Flowsheet | Results Summary - Streams (All)

Material | Heat | Load | Work | Vol.% Curves | Wt. % Curves | Petroleum | Polymers | Solids

	Units	1	2	3	4	5
+ Mole Flows	mol/hr	100	3.59307	96.4069	24.9404	71.4666
− Mole Fractions						
CH4		0.000977	0.00306075	0.000899339	0.0024502	0.000358122
C2H4		0.8576	0.889684	0.856404	0.895965	0.842598
C2H6		0.13942	0.106674	0.14064	0.10121	0.154401
C3H6		0.002003	0.000580767	0.00205601	0.0003749	0.00264268

图 5-20　流股流量和组成计算结果

从左侧数据浏览窗口进入 Block | B1（Flash2） | Results | Summary 页面。可以看到分凝器的热负荷为−1055.63kJ/h，类似地以 Block | B2（Flash2） | Results | Summary 页面得到绝热闪蒸蒸发温度为−49.6℃。如图 5-21（a）和（b）所示。

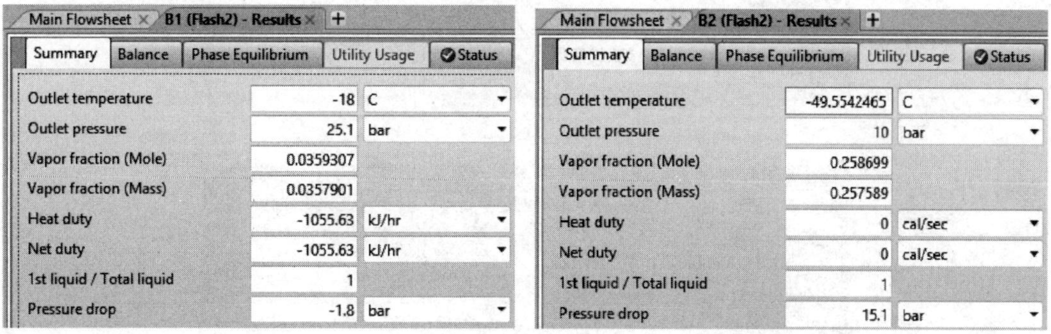

Main Flowsheet | B1 (Flash2) - Results

Summary | Balance | Phase Equilibrium | Utility Usage | Status

Outlet temperature	-18	C
Outlet pressure	25.1	bar
Vapor fraction (Mole)	0.0359307	
Vapor fraction (Mass)	0.0357901	
Heat duty	-1055.63	kJ/hr
Net duty	-1055.63	kJ/hr
1st liquid / Total liquid	1	
Pressure drop	-1.8	bar

(a)

Main Flowsheet | B2 (Flash2) - Results

Summary | Balance | Phase Equilibrium | Utility Usage | Status

Outlet temperature	-49.5542465	C
Outlet pressure	10	bar
Vapor fraction (Mole)	0.258699	
Vapor fraction (Mass)	0.257589	
Heat duty	0	cal/sec
Net duty	0	cal/sec
1st liquid / Total liquid	1	
Pressure drop	15.1	bar

(b)

图 5-21　模块输出的参数

从本例的计算结果可知，这些低沸点的天然工质，通过减压获得低温的效果是很明显的。

5.5.2 绝热燃烧过程计算

【例 5-9】 甲烷与空气在燃烧炉中进行绝热燃烧，确定绝热燃烧温度。假定不考虑燃烧产物 H_2O 和 CO_2 的分解问题。已知空气与甲烷按照化学计量比进入燃烧炉。设甲烷流量为 1 kmol/h，则空气流量为 2/0.21=9.524kmol/h。

解:

(1) 输入组分

点击主界面左下方的 Property 按钮，从左侧数据浏览窗口进入 Components | Specifications | Selection 页面，在 Select components 框中输入组分 CH_4、N_2、O_2、CO_2 和 H_2O。

(2) 选择热力学模型

从左侧数据浏览窗口进入 Methods | Specifications | Global 页面，选择 PENG-ROB 热力学模型。

(3) 建立 REquil 流程

点击主界面左下方的 Simulations 按钮，进入 Main flowsheet 界面，从下方的模型库中选择 Reactors，在 Reactors 模型库中选择 REquil，并拖到流程显示窗口中。从左侧的流股 Materials 模型中选择 Materials 流股线，添加到模块上，如图 5-22 所示。

图 5-22 REquil 流程

(4) 输入进料流股参数

点击左侧数据浏览窗口进入 Streams | 1 | Input | Mixed 页面，分别输入流股 1 和 2 的温度、压力、质量流率和质量分数，如图 5-23（a）和（b）所示。

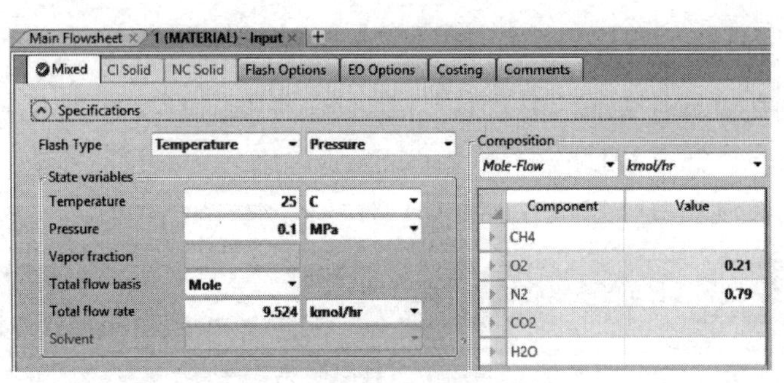

(a)

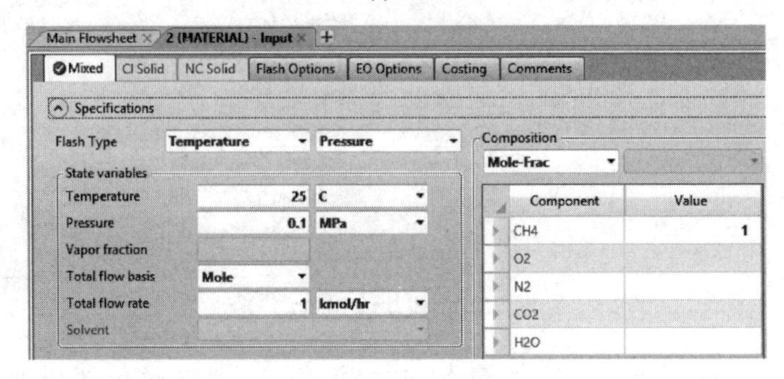

(b)

图 5-23 输入进料流股参数

（5）输入REquil模型参数

从左侧数据浏览窗口进入Block｜B1（REquil）｜Input｜Specifications页面。输入REquil压力和热负荷，由于是绝热燃烧，在Duty中输入0，如图5-24所示。

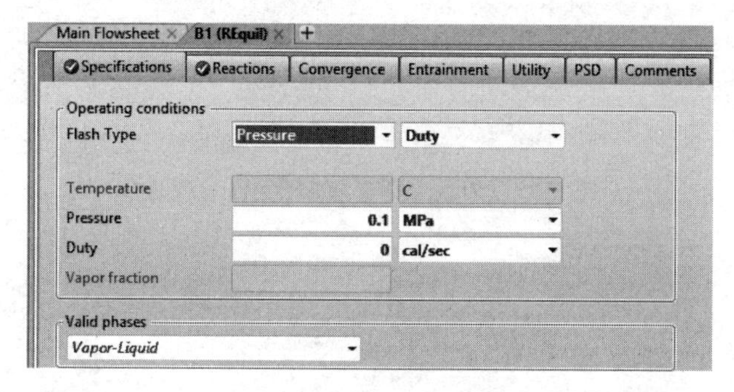

图5-24　输入REquil模型参数

点击同一页面上的Reactions，输入甲烷燃烧反应的化学计量系数，如图5-25所示。

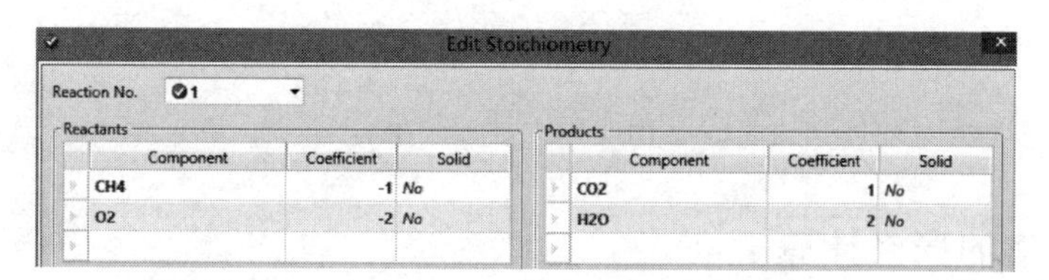

图5-25　输入甲烷燃烧反应的化学计量系数

（6）运行和查看结果

点击菜单栏中的Next，出现Required Input Complete对话框，点击OK，开始运行。当左下角出现Result Available时，表示计算完成。从左侧数据浏览窗口进入Blocks｜B1（REquil）｜Stream Results页面，如图5-26所示。燃烧炉出口气体流量和组成与［例5-4］相符。

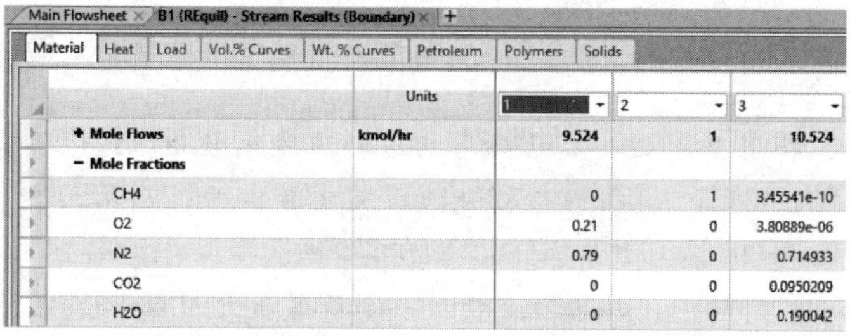

Main Flowsheet ｜ B1 (REquil) - Stream Results (Boundary)

Material ｜ Heat ｜ Load ｜ Vol.% Curves ｜ Wt. % Curves ｜ Petroleum ｜ Polymers ｜ Solids

	Units	1	2	3
+ Mole Flows	kmol/hr	9.524	1	10.524
− Mole Fractions				
CH4		0	1	3.45541e-10
O2		0.21	0	3.80889e-06
N2		0.79	0	0.714933
CO2		0	0	0.0950209
H2O		0	0	0.190042

图5-26　燃烧炉出口气体流量和组成

从左侧数据浏览窗口进入Blocks｜B1（REquil）｜Results页面，可知燃烧炉出口气体温度为2326.98K，与［例5-4］计算结果2328K非常接近。

【例5-10】 上述问题如果考虑燃烧产物分解，计算绝热燃烧温度。

在［例5-9］中的第（5）步中，加入分解反应的化学计量系数，如图5-27所示。其余步骤不变，计算结果如图5-28所示。

从左侧数据浏览窗口进入Blocks｜B1（REquil）｜Results页面，可知燃烧炉出口气体温度为2246.46K，与［例5-5］计算结果2250K非常接近。

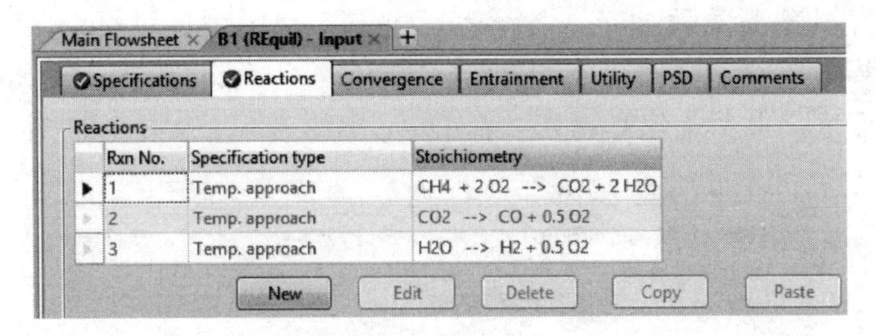

Rxn No.	Specification type	Stoichiometry
1	Temp. approach	CH4 + 2 O2 --> CO2 + 2 H2O
2	Temp. approach	CO2 --> CO + 0.5 O2
3	Temp. approach	H2O --> H2 + 0.5 O2

图 5-27　加入分解反应的化学计量系数

	Units	1	2	3	4
+ Mole Flows	kmol/hr	9.524	1	0	10.5898
− Mole Fractions					
CH4		0	1		2.4612e-17
O2		0.21	0		0.00622108
N2		0.79	0		0.710489
CO2		0	0		0.085583
H2O		0	0		0.185273
H2		0	0		0.00358749
CO		0	0		0.00884712

图 5-28　计算结果

5.5.3　精馏塔的严格计算

Aspen Plus 提供了用于蒸馏、吸收、气提和液-液萃取等分离过程严格计算的 RadFrac 模型。Aspen Plus 主界面上的模型库 Model palette｜Columns｜RadFrac 中提供了可用于普通精馏、塔顶或任意塔板处具有液-液分相器的精馏、气提、填料吸收塔等多种模块。如图 5-29 所示。

模型功能：已知进料流股参数（温度、压力、组成和相态）以及塔的构型和操作条件，对塔内每个平衡级应用严格的气-液或液-液相平衡、物料平衡与能量平衡关系，通过求解 MESH 方程，获得塔内每个理论平衡级的温度、气相与液相流量和组成、塔顶冷凝器与塔釜再沸器热负荷等。

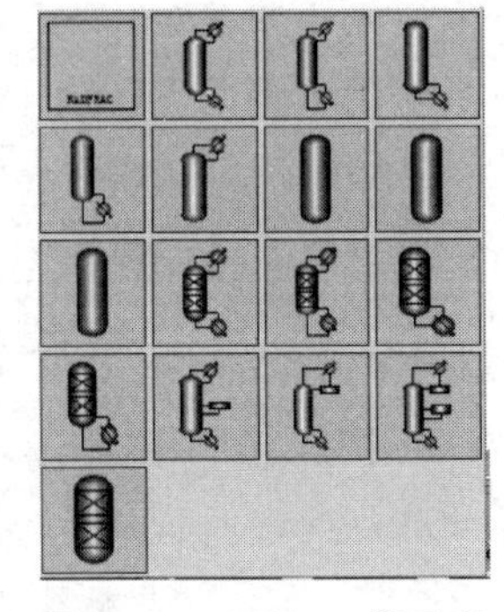

图 5-29　RadFrac 模型库

【例 5-11】 乙苯/苯乙烯精馏塔，已知塔的进料流股参数为：进料量 1000kg/h，温度 45℃，压力 101.325kPa；质量分数为：乙苯 0.5、苯乙烯 0.409、苯 0.05、甲苯 0.04、焦油 0.001（用正十七烷表示焦油）；塔顶压力 6.7kPa，塔顶为全凝器，冷凝器压力为 6kPa，再沸器压力为 14kPa。回流比 3，理论板数 65，进料位置 25，应用 RadFrac 计算：(1) 塔顶乙苯和塔底苯乙烯质量分数；(2) 如果要求塔底苯乙烯质量分数达到 0.995，确定所需回流比；(3) 在满足塔底苯乙烯质量分数要求基础上，计算冷凝器和再沸器热负荷；(4) 绘制塔内温度分布、液相质量浓度曲线。

解：

(1) 建立流程图

从主界面上的模型库 Model palette｜Columns｜RadFrac 中选择 FRACT1 模型，建立如图 5-30 所示流程图。

（2）输入组分

点击主界面左下方的Property按钮，从左侧数据浏览窗口进入Components | Specifications | Selection页面，在Selection框中输入组分，如图5-31所示。

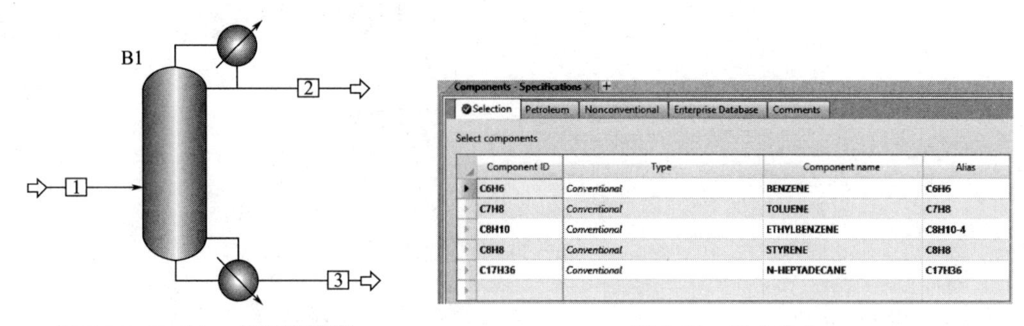

图5-30 RadFrac精馏塔模型

图5-31 输入组分

（3）输入热力学模型

从左侧数据浏览窗口进入Methods | Specifications | Global页面，在Property methods & options下面的框中选择COMMON和PENG-ROB。

（4）输入进料流股参数

点击主界面左下方的Simulation按钮，从左侧数据浏览窗口进入Streams | 1 | Input | Mixed页面，在Specifications下面框中输入进料物流1的温度、压力、进料量和组成，如图5-32所示。

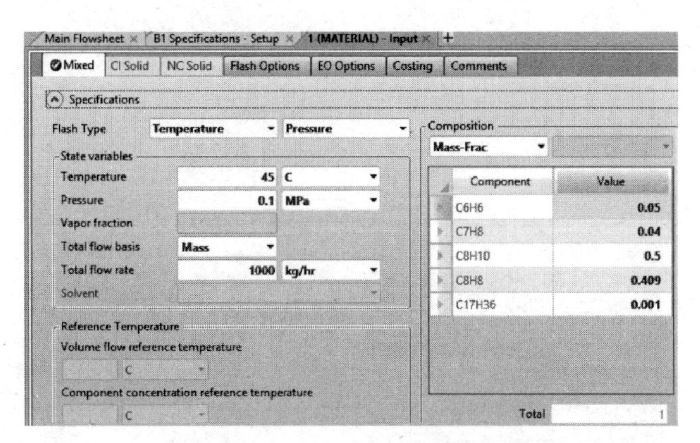

图5-32 输入进料流股参数

（5）输入模型参数

在上述左侧数据窗口进入Blocks | B1 | Specifications | Configuration页面，在Setup options下面Calculation type选项中有平衡计算Equilibrium和基于速率计算Rate-Based两个选项，这里选择平衡计算Equilibrium，在Number of stages中输入65，在Condenser中选择项中有四个选项：全凝器（Total）、分凝器-蒸汽采出（Partial-Vapor）、分凝器-蒸汽和液体采出（Partial-Vapor-Liquid）以及无冷凝器（None）。这里选择全凝器（Total）。在Reboiler中有三个选项：釜式再沸器（Kettle）、热虹吸式再沸器（Thermosiphon）和无再沸器（None）。这里选择默认的Kettle。

在Operation specifications下面选择框中选择Reflux ratio和Distillate to feed ratio，并输入相应的数值。如图5-33所示。

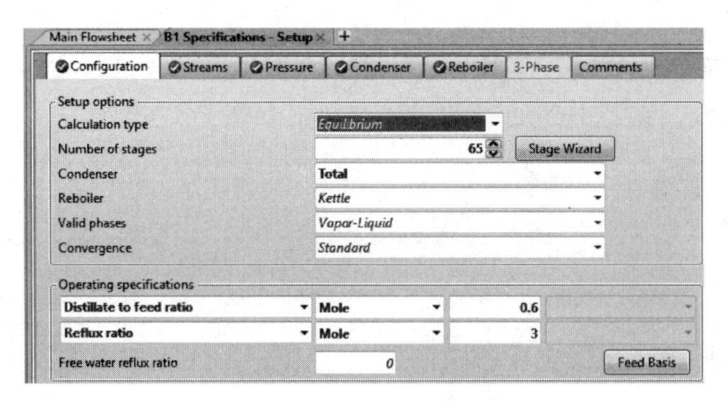

图 5-33　输入塔的构型参数一

在 Operation specifications 选项中有多种选择，包括回流比（Reflux ratio)、回流量(Reflux rate)、汽化率（Boilup rate)、汽化比（Boilup ratio)、冷凝器负荷（Condenser duty)、再沸器热负荷（Reboiler duty)。

进入 Blocks | B1 | Specifications | Streams 页面输入进料板位置、塔顶和塔底产品所在的塔板位置，Aspen Plus 中将冷凝器作为第一块板，再沸器作为最底下的塔板。如图 5-34 所示。

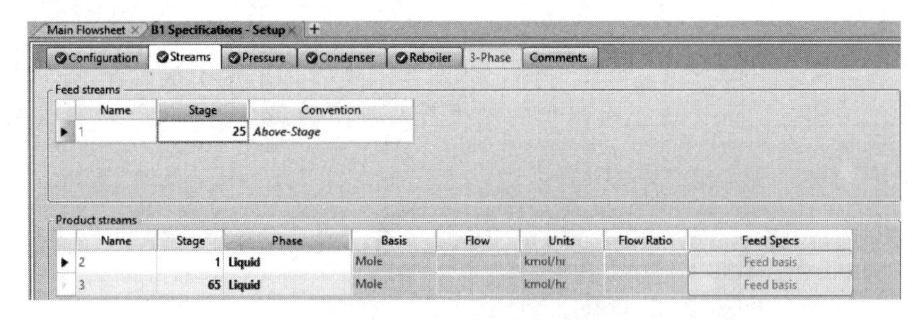

图 5-34　输入塔的构型参数二

进入 Blocks | B1 | Specifications | Pressure 页面，输入塔板压力如图 5-35 所示。

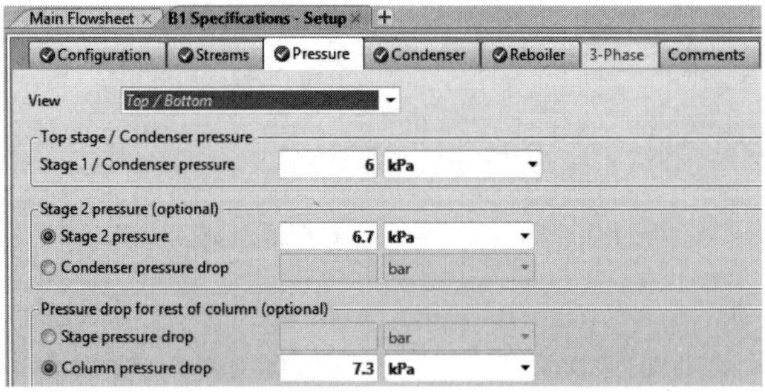

图 5-35　输入塔的压力参数

进入页面 Blocks | B1 | Specifications | Condenser，在 Subcooling specification 中有两个选项：过冷液温度（Subcooled temperature）和过冷度（Degrees subcooled)。这里选择过冷度，如图 5-36 所示。

如果在 Blocks | B1 | Specifications | Configuration 页面中的 Reboiler 选项中选择了热虹吸式再沸器 Thermosiphon，则需要进入 Blocks | B1 | Specifications | Reboiler 页面，对热虹吸再沸器进行设定，如图 5-37 所示。

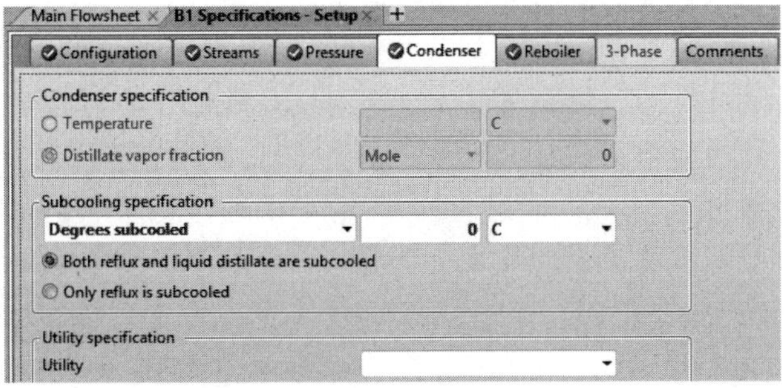

图 5-36　输入塔的冷凝器参数

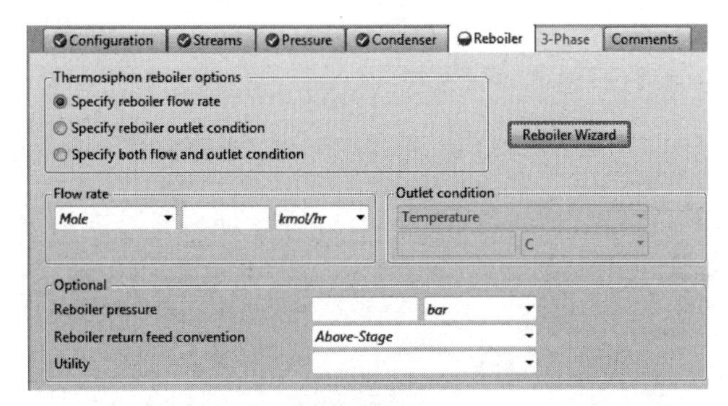

(a) 再沸器参数

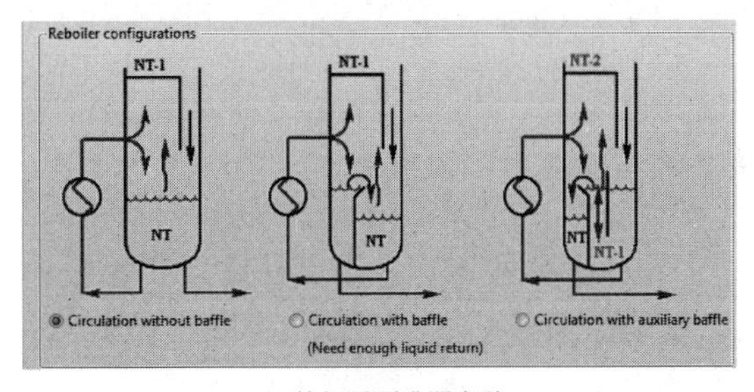

(b) 热虹吸再沸器参数

图 5-37　输入塔的再沸器参数

（6）运行和查看结果

点击菜单栏中的 Home 按钮进入其下菜单栏，点击 Next 按钮，出现 Required Input Complete 对话框，点击 OK，开始运行。当左下角出现 Result Available 时，表示计算完成。从左侧数据浏览窗口进入 Blocks｜B1｜Stream Results 页面，如图 5-38 所示。查看计算结果也可从 Results Summary｜ Streams 页面进入。

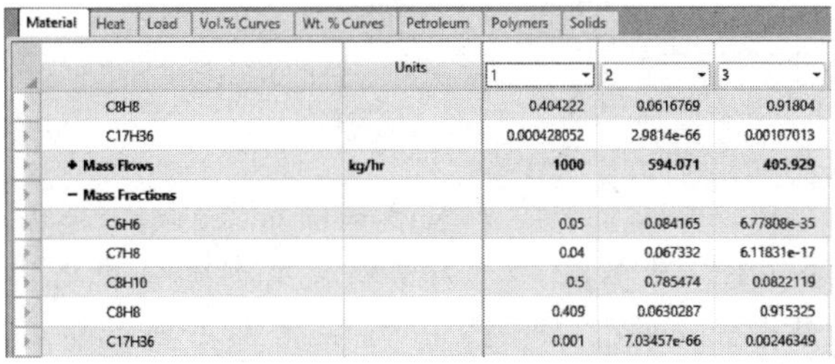

	Units	1	2	3
C8H8		0.404222	0.0616769	0.91804
C17H36		0.000428052	2.9814e-66	0.00107013
+ Mass Flows	kg/hr	1000	594.071	405.929
− Mass Fractions				
C6H6		0.05	0.084165	6.77808e-35
C7H8		0.04	0.067332	6.11831e-17
C8H10		0.5	0.785474	0.0822119
C8H8		0.409	0.0630287	0.915325
C17H36		0.001	7.03457e-66	0.00246349

图 5-38　计算结果

从计算结果发现，塔底产品中的苯乙烯质量分数为 0.9153，低于分离指标 0.95。Aspen Plus 提供了设计指定 Design Specification 这一工具，用于改变某些操作条件（即操纵变量）来实现某些输出流股变量（即采集变量）达到规定的设计要求。这里通过改变回流比使其塔底苯乙烯质量分数达到分离指标。

（7）建立设计指定

将塔底产品中的苯乙烯质量分数作为一个设计规定，即作为采集变量或目标变量。进入 Blocks | B1 | Specifications | Design Specifications 页面，点击 New 进入 B1 | Specifications | Design Specifications | 1 | Specifications 界面，在设计指定 Design specification 下面的 Type 选择框中选择 Mass purity，在 Specification 下面的 Target 中输入 0.995，在 Stream type 中选择 Product。如图 5-39 所示。

点击同一页面上的 Components 按钮，进入 Components 页面。在 Available components 中选择 C_8H_{10}，点击 >将其移入 Selected components 中，如图 5-40 所示。

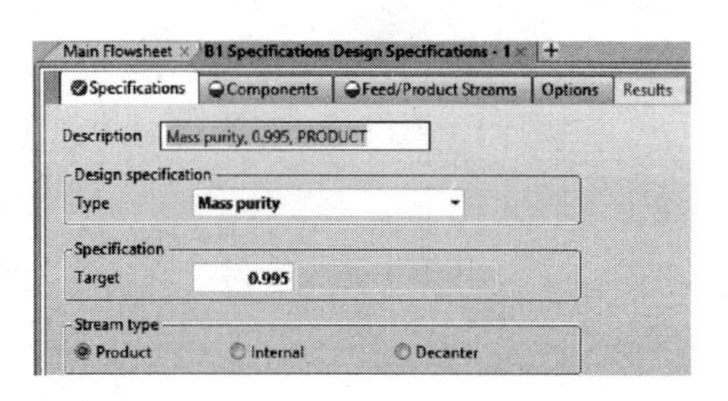

图 5-39 建立设计指定

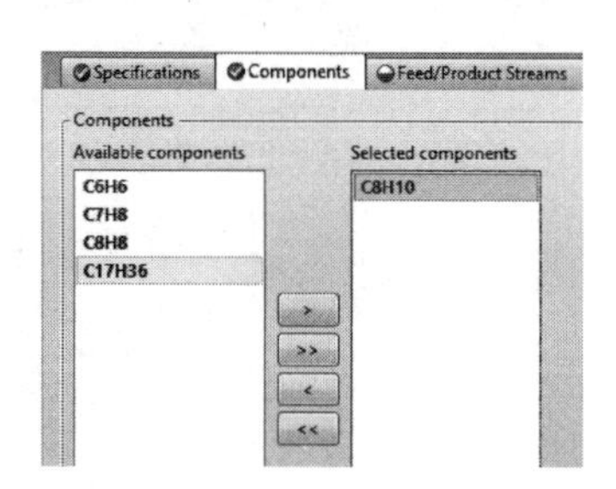

图 5-40 选择指定对应的组分

点击同一页面上的 Feed/Product Streams 按钮，进入图 5-41 界面。在 Product streams 中选择物流 3，点击箭头>将其移动到右侧框中。

（8）建立操纵变量

选择回流比为操纵变量，即调节变量。在左侧数据浏览窗口，点击 Vary 进入 Block | B1 | Specifications | Vary 界面，点击 New 后进入 Block | B1 | Specifications | Vary | 1 界面，在 Adjustable variable 下方的 Type 中选择 Reflux ratio，在 Upper and lower bounds 中分别输入 3 和 8，在 Maximum step size 中输入 0.5，如图 5-42 所示。

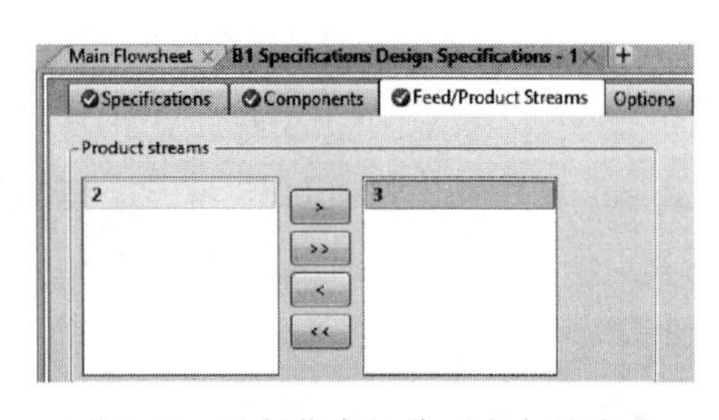

图 5-41 选择指定组分所在产品流股

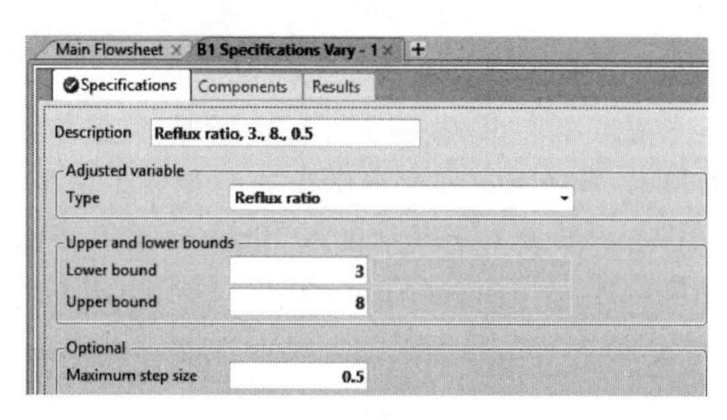

图 5-42 建立操纵变量

点击菜单栏中的 Home 按钮进入其下菜单栏，点击 Next 按钮，出现 Required Input Complete 对话框，点击 OK，开始运行。从左侧数据浏览窗口进入 Blocks | B1 | Stream Results 页面查看计算结果，如图 5-43 所示。塔底产品中苯乙烯质量分数达到设计要求（0.995）。

	Units	1	2	3	
+ Mole Flows	kmol/hr	9.71489	5.82893	3.88595	
+ Mole Fractions					
+ Mass Flows	kg/hr	1000	594.686	405.314	
− Mass Fractions					
C6H6		0.05	0.084078	1.47784e-36	
C7H8		0.04	0.0672624	8.7942e-19	
C8H10		0.5	0.839054	0.00253268	
C8H8		0.409	0.00960526	0.995	
C17H36		0.001	2.82227e-68	0.00246722	
Volume Flow	l/min	19.3937	11.6663	7.9828	

图 5-43 计算结果

从左侧数据浏览窗口进入 Blocks | B1 | Results 可获得冷凝器和再沸器的热负荷分别为：－362.11kW、368.26kW，相应的回流比为 4.47。

(9) 塔内温度、浓度和气-液相流量分布

进入 Blocks | B1 | Profiles | TPFQ 页面，可获得塔内温度、压力、液相流量和气相流量沿塔板分布情况，如图 5-44 所示。

进入 Blocks | B1 | Profiles | Composition 页面，可获得塔板上液相和气相浓度沿塔板分布情况，如图 5-45 (a) 和 (b) 所示。

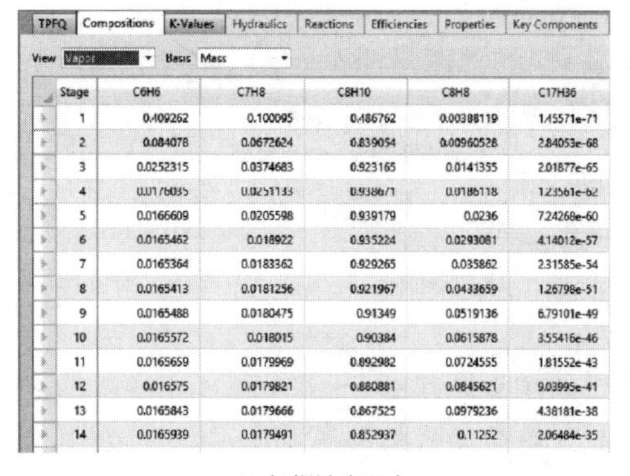

Stage	Temperature (C)	Pressure (kPa)	Heat duty (kW)	Liquid from (Mass) (kg/hr)	Vapor from (Mass) (kg/hr)
1	40.5438	6	-362.101	3252.51	0
2	53.7368	6.7	0	2802.97	3252.51
3	56.272	6.81587	0	2828.76	3397.66
4	57.0973	6.93175	0	2833.31	3423.44
5	57.6185	7.04762	0	2833.91	3427.99
6	58.0736	7.16349	0	2833.51	3428.6
7	58.5124	7.27937	0	2832.69	3428.2
8	58.9488	7.39524	0	2831.59	3427.38
9	59.388	7.51111	0	2830.26	3426.28
10	59.8321	7.62698	0	2828.69	3424.94
11	60.2823	7.74286	0	2826.89	3423.37
12	60.7392	7.85873	0	2824.86	3421.57

图 5-44 塔内温度、压力和气/液相流量分布

Stage	C6H6	C7H8	C8H10	C8H8	C17H36
1	0.084078	0.0672624	0.839054	0.00960528	2.84053e-68
2	0.0127464	0.0311471	0.94101	0.0150966	2.44648e-65
3	0.00362873	0.0162524	0.959614	0.0205052	1.49537e-62
4	0.00251066	0.0107573	0.960195	0.0265374	8.76285e-60
5	0.00237493	0.00877793	0.955404	0.0334427	5.00891e-57
6	0.00236113	0.00806777	0.948199	0.0413726	2.80189e-54
7	0.00236292	0.00781005	0.939374	0.0504534	1.53417e-51
8	0.00236652	0.00771153	0.929123	0.0607991	8.21724e-49
9	0.00236988	0.00766724	0.917453	0.0725102	4.30094e-46
10	0.00237259	0.00763961	0.904319	0.0856688	2.1972e-43
11	0.00237453	0.00761514	0.88968	0.100331	1.09417e-40
12	0.00237566	0.00758899	0.873519	0.116516	5.30426e-38
13	0.00237597	0.0075595	0.855862	0.134203	2.49987e-35
14	0.00237547	0.00752619	0.836783	0.153316	1.14395e-32

(a) 液相浓度分布

Stage	C6H6	C7H8	C8H10	C8H8	C17H36
1	0.409262	0.100095	0.486762	0.00388119	1.45571e-71
2	0.084078	0.0672624	0.839054	0.00960528	2.84053e-68
3	0.0252315	0.0374683	0.923165	0.0141355	2.01877e-65
4	0.0176035	0.0251133	0.938671	0.0186118	1.23561e-62
5	0.0166609	0.0205598	0.939179	0.0236	7.24268e-60
6	0.0165462	0.018922	0.935224	0.0293081	4.14012e-57
7	0.0165364	0.0183362	0.929265	0.035862	2.31585e-54
8	0.0165413	0.0181256	0.921967	0.0433659	1.26798e-51
9	0.0165488	0.0180475	0.91349	0.0519136	6.79101e-49
10	0.0165572	0.018015	0.90384	0.0615878	3.55416e-46
11	0.0165659	0.0179969	0.892982	0.0724555	1.81552e-43
12	0.016575	0.0179821	0.880881	0.0845621	9.03995e-41
13	0.0165843	0.0179666	0.867525	0.0979236	4.38181e-38
14	0.0165939	0.0179491	0.852937	0.11252	2.06484e-35

(b) 气相浓度分布

图 5-45 塔内液相和气相浓度分布

(10) 绘制塔内温度分布和组成分布

点击标题栏中 Column Design 按钮，进入 Plot 页面，如图 5-46 所示。

选择 Temperature，则显示出如图 5-47 所示的塔板温度分布图。

选择 Composition 按钮，出现新界面，在 Select phase 中选择 Liquid，在 Select basis 中选择 Mass，在 Select components 中选择 C_8H_8、$C_{10}H_{10}$，点击 OK。图 5-48 中展示了液相中 C_8H_8、$C_{10}H_{10}$ 的质量浓度分布。

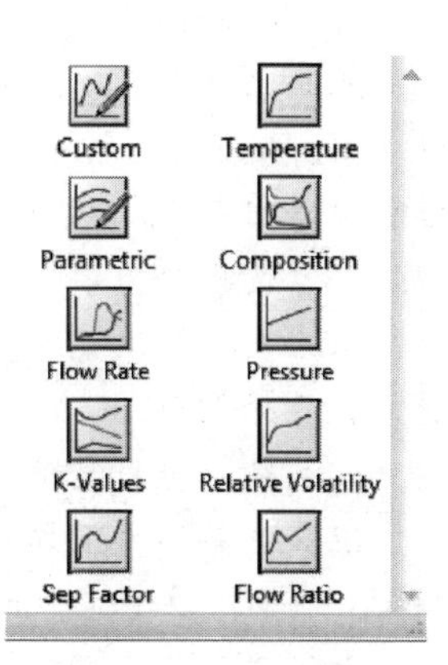

图 5-46 Plot 页面

【例 5-12】 采用 RadFrac 模型对［例 5-7］中的精馏塔进行计算。

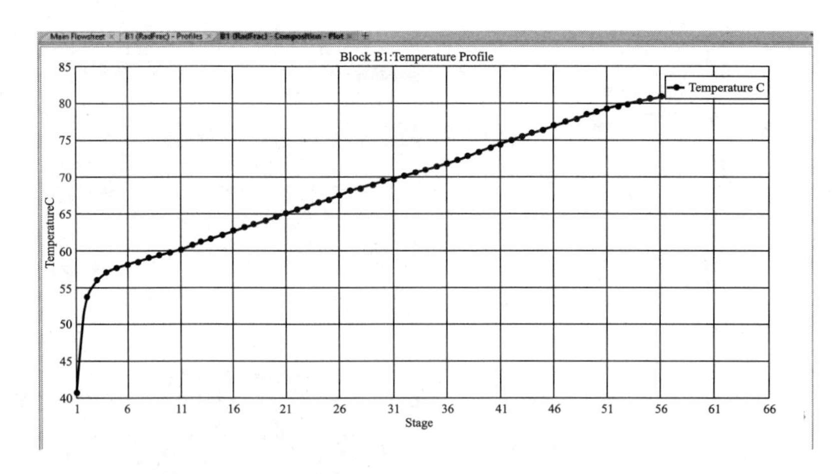

图 5-47 塔板温度分布

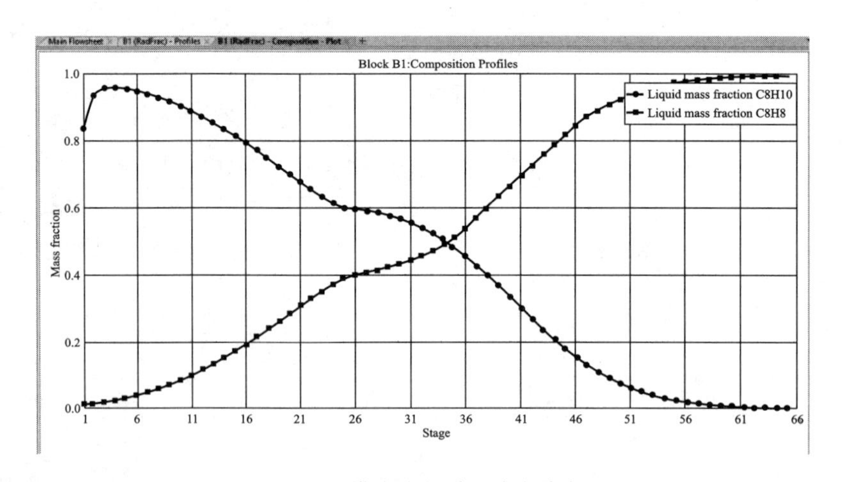

图 5-48 塔内液相质量浓度分布

解：

(1) 建立流程图

从主界面上的模型库 Model palette | Columns | RadFrac 中选择 FRACT1 模型，建立如图 5-49 所示流程图。

(2) 输入组分

点击主界面左下方的 Property 按钮，从左侧数据浏览窗口进入 Components | Specifications | Selection 页面，在 Selection 框中输入组分 C_6H_6、C_7H_8、C_8H_{10}。

(3) 选择热力学模型

从左侧数据浏览窗口进入 Methods | Specifications | Global 页面，选择 RSK 热力学模型。

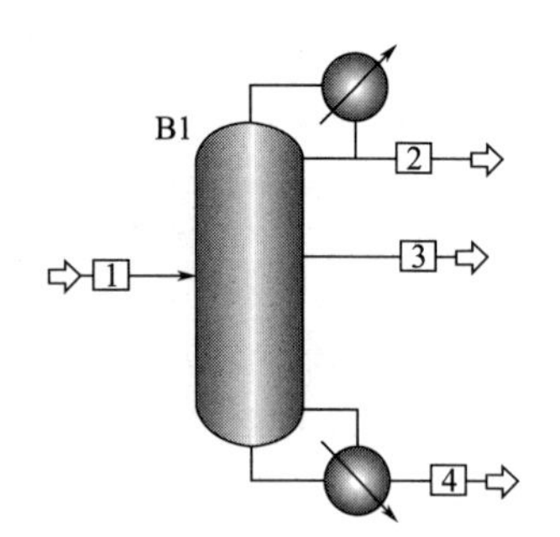

图 5-49 RadFrac 精馏塔模型

(4) 输入进料流股参数

点击主界面左下方的 Simulation 按钮，从左侧数据浏览窗口进入 Streams | 1 | Input | Mixed 页面，在 Specifications 下面框中输入进料物流 1 的压力、进料量和进料组成，由于是饱和液体进料，不能输入温度，需要输入气相分率=0，如图 5-50 所示。

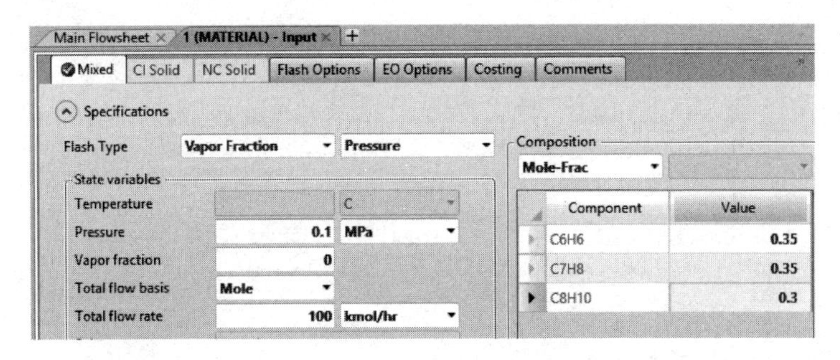

图 5-50 输入进料流股参数

(5) 输入模型参数

在上述左侧数据窗口进入 Blocks | B1 | Specifications | Configuration 页面，在 Setup options 下面 Calculation type 选项中选择默认的 Equilibrium，在 Number of stages 中输入5，在 Condenser 中选择全凝器 Total，在 Reboiler 中选择默认的 Kettle。

在 Operating specifications 下面选择框中选择 Distillate rate 和 Reflux ratio 并输入相应的数值 40kmol/h 和 1，如图 5-51 所示。

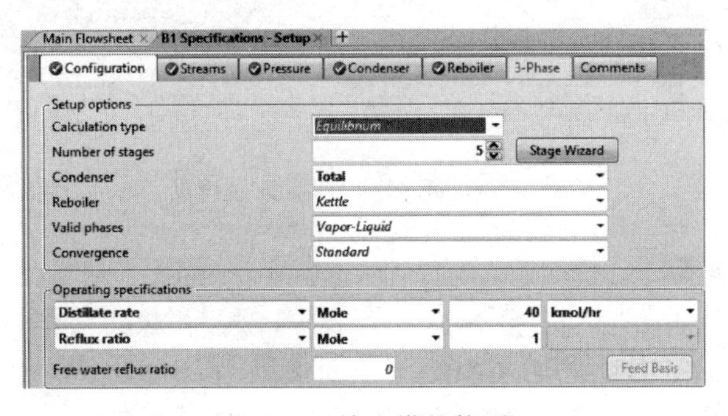

图 5-51 输入塔的构型

在 Blocks | B1 | Specifications | Configuration 页面，点击 Streams 按钮进入如图 5-52 所示界面，在 Feed streams 下面输入进料板位置为第 3 级，在 Product streams 下面输入测线产品位置为第 2 级，流量为 10kmol/h。

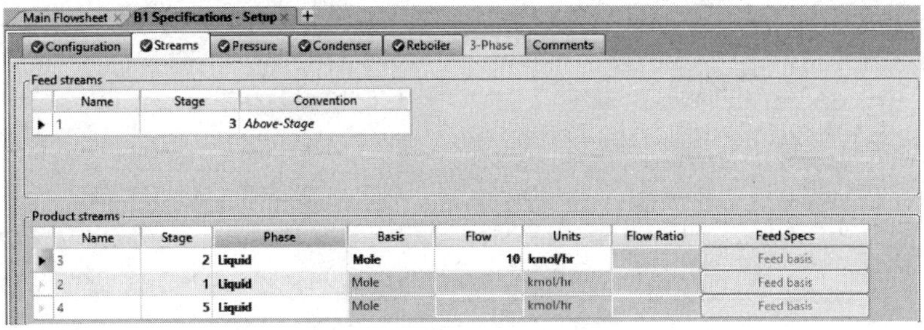

图 5-52 输入塔的测线产品流量和位置

在同一页面上点击 Pressure 按钮，进入如图 5-53 所示界面，输入冷凝器和塔顶压力 0.1MPa，塔板压降选项中输入 0MPa（假定塔的压降为零）。

在同一页面上点击 Condenser 按钮，进入如图 5-54 所示界面，在 Subcooling specification 中选择 Degrees subcooled，并输入 0℃（假定饱和液体回流）。

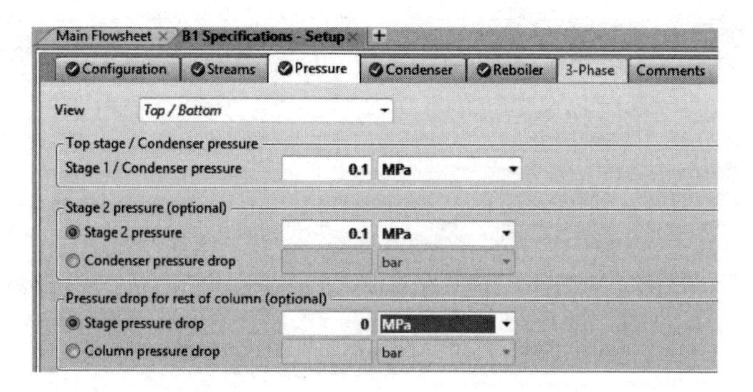

图 5-53　输入塔的压力分布

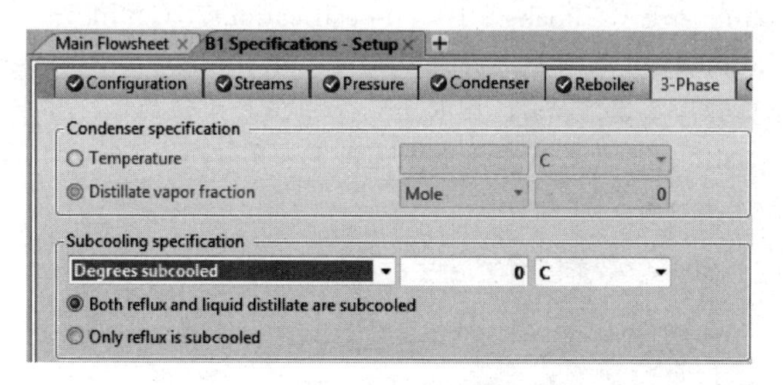

图 5-54　输入塔顶回流液过冷度

（6）运行和查看结果

点击菜单栏中的 Home 按钮，进入其下菜单栏，点击 Next 按钮，出现 Required Input Complete 对话框，点击 OK，开始运行。当左下角出现 Result Available 时，表示计算完成。从左侧数据浏览窗口进入 Blocks | B1 | Profiles 页面，点击 Composition 按钮，在 View 一栏中选择 Liquid，出现如图 5-55（a）所示塔内液相组成分布。点击同一页面上 TPFQ 按钮，可获得塔内温度和气、液相流率分布，如图 5-55（b）所示。

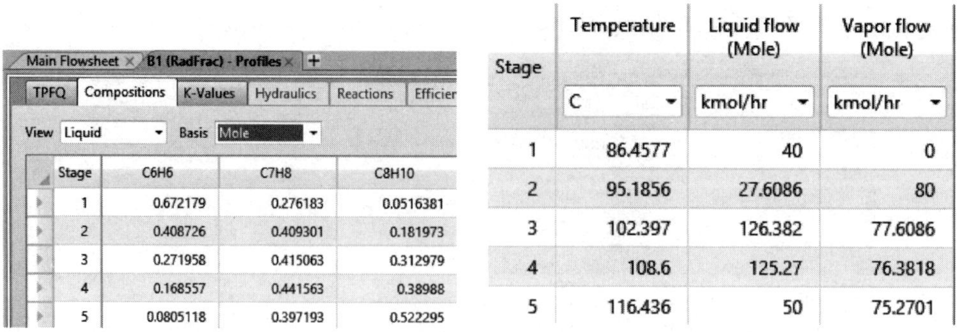

Main Flowsheet | B1 (RadFrac) - Profiles

TPFQ | Compositions | K-Values | Hydraulics | Reactions | Efficier

View Liquid　Basis Mole

Stage	C6H6	C7H8	C8H10
1	0.672179	0.276183	0.0516381
2	0.408726	0.409301	0.181973
3	0.271958	0.415063	0.312979
4	0.168557	0.441563	0.38988
5	0.0805118	0.397193	0.522295

(a) 液相组成

Stage	Temperature	Liquid flow (Mole)	Vapor flow (Mole)
	C	kmol/hr	kmol/hr
1	86.4577	40	0
2	95.1856	27.6086	80
3	102.397	126.382	77.6086
4	108.6	125.27	76.3818
5	116.436	50	75.2701

(b) 温度和气、液相流率

图 5-55　塔内液相组成以及温度和气、液相流率分布

图 5-55 模拟计算结果与［例 5-7］计算结果非常接近。

习题

基础部分习题

5-1 有机化合物 $C_kH_lO_mN_n$ 按下列反应在空气中完全燃烧：

$$C_kH_lO_mN_n+\left(k+\frac{l}{4}-\frac{m}{2}+\frac{n}{2}\right)O_2 \longrightarrow kCO_2+\frac{l}{2}H_2O+nNO$$

假定：氧气（空气中的）以化学计量比加到燃烧室中，有机化合物全部消耗掉，进入的燃料和空气均为25℃、0.1MPa，忽略燃烧产物的分解。

（1）写出物料平衡与能量平衡的全部方程与约束式；

（2）进行变量分析，确定设计变量；

（3）求解方程组，指出求解次序或计算框图。

5-2 纯氢气和纯氧气在常压下绝热燃烧：

$$H_2+\frac{1}{2}O_2 \rightleftharpoons H_2O \qquad K_p=\frac{p_{H_2O}}{p_{H_2}p_{O_2}^{1/2}}$$

在火焰温度下达平衡，平衡常数 K 与火焰温度的关系及各组分的热力学物性数据参见［例5-5］。

若氧气的流量为100mol/h，H_2/O_2 摩尔比为5，室温下进入燃烧室，试求燃烧温度及产物的流量与组成（假设气体为理想气体）。

5-3 将流量为100mol/h的含氢气20%和丙烷80%（均为摩尔分数）的混合气体作为工业炉燃料。假定燃料和氧气在25℃、0.1MPa下按化学计量比加入炉中，如附图所示。假定空气含21%的氧和79%的氮，烟道气为理想气体混合物，忽略产物 CO_2 和 H_2O 的热分解反应。各气体组分的比定压热容为 $c_p=a+bT+cT^2+dT^{-2}$［J/(mol·K)］，各组分的 a、b、c、d 和标准生成热 Δh_{298}^{f} 如附表所示。试求：

1 燃料 → 工业炉 → 烟道气 3
2 空气 → 工业炉

习题5-3附图

（1）燃料与空气完全燃烧时，烟道气的流量和组成；

（2）燃料与空气完全燃烧时的绝热燃烧温度。

习题5-3附表

组分	编号	Δh_{298}^{f}/(kJ/mol)	a	$b\times10^3$	$c\times10^6$	$d\times10^{-5}$
H_2	1	0	26.9	4.3	−0.3	0
C_3H_8	2	−103.7	−4.0	304.6	−157.1	0
O_2	3	0	30.3	4.2	0	−1.9
CO_2	4	−393.1	45.4	8.7	0	−9.6
H_2O	5	−241.6	28.9	12.1	0	1.0
N_2	6	0	27.3	4.9	0	0.3

5-4 含75%环己烷和25%环戊烷（摩尔分数）的混合物在0.5MPa和200℃下减压至0.35MPa绝热闪蒸。试求闪蒸温度和环戊烷的气、液比。

5-5 作出精馏塔操作通用模型塔的物料衡算与能量衡算，编制出通用的精馏塔逐级计算程序。模型假设每层塔板上均有一个进料、一个气相侧线、一个液相侧线和一个中间换热器（冷却或加热）。这个模型塔可以简化为任何具体塔，只需将实际中没有的项在模型塔中定为零即可。

Aspen Plus 流程模拟习题

5-6 采用 RStoic、REquil 和 RGibs 模型计算［例 5-3］绝热燃烧温度和烟道气组成。

5-7 采用 Flash2 模型计算［例 5-4］中环己烷和环戊烷绝热闪蒸温度和气液比。

5-8 已知某原料进料温度为 100℃，压力为 3.8MPa，进料中氢气、甲烷、苯、甲苯的流率分别为 60kmol/h、15kmol/h、15kmol/h、2kmol/h。闪蒸器为绝热闪蒸，压力为 0.1MPa，物性方法选用 PENG-ROB。求闪蒸器温度。

5-9 原料中乙醇、甲苯的流率分别为 10kmol/h、50kmol/h，为了分离乙醇和甲苯加入水，水的流率为 40kmol/h，进入三相闪蒸器 Flash3 进行一次闪蒸。两股进料的温度均为 25℃，压力均为 0.1MPa，闪蒸器温度为 80℃，压力为 0.1MPa，物性方法选用 UNIQUAC。求产品中各组分的流率是多少？

5-10 常压某甲醇物料流股，流量为 10000kg/h，温度 25℃，质量分数组成：甲醇 80.5%，水 19%，乙醇 0.5%，经离心泵输送到甲醇预热器，预热至泡点送往精馏塔。精馏塔条件：塔顶冷凝器为全凝器，塔釜为釜式再沸器，不含塔顶冷凝器和塔釜再沸器共 9 块理论板，回流比为 1，塔顶产品与进料流率之比 D/F 为 0.2，进料位于 6 块板，要求离心泵出口压力 0.3MPa。试求该过程物料平衡。

5-11 粗甲醇原料为 16000kg/h，温度 25℃，压力为 0.5MPa，组成如附表所示。

习题 5-11 附表

序号	组成	质量分数/%
1	甲醇	85
2	水	15

甲醇回收率要求大于 99%，塔顶重关键组分水回收率＝0.1%，用 NRTL-RK 物性方法。求：

（1）以 Aspen Plus 中 DSTWU 模型计算最小回流比 R_{min}，最小理论板数 N_{Tmin}，$R=1.5R_{min}$ 时的实际回流比 R、实际理论板数 N_T 和进料位置 N_F。

（2）以 Aspen Plus 中 DSTWU 模型数据为基础，采用 RadFrac 模型计算（1）中实际理论板数 N_T 和进料位置 N_F，实际回流比 R 下的塔顶及塔釜产品组成。

第6章

过程单元系统物料衡算与能量衡算

实际化工生产过程，如合成氨以及苯乙烯生产工艺过程（参见第1章）都属于过程单元系统。因此，对过程单元系统进行物料衡算与能量衡算是化工工艺计算和设计的主要内容。本章在前述过程单元物料衡算与能量衡算的基础上，进一步学习过程单元系统的物料衡算与能量衡算问题。

按照构成单元系统各个单元之间的物流关系，可将单元系统分为无循环回路的开式系统和有循环回路的闭式系统。

(1) 开式系统

如图6-1所示，该系统无首尾相连的物流。即前一单元的输出流股为下一单元的进料流股。

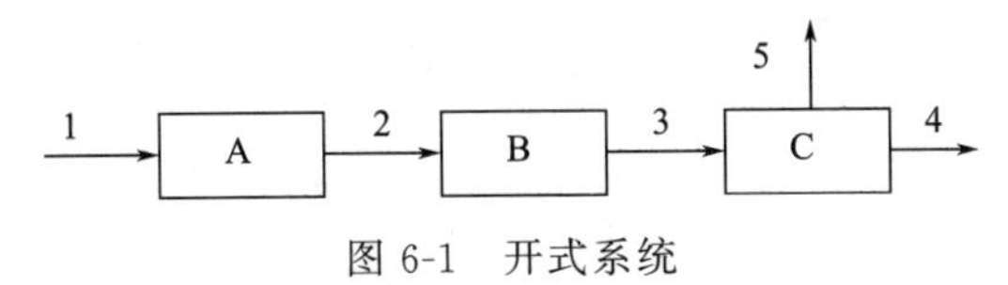

图6-1　开式系统

对于开式系统的物料平衡与能量平衡计算，可以从系统的首个单元A开始计算，该单元输出流股2的计算结果作为第二个单元B的设计变量，便可对第二个单元B进行计算，依此类推，直到最后一个单元的计算完成为止。由此看到，开式系统的物料平衡与能量平衡计算本质上还是归于每个单元的计算。

(2) 闭式系统

闭式系统也称为带有循环回路的系统，如图6-2所示。这种系统在现代化工流程中经常遇到，主要是回收未反应的原料和其他一些辅助原料。

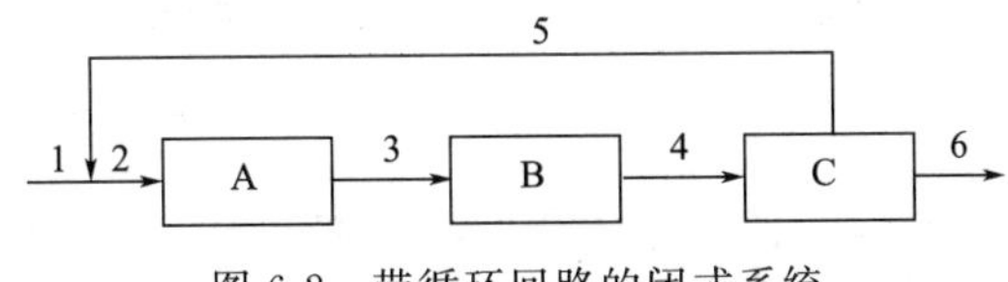

图6-2　带循环回路的闭式系统

对于闭式系统的物料平衡与能量平衡计算，不能像开式系统那样，从第一个单元开始依次进行计算。尽管进料流股1的流股变量已知，但由于循环流股5的流股变量未知，导致第一个单元A的进料流股2的流股变量未知，所以单元B的物料平衡与能量平衡计算无法进行。因此不能得到流股3的计算结果，依此类推。这类体系的计算，可通过联立方程法或序贯模块法进行求解。

本章将通过实例分别介绍这两种系统的计算方法。

6.1 过程单元系统物料衡算与能量衡算的一般求解步骤

(1) 确定组分

了解过程内的各种变化，确定过程所涉及的组分，并对所有组分进行编号。

(2) 编制物流简图

由于过程单元系统包含较多的物流与设备，将计算简图进一步简化：采用方向线表示物流，采用节点表示过程单元。图 6-3 所示的反应与分离流程，可表示为如图 6-4 所示的计算简图。

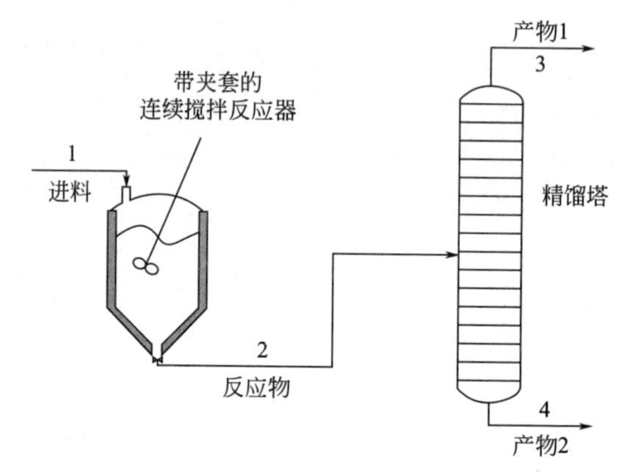

图 6-3 反应与分离流程

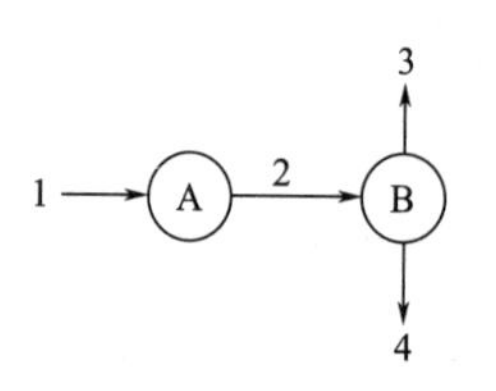

过程物流	过程单元
1—新鲜进料	A—反应器
2—反应器出料	
3—馏出液	B—精馏塔
4—釜液	

图 6-4 用方向线与节点表示的计算简图

(3) 列写方程与约束式

对每个过程单元写出合理的物料平衡方程，对物理过程及化学反应中的惰性组分采用分子衡算，对化学反应活性物质采用原子衡算。如果涉及能量衡算，还要写出每个单元的能量平衡方程和焓值方程。

(4) 进行变量分析

若每一组分均在每一股物流中出现，则式(3-9) 适用

$$N_v = N_s(N_c + 1) + N_p$$

否则一一数出过程的全部变量。设计变量数由式(3-10) 确定：

$$N_d = N_v - N_e$$

对于模拟型计算，一般取原料流量、组成和设备参数作为设计变量，确定产品的流量和组成。对于设计型计算，则取原料流量、组成，分离指标等为设计变量，确定设备参数（如塔板数）。

(5) 方程组求解

过程单元系统包含单元数、未知流股变量数以及方程数等，而且往往是非线性方程组。求解这些非线性方程组需要采用一些数学方法进行处理（如线性化方法）得到其近似解。

6.2 不含循环物流过程单元系统的物料衡算

前已述及，对于不含循环物流开式系统的物料衡算与能量衡算，可以按照过程物流的顺序依次进行。前一单元计算结果，作为后一单元的设计变量，依此类推，直到最后一个单元的计算被完成为止。

【例 6-1】 甲烷水蒸气转化制氢，其简化过程如图 6-5 所示。

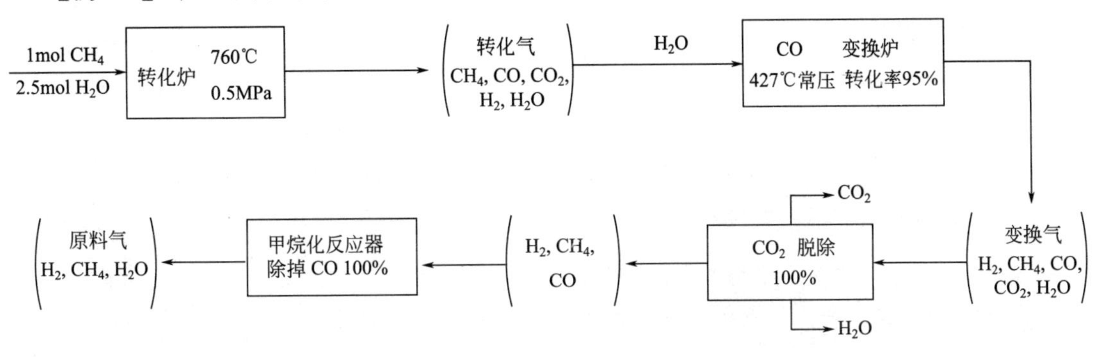

图 6-5　甲烷水蒸气转化制氢简化流程

若生产氢的设计指标为 100mol/h，试确定原料耗量。

解：

(1) 组分编号（见表 6-1）

表 6-1　［例 6-1］组分编号

组分	CH_4	H_2O	CO	CO_2	H_2
编号	1	2	3	4	5

(2) 计算简图（见图 6-6）

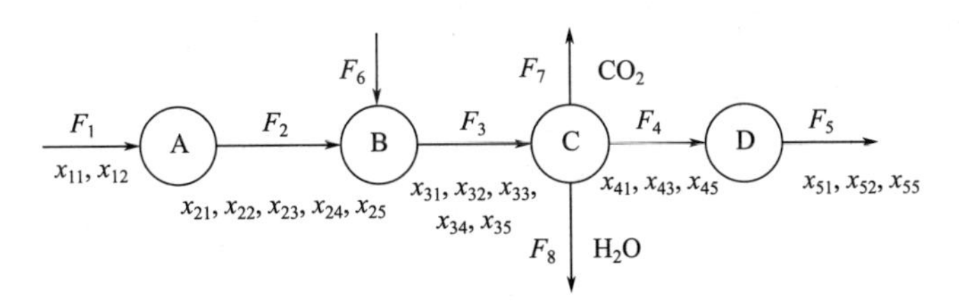

过程物流		过程单元
F_1—进料	F_2—转化气	A—转化炉
F_3—变换气	F_4—甲烷化反应器进料	B—CO 变换炉
F_5—甲烷化反应器出料	F_6—补充水	C—CO_2 脱除塔
F_7—脱除的 CO_2	F_8—分离出的水	D—甲烷化反应器

图 6-6　［例 6-1］计算简图

(3) 转化炉计算

① 原子衡算

C: $$F_1x_{11}=F_2x_{21}+F_2x_{23}+F_2x_{24} \tag{1}$$

H: $$4F_1x_{11}+2F_1x_{12}=4F_2x_{21}+2F_2x_{22}+2F_2x_{25} \tag{2}$$

O: $$F_1x_{12}=F_2x_{22}+F_2x_{23}+2F_2x_{24} \tag{3}$$

② 摩尔分数约束式

$$x_{21}+x_{22}+x_{23}+x_{24}+x_{25}=1 \tag{4}$$

③ 设备约束式

反应炉内发生两个主要的反应:

$$CH_4+H_2O \rightleftharpoons CO+3H_2$$

$$CO+H_2O \rightleftharpoons CO_2+H_2$$

反应速率很快，可以认为达到平衡，则有:

$$K_1=\frac{x_{23}x_{25}^3}{x_{21}x_{22}}p^2 \tag{5}$$

$$K_2=\frac{x_{24}x_{25}}{x_{23}x_{22}} \tag{6}$$

变量分析:

$N_v=12$，$N_e=6$，$N_d=6$ 取 $\{F_1,x_{11},x_{12},p,K_1,K_2\}$ 为设计变量。其中 F_1 是计算基准。

方程求解：首先考虑优先排序法，各方程中的未知数个数见表 6-2。

表 6-2 [例 6-1] 方程中未知数个数

方程号	(1)	(2)	(3)	(4)	(5)	(6)
N_u	4	4	4	5	4	4

可见每个方程至少有四个未知数，排序难度较大，直接采用 Newton-Raphson 法进行求解。令

$$f_1=F_2x_{21}+F_2x_{23}+F_2x_{24}-F_1x_{11}$$

$$f_2=2F_2x_{21}+F_2x_{22}+F_2x_{25}-2F_1x_{11}-F_1x_{12}$$

$$f_3=F_2x_{22}+F_2x_{23}+2F_2x_{24}-F_1x_{12}$$

$$f_4=x_{21}+x_{22}+x_{23}+x_{24}+x_{25}-1$$

$$f_5=x_{23}x_{25}^3p^2-K_1x_{21}x_{22}$$

$$f_6=x_{24}x_{25}-K_2x_{23}x_{22}$$

选取未知量的预估值或迭代的初值

$$x_{21}^*,x_{22}^*,x_{23}^*,x_{24}^*,x_{25}^*,F_2^*$$

以上各式，如关于 f_1 的式子，在预估值附近经一阶泰勒展开变为

$$f_1=f_1^*+\left.\frac{\partial f_1}{\partial x_{21}}\right|_*(x_{21}-x_{21}^*)+\left.\frac{\partial f_1}{\partial x_{22}}\right|_*(x_{22}-x_{22}^*)+\cdots+\left.\frac{\partial f_1}{\partial F_2}\right|_*(F_2-F_2^*)$$

令 $f_1=0$ 得

$$-f_1^*=\left.\frac{\partial f_1}{\partial x_{21}}\right|_*(x_{21}-x_{21}^*)+\left.\frac{\partial f_1}{\partial x_{22}}\right|_*(x_{22}-x_{22}^*)+\cdots+\left.\frac{\partial f_1}{\partial F_2}\right|_*(F_2-F_2^*)$$

这是一个关于 $(x_{21}-x_{21}^*)$，$(x_{22}-x_{22}^*)$，…，$(F_2-F_2^*)$ 的线性方程，对于其余的方程也可得到类似结果。所得线性方程组的增广系数矩阵为

$$\begin{bmatrix} \left.\frac{\partial f_1}{\partial x_{21}}\right|_* & \left.\frac{\partial f_1}{\partial x_{22}}\right|_* & \left.\frac{\partial f_1}{\partial x_{23}}\right|_* & \left.\frac{\partial f_1}{\partial x_{24}}\right|_* & \left.\frac{\partial f_1}{\partial x_{25}}\right|_* & \left.\frac{\partial f_1}{\partial F_2}\right|_* & -f_1^* \\ \left.\frac{\partial f_2}{\partial x_{21}}\right|_* & \left.\frac{\partial f_2}{\partial x_{22}}\right|_* & \left.\frac{\partial f_2}{\partial x_{23}}\right|_* & \left.\frac{\partial f_2}{\partial x_{24}}\right|_* & \left.\frac{\partial f_2}{\partial x_{25}}\right|_* & \left.\frac{\partial f_2}{\partial F_2}\right|_* & -f_2^* \\ \left.\frac{\partial f_3}{\partial x_{21}}\right|_* & \left.\frac{\partial f_3}{\partial x_{22}}\right|_* & \left.\frac{\partial f_3}{\partial x_{23}}\right|_* & \left.\frac{\partial f_3}{\partial x_{24}}\right|_* & \left.\frac{\partial f_3}{\partial x_{25}}\right|_* & \left.\frac{\partial f_3}{\partial F_2}\right|_* & -f_3^* \\ \left.\frac{\partial f_4}{\partial x_{21}}\right|_* & \left.\frac{\partial f_4}{\partial x_{22}}\right|_* & \left.\frac{\partial f_4}{\partial x_{23}}\right|_* & \left.\frac{\partial f_4}{\partial x_{24}}\right|_* & \left.\frac{\partial f_4}{\partial x_{25}}\right|_* & \left.\frac{\partial f_4}{\partial F_2}\right|_* & -f_4^* \\ \left.\frac{\partial f_5}{\partial x_{21}}\right|_* & \left.\frac{\partial f_5}{\partial x_{22}}\right|_* & \left.\frac{\partial f_5}{\partial x_{23}}\right|_* & \left.\frac{\partial f_5}{\partial x_{24}}\right|_* & \left.\frac{\partial f_5}{\partial x_{25}}\right|_* & \left.\frac{\partial f_5}{\partial F_2}\right|_* & -f_5^* \\ \left.\frac{\partial f_6}{\partial x_{21}}\right|_* & \left.\frac{\partial f_6}{\partial x_{22}}\right|_* & \left.\frac{\partial f_6}{\partial x_{23}}\right|_* & \left.\frac{\partial f_6}{\partial x_{24}}\right|_* & \left.\frac{\partial f_6}{\partial x_{25}}\right|_* & \left.\frac{\partial f_6}{\partial F_2}\right|_* & -f_6^* \end{bmatrix}$$

利用高斯消元法，可得到以下未知量的值

$$\Delta x_{21}=x_{21}-x_{21}^*,\quad \Delta x_{22}=x_{22}-x_{22}^*,\quad \Delta x_{23}=x_{23}-x_{23}^*$$

$$\Delta x_{24}=x_{24}-x_{24}^*,\quad \Delta x_{25}=x_{25}-x_{25}^*,\quad \Delta F_2=F_2-F_2^*$$

进而得到未知量 $\{x_{21},x_{22},x_{23},x_{24},x_{25},F_2\}$ 新的值，并将这些计算值作为下次迭代计算新的预估值，重复上面的计算，直到两次迭代结果满足精度要求。

如果设计变量取值为：$x_{11}=1/3.5=0.286$，$x_{12}=2.5/3.5=0.714$，$p=5$

从有关手册查得，在转化炉的操作条件下 $K_1=63.29$，$K_2=1.202$，取计算基准 $F_1=3.5\text{mol/h}$。最后计算结果为：

$$x_{21}=0.0274,\quad x_{22}=0.2562,\quad x_{23}=0.1055$$

$$x_{24}=0.0589,\quad x_{25}=0.5520,\quad F_2=5.2144\text{mol/h}$$

本问题解方程需要对六个未知量赋予初值。本题目初值选取只能做粗略估计。

① 由于平衡 K_1 较大，故可认为产物中 CH_4 的含量很小。

② H_2O 是过量加入的，加之反应不完全，故产物中的含量不会很低。

③ 两个反应都生成 H_2，其中第一个反应平衡常数较大，所以 H_2 含量较大。

④ CO 的含量小于 H_2 含量的 1/3。

⑤ 第二个反应的平衡常数较小，故 CO_2 在产物中的含量也不会高。

关于 F_2 的初值，可确定 $F_2>F_1$；在反应均可进行到底的极端情况下：

$$CH_4+2H_2O \longrightarrow 4H_2+CO_2$$

$$F_2=\frac{5}{3}F_1$$

故取

$$F_1<F_2^*<\frac{5}{3}F_1$$

如果对方程组进行如下处理，则可减少选取初值的个数。令：$n_{ij}=F_ix_{ij}$，代入式 (1) ～式 (4) 中得：

$$n_{11}=n_{21}+n_{23}+n_{24} \tag{7}$$

$$2n_{11}+n_{12}=2n_{21}+n_{22}+n_{25} \tag{8}$$

$$n_{12}=n_{22}+n_{23}+2n_{24} \tag{9}$$

$$n_{21}+n_{22}+n_{23}+n_{24}+n_{25}=F_2 \tag{10}$$

由式（7）得： $$n_{24}=n_{11}-n_{21}-n_{23} \tag{11}$$

代入式（9）并解出 n_{23}： $$n_{23}=n_{22}-2n_{21}+2n_{11}-n_{12} \tag{12}$$

由式（11）得： $$n_{24}=n_{11}-n_{21}-n_{22}+2n_{21}-2n_{11}+n_{12}$$

$$=n_{21}-n_{22}-n_{11}+n_{12} \tag{13}$$

由式（8）得： $$n_{25}=2n_{11}+n_{12}-2n_{21}-n_{22} \tag{14}$$

将式（12）～式（14）代入式（10）并整理得：

$$F_2=3n_{11}+n_{12}-2n_{21} \tag{15}$$

这样可求得 x_{2j}（$x_{2j}=n_{2j}/F_2$）：

$$x_{21}=\frac{n_{21}}{3n_{11}+n_{12}-2n_{21}} \tag{16}$$

$$x_{22}=\frac{n_{22}}{3n_{11}+n_{12}-2n_{21}} \tag{17}$$

$$x_{23}=\frac{n_{22}-2n_{21}+2n_{11}-n_{12}}{3n_{11}+n_{12}-2n_{21}} \tag{18}$$

$$x_{24}=\frac{n_{21}-n_{22}-n_{11}+n_{12}}{3n_{11}+n_{12}-2n_{21}} \tag{19}$$

$$x_{25}=\frac{2n_{11}+n_{12}-2n_{21}-n_{22}}{3n_{11}+n_{12}-2n_{21}} \tag{20}$$

将式（16）～式（20）代入式（5）与式（6）中，整理得：

$$K_1=\frac{p^2}{(3n_{11}+n_{12}-2n_{21})^2}\frac{(n_{22}-2n_{21}+2n_{11}-n_{12})(2n_{11}+n_{12}-2n_{21}-n_{22})^2}{n_{21}n_{22}} \tag{21}$$

$$K_2=\frac{(n_{21}-n_{22}-n_{11}+n_{12})(2n_{11}+n_{12}-2n_{21}-n_{22})}{n_{22}(n_{22}-2n_{21}+2n_{11}-n_{12})} \tag{22}$$

式（21）与式（22）中含有两个未知数 n_{21} 和 n_{22}，是非线性的二元方程组。若采用 Newton-Raphson 法，其初值可由未作推导的六个降至两个：n_{21} 和 n_{22}。

n_{21} 和 n_{22} 的初值可作如下考虑：甲烷进料为 $n_{11}=1\text{mol/h}$。反应达平衡后已剩余不多；H_2O 的进料 $n_{12}=2.5\text{mol/h}$，第一个反应大约消耗了 1mol/h，如果两个反应均完全进行，则消耗 H_2O 为 2mol/h，故取 $0.5<n_{22}<1.5$（mol/h），但第二个反应的平衡常数较小，取初值时可暂不考虑。

如取 $n_{21}^*=0.1\text{mol/h}$，$n_{22}^*=1\text{mol/h}$，在 10^{-5} 精度下，经 30 次迭代得：

$$n_{21}=0.1428\text{mol/h},\quad n_{22}=1.3358\text{mol/h}$$

由式（15）～式（20）可进一步得到转化炉出口组成和流量 x_{21}，x_{22}，x_{23}，x_{24}，x_{25}，F_2 值，与第一种解法完全相同。

（4）变换炉衡算

变换反应 $$CO+H_2O \rightleftharpoons CO_2+H_2$$

是一个快速可逆反应，$K_3=9.030$。题中所给的转化率为该操作条件下，CO 的实际转化率。

① 原子衡算

C: $F_2x_{23}+F_2x_{24}=F_3x_{33}+F_3x_{34}$ (1)

H: $2F_6+2F_2x_{22}+2F_2x_{25}=2F_3x_{32}+2F_3x_{35}$ (2)

O: $F_2x_{22}+F_2x_{23}+2F_2x_{24}+F_6=F_3x_{32}+F_3x_{33}+2F_3x_{34}$ (3)

② 分子衡算（惰性组分 CH_4）

CH_4: $F_2x_{21}=F_3x_{31}$ (4)

③ 摩尔分数的约束式

$$x_{31}+x_{32}+x_{33}+x_{34}+x_{35}=1 \tag{5}$$

④ 设备约束式

$$\frac{F_2x_{23}-F_3x_{33}}{F_2x_{23}}=0.95 \tag{6}$$

$$K_3=\frac{x_{34}x_{35}}{x_{33}x_{32}} \tag{7}$$

变量分析：$N_v=14$，$N_e=7$，$N_d=14-7=7$。取由转化炉平衡所求得的第2股物流工况F_2、x_{2j}（$j=1, 2, \cdots, 5$）及平衡常数K_3为设计变量，其值为{5.2144mol/h，0.0274,0.2562,0.1055,0.0589,0.5520,9.030}。求解方程组，作变换$n_{ij}=F_ix_{ij}$，则以上7个方程可写成：

$$n_{23}+n_{24}=n_{33}+n_{34} \tag{1'}$$

$$F_6+n_{22}+n_{25}=n_{32}+n_{35} \tag{2'}$$

$$n_{22}+n_{23}+2n_{24}+F_6=n_{32}+n_{33}+2n_{34} \tag{3'}$$

$$n_{21}=n_{31} \tag{4'}$$

$$n_{31}+n_{32}+n_{33}+n_{34}+n_{35}=F_3 \tag{5'}$$

$$\frac{n_{23}-n_{33}}{n_{23}}=0.95 \tag{6'}$$

$$K_3=\frac{n_{34}n_{35}}{n_{33}n_{32}} \tag{7'}$$

方程中，$n_{2j}=F_2x_{2j}$为已知量；n_{3j}（$j=1,2,\cdots,5$）、F_3、F_6为未知变量，采用优先排序法，获求解顺序见表6-3，并将解出变量的数值附上。

表6-3 求解顺序

求解顺序	方程号	解出变量	方程	解出变量的值/(mol/h)
1	(4′)	n_{31}	$n_{31}=n_{21}$	0.14280
2	(6′)	n_{33}	$n_{33}=0.05n_{23}$	0.02751
3	(1′)	n_{34}	$n_{34}=n_{23}+n_{24}-n_{33}$	0.8297
4	(2′)～(3′)	n_{35}	$n_{35}=n_{33}+2n_{34}-n_{23}-2n_{24}+n_{25}$	3.4013
5	(7′)	n_{32}	$n_{32}=\frac{n_{34}n_{35}}{n_{33}K_3}$	11.3600
6	(2′)	F_6	$F_6=n_{32}+n_{35}-n_{22}-n_{25}$	10.5500
7	(5′)	F_3	$F_3=n_{31}+n_{32}+n_{33}+n_{34}+n_{35}$	15.7600

则得第 3 股物流的流量和组成为 $F_3=15.76\text{mol/h}$，$x_{3j}=n_{3j}/F_3=\{0.0091, 0.7208, 0.0017, 0.0526, 0.2158\}$，变换反应的补充水量 $F_6=10.56\text{mol/h}$。

(5) CO_2 脱除塔衡算

这是个物理过程，按分子守恒原理列写平衡方程式。

① 物料平衡方程

$$F_3x_{31}=F_4x_{41} \tag{1}$$

$$F_3x_{32}=F_8 \tag{2}$$

$$F_3x_{33}=F_4x_{43} \tag{3}$$

$$F_3x_{34}=F_7 \tag{4}$$

$$F_3x_{35}=F_4x_{45} \tag{5}$$

② 摩尔分数约束式

$$x_{41}+x_{43}+x_{45}=1 \tag{6}$$

③ 设备约束式：无

变量分析：$N_v=12$，$N_e=6$，$N_d=12-6=6$。取物流 3 的流量与组成为设计变量。

求解方程组：做变量代换 $n_{4j}=F_4\times x_{4j}$ 后，很容易求得

$n_{41}=0.1428\text{mol/h}$，$n_{43}=0.02751\text{mol/h}$，$n_{45}=3.4013\text{mol/h}$，$F_4=n_{41}+n_{43}+n_{45}=3.5716\text{mol/h}$，$F_7=0.8297\text{mol/h}$，$F_8=11.3602\text{mol/h}$。

由 $x_{4j}=n_{4j}/F_4$ 得

$$x_{41}=0.03998,\quad x_{43}=0.077,\quad x_{45}=0.9523$$

(6) 甲烷化反应器衡算（转化反应的逆反应）

$$CO+3H_2 \longrightarrow H_2O+CH_4$$

① 原子衡算

C：
$$F_4x_{41}+F_4x_{43}=F_5x_{51} \tag{1}$$

H：
$$4F_4x_{41}+2F_4x_{45}=4F_5x_{51}+2F_5x_{52}+2F_5x_{55} \tag{2}$$

O：
$$F_4x_{43}=F_5x_{52} \tag{3}$$

② 摩尔分数约束式

$$x_{51}+x_{52}+x_{55}=1 \tag{4}$$

变量分析：

$N_v=8$，$N_e=4$，$N_d=8-4=4$。取物流 4 的流量与组成为设计变量：F_4，x_{41}，x_{43}，x_{45}。

求解方程组：

作变换 $n_{ij}=F_ix_{ij}$ 后方程组变为

$$n_{41}+n_{43}=n_{51} \tag{1'}$$

$$2n_{41}+n_{45}=2n_{51}+n_{52}+n_{55} \tag{2'}$$

$$n_{43}=n_{52} \tag{3'}$$

$$n_{51}+n_{52}+n_{55}=F_5 \tag{4'}$$

由式 (1′) 解得

$$n_{51}=n_{41}+n_{43}=F_4x_{41}+F_4x_{43}=0.1703\text{mol/h}$$

由式 (3′) 解得

$$n_{52}=n_{43}=F_4x_{43}=0.02751\text{mol/h}$$

由式 (2′) 解得

$$n_{55}=2n_{41}+n_{45}-2n_{51}-n_{52}=3.3188\text{mol/h}$$

则
$$F_5=n_{51}+n_{52}+n_{55}=3.5166\text{mol/h}$$
$$x_{51}=n_{51}/F_5=0.0484$$
$$x_{52}=n_{52}/F_5=0.0078$$
$$x_{55}=n_{55}/F_5=0.9438$$

(7) 转换为生产氢的设计指标 $n_{55}=100\text{mol/h}$ 基准下的物流工况

经计算 1mol/h CH_4 的进料情况下，H_2 的产量为 3.3188mol/h。则当 H_2 的产量为 100mol/h 时，物流 1 的 CH_4 消耗量为 $n'_{11}=\dfrac{100\times1}{3.3188}=30.13\text{mol/h}$

物流 1 的水耗量为 $n'_{12}=30.13\times2.5=75.325\text{mol/h}=1.356\text{kg/h}$

物流 6 的水耗量为 $F'_6=30.13\times F_6=317.89\text{mol/h}=5.722\text{kg/h}$

其余各物流　$F'_i=30.13\times F_i$

设计结果见表 6-4。

表 6-4　物流流量及组成

物流号	流量/(mol/h)	摩尔分数				
		CH_4	H_2O	CO	CO_2	H_2
1	105.45	0.28600	0.7140	0	0	0
2	157.52	0.02740	0.2562	0.1055	0.0589	0.5520
3	474.87	0.00910	0.7208	0.0017	0.0526	0.2158
4	107.62	0.03998	0	0.0077	0	0.9523
5	105.96	0.04840	0.0078	0	0	0.9438
6	317.89	0	1	0	0	0
7	25.00	0	0	0	1	0
8	342.30	0	1	0	0	0

6.3 循环物流

化工过程从进料到产品，很少是一条单程路线。这是因为在许多情况下产品物流中含有未反应完的反应物需要经分离加以利用，下面以正丁烷异构化为例加以说明。如图 6-7 所示，正丁烷进料在一连续搅拌槽式催化反应器内转化成异丁烷。从反应器出来的产物（物流 2）用蒸馏法分离出异丁烷（物流 3）和未反应的正丁烷（物流 4）。

从 3.4.7 节中式 (3-87)，得到反应器排出物流中异丁烷含量 x_{21}：

$$x_{21}=\frac{1+\dfrac{F_1x_{11}}{nk_r}}{1+\dfrac{1}{K}+\dfrac{F_2}{nk_r}}$$

如果进料中不含异丁烷，即 $x_{11}=0$，取：$F_1=100\text{mol/h}$，$nk_r=38\text{mol/h}$，$K=0.728$，则式 (3-87) 可算得 $x_{21}=0.2$，因为 $F_1=F_2$，故有：$n_{21}=100\times0.2=20\text{mol/h}$，$n_{22}=$

80mol/h。即有 80%的正丁烷没有转化成产品异丁烷。

工业上常用方法是将未反应完的正丁烷加至进料物流，如图 6-8 所示。这种循环过程可使原料得到较为充分的利用，与建立多套重复装置相比，引进循环物流能大大降低设备投资。

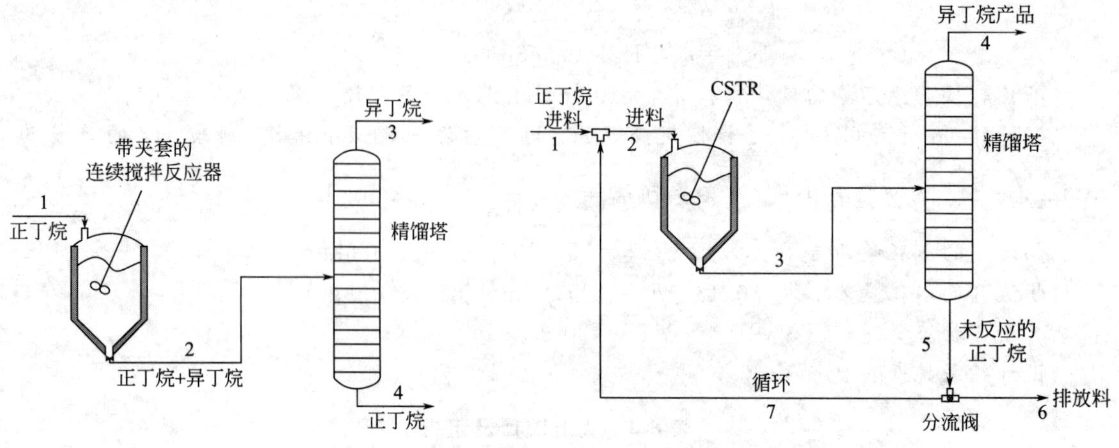

图 6-7　正丁烷异构化过程　　　　图 6-8　循环型正丁烷异构化过程

在化工生产过程中，采用循环物流的场合很多，几种常见的情况如下：

① 有过量反应物存在。

② 反应在一惰性稀释剂中进行，产物分离后，稀释剂循环使用。

③ 当反应受化学平衡或化学反应速率限制而进行不彻底时，未反应的反应物循环利用。

④ 当有副反应发生而需要控制反应深度时，为使反应达一定转化率时及时终止反应，未反应的反应物需要与产物进行分离，并循环回到反应器中。

⑤ 某些物理过程中的循环物流，如萃取过程中萃取剂的循环利用。

【例 6-2】 对循环型正丁烷异构化过程作物料衡算。如图 6-8 所示，正丁烷的进料物流 1 与循环物流 7 混合。混合物加至连续搅拌槽式催化反应器，产品异丁烷与未反应的正丁烷在精馏塔内分离，一部分（分率 α）塔底物流循环至进料物流，另一部分（分率 $1-\alpha$）排放。异丁烷产品在物流 4 内得到。

解：

（1）组分编号（见表 6-5）

表 6-5 ［例 6-2］组分编号

组分	i-C_4	n-C_4
编号	1	2

（2）计算简图（见图 6-9）

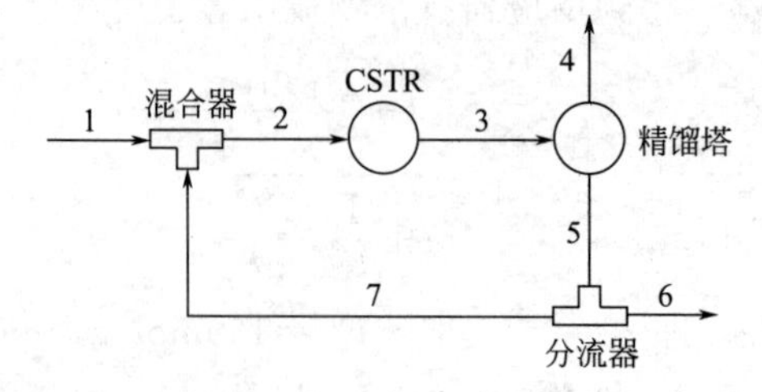

图 6-9 ［例 6-2］计算简图

（3）方程与约束

① 物料平衡方程与设备约束式

混合器：

$$F_1x_{11}+F_7x_{71}=F_2x_{21} \tag{1}$$

$$F_1x_{12}+F_7x_{72}=F_2x_{22} \tag{2}$$

$$(\text{或 } F_1+F_7=F_2)$$

反应器：

$$4F_2(x_{21}+x_{22})=4F_3(x_{31}+x_{32})(\text{或 } F_2=F_3) \tag{3}$$

$$x_{31}=\frac{1+\dfrac{F_2x_{21}}{nk_r}}{1+\dfrac{1}{K}+\dfrac{F_2}{nk_r}} \tag{4}$$

精馏塔：

$$F_3x_{31}=F_4x_{41}+F_5x_{51} \tag{5}$$

$$F_3x_{32}=F_4x_{42}+F_5x_{52}(\text{或 } F_3=F_4+F_5) \tag{6}$$

分流器：

$$F_5=F_6+F_7 \tag{7}$$

$$\alpha=\frac{F_7}{F_5} \tag{8}$$

$$x_{61}=x_{51} \tag{9}$$

$$x_{71}=x_{51} \tag{10}$$

② 摩尔分数约束式

$$x_{11}+x_{12}=1 \tag{11}$$

$$x_{21}+x_{22}=1 \tag{12}$$

$$x_{31}+x_{32}=1 \tag{13}$$

$$x_{41}+x_{42}=1 \tag{14}$$

$$x_{51}+x_{52}=1 \tag{15}$$

$$x_{61}+x_{62}=1 \tag{16}$$

$$x_{71}+x_{72}=1 \tag{17}$$

（4）变量分析

每一股物流都含有全部组分，故 $N_v=N_s(N_c+1)+N_p=7\times(2+1)+3=24$，$N_e=17$，$N_d=24-17=7$，取 $\{F_1,x_{11},x_{41},x_{51},\alpha,(nk_r),K\}$ 作为设计变量。

（5）求解方程组

将式（2）、式（3）和式（6）分别用混合器、反应器和精馏塔的总物料平衡方程代替：

$$F_1+F_7=F_2$$

$$F_2=F_3$$

$$F_3=F_4+F_5$$

采用优先排序法，得方程排序见表6-6。

表 6-6 求解顺序

求解顺序	方程号	解出变量	方程
1	(9)	x_{61}	$x_{61}=x_{51}$
2	(10)	x_{71}	$x_{71}=x_{51}$
3	(11)	x_{12}	$x_{12}=1-x_{11}$
4	(14)	x_{42}	$x_{42}=1-x_{41}$
5	(15)	x_{52}	$x_{52}=1-x_{51}$
6	(16)	x_{62}	$x_{62}=1-x_{61}$
7	(17)	x_{72}	$x_{72}=1-x_{71}$
8		C_1	$C_1=(1-\alpha)x_{41}-x_{51}$
9	(4)	x_{31}	$x_{31}=\dfrac{1+\dfrac{F_1}{nk_r}\left(x_{11}+\alpha x_{71}\dfrac{x_{41}-x_{31}}{\alpha x_{31}+C_1}\right)}{1+\dfrac{1}{K}+\dfrac{F_1}{nk_r}\dfrac{\alpha x_{41}+C_1}{\alpha x_{31}+C_1}}$
10	(1)	x_{21}	$x_{21}=\dfrac{x_{11}(\alpha x_{31}+C_1)+\alpha x_{71}(x_{41}-x_{31})}{x_{41}-x_{51}}$
11	(5)	F_5	$F_5=\dfrac{F_1(x_{41}-x_{31})}{\alpha x_{31}+C_1}$
12	(6)	F_4	$F_4=F_1+(\alpha-1)F_5$
13	(13)	x_{32}	$x_{32}=1-x_{31}$

排序表中的第九步，即式（4）是关于 x_{31} 的一元二次方程，经整理可化为：

$$C_2x_{31}^2+C_3x_{31}+C_4=0 \tag{18}$$

式中

$$C_2=\alpha\left(1+\frac{1}{K}\right)$$

$$C_3=C_1\left(1+\frac{1}{K}\right)+\frac{F_1}{nk_r}(C_1+\alpha x_{41})-\alpha\left[1+\frac{F_1}{nk_r}(x_{11}-x_{71})\right]$$

$$C_4=-\left[C_1+\frac{F_1}{nk_r}(C_1x_{11}+\alpha x_{71}x_{41})\right]$$

均为常数，故式（18）可以得到解析解。下面通过一种简单的情况来说明循环效果，考虑如下极端情况：

① 进料为纯正丁烷，即 $x_{11}=0$，$x_{12}=1$。

② 精馏塔分离完全，即所有的异丁烷都进入塔顶物流，所有正丁烷都进入塔底物流：$x_{41}=1$，$x_{42}=0$，$x_{51}=0$，$x_{52}=1$，$x_{71}=0$，$x_{72}=1$。

此时式（18）中的各常数为：

$$C_1=1-\alpha$$

$$C_2=\alpha\left(1+\frac{1}{K}\right)$$

$$C_3=(1-\alpha)\left(1+\frac{1}{K}\right)+\frac{F_1}{nk_r}-\alpha$$

$$C_4=-(1-\alpha)$$

式（18）可简化为

$$\alpha\left(1+\frac{1}{K}\right)x_{31}^{2}+\left[(1-\alpha)\left(1+\frac{1}{K}\right)+\frac{F_1}{nk_r}-\alpha\right]x_{31}-(1-\alpha)=0$$

系统中无杂质的累积，则无需排放，$\alpha=1$，二次方程转化为

$$\left(1+\frac{1}{K}\right)x_{31}^{2}+\left(\frac{F_1}{nk_r}-1\right)x_{31}=0$$

可解出

$$x_{31}=\frac{1-\frac{F_1}{nk_r}}{1+\frac{1}{K}}$$

由此可见，全循环的进料量 F_1 不能超过 nk_r。若设计变量取值为：F_1＝变量（$0\leqslant F_1\leqslant nk_r$），$x_{11}=0$，$x_{41}=1$，$x_{51}=0$，$\alpha=1$，$nk_r=38\text{mol/h}$，$K=0.728$，经计算可得离开反应器物流中的异丁烷摩尔分数 x_{31} 及反应器的进出流量 F_2（或 F_3）随 F_1 变化关系如图6-10所示。

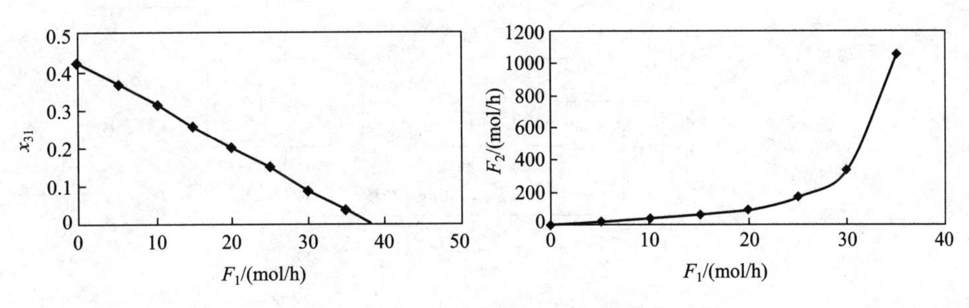

图6-10 x_{31} 及 F_2 随 F_1 变化关系

6.4 排放

循环物流解决了未完全反应完的原料问题，但对含有一定杂质的原料，也带来了杂质在系统中的累积问题。

假设一反应系统如图6-11所示，原料A中含有惰性杂质10μg/g，开始进料流率为100kg/h，原料A的单程转化率为50%，未反应的A与惰性杂质在一起进入返回反应器。在第二程中，进入反应器的物流为新鲜进料与循环料各占50%的混合物，惰性杂质的含量将达20μg/g。经无限长时间后，进行了无限多次行程，系统内几乎全为惰性杂质。为了防止杂质在循环系统中的积累，可将杂质从系统中分离出去。如果这种分离难以实现，则可将部分循环物流排放。

【例6-3】过程与［例6-2］相同，同样是正丁烷催化转化成异丁烷，唯一不同处是正丁烷进料物流中含有低浓度的杂质乙硫醇（C_2H_5SH）。为了集中分析杂质问题，做几点简化：进料内没有异丁烷；精馏塔分离完全，即馏出液内没有正丁烷，釜液内没有异丁烷；讨论最坏的可能情况，即所有杂质都集中在釜液内（物流5）。问排放率 $\beta=F_6/F_5$ 对反应器内杂质乙硫醇浓度的影响如何？

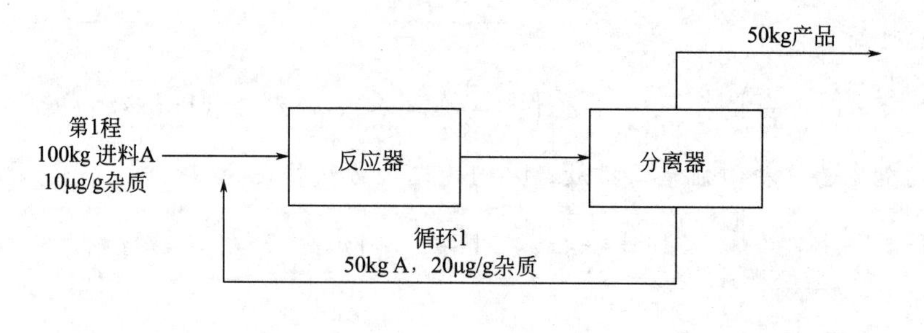

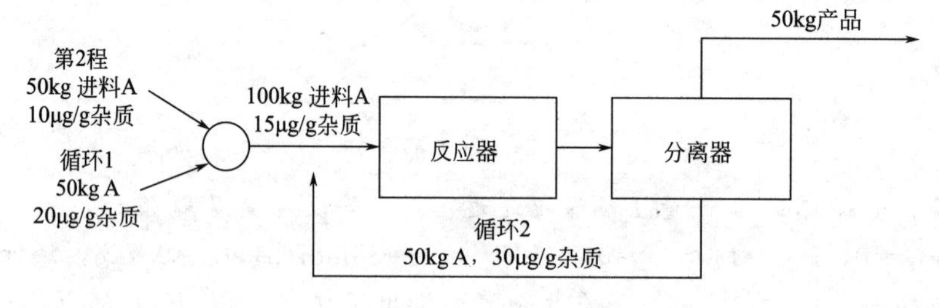

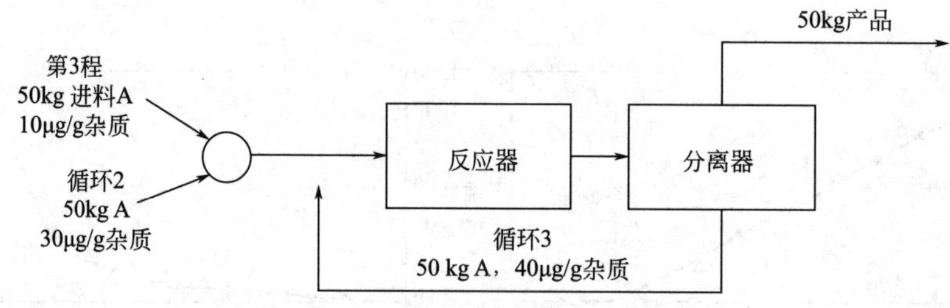

图 6-11 杂质在循环系统中的累积

解：

（1）组分编号（见表 6-7）

表 6-7 ［例 6-3］组分编号

组分	异丁烷	正丁烷	乙硫醇
编号	1	2	3

（2）计算简图（见图 6-12）

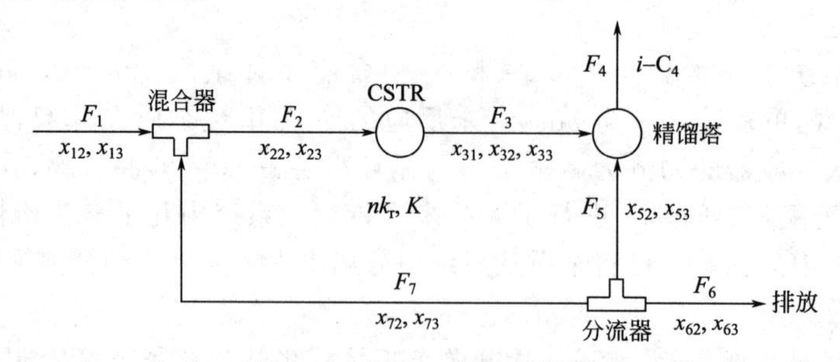

图 6-12 ［例 6-3］计算简图

（3）方程与约束式

① 物料平衡与设备约束式

混合器：

$$F_1 x_{12} + F_7 x_{72} = F_2 x_{22} \tag{1}$$

$$F_1x_{13}+F_7x_{73}=F_2x_{23} \tag{2}$$
$$(\text{或 } F_2=F_1+F_7)$$

反应器：

$$F_2=F_3 \tag{3}$$
$$F_2F_{23}=F_3F_{33} \tag{4}$$

反应在 CSTR 内进行，由于存在杂质乙硫醇，可得设备约束式为：

$$x_{31}=\frac{1-x_{23}}{1+\dfrac{1}{K}+\dfrac{F_2}{nk_r}} \tag{5}$$

精馏塔：

$$F_3x_{31}=F_4 \tag{6}$$
$$F_3x_{32}=F_5x_{52} \tag{7}$$
$$F_3x_{33}=F_5x_{53} \tag{8}$$

分流器：

$$F_5=F_6+F_7 \tag{9}$$
$$\beta=F_6/F_5 \tag{10}$$
$$x_{62}=x_{52} \tag{11}$$
$$x_{72}=x_{52} \tag{12}$$

② 摩尔分数约束式

$$x_{12}+x_{13}=1 \tag{13}$$
$$x_{22}+x_{23}=1 \tag{14}$$
$$x_{31}+x_{32}+x_{33}=1 \tag{15}$$
$$x_{52}+x_{53}=1 \tag{16}$$
$$x_{62}+x_{63}=1 \tag{17}$$
$$x_{72}+x_{73}=1 \tag{18}$$

(4) 变量分析

$N_v=23$，$N_e=18$，$N_d=23-18=5$，取 $\{F_1,x_{13},nk_r,K,\beta\}$ 作为设计变量。

(5) 方程求解

采用优先排序法，方程排序见表 6-8。

表 6-8　求解顺序

求解顺序	方程号	解出变量	方程
1	(13)	x_{12}	$x_{12}=1-x_{13}$
2		C_1	$C_1=1-1/(1-\beta)$
3		C_2	$C_2=1+1/K$
4		C_3	$C_3=F_1x_{13}/(\beta nk_r)$
5		C_4	$C_4=\beta x_{12}/[x_{13}(1-\beta)]$
6		C_5	$C_5=1-C_1C_2+C_2C_4$
7		C_6	$C_6=C_1C_2-C_1C_3+C_3C_4-1$
8		C_7	$C_7=C_1C_3$
9	(5)	x_{33}	$C_5x_{33}^2+C_6x_{33}+C_7=0$

续表

求解顺序	方程号	解出变量	方程
10	(1)	x_{52}	$x_{52}=[x_{13}-(x_{13}+\beta x_{12})x_{33}]/(x_{13}-\beta x_{33})$
11	(2)	F_2	$F_2=F_1x_{13}/(\beta x_{33})$
12	(8)	F_5	$F_5=F_2x_{33}/(1-x_{52})$
13	(4)	x_{23}	$x_{23}=x_{33}$
14	(3)	F_3	$F_3=F_2$
15	(7)	x_{32}	$x_{32}=F_5x_{52}/F_2$
16	(15)	x_{31}	$x_{31}=1-x_{32}-x_{33}$
17	(9)	F_7	$F_7=(1-\beta)F_5$
18	(18)	x_{73}	$x_{73}=1-x_{52}$
19	(12)	x_{72}	$x_{72}=x_{52}$
20	(16)	x_{53}	$x_{53}=1-x_{52}$
21	(14)	x_{22}	$x_{22}=1-x_{23}$
22	(10)	F_6	$F_6=\beta F_5$
23	(11)	x_{62}	$x_{62}=x_{52}$
24	(17)	x_{63}	$x_{63}=1-x_{62}$
25	(6)	F_4	$F_4=F_3x_{31}$

若设计变量的取值为：$F_1=20\text{mol/h}$，$x_{13}=0.005$、$nk_r=38\text{mol/h}$，$K=0.728$，β 变量 $0\leqslant\beta\leqslant0.02$，给出不同的 β 值进行计算，可得各物流参数随 β 值的变化关系，其中杂质乙硫醇在反应器内的含量 x_{33} 与 β 的关系如图 6-13 所示。

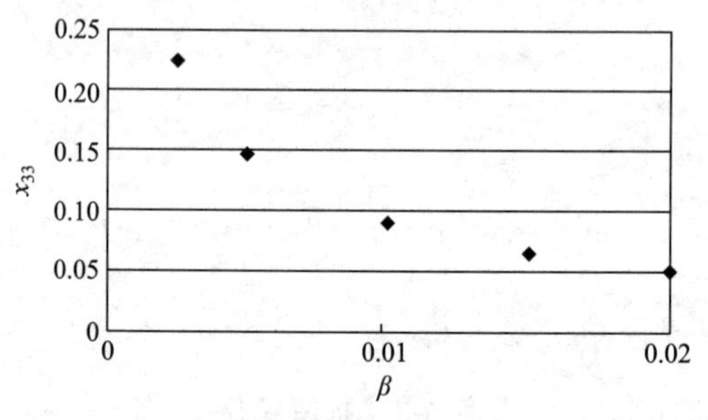

图 6-13 反应器内乙硫醇的浓度与排放分率的关系

从图 6-13 可见，当排放分率很小（$0<\beta<0.01$）时，继续减小排放会使反应器内杂质含量急剧升高，适当增加排放可使杂质含量显著降低。而在排放量较大（$\beta>0.015$）时，增大排放量，杂质含量降低缓慢，而且还增加了原料的损耗。

6.5 单元模块法

把一个化工过程分解为若干个过程单元，对每一个过程单元进行独立的分析，建立相应的模型方程。模型方程包括单元的物料衡算方程、能量衡算方程、摩尔分数约束方程和设备约束方程，这些模型方程反映了单元的基本关系，被称为模块。在对化工过程进行数学模拟时，将各模块的信息输入计算机中，通过调用这些模块，可实现过程中各个单元之间的数据传递，最终获得问题的解。

其具体步骤如下：

① 列出整个过程单元系统的全部独立的物料平衡方程与约束式，确定出整个过程单元系统的设计变量（即总设计变量）。

② 对每个过程单元进行分析，确定该单元的设计变量（也称为局部设计变量，用以区别于总设计变量）及未知的局部设计变量的个数。

③ 确定第一求解模块及全过程的求解顺序。

a. 若某个模块的局部设计变量全部被包括在总设计变量集合中，则此模块即可求解，作为第一求解模块。再依次求解其他模块。

b. 对于带有循环物流的问题，没有一个模块的局部设计变量全部包括在总设计变量集合之中，总有一个或多个未予规定的局部设计变量。

找出含有未予规定局部设计变量个数（N_{ud}）最少的模块作为第一求解模块。对第一求解模块中的未知局部设计变量提供估计值，并在相应的物流上设收敛块。解出第一求解模块后，按物流顺序求解其余模块，在收敛块处进行收敛判别，迭代计算。

④ 编程计算。

这种方法实际上就是序贯模块法。

【例 6-4】 对不带循环的正丁烷异构化过程进行单元模块分析。

解： 流程如图 6-6 所示。

（1）组分编号（见表 6-9）

表 6-9 ［例 6-4］组分编号

组分	i-C_4	n-C_4
编号	1	2

（2）计算简图（见图 6-14）

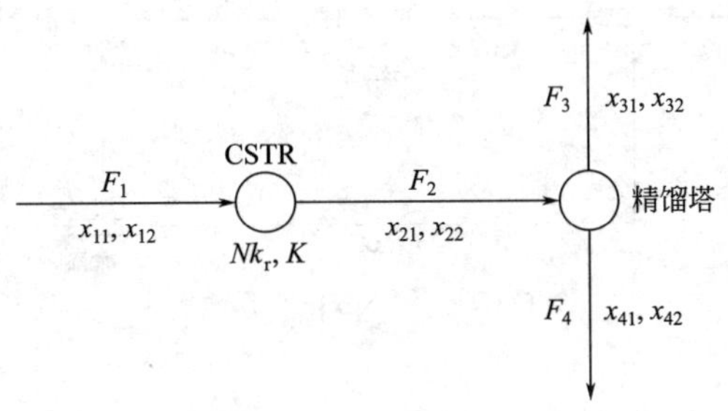

图 6-14 ［例 6-4］计算简图

（3）方程与约束式

$$F_1 = F_2 \tag{1}$$

① 反应器：

$$x_{21} = \frac{1 + \dfrac{F_1 x_{11}}{nk_r}}{1 + \dfrac{1}{K} + \dfrac{F_1}{nk_r}} \tag{2}$$

② 精馏塔：

$$F_2 x_{21} = F_3 x_{31} + F_4 x_{41} \tag{3}$$

$$F_2 x_{22} = F_3 x_{32} + F_4 x_{42} \quad （或 F_2 = F_3 + F_4） \tag{4}$$

$$x_{11}+x_{12}=1 \tag{5}$$
$$x_{21}+x_{22}=1 \tag{6}$$
$$x_{31}+x_{32}=1 \tag{7}$$
$$x_{41}+x_{42}=1 \tag{8}$$

(4) 总体变量分析

$N_v=N_s+(N_c+1)+N_p=4\times(2+1)+2=14$，$N_e=8$，$N_d=14-8=6$，取 $\{F_1, x_{11}, x_{31}, x_{41}, K, nk_r\}$ 作为总体设计变量。

(5) 模块分析

① 反应器：$N_v=8$，$N_e=4[(1),(2),(5),(6)]$，$N_d=4$，可选 $\{F_1, x_{11}, K, nk_r\}$ 作为 CSTR 的设计变量。可见 CSTR 的局部设计变量全部包含在总体设计变量之中，故 $N_{ud}=0$。

② 精馏塔：$N_v=9$，$N_e=5[(3),(4),(6),(7),(8)]$，$N_d=4$，在总体设计变量之中只能找到两个可作为此模块的局部设计变量 x_{31} 与 x_{41}，尚有两个未予规定的局部设计变量，故 $N_{ud}=2$。

(6) 求解顺序

经模块分析，取 CSTR 为第一求解模块。当 CSTR 模块解出后，便得到 F_2 与 x_{21}，此两值与 x_{31}、x_{41} 均构成精馏塔模块的局部设计变量。整个过程可以求解。

【例 6-5】 带循环物流的正丁烷异构化过程的单元模块分析。

解：

(1) 组分编号（见表 6-10）

表 6-10 ［例 6-5］组分编号

组分	i-C_4	n-C_4
编号	1	2

(2) 计算简图（见图 6-15）

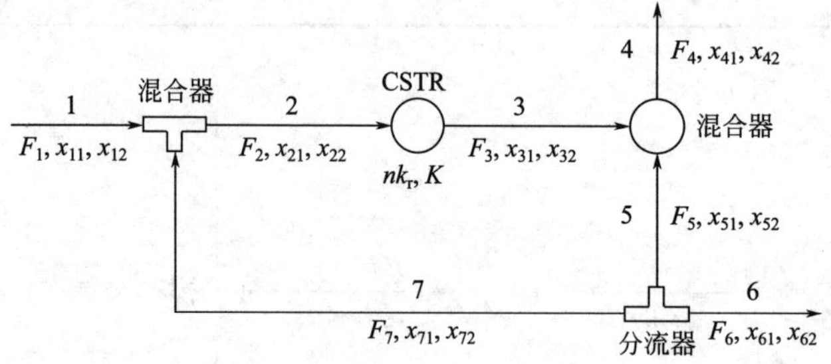

图 6-15 ［例 6-5］计算简图

(3) 方程与约束式

① 物料平衡方程与设备约束式

混合器：

$$F_1x_{11}+F_7x_{71}=F_2x_{21} \tag{1}$$
$$F_1x_{12}+F_7x_{72}=F_2x_{22} \tag{2}$$
$$(\text{或 } F_1+F_7=F_2)$$

反应器：

$$F_2=F_3 \tag{3}$$

$$x_{31}=\frac{1+\dfrac{F_2x_{21}}{nk_r}}{1+\dfrac{1}{K}+\dfrac{F_2}{nk_r}} \tag{4}$$

精馏塔：
$$F_3x_{31}=F_4x_{41}+F_5x_{51} \tag{5}$$
$$F_3x_{32}=F_4x_{42}+F_5x_{52} \tag{6}$$
$$(\text{或 } F_3=F_4+F_5)$$

分流器：
$$F_5=F_6+F_7 \tag{7}$$
$$x_{51}=x_{61} \tag{8}$$
$$x_{51}=x_{71} \tag{9}$$
$$F_7=\alpha F_5 \tag{10}$$

② 摩尔分数约束式

$$x_{11}+x_{12}=1 \tag{11}$$
$$x_{21}+x_{22}=1 \tag{12}$$
$$x_{31}+x_{32}=1 \tag{13}$$
$$x_{41}+x_{42}=1 \tag{14}$$
$$x_{51}+x_{52}=1 \tag{15}$$
$$x_{61}+x_{62}=1 \tag{16}$$
$$x_{71}+x_{72}=1 \tag{17}$$

(4) 总体变量分析

$N_v=N_s(N_c+1)+N_p=7\times(2+1)+3=24$，$N_e=17$，$N_d=24-17=7$，取 $\{F_1, x_{11}, x_{41}, x_{51}, nk_r, K, \alpha\}$ 作为总设计变量。

(5) 模块分析

对于各模块均有 $N_v=N_s(N_c+1)+N_p$。

混合器：$N_v=3\times(2+1)+0=9$，$N_e=5\{(1),(2),(11),(12),(17)\}$，$N_d=9-5=4$，$F_1$、$x_{11}$ 已知，则 $N_{ud}=2$。

反应器：$N_v=2\times(2+1)+2=8$，$N_e=4\{(3),(4),(12),(13)\}$，$N_d=8-4=4$，已知 K、nk_r，则 $N_{ud}=2$。

精馏塔：$N_v=3\times(2+1)+0=9$，$N_e=5\{(5),(6),(13),(14),(15)\}$，则 $N_d=9-5=4$，已知 x_{41}、x_{51}，则 $N_{ud}=2$。

分流器：$N_v=3\times(2+1)+1=10$，$N_e=7\{(7),(8),(9),(10),(15),(16),(17)\}$，则 $N_d=10-7=3$。已知 α、x_{51}，则 $N_{ud}=1$。

(6) 求解顺序

选分流器为第一求解模块，可将 F_5 作为剥离变量，赋予初值，并在物流 5 上设收敛块如图 6-16 所示。

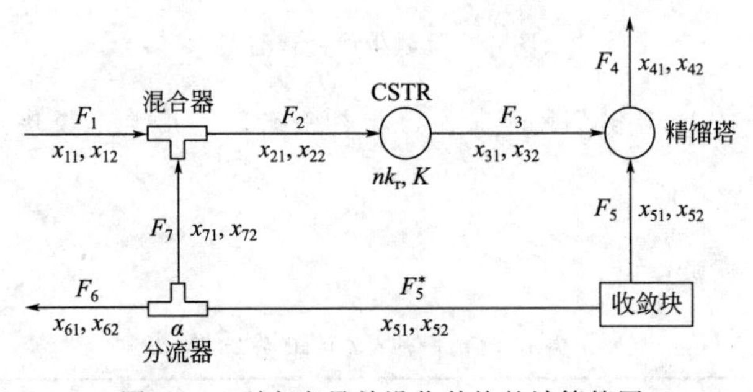

图 6-16　剥离变量并设收敛块的计算简图

然后依次解出混合器、CSTR 和精馏塔各模块，得到新的 F_5。将 F_5 与 F_5^* 进行比较，迭代运算，直到满足精度：

$$\left|\frac{F_5-F_5^*}{F_5}\right|<\varepsilon$$

计算结束，输出各物流参数。

6.6 哈伯法合成氨过程的物料衡算

元素直接合成生产氨的哈伯（Haber）法是化学工程的一大成就。图 6-11 所示为简化的工艺流程图。进料为干燥的 H_2 和 N_2，并含有氩和甲烷杂质。进料在 1MPa 下与低压循环气混合，经高压压缩机升压至 20MPa，再同高压循环气混合，进入氨合成塔，在这里预热至反应温度（大约 500℃）并进行反应。

$$N_2+3H_2 \rightleftharpoons 2NH_3$$

反应平衡时，氨的产率为 10%，从反应器出来的气体进入换热器进行冷却和冷凝后，进入高压闪蒸分离器内，分离出液氨和未反应的原料气。从高压闪蒸气分离出来的原料气通过循环压缩机升压后与高压原料气混合进入合成塔。由高压分离器出来的液氨内含有溶解气体，送至低压闪蒸器内闪蒸，闪蒸气体与低压原料气混合后进入高压压缩机升压，液氨则作为产品抽出。

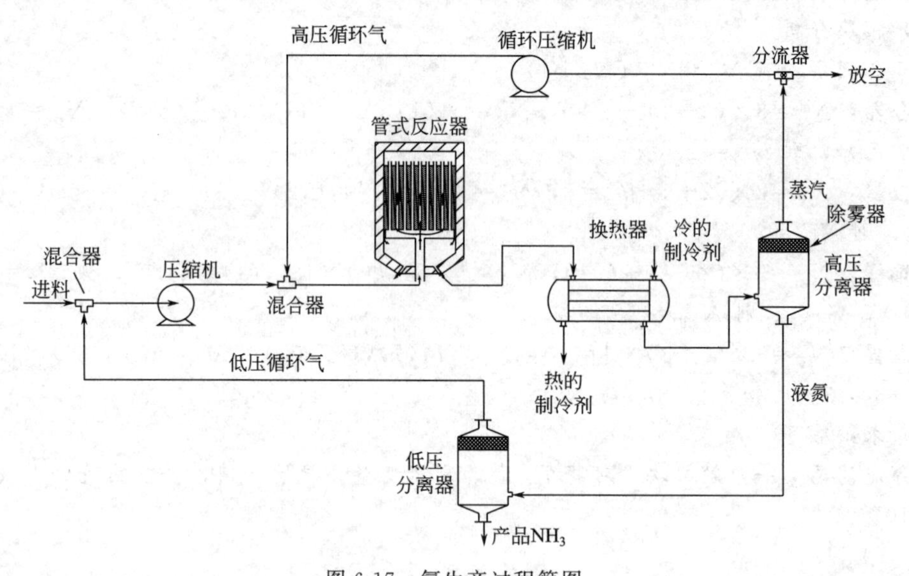

图 6-17 氨生产过程简图

【例 6-6】 对图 6-17 所示合成氨过程作出物料平衡，并用单元模块法求解。确定排放对循环和产量的影响。

解：

（1）组分编号（见表 6-11）

表 6-11 ［例 6-6］组分编号

组分	N_2	H_2	NH_3	Ar	CH_4
编号	1	2	3	4	5

(2) 计算简图（见图 6-18）

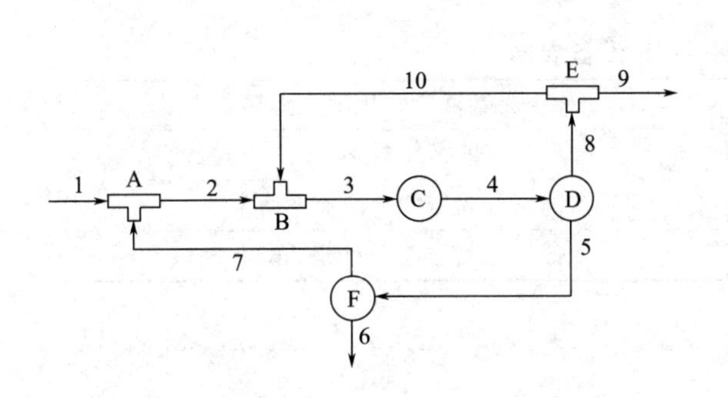

过程单元	过程物流
A—低压混合器	1—进料
B—高压混合器	2—低压进料加循环物流
C—反应器	3—高压进料加循环物流
D—高压分离器	4—从反应器出来的产品
E—物流分离器	5—高压液体
F—低压分离器	6—产品
	7—低压循环物流
	8—高压循环物流
	9—排放物流
	10—高压循环物流

图 6-18 ［例 6-6］计算简图

(3) 方程与约束式

① 物料平衡方程和设备约束式

低压混合器 A：

$$F_1 x_{1j} + F_7 x_{7j} = F_2 x_{2j} \qquad (j=1,2,\cdots,5) \tag{1}$$

高压混合器 B：

$$F_2 x_{2j} + F_{10} x_{10j} = F_3 x_{3j} \qquad (j=1,2,\cdots,5) \tag{2}$$

反应器 C：

$$\mathrm{N}: 2F_3 x_{31} + F_3 x_{33} = 2F_4 x_{41} + F_4 x_{43} \tag{3}$$

$$\mathrm{H}: 2F_3 x_{32} + 3F_3 x_{33} = 2F_4 x_{42} + 3F_4 x_{43} \tag{4}$$

$$\mathrm{Ar}: F_3 x_{34} = F_4 x_{44} \tag{5}$$

$$\mathrm{CH_4}: F_3 x_{35} = F_4 x_{45} \tag{6}$$

$$K' = Kp^2 = \frac{x_{43}^2}{x_{41} x_{42}^3} \tag{7}$$

高压分离器 D：

$$F_4 x_{4j} = F_5 x_{5j} + F_8 x_{8j} \tag{8}$$

$$k_j = \frac{x_{8j}}{x_{5j}} \qquad (j=1,2,\cdots,5) \tag{9}$$

分流器 E：

$$F_8 = F_9 + F_{10} \tag{10}$$

$$x_{10j} = x_{8j} \qquad (j=1,2,3,4) \tag{11}$$

$$x_{9j} = x_{8j} \qquad (j=1,2,3,4) \tag{12}$$

$$F_9 = \alpha F_8 \tag{13}$$

低压分离器 F：

$$F_5 x_{5j} = F_6 x_{6j} + F_7 x_{7j} \qquad (j=1,2,\cdots,5) \tag{14}$$

$$k'_j = \frac{x_{7j}}{x_{6j}} \qquad (j=1,2,\cdots,5) \tag{15}$$

② 摩尔分数约束式

$$\sum_{j=1}^{5} x_{ij} = 1 \qquad (i=1,2,\cdots,10) \tag{16}$$

(4) 总体变量分析

$N_v=N_s(N_c+1)+N_p=10\times(5+1)+12=72$，其中设备参数为见表 6-12。

表 6-12 ［例 6-6］设备参数

K'	合成氨反应的化学平衡常数
α	排放分率 F_9/F_8
k_1，k_2，k_3，k_4，k_5	高压分离器 5 个汽液平衡常数
k'_1，k'_2，k'_3，k'_4，k'_5	低压分离器 5 个汽液平衡常数

$N_e=55$，则 $N_d=72-55=17$，取 $\{F_1,x_{11},x_{12},x_{14},x_{15},K',\alpha,k_1,k_2,k_3,k_4,k_5,k'_1,k'_2,k'_3,k'_4,k'_5\}$ 作为总设计变量。

(5) 模块分析

对于各模块均有 $N_v=N_s(N_c+1)+N_p$。

低压混合器：

$N_v=3\times(5+1)+0=18$，$N_e=8$｛5 个物料平衡方程，3 个摩尔分数约束式｝，$N_d=18-8=10$，在总体设计变量中已知 F_1、x_{11}、x_{12}、x_{14}、x_{15}，故 $N_{ud}=5$。

高压混合器：

$N_v=3\times(5+1)+0=18$，$N_e=8$，｛5 个物料平衡方程，3 个摩尔分数约束式｝，$N_d=18-8=10$，在总体设计变量中无一属于本模块，$N_{ud}=10$。

反应器：

$N_v=2\times(5+1)+1=13$，$N_e=7$｛4 个物料平衡方程，1 个设备约束式，2 个摩尔分数约束式｝，$N_d=13-7=6$，在总体设计变量中已知反应平衡常数 K'，故 $N_{ud}=5$。

高压分离器：

$N_v=3\times(5+1)+5=23$，$N_e=13$｛5 个物料平衡方程，5 个设备约束式，3 个摩尔分数约束式｝，则 $N_d=23-13=10$，在总体设计变量中，已知各组分的汽液平衡常数 k_1、k_2、k_3、k_4、k_5，故 $N_{ud}=5$。

分流器：

$N_v=3\times(5+1)+1=19$，$N_e=13$｛1 个物料平衡方程，9 个设备约束式，3 个摩尔分数约束式｝，$N_d=19-13=6$，由总体设计变量中已知排放分率 α，故 $N_{ud}=5$。

低压分离器：

$N_v=23$，$N_e=13$，$N_d=23-13=10$；$N_{ud}=5$。

(6) 求解顺序

由以上模块分析可以看到：6 个模块中未预规定的局部设计变量最少为 5 个。则在 $N_{ud}=5$ 的模块中任取一个作为第一求解模块。按常规物料流动次序，取低压混合器 A 为第一求解模块。

对物流 7 的流量和组成 $\{F_7,x_{71},x_{72},x_{73},x_{74}\}$ 赋以估计值。求解低压混合器 A 的物料平衡得到物流 2 的流量与组成 $\{F_2,x_{21},x_{22},x_{23},x_{24}\}$，此时高压混合器的未知设计变量已由 10 个降至 5 个，继而求解高压混合器 B 模块。再选取物流 10 的流量与组成 $\{F_{10},x_{10\,1},x_{10\,2},x_{10\,3},x_{10\,4}\}$ 为剥离变量，赋以估计值。然后依次进行高压混合器 B、反应器 C、高压分离器 D、分流器 E 和低压分离器 F 的物料平衡计算。从最后两个单元的物料平衡得到物流 7 与物流 10 的流量和组成的新值，与初值进行比较。如不相符，则改进估计值重新计算，直到所有剥离变量均满足计算精度为止。

计算框图如图 6-19 所示。

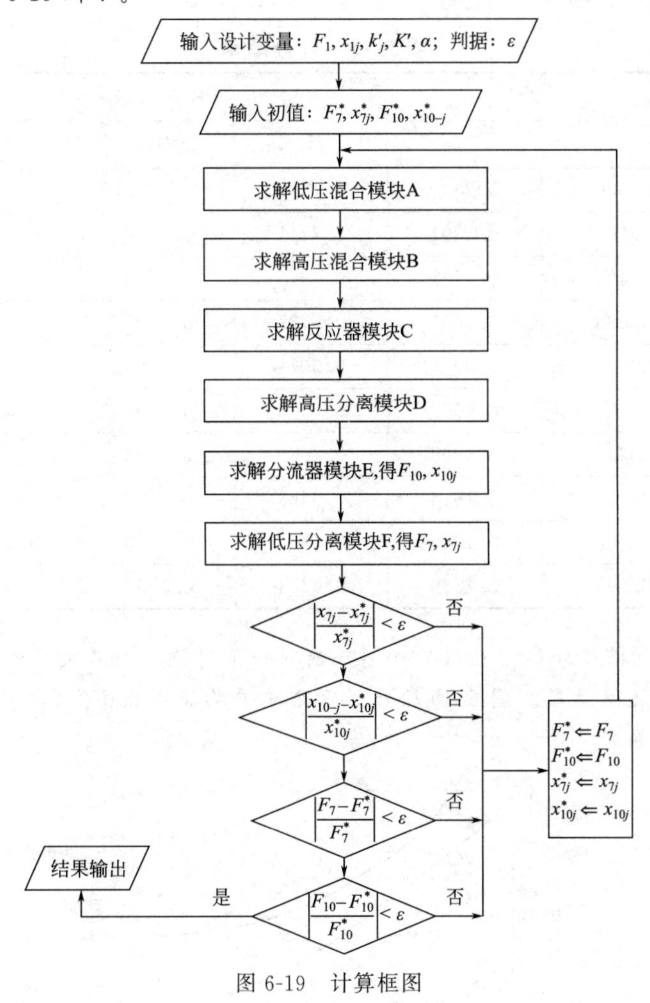

图 6-19　计算框图

(7) 计算机计算

若设计变量的取值为：

进料：

$$F_1 = 100\text{mol/h}(\text{基准})$$

$$x_{11} = 0.24\ (N_2)$$

$$x_{12} = 0.743(H_2)$$

$$x_{14} = 0.006(Ar)$$

$$x_{15} = 0.011(CH_4)$$

化学平衡常数：$K' = 0.35$

排放分率：$\alpha = 0.02$

汽液平衡常数：$k_j = \{105, 90, 0.06, 100, 33\}$

$$k'_j = \{2400, 1750, 0.28, 1400, 500\}$$

取初值：$F_7^* = F_{10}^* = 100\text{mol/h}$

$$F_{7j}^* = \left\{\frac{1}{4}, \frac{3}{4}, 0, 0, 0\right\},\quad F_{10j}^* = \left\{\frac{1}{4}, \frac{3}{4}, 0, 0, 0\right\}$$

计算结果见表 6-13。

表 6-13 计算结果

物流号	F_i/(mol/h)	摩尔分数				
		N_2	H_2	NH_3	Ar	CH_4
1	100.000	0.2400	0.7430	0	0.0060	0.0110
2	100.663	0.2391	0.7411	0.0018	0.0061	0.0118
3	786.422	0.1741	0.6673	0.0519	0.0378	0.0688
4	743.036	0.1551	0.6187	0.1134	0.0400	0.0728
5	43.242	0.0016	0.0073	0.9884	0.0004	0.0023
6	42.579	0.0000	0.0003	0.9994	0.0000	0.0003
7	0.663	0.0996	0.4589	0.2798	0.0265	0.1352
8	699.794	0.1646	0.6564	0.0593	0.0425	0.0772
9	13.996	0.1646	0.6564	0.0593	0.0425	0.0772
10	685.798	0.1646	0.6564	0.0593	0.0425	0.0772

对设计变量 α（排放分率）在（0～0.1）内取一系列值，而其余设计变量不变，便得到随 α 不同的一系列运算结果。图 6-20 给出了两个重要物流参数 F_6（氨产量）与 F_{10}（循环量）随 α 的变化关系。

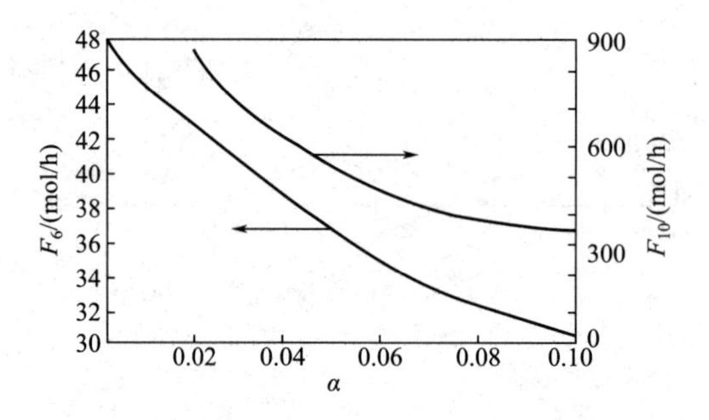

图 6-20 排放分率对氨产量和循环量的影响

① 哈伯法合成氨物料平衡主程序（见表 6-14）

表 6-14 哈伯法合成氨物料平衡主程序符号及意义

程序中符号	原题中符号	意义	单位
i	i	物流号 $i=1, 2, \cdots, 10$	
j	j	组分号 $j=1, 2, \cdots, 10$	
$n(i, j)$	n_{ij}	物流 i 中组分 j 的摩尔流率	mol/h
$k1(j)$	k_j	高压分离器中组分 j 的汽液平衡常数	
$k2(j)$	k'_j	低压分离器中组分 j 的汽液平衡常数	
kp	K'	化学反应平衡常数 $K'=K_p p^2=\dfrac{x_{43}^2}{x_{42}^3 x_{41}}$	

续表

程序中符号	原题中符号	意义	单位
$n43$	n_{43}^{*}	物流 4 中 NH_3 摩尔流率的初值	mol/h
$n41$	n_{41}	物流 4 中 N_2 摩尔流率的初值（用于调用 react 子程序）	mol/h
$n42$	n_{42}	物流 4 中 H_2 摩尔流率的初值（用于调用 react 子程序）	mol/h
$x1(j)$	x_{1j}	原料组成（摩尔分数）	
$x4(j)$	x_{4j}	物流 4 中组分 j 的摩尔分数（用于调用 flash 子程序）	
$x5(j)$	x_{5j}	物流 5 中组分 j 的摩尔分数（用于调用 flash 子程序）	
$x7(j)$	x_{7}^{*}	物流 7 中组分 j 的摩尔分数初值	
$x10(j)$	$x_{10,j}^{*}$	物流 10 中组分 j 的摩尔分数初值	
$x(i,j)$	x_{ij}	物流 i 中组分 j 的摩尔分数	
$w(i,j)$	W_{ij}	物流 i 中组分 j 的质量流率	g/h
$f(i)$	F_i	物流 i 的摩尔流量	mol/h
$g(i)$	G_i	物流 i 的质量流量	g/h
$m(j)$	M_j	组分 j 的相对分子质量	
$xm(x)$	$\sum_{j=1}^{N_c} x_{ij}$	物流 i 中各组分摩尔分数之和	
$a1$	α	排放分率 $\alpha=\frac{F_9}{F_8}$	
er	ε	迭代精度（相对误差）	
er	δ	数值求导自变量的增量	
$f7$	F_{7}^{*}	物流 7 摩尔流量的初值	mol/h
$f10$	F_{10}^{*}	物流 10 摩尔流量的初值	mol/h
$a11$	α_{1}^{*}	高压分离器闪蒸方程中 α 的初值	
$a21$	α_{2}^{*}	低压分离器闪蒸方程中 α 的初值	
Z		迭代阻尼因子	
no		迭代（大循环）次数	
df	f'	反应模块函数关系的数值导数 $f'=\frac{f(x+\delta)-f(x)}{\delta}$	
$a1$	α_1	高压分离器闪蒸方程之 α，$\alpha=\frac{F_5}{F_8}$	
$a2$	α_2	低压分离器闪蒸方程之 α，$\alpha=\frac{F_6}{F_7}$	
$react$		反应模块子程序名	
$flash$		闪蒸方程 $\sum_{j=1}^{N_c}\frac{x_{ij}(1-k_j)}{\alpha+k_j}=0$ $(i=4,5)$ 中求 α 的子程序	

② 闪蒸方程求根（牛顿法）子程序（flash）（见表 6-15）

表 6-15 闪蒸方程求根（牛顿法）子程序符号及意义

程序中符号	原题中符号	意义	单位
$x(j)$	x_{ij}	闪蒸器进料中组分 j 的摩尔分数（$i=4,5$）	
$k(j)$	k_j	组分 j 的汽液平衡常数	
a	α^*	未知量 α 的估计值	
er	ε	两次迭代的相对误差 $\varepsilon=\left\|\dfrac{\alpha-\alpha^*}{\alpha^*}\right\|$	
b	α	所求得 α 的根	
f	f	函数关系：$f=\sum_{j=1}^{N_c}\dfrac{x_{ij}(1-k_j)}{\alpha+k_j}$	
df	f'	f 的导函数：$f'=-\sum_{j=1}^{N_c}\dfrac{x_{ij}(1-k_j)}{(\alpha+k_j)^2}$	

③ 反应模块子程序（react）（见表 6-16）

表 6-16 反应模块子程序符号及意义

程序中符号	原题中符号	意义	单位
i	i	物流号 $i=1,2,\cdots,10$	
j	j	组分号 $j=1,2,\cdots,10$	
nij	n_{ij}	物流 i 中组分 j 的摩尔流量	mol/h
$f3$	F_3	物流 3 的摩尔流量	mol/h
K	K'	化学反应平衡常数 $K'=K_p p^2=\dfrac{x_{43}^2}{x_{42}^3 x_{41}}$	
$f4$	F_4	物流 4 的摩尔流量	mol/h
f	f	函数关系：$f=\dfrac{n_{43}^2}{n_{41}n_{42}^3}-\dfrac{K'}{F_4^2}$ 其中，$n_{41}=0.5(2n_{31}+n_{33}-n_{43})$， $n_{42}=0.5(2n_{32}+3n_{33}-3n_{43})$， $F_4=F_3+n_{33}-n_{43}$	

源程序：

```
c         Material Balance for NH3 Synthesis Process
c         with Haber Method
          real n(10,5),k1(5),k2(5),kp,n43,n41,n42
          dimension x1(5),x4(5),x5(5),x7(5),x10(5),
     *    x(10,5),w(10,5),f(10),g(10),m(5),xm(10)
          data k1/105.,90.,.06,100.,33./
          data k2/2400.,1750.,.28,1400.,500./
          data x1/.24,.743,.0,.006,.011/
          data m/28,2,17,40,16/
          write(*,1)
```

```
1         format(1x,'Read initial values:f7,x7(j);
     *    f10,x10(j);a11,a21,n43,z = ?')
          Read( * ,2)f7,x7,f10,x10,a11,a21,n43,z
2         format(1x,'Initial values:'/'f7 = ',f6.2/
     *    'x7:',4x,5f7.4/'f10 = ',f6.2'/x10:',4x,5f7.4/
     *    1x,'a11 a21 n43 == ',3f10.4,'Resistant
     *    factor z = ',f5.2/)
          no = 0
          do 3 j = 1,5
3         x(1,j) = x1(j)
18        f(2) = f(1) + f7
          f(3) = f(2) + f10
          do 4 j = 1.5
          n(1,j) = f(1) * x(1,j)
          n(7,j) = f7 * x7(j)
          n(10,j) = f10 * x10(j)
          n(2,j) = n(1,j) + n(7,j)
          n(3,j) = n(2,j) + n(10,j)
          x(2,j) = n(2,j)/f(2)
4         x(3,j) = n(3,j)/f(3)
6         call react(n43,n(3,1),n(3,2),n(3,3),n(3,4),
     *    f(3),kp,n(4,1),n(4,2),f(4),f1)
          n43 = n43 + er
          call react(n43,n(3,1),n(3,2),n(3,3),n(3,4),
     *    f(3),kp,n41,n42,f4,f2)
          fd = (f2-f1)/er
          n43 = n43-er
          n(4,3) = n43-f1/fd
          write( * ,201)n(4,3)
201       format(4x,4hn43 = ,f7.4)
          if(abs((n(4,3)-n43)/n43).lt.er)goto 5
          n43 = n(4,3)
          goto 6
5         n(4,4) = n(3,4)
          n(4,5) = n(3,5)
          n(4,1) = (2 * n(3,1) + n(3,3)-n(4,3))/2
          n(4,2) = (2 * n(3,2) + 3 * n(3,3)-3 * n(4,3))/2
          f(4) = n(4,1) + n(4,2) + n(4,3) + n(4,4) + n(4,5)
          do 8 j = 1,5
          x(4,j) = n(4,j)/f(4)
8         x4(j) = x(4,j)
          write( * ,110)(x(4,j),j = 1,5),f(4)
110       format(2x,'x4j = ',5(4x,f6.4),4x,'f4 = ',f8.4)
          call flash(x4,k1,a11,er,a1)
          write( * ,120)a1
```

```
120         format(1x,7halphal = ,f10.4)
            f(8) = f(4)/(1 + a1)
            f(5) = a1 * f(8)
            f(9) = al * f(8)
            f(10) = f(8)-f(9)
            do 9 j = 1,5
            x(5,j) = f(4) * x(4,j)/(f(8) * (a1 + k1(j)))
            x(8,j) = k1(j) * x(5,j)
            x(9,j) = x(8,j)
            x(10,j) = x(8,j)
9           x5(j) = x(5,j)
            call flash(x5,k2,a21,er,a2)
            write( * ,121)a2
121         format(1x,7halpha2 = ,f10.4)
            f(7) = f(5)/(1 + a2)
            f(6) = f(5)-f(7)
            do 10 j = 1,5
            x(6,j) = f(5) * x(5,j)/(f(7) * (a2 + k2(j)))
10          x(7,j) = k2(j) * x(6,j)
            write( * ,105)f(7),(x(7,j),j = 1,5)
105         format(2x,5hf(7) = ,f9.4,
     *      7hx(7,j) = ,5(4x,f7.4))
            write( * ,106)f(10),(x(10,j),j = 1,5) = f9.4,
106         format(2x,6hg(10) = ,f9.4
     *      8hx(10,j) = ,5(4x,f7.4))
            do 11 j = 1,5
            if(abs((x(7,j)-x7(j))/x7(j)).gt.er)goto 12
            if(abs((x(10,j)-x10(j))/x10(j)).gt.er)goto 12
11          continue
            if(abs((f(7)-f7)/f7).gt.er)goto 12
            if(abs((f(10)-f10)/f10).gt.er)goto 12
            goto 16
12          no = no + 1
            write( * ,202)no
202         format(1x,'## no. ##',i3)
            do 17 j = 1,5
            x7(j) = x(7,j)-(x(7,j)-x7(j))/z
17          x10(j) = x(10,j)-(x(10,j)-x10(j))/z
            f7 = f(7)-(f(7)-f7)/z
            f10 = f(10)-(f(10)-f10)/z
            goto 18
16          do 19  i = 5,10
            do 19  j = 1,5
19          n(i,j) = f(i) * x(i,j)
            do 20 i = 1,10
            g(i) = 0.
```

```
          xm(i) = 0.
          do 20 j = 1,5
          w(i,j) = n(i,j) * m(j)
          xm(i) = x(i,j) + xm(i)
20        g(i) = g(i) + w(i,j)
          write( * ,100)
100       format(1x//32x,8hSOLUTION/28x,' * * * * * * * * * * * * *'
     *    * * * *'//1x,'-----------------
     *    ------------------')
          do  21 i = 1,10
          write( * ,101)i,f(i),g(i)
101       format(1x/4x,6hStream,i3,4x,2hF = ,f9.4,
     *    6hmol/h,6x,2hG = ,f9.4,5h g/hr)
          write( * ,203)
203       format(4x,2hNc,13x,1hx,15x,1hn,16x,1hw,16x,2hxm//)
          do 21 j = 1,5
21        write( * ,102)j,x(i,j),n(i,j),w(i,j),xm(i)
102       format(3x,i2,8x,f9.4,3(8x,f9.4)/)
          write( * ,103)
103       format(1x',----------------------
     *    -------------------------------')
          stop
          end
          subroutine flash(x,k,a,er,b)
          real k(5)
          dimension x(5)
90        f = 0
          df = 0
          do 50 j = 1,5
          f = f + x(j) * (1-k(j))/(a + k(j))
50        df = df-x(j) * (1-k(j))/(a + k(j)) * * 2
          b = a-f/df
          if(abs((b-a)/a).lt.er)goto 80
          a = b
          goto 90
80        write( * ,100)b
100       format(3x,6halpha = ,f8.4)
          return
          end
          subroutine react(n43,n31,n32,n33,n34,f3,k,n41,n42,f4,f)
     *    real k,n43,n31,n32,n33,n34,n41,n42
          n41 = (2 * n31 + n33-n43)/2
          n42 = (2 * n32 + 3 * n33-3 * n43)/2
          f4 = f3 + n33-n43
          f = n43 * * 2/(n41 * n42 * * 3)-k/f4 * * 2
          return
          end
```

6.7 工艺流程的计算机模拟

前几章介绍了 Aspen Plus 软件中的一些基本单元模块，以及这些模块的基本功能和基本用法。这一节将结合本章中过程单元系统物料衡算内容，进一步讲解运用 Aspen Plus 进行过程单元系统的物料衡算问题。

6.7.1 带循环物流的序贯模块法

正如本章概述所述，过程单元系统按照物流结构可分为开式系统和带有循环回路的闭式系统，对于开式系统，可以按照物流顺序从第一个单元开始计算，依次进行，直到最后一个模块计算完成为止。

然而对于带有循环回路的系统，必须将某个或某些流股设置成撕裂流股（Tear），并将其流股变量赋予初值，将循环回路打开，使之成开式系统，进而进行计算，这种方法即所谓的序贯模块法。Aspen Plus 中关于工艺流程的计算，默认方法即为序贯模块法。由于计算前撕裂流股（Tear）的流股变量被赋予初值，所以经过一轮计算后，它们的计算值与其假定的初值不会一样。所以需要进行多次迭代计算，才能使得前后两次计算结果在允许误差范围内。在 Aspen Plus 中默认最大迭代次数为 30 次，用户可以根据需要由左侧数据浏览窗口进入 Convergence | Options | Methods 页面，自行设定最大的迭代次数。如图 6-21 所示。

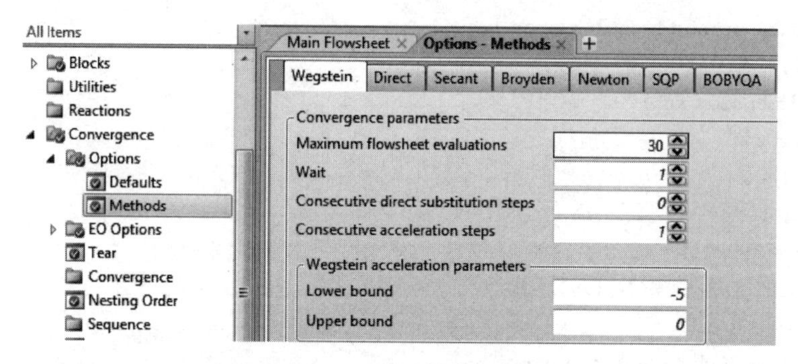

图 6-21 设置收敛参数

此外，Aspen Plus 也提供了很多迭代算法，如韦格斯坦法（Wegstein）、直接迭代法（Direc）、布洛伊顿法（Broyden）、牛顿法（Newton）等。用户可通过左侧数据浏览窗口进入 Convergence | Options | Defaults 页面，自行选择迭代方法。如图 6-22 所示。

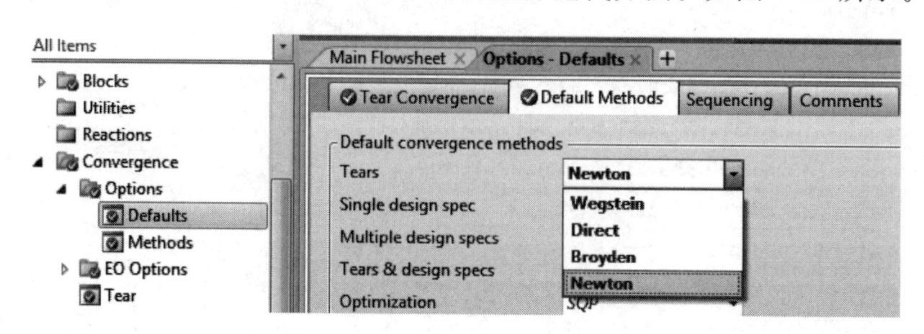

图 6-22 选择迭代方法

对于撕裂流股迭代，Aspen Plus 默认采用韦格斯坦法。

用户可通过左侧数据浏览窗口进入 Convergence | Tear 页面，自行选择撕裂流股，如图 6-23 所示。撕裂流股不能是进料流股和产品流股，一般选为循环流股。如果用户不指定撕裂流股，Aspen Plus 也会自动设定撕裂流股，确定求解顺序。

All Items
Utilities
Reactions
Convergence
Options
Defaults
Methods
EO Options
Tear
Convergence
Main Flowsheet
Convergence - Tear
Specifications
Comments
Tear streams
Stream
Tolerance
Trace
State variables
Component group
7
0.001
Pressure & enthalpy
10
0.001
Pressure & enthalpy

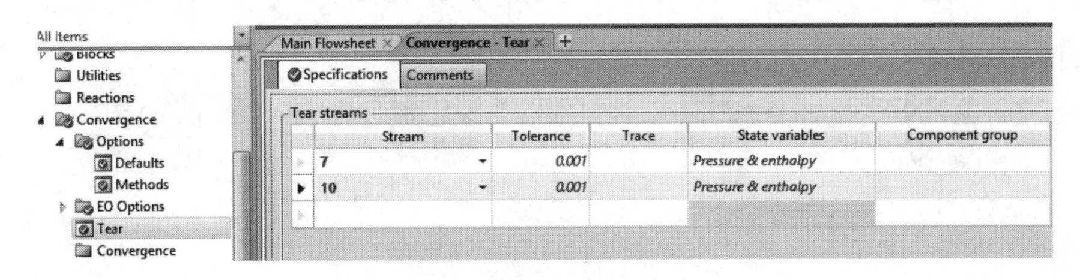

图 6-23　设置撕裂流股

6.7.2 哈伯法生产合成氨过程模拟

【例 6-7】 对［例 6-1］合成氨造气流程进行模拟计算。

（1）输入组分

点击主界面左下方的 Property 按钮，从左侧数据浏览窗口进入 Components | Specifications | Selection 页面，在 Select components 框中输入组分 CH_4、H_2O、CO、CO_2、H_2，如图 6-24 所示。

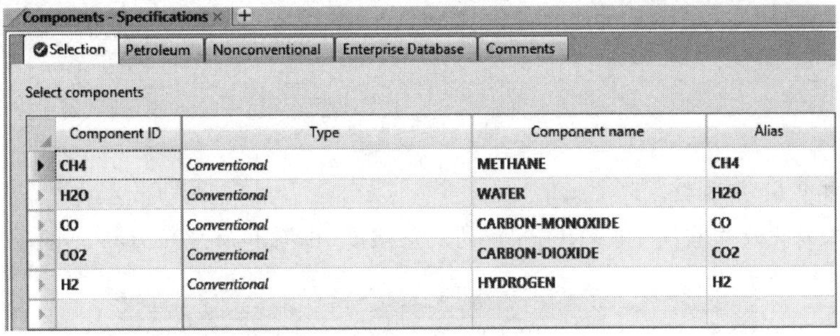

Components - Specifications
Selection
Petroleum
Nonconventional
Enterprise Database
Comments
Select components
Component ID
Type
Component name
Alias
CH4
Conventional
METHANE
CH4
H2O
Conventional
WATER
H2O
CO
Conventional
CARBON-MONOXIDE
CO
CO2
Conventional
CARBON-DIOXIDE
CO2
H2
Conventional
HYDROGEN
H2

图 6-24　输入组分

（2）选择热力学模型

从左侧数据浏览窗口进入 Methods | Specifications | Global 页面，选择 PENG-ROB 热力学模型，如图 6-25 所示。

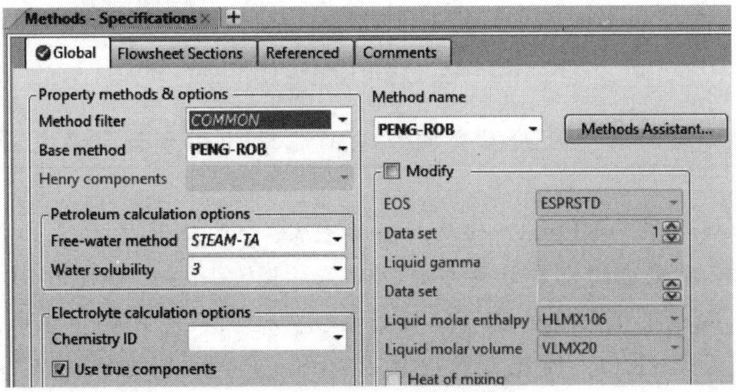

Methods - Specifications
Global
Flowsheet Sections
Referenced
Comments
Property methods & options
Method filter
COMMON
Base method
PENG-ROB
Henry components
Petroleum calculation options
Free-water method
STEAM-TA
Water solubility
3
Electrolyte calculation options
Chemistry ID
Use true components
Method name
PENG-ROB
Methods Assistant...
Modify
EOS
ESPRSTD
Data set
1
Liquid gamma
Data set
Liquid molar enthalpy
HLMX106
Liquid molar volume
VLMX20
Heat of mixing

图 6-25　选择热力学模型

（3）建立系统流程

依据题意，流程中的转化炉和变换炉采用平衡反应器 REquil 模型，脱水脱碳塔采用 Sep 模型，甲烷化反应器采用 RStoic 模型。建立流程如图 6-26 所示。

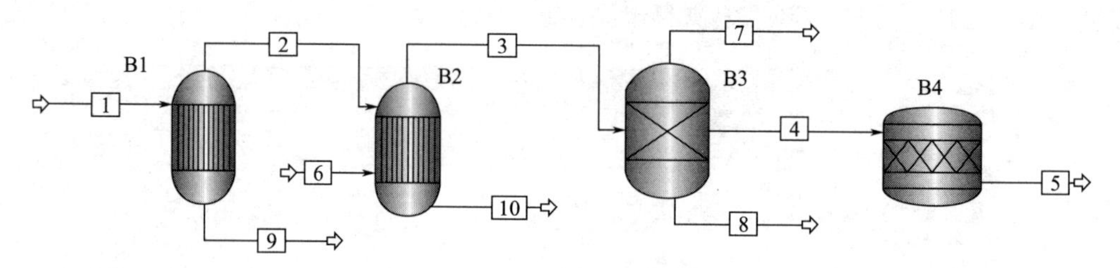

图 6-26 造气系统计算流程

（4）输入进料流股 1 的流股参数

如图 6-27 所示。

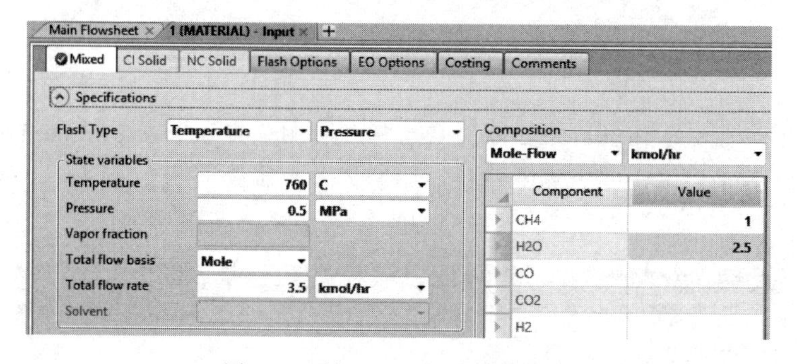

图 6-27 输入流股 1 的流股参数

（5）输入各个模块参数

① 首先输入转化反应模块 B1（REquil）的反应温度 760℃和反应压力 0.5MPa，如图 6-28 所示。

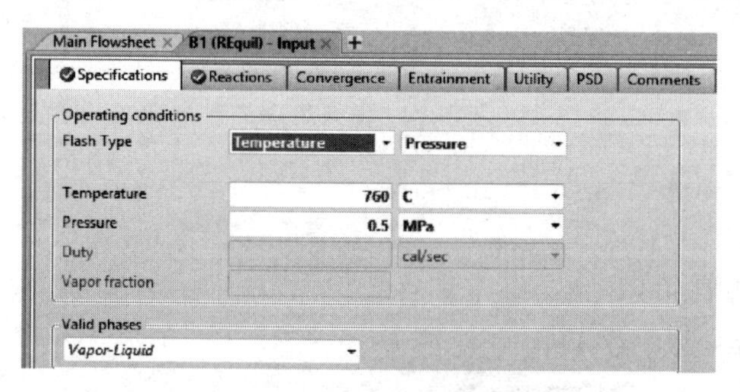

图 6-28 输入转化反应温度和压力

输入转化炉内发生的转化反应和变换反应的化学计量系数（参见［例 6-1］），如图 6-29 所示。

② 输入变换炉模块 B2（REquil）的反应温度 427℃和反应压力 0.1MPa，如图 6-30 所示。

输入变换炉内变换反应的化学计量系数（参见［例 6-1］），如图 6-31 所示。

③ 输入脱水、脱碳塔模块 B3（Sep）模型参数。这里假定脱碳和脱水完全，所以流股 7 为纯 CO_2，流股 8 为纯 H_2O。因此，在设置 B3（Sep）时，对于组分 CO_2 和 H_2O 均选择 Split fraction 选项，其值取 1，如图 6-32（a）和（b）所示。

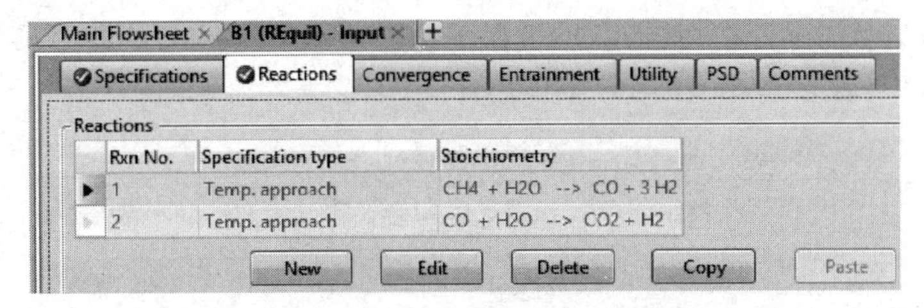

图 6-29　输入转化反应化学计量系数

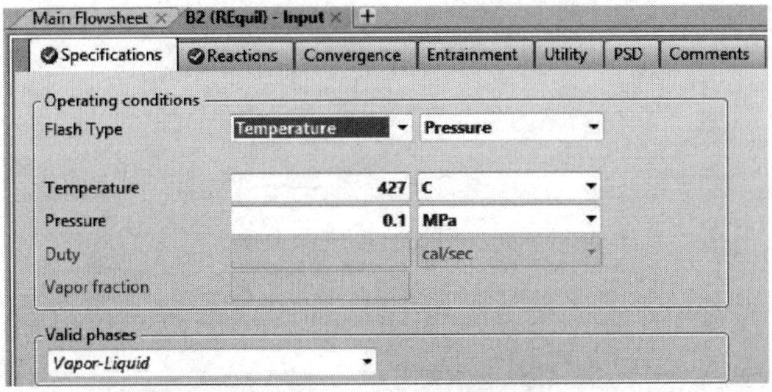

图 6-30　输入变换炉模块反应温度和压力

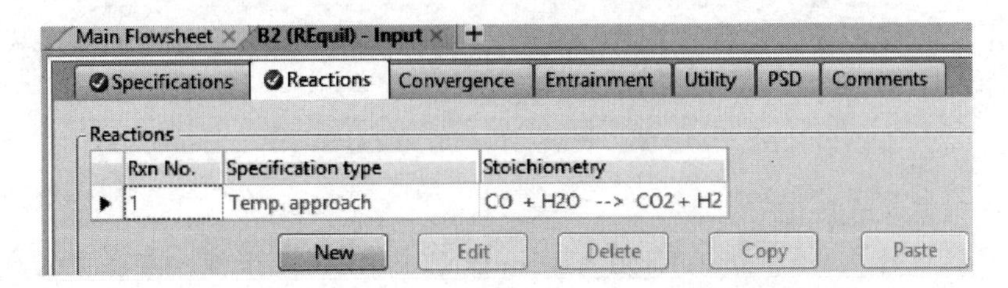

图 6-31　输入变换反应的化学计量系数

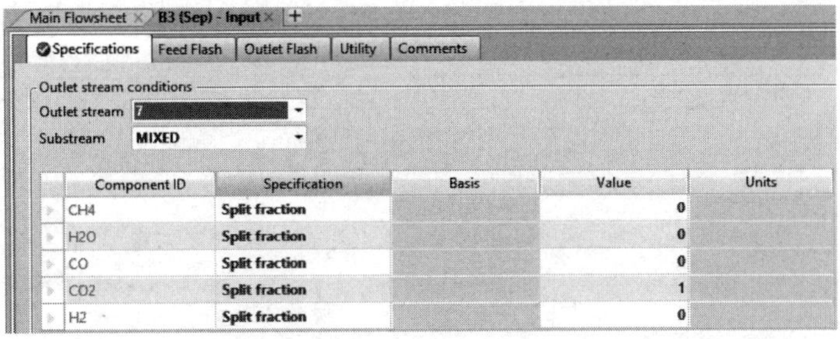

(a)

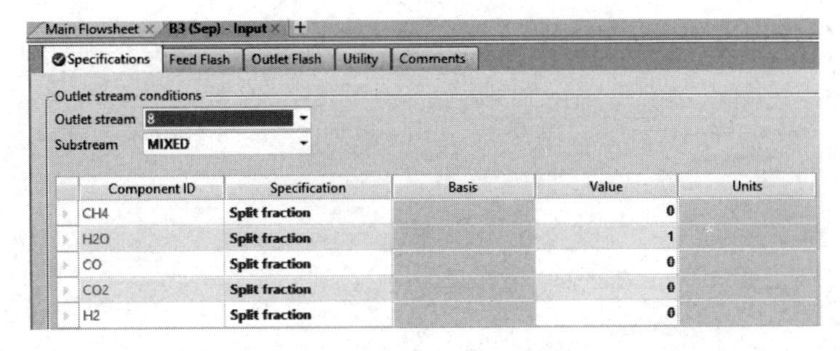

(b)

图 6-32　输入 Sep 模型参数

④ 输入甲烷化反应器 B4（RStoic）模型参数。输入甲烷化反应器的反应温度 400℃和反应压力 5MPa，如图 6-33 所示。

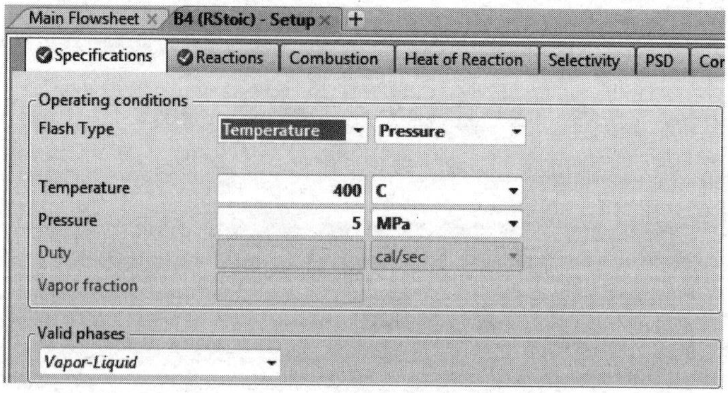

Main Flowsheet | B4 (RStoic) - Setup

Specifications | Reactions | Combustion | Heat of Reaction | Selectivity | PSD | Cor

Operating conditions

Flash Type	Temperature	Pressure
Temperature	400	C
Pressure	5	MPa
Duty		cal/sec
Vapor fraction		

Valid phases: Vapor-Liquid

图 6-33　输入甲烷化反应器温度和压力

输入甲烷化反应的化学计量系数（参见［例 6-1］），如图 6-34 所示。

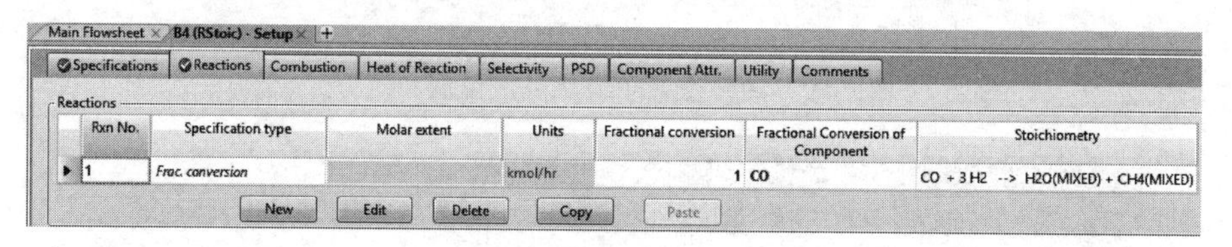

图 6-34　输入甲烷化反应的化学计量系数

（6）运行和查看结果

点击菜单栏中的 Next，出现 Required Input Complete 对话框，点击 OK，开始运行。当左下角出现 Result Available 时，表示计算完成。从左侧数据浏览窗口进入 Results Summary｜Streams 页面，如图 6-35 所示。

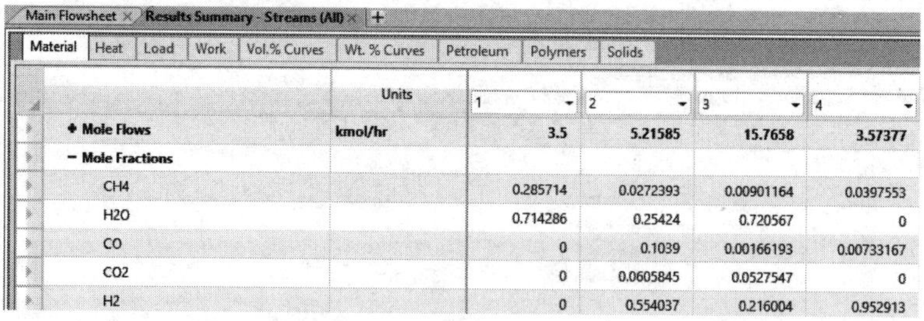

Main Flowsheet | Results Summary - Streams (All)

Material | Heat | Load | Work | Vol.% Curves | Wt. % Curves | Petroleum | Polymers | Solids

	Units	1	2	3	4
+ Mole Flows	kmol/hr	3.5	5.21585	15.7658	3.57377
− Mole Fractions					
CH4		0.285714	0.0272393	0.00901164	0.0397553
H2O		0.714286	0.25424	0.720567	0
CO		0	0.1039	0.00166193	0.00733167
CO2		0	0.0605845	0.0527547	0
H2		0	0.554037	0.216004	0.952913

(a)

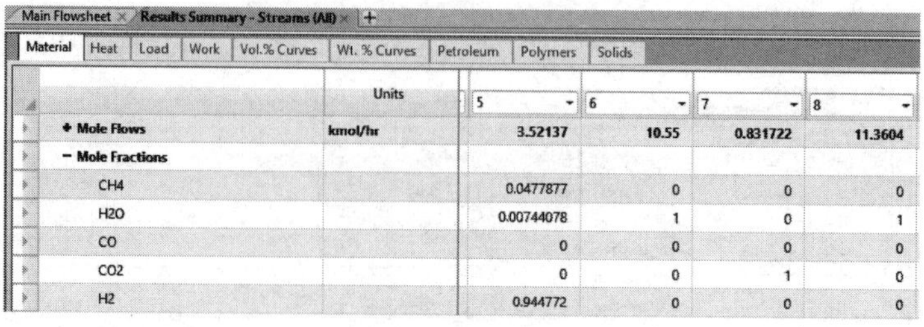

Main Flowsheet | Results Summary - Streams (All)

Material | Heat | Load | Work | Vol.% Curves | Wt. % Curves | Petroleum | Polymers | Solids

	Units	5	6	7	8
+ Mole Flows	kmol/hr	3.52137	10.55	0.831722	11.3604
− Mole Fractions					
CH4		0.0477877	0	0	0
H2O		0.00744078	1	0	1
CO		0	0	0	0
CO2		0	0	1	0
H2		0.944772	0	0	0

(b)

图 6-35　计算结果

由此可见，各流股流量和组成计算结果与［例 6-1］相符。另外，点击 Blocks｜B1｜Results 进入 Results 页面，点击 K_{eq} 按钮，打开如图 6-36（a）所示界面。两个转化反应的平衡常数分别为：62.3325 和 1.27161，同理，点击 Blocks｜B2｜Results 进入 Results 页面，点击 Keq 按钮，打开如图 6-36（b）所示界面，变换反应的平衡常数为 9.53229。这些值与［例 6-1］中作为设计变量所给出的平衡常数 K_1 63.29、K_2 1.202 和 K_3 9.030 非常接近。

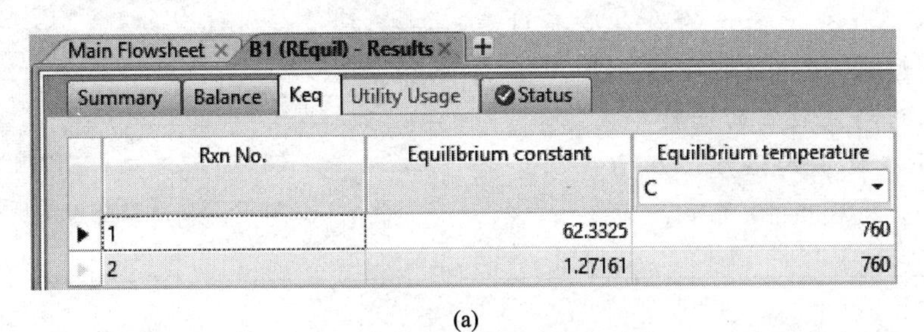

(a)

(b)

图 6-36　反应平衡常数

【例 6-8】 对［例 6-6］中的氨合成与分离流程进行模拟计算。

这是带有两个循环回路的系统。合成塔采用平衡反应器 REquil 模块，高压和低压分离器采用两相闪蒸模块 Flash2。同时，本例还考虑了原料气与离开合成塔的反应气体的热交换过程和反应气体进入高压闪蒸器前的冷却冷凝过程。

（1）输入组分

点击主界面左下方的 Property 按钮，从左侧数据浏览窗口进入 Components｜Specifications｜Selection 页面，在 Select components 框中输入组分 H_2、N_2、NH_3、Ar 和 CH_4，如图 6-37 所示。

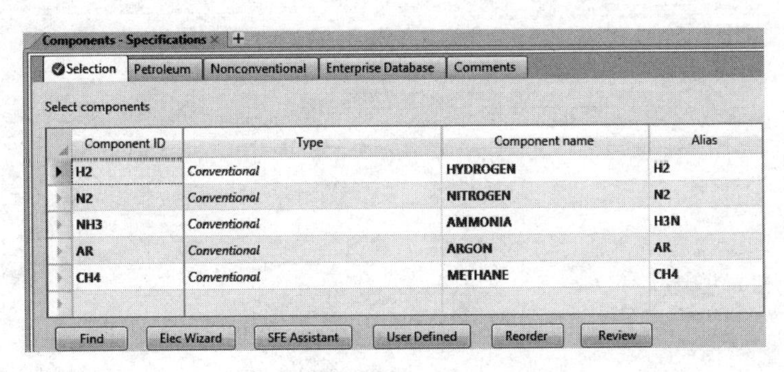

图 6-37　输入组分

（2）选择热力学模型

从左侧数据浏览窗口进入 Methods｜Specifications｜Global 页面，选择 PENG-ROB 热力学模型，如图 6-38 所示。

(3) 建立系统流程

依据题意，流程中的氨合成塔采用平衡反应器 REquil 模型。高压和低压分离器采用两相闪蒸模块 Flash2。原料气与离开合成塔的反应气体的热交换过程采用 HeatX 模块，反应气体进入高压分离器前的冷却冷凝过程采用 Heater 模块，所建流程如图 6-39 所示。

(4) 输入进料流股 1 的流股参数

输入进料流股 1 的温度、压力、摩尔流率和组分流率，如图 6-40 所示。

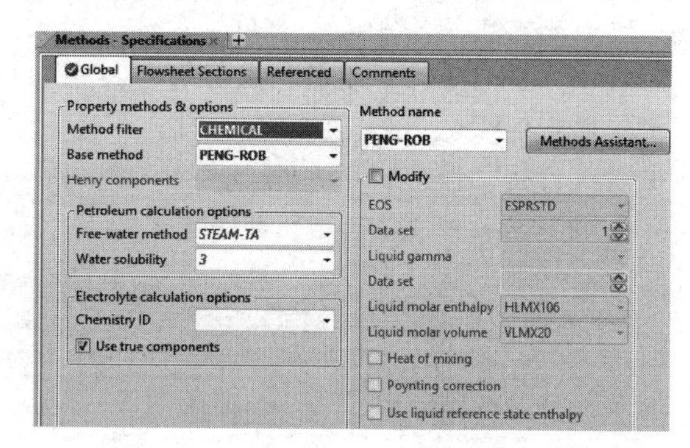

图 6-38 选择热力学模型

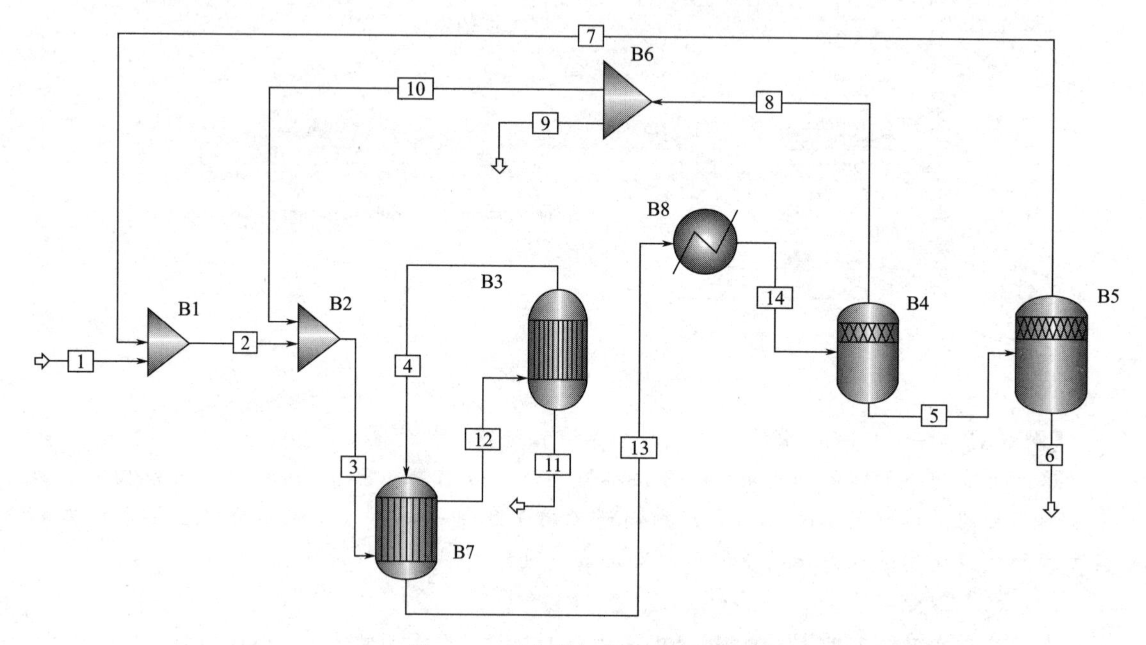

图 6-39 氨合成与分离计算流程

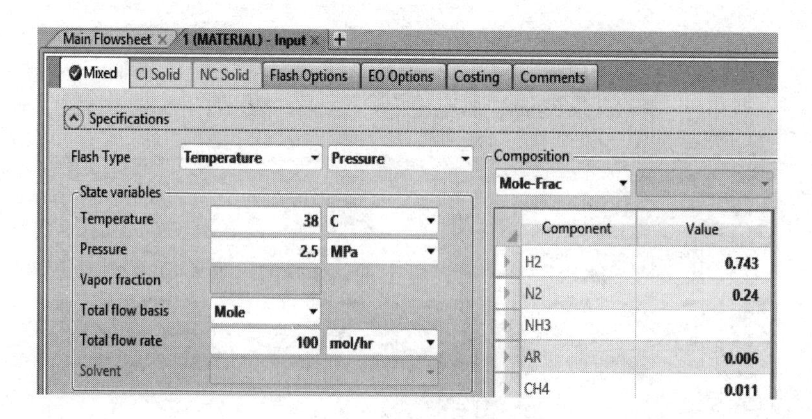

图 6-40 进料流股 1 的流股参数

(5) 输入各个模块参数

① 混合模块 B1 和 B2 采用默认设置。

② 设置反应模块 B3（REquil）的反应温度 500℃和压力 15MPa，如图 6-41 所示。输入氨合成反应化学计量系数如图 6-42 所示。

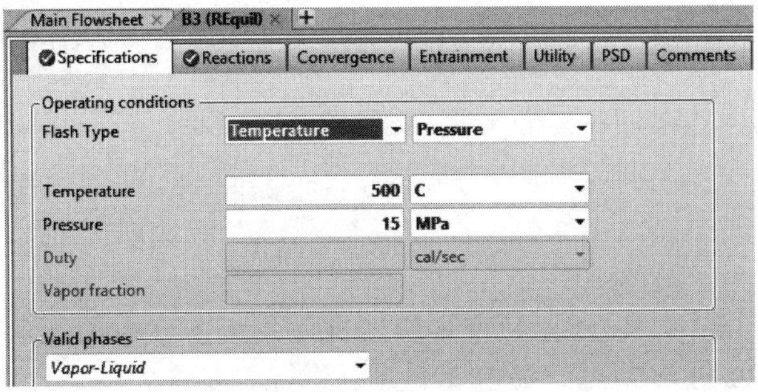

Main Flowsheet × B3 (REquil) × +

Specifications | Reactions | Convergence | Entrainment | Utility | PSD | Comments

Operating conditions

Flash Type	Temperature	Pressure
Temperature	500	C
Pressure	15	MPa
Duty		cal/sec
Vapor fraction		

Valid phases

Vapor-Liquid

图 6-41　反应模块 B3（REquil）参数

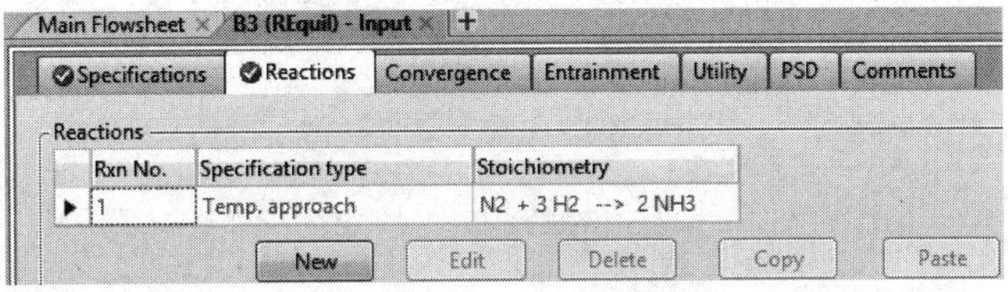

Main Flowsheet × B3 (REquil) - Input × +

Specifications | Reactions | Convergence | Entrainment | Utility | PSD | Comments

Reactions

Rxn No.	Specification type	Stoichiometry
1	Temp. approach	N2 + 3 H2 --> 2 NH3

New | Edit | Delete | Copy | Paste

图 6-42　输入氨合成反应化学计量系数

③ 设置高压和低压闪蒸模块 B4 和 B5 的参数如图 6-43（a）和（b）所示。这里假定高压闪蒸是在−23℃、15MPa 下进行，低压闪蒸是在 1MPa 下的绝热闪蒸条件下进行。

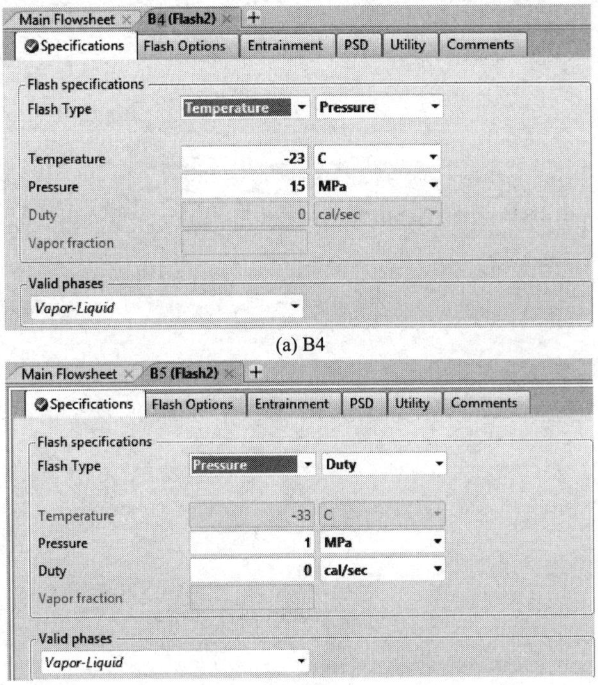

Main Flowsheet × B4 (Flash2) × +

Specifications | Flash Options | Entrainment | PSD | Utility | Comments

Flash specifications

Flash Type	Temperature	Pressure
Temperature	-23	C
Pressure	15	MPa
Duty	0	cal/sec
Vapor fraction		

Valid phases

Vapor-Liquid

(a) B4

Main Flowsheet × B5 (Flash2) × +

Specifications | Flash Options | Entrainment | PSD | Utility | Comments

Flash specifications

Flash Type	Pressure	Duty
Temperature	-33	C
Pressure	1	MPa
Duty	0	cal/sec
Vapor fraction		

Valid phases

Vapor-Liquid

(b) B5

图 6-43　高压和低压闪蒸模块参数

④ 设置分流模块 B6 的分流比（Split fraction 为 0.02），其余选项默认，如图 6-44 所示。

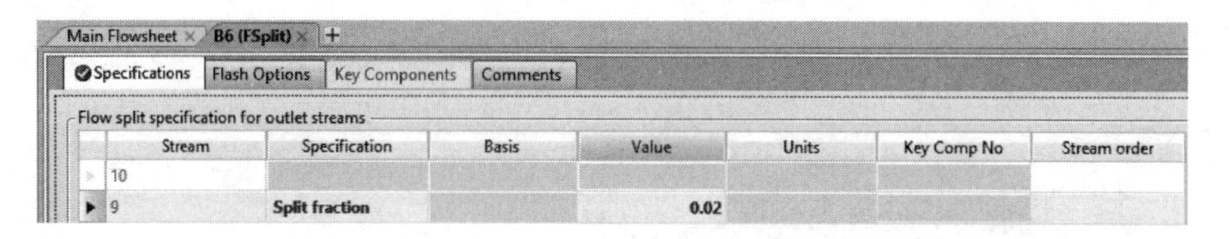

图 6-44 设置分流比

⑤ 设置换热模块 B7（HeatX）的冷热物流出口温度差为 10℃，换热模块 B8（Heater）的出口温度−23℃，压力 15MPa，如图 6-45（a）、（b）所示。

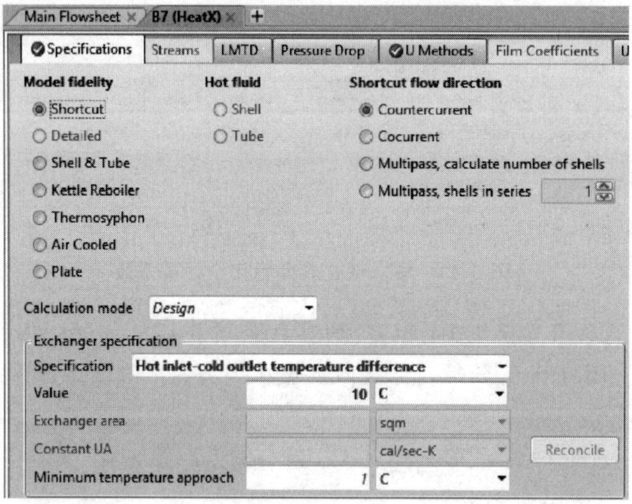

(a) B7

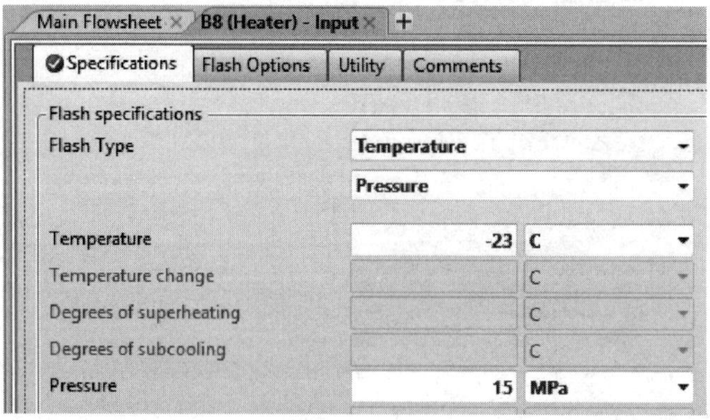

(b) B8

图 6-45 换热器的模型参数

（6）设置撕裂流股

由左侧数据浏览窗口进入 Convergence | Tear | Specifications 界面，在 Tear streams 栏中选择流股 7 和 10 作为撕裂流股，如图 6-46 所示。

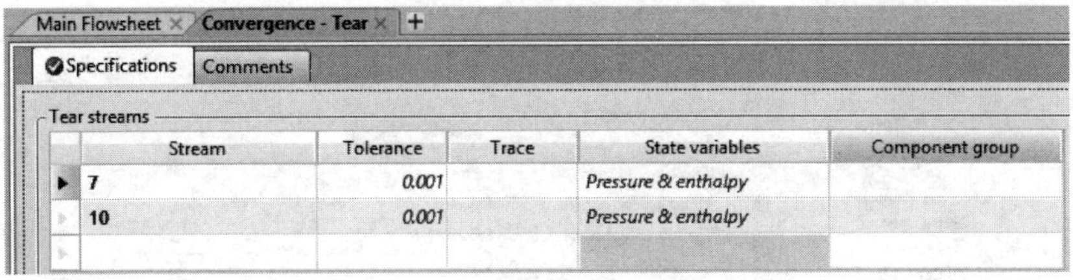

Main Flowsheet × Convergence - Tear × +

Specifications Comments

Tear streams

Stream	Tolerance	Trace	State variables	Component group
7	0.001		Pressure & enthalpy	
10	0.001		Pressure & enthalpy	

图 6-46 设置撕裂流股

（7）设置收敛方法

由左侧数据浏览窗口进入 Convergence | Options | Defaults 界面，点击 Defaults Methods 按钮，出现如下界面，撕裂流股默认收敛方法为 Wegstein 法。如图 6-47 所示。这里不做变动，保持默认设置。

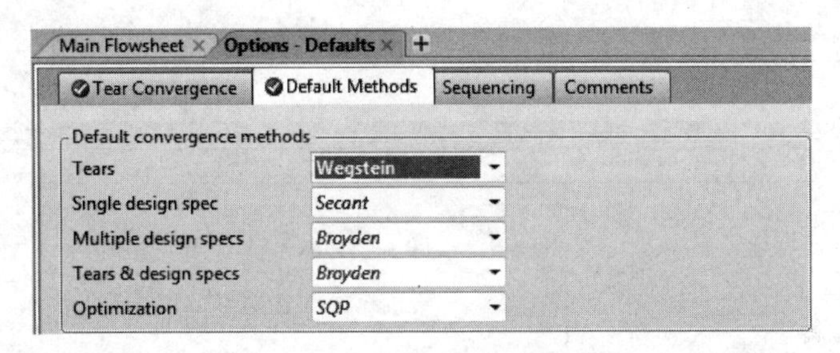

图 6-47 设置撕裂流股收敛方法

（8）运行和查看结果

点击菜单栏中的 Next，出现 Required Input Complete 对话框，点击 OK，开始运行。此时左下角出现 Result Available with Errors。点击左侧数据浏览窗口中 Convergence | $OLVER01 | Results 进入 Results 页面点击页面上 Status 按钮，出现如图 6-48 所示不收敛信息。

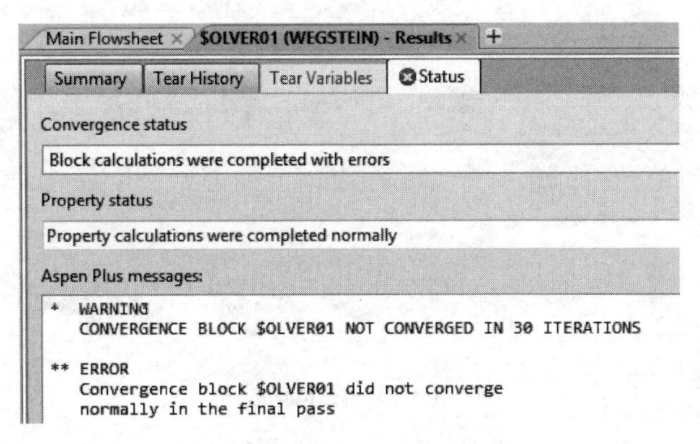

图 6-48 不收敛信息

这时需要改变收敛算法。点击左侧数据浏览窗口中 Convergence | Options | Defaults 页面，在该页面 Tears 右边的选框中选择 Newton，如图 6-49 所示。再进行重新计算，结果收敛。

各流股的温度、压力、气相与液相含率、摩尔流量和摩尔组成的计算结果如图 6-50（a）、（b）所示。

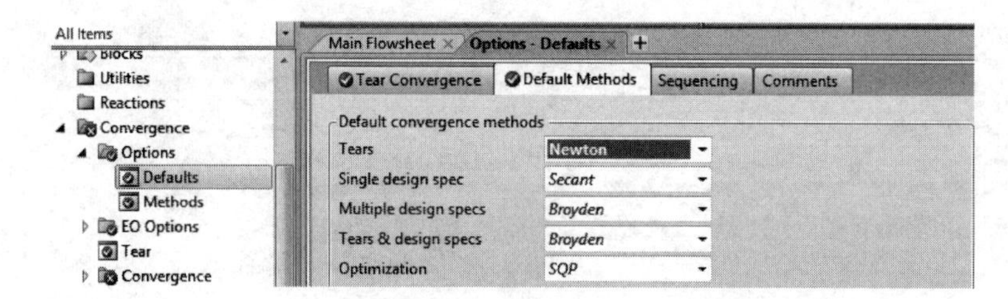

图 6-49 改变撕裂流股收敛方法

	Units	1	2	3	4	5	6	7
Phase		Vapor Phase	Vapor Phase	Vapor Phase	Vapor Phase	Liquid Phase	Liquid Phase	Vapor Phase
Temperature	C	38	36.7257	-23.6097	500	-23	-20.4296	-20.4296
Pressure	bar	25	10	10	150	150	10	10
Molar Vapor Fraction		1	1	1	1	0	0	1
Molar Liquid Fraction		0	0	0	0	1	1	0

	Units	8	9	10	11	12	13	14
Phase		Vapor Phase	Vapor Phase	Vapor Phase		Vapor Phase		
Temperature	C	-23	-23	-23		489.951	8.6429	-23
Pressure	bar	150	150	150	150	10	150	150
Molar Vapor Fraction		1	1	1		1	0.961718	0.90949
Molar Liquid Fraction		0	0	0		0	0.0382818	0.0905103

(a) 流股温度、压力和相含率

	Units	1	2	3	4	5	6	7
+ Mole Flows	mol/hr	100	101.093	558.6	513.305	46.4594	45.3667	1.09269
− Mole Fractions								
H2		0.743	0.737545	0.690579	0.619155	0.00575194	0.000150099	0.238288
N2		0.24	0.237744	0.161613	0.131753	0.000749497	1.37937e-05	0.0313039
NH3		0	0.00217393	0.0221348	0.112329	0.974307	0.992932	0.201126
AR		0.006	0.00829888	0.0396044	0.0430992	0.00869945	0.00364368	0.218686
CH4		0.011	0.0142383	0.0860685	0.0936633	0.010492	0.00326066	0.310596

	Units	8	9	10	11	12	13	14
+ Mole Flows	kmol/hr	0.466845	0.00933691	0.457507	0	0.5586	0.513305	0.513305
− Mole Fractions								
H2		0.680199	0.680199	0.680202		0.690579	0.619155	0.619155
N2		0.14479	0.14479	0.144791		0.161613	0.131753	0.131753
NH3		0.0265475	0.0265475	0.0265454		0.0221348	0.112329	0.112329
AR		0.0465226	0.0465226	0.0465218		0.0396044	0.0430992	0.0430992
CH4		0.10194	0.10194	0.10194		0.0860685	0.0936633	0.0936633

(b) 流股流量和组成

图 6-50 物流计算结果

比较本例计算结果与 [例 6-5] 中根据给定的反应平衡常数和相平衡常数的计算结果，发现两者存在着较大的差别。本例中的化学平衡常数和相平衡常数都是依据热力学模型 PENG-ROB 以及操作条件计算得来的。反应平衡常数 K 的计算值如图 6-51 (a) 所示。将其转换成 $K'=Kp^2=1.61058\times10^{-5}\times150^2=0.362$，与 [例 6-6] 给定的 0.35 接近。

高压和低压分离器的汽液平衡常数如图 6-51 (b)、(c) 所示。

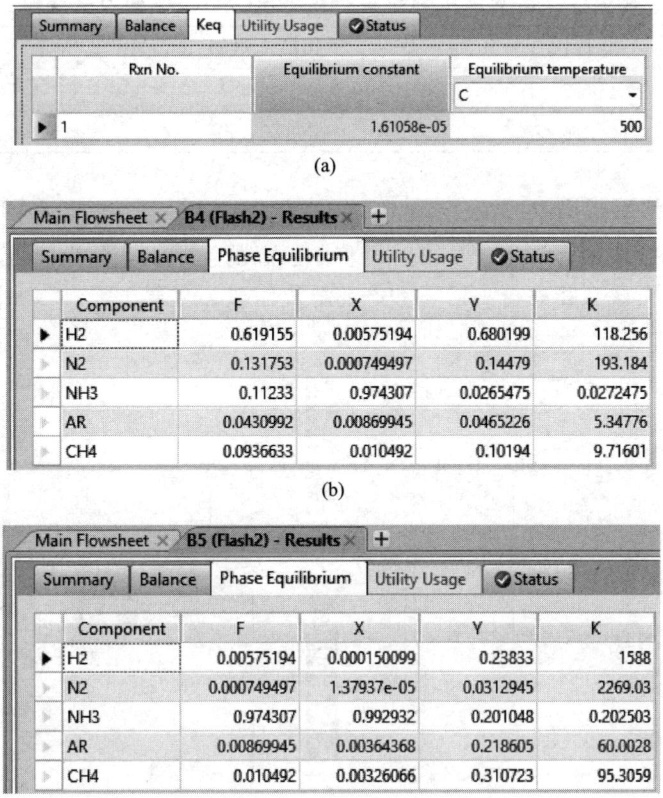

Summary | Balance | Keq | Utility Usage | Status

Rxn No.	Equilibrium constant	Equilibrium temperature C
1	1.61058e-05	500

(a)

Main Flowsheet | B4 (Flash2) - Results

Summary | Balance | Phase Equilibrium | Utility Usage | Status

Component	F	X	Y	K
H2	0.619155	0.00575194	0.680199	118.256
N2	0.131753	0.000749497	0.14479	193.184
NH3	0.11233	0.974307	0.0265475	0.0272475
AR	0.0430992	0.00869945	0.0465226	5.34776
CH4	0.0936633	0.010492	0.10194	9.71601

(b)

Main Flowsheet | B5 (Flash2) - Results

Summary | Balance | Phase Equilibrium | Utility Usage | Status

Component	F	X	Y	K
H2	0.00575194	0.000150099	0.23833	1588
N2	0.000749497	1.37937e-05	0.0312945	2269.03
NH3	0.974307	0.992932	0.201048	0.202503
AR	0.00869945	0.00364368	0.218605	60.0028
CH4	0.010492	0.00326066	0.310723	95.3059

(c)

图 6-51　氨合成的反应平衡常数（a）及高压（b）、低压（c）分离器的汽液平衡常数

高压分离器的平衡常数为 $k_j=\{193.18, 118.26, 0.0272, 5.35, 9.72\}$

低压分离器的平衡常数为 $k_j'=\{2269.03, 1588, 0.2025, 60.00, 95.31\}$

相平衡常数的计算值与［例 6-6］给定的值相差较大。这是本例计算结果与［例 6-6］计算结果出现较大偏差的根本原因。

6.7.3　乙苯催化脱氢制苯乙烯简化过程模拟

6.7.3.1　合成方法简介

苯乙烯是一种重要的高分子合成物单体，广泛应用于树脂、橡胶、制药、涂料、纺织等工业。乙苯催化脱氢制苯乙烯是目前工业生产苯乙烯的主要方法，其主反应式为：

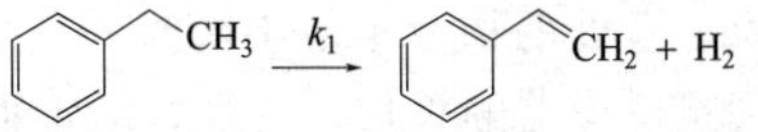

$$C_6H_5CH_2CH_3 \xrightarrow{k_1} C_6H_5CH{=}CH_2 + H_2 \tag{1}$$

该反应是一个强吸热、分子数增多的反应。反应中通入水蒸气一方面为反应补充热量，降低产物的分压，另一方面可以有效地抑制副反应。涉及的副反应主要为乙苯裂解生成苯和乙烯，反应方程式为：

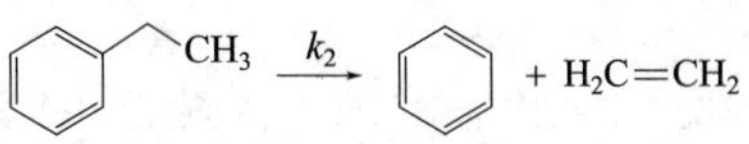

$$C_6H_5CH_2CH_3 \xrightarrow{k_2} C_6H_6 + H_2C{=}CH_2 \tag{2}$$

以上两个反应的动力学参数如表 6-17 所示。

表 6-17 乙苯催化脱氢制苯乙烯主、副反应动力学参数

反应	指前因子 k	活化能 E/(kJ/mol)	反应相态
1	1.177×10^5	90.87	气相
2	7.206×10^8	207.93	气相

6.7.3.2 工艺流程简介

基于苯乙烯的合成原理与生产要求，可将苯乙烯的生产工艺分为四个阶段：原料预热混合阶段、乙苯反应阶段、相态分离阶段和产品分离阶段，主要工艺流程如图 6-52 所示。

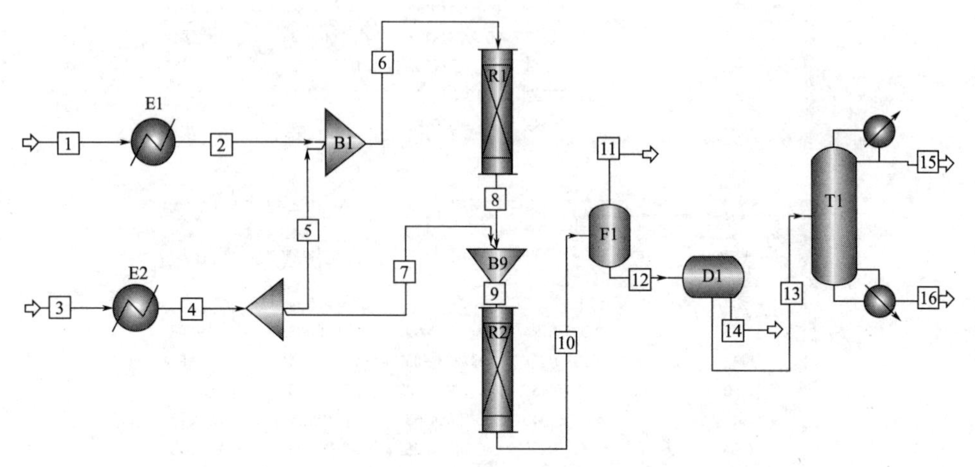

图 6-52 乙苯催化脱氢制苯乙烯的简化工艺流程

(1) 原料预热混合阶段

① 物流 1 为进料纯乙苯流股，流量 4815kg/h，温度为 25℃，压力 1bar（100kPa），通过加热器 E1 加热到 580℃，得到物流 2；

② 物流 3 为新鲜水流股，流量 327kg/h，温度为 25℃，压力为 1bar，通过加热炉 E2 汽化成为过热水蒸气（流股 4），之后经分流器分流成物流 5 和物流 7 两条蒸汽流股，其中物流 5 与预热后的原料乙苯（物流 2）混合为流股 6 进入第一段脱氢反应器 R1，物流 7 与 R1 产物流股 8 混合得到流股 9，为其补充热量，升温达到 580℃，再进入第二段脱氢反应器 R2。

(2) 乙苯反应阶段

乙苯反应生产苯乙烯采用中间补充过热水蒸气的两段负压绝热脱氢工艺，选用两段平推流反应器 R1 和 R2 来模拟反应过程。平推流反应器（RPlug）模块是指通过反应器的物料沿同一方向以相同速度向前流动，在像活塞一样的反应器中向前平推。平推流反应器的特点是物料保持连续稳定流动，反应器中任意位置处的物性参数不随时间改变，但随管长改变。使用 RPlug 模块模拟平推流反应器时需要规定反应器的管长、管径、沿管轴向的温度分布以及压降，此外还需提供准确的化学反应方程式以及计算基准（本例以浓度作为基准）。本流程模拟采用简介中给出的反应动力学参数，反应器类型选为绝热反应器（Adiabatic reactor），设置管长 9.26m，管径 1.85m，反应器默认压降为 10kPa，温度降为 20℃，预计反应转化率为 80%～90%。

(3) 相态分离阶段

反应器 R2 的出口物流为部分汽化状态，进入闪蒸器 F1 进行闪蒸，压力为 1bar，温度为 15℃，氢气和副反应产生的乙烯以气相形式离开（物流 11），油水混合相（物流 12）从最底部抽出，进入分相器 D1 中进行分相，压力为 1bar，温度为 25℃，分离出水相物流 14

和有机相物流 13。

(4) 产品分离阶段

有机相物流 13 中主要含有乙苯和苯乙烯（苯含量很低，与乙苯的分离不予讨论）。乙苯和苯乙烯进入苯乙烯精馏塔 T1，乙苯从塔顶输出，苯乙烯作为产品从塔底输出，以预期乙苯回收率 99%为目标进行精馏塔的简捷计算，将简捷计算结果代入严格计算中，预计分离产物苯乙烯的回收率高于 90%，完成模拟。

6.7.3.3 模拟过程与结果

在 Aspen Plus 中模拟该流程。在乙苯脱氢制苯乙烯这个反应中物系主要为烃类，除水蒸气外，不涉及其他极性物质，所以对整个流程的模拟可采用 SRK、P-R 这类物性方法，该模拟过程采用 PSRK 物性方法，对于有水蒸气存在的模块，选择 STEAM-TA 物性方法。

流程模拟步骤如下：

(1) 预热和反应阶段模拟

由于该流程不存在循环流股，且 Aspen Plus 采用序贯模块法，因此可以将流程分步模拟，首先计算预热和反应阶段。启动 Aspen Plus，选择模板 General with Metric Units，将文件保存为 1. bkp。

进入 Components | Specifications | Selection 页面，输入组分 ETHYL-02（乙苯）、WATER（水）、ETHYL-01（乙烯）、STYRE-01（苯乙烯）、HYDRO-01（氢气）、BENZE-01（苯）。

进入 Methods | Global 页面，选择 PSRK 作为物性方法，Petroleum calculation options 选择 STEAM-TA 作为物性方法，如图 6-53 所示。

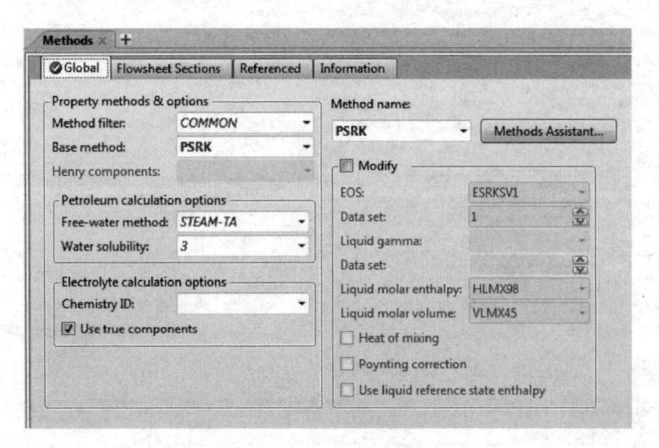

图 6-53　设置物性方法

在 Aspen Plus 中建立如图 6-41 所示的乙苯催化脱氢制苯乙烯流程时，首先对反应器单元进行建模，选择平推流反应器 RPlug 的 ICON2 模块，原料预热混合阶段的物流与单元模块参数按题目描述输入。对于涉及反应的过程模拟，需要先设置反应参数，在 Reaction 页面点击 New 新建反应组 R1，选择 General，双击 R1，在 Configuration 界面添加主反应 1 和副反应 2，在各自的页面添加反应物和产物并定义反应系数（反应物的反应系数为负数），由于乙苯催化脱氢是可逆反应且受动力学控制，所以在创建时需要选择为 POWERLAW，在 Kinetic 界面设置反应的动力学参数。在该反应中，动力学方程是用分压表示的，所以需要选择浓度基准（为分压）及其单位，同时需要注意选择反应相态为 Vapor，[Ci] basis 选择 Partial pressure，单位为 bar。反应的设置方法如图 6-54 和图 6-55 所示。

(a) 反应1

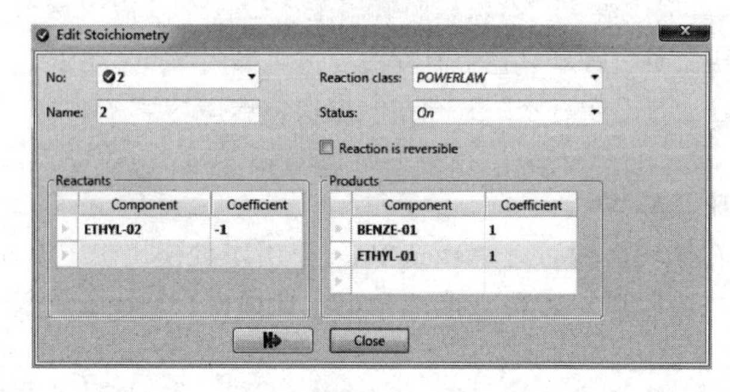

(b) 反应2

图 6-54 设置反应器 R1 化学计量系数

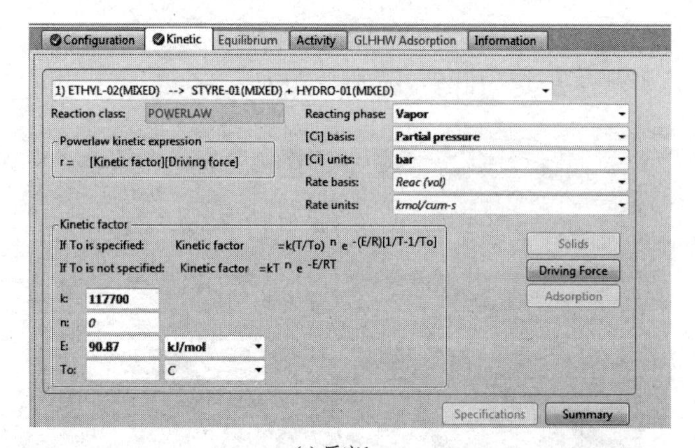

(a) 反应1

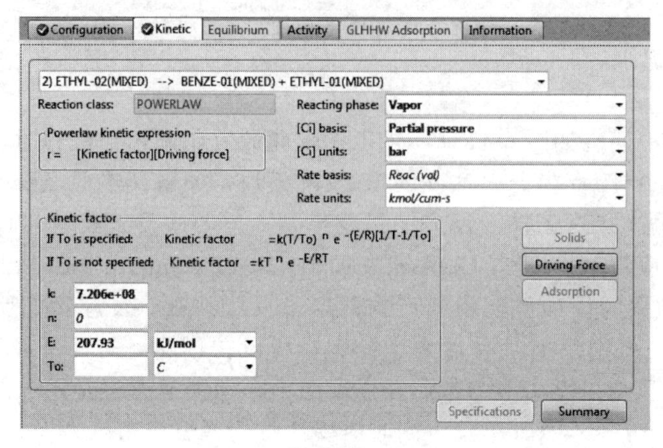

(b) 反应2

图 6-55 设置反应器 R1 动力学参数

返回流程单元，在 Block 中设置反应器 R1 和 R2 参数。在 Specifications 选择反应器类型为 Adiabatic reactor 绝热反应器，在 Configuration 设置反应器的尺寸，如图 6-56 所示，反应器长度设置为 9.26m，直径设置为 1.85m。

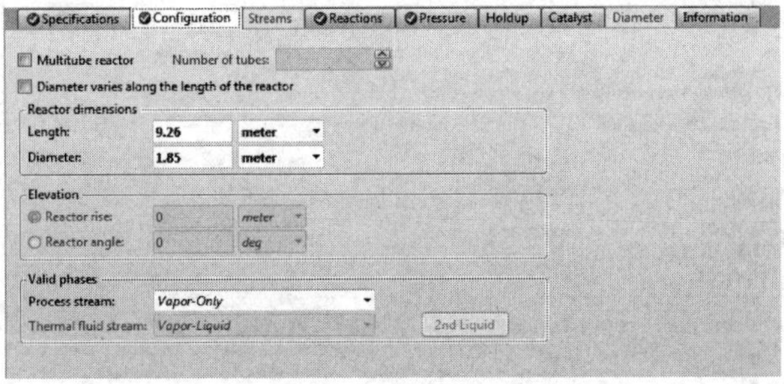

图 6-56　设置反应器尺寸

在 Reactions 中设置将反应组 R1 添加到右侧的 Selected reaction sets。完成平推流反应器的设置。运行模拟，流程收敛，保存文件。进入 Results Summary | Streams | Material 页面，查看预热和反应阶段物流的模拟结果，如图 6-57 所示。通过计算得到乙苯催化脱氢制苯乙烯反应的转化率为 83.76%，符合模拟预计的反应转化率。

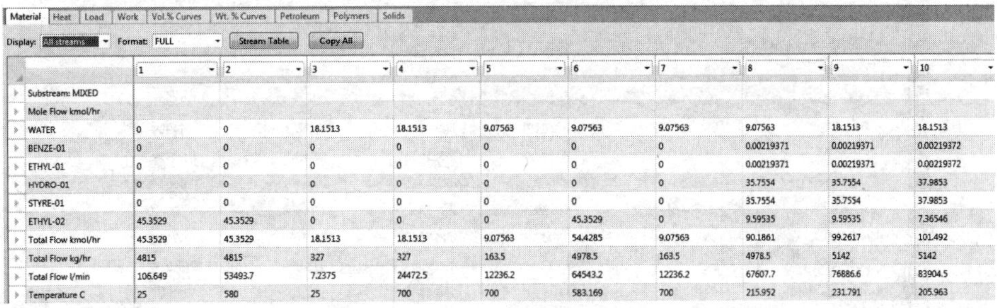

	1	2	3	4	5	6	7	8	9	10
Substream: MIXED										
Mole Flow kmol/hr										
WATER	0	0	18.1513	18.1513	9.07563	9.07563	9.07563	9.07563	18.1513	18.1513
BENZE-01	0	0	0	0	0	0	0	0.00219371	0.00219371	0.00219372
ETHYL-01	0	0	0	0	0	0	0	0.00219371	0.00219371	0.00219372
HYDRO-01	0	0	0	0	0	0	0	35.7554	35.7554	37.9853
STYRE-01	0	0	0	0	0	0	0	35.7554	35.7554	37.9853
ETHYL-02	45.3529	45.3529	0	0	0	45.3529	0	9.59535	9.59535	7.36546
Total Flow kmol/hr	45.3529	45.3529	18.1513	18.1513	9.07563	54.4285	9.07563	90.1861	99.2617	101.492
Total Flow kg/hr	4815	4815	327	327	163.5	4978.5	163.5	4978.5	5142	5142
Total Flow l/min	106.649	53493.7	7.2375	24472.5	12236.2	64543.2	12236.2	67607.7	76886.6	83904.5
Temperature C	25	580	25	700	700	583.169	700	215.952	231.791	205.963

图 6-57　查看物流模拟结果

(2) 相态分离计算

反应后的物流需要经过闪蒸和液-液分离装置，将氢气和水排出体系。闪蒸器采用 Flash2 模块，分相器采用 Decanter 模块，输入设备参数，如图 6-58 所示，温度设置为 25℃，压力为 1bar。进入 Setup | Report Options | Streams 页面，勾选流量基准与分数基准，无需选取关键组分。运行模拟，查看模拟结果，如图 6-59 所示。可以看出绝大多数氢气和乙烯通过闪蒸器随物流 11 排出，同时绝大多数水则随分相器的物流 14 排出，得到较为纯净的乙苯和苯乙烯混合物，并进入下一阶段通过精馏对二者进行分离。

(3) 产品分离阶段计算

实现相态分离的物流经精馏单元对乙苯和苯乙烯混合物（物流 13）进行分离。精馏塔的计算一般先经过简捷计算，假定恒摩尔流和恒定的相对挥发度，采用 Winn-Underwood-Gilliland 方法计算最小理论板数和最小回流比，确定进料位置，为严格计算提供初始参数设置。

① 精馏塔简捷设计　乙苯苯乙烯的回收通过精馏操作实现，这个回收单元的目的是要实现乙苯和苯乙烯的分离以便产品苯乙烯中不掺杂过多的杂质。常规的精馏单元是采用先简捷设计再严格设计的思路进行。简捷设计采用 DSTWU（Winn-Underwood-Gilliland）模

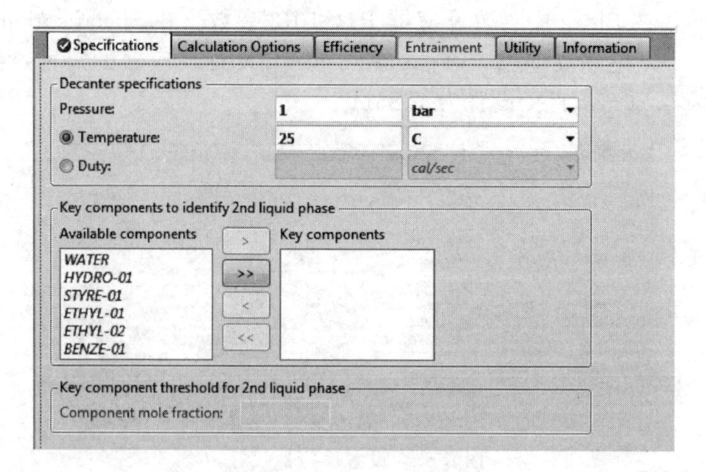

图 6-58 分相器参数设置

Material | Heat | Load | Work | Vol.% Curves | Wt. % Curves | Petroleum | Polymers | Solids

Display: Streams Format: FULL Stream Table Copy All

	10	11	12	13	14
Substream: MIXED					
Mole Flow kmol/hr					
WATER	18.1513	2.76907	15.3822	0.838697	14.5435
BENZE-01	0.00219372	0.000150747	0.00204297	0.00204265	3.25381e-07
ETHYL-01	0.00219372	0.00214101	5.27066e-05	5.23616e-05	3.44999e-07
HYDRO-01	37.9853	37.9713	0.0139535	0.0137595	0.000193985
STYRE-01	37.9853	0.137508	37.8478	37.8471	0.000616551
ETHYL-02	7.36546	0.050129	7.31533	7.31524	9.106e-05
Total Flow kmol/hr	101.492	40.9303	60.5613	46.0169	14.5444
Total Flow kg/hr	5142	146.147	4995.85	4733.77	262.079
Total Flow l/min	83904.5	16341.6	109.57	103.29	5.8006
Temperature C	205.963	15	15	25	25

图 6-59 相态分离阶段模拟结果

块，假定恒摩尔流和恒定的相对挥发度，计算出最小回流比、最小理论板数（包括冷凝器和再沸器）、进料位置、冷凝器热负荷和再沸器热负荷等参数。按照如图 6-60 所示的方式对 DSTWU 进行设置，其中 Reflux ratio（回流比）中输入“−1.2”，表示实际回流比是最小回流比的 1.2 倍。设置乙苯为轻关键组分，回收率为 99%，苯乙烯为重关键组分，回收率为 99%。Pressure 项中输入 Condenser（冷凝器）10kPa，Reboiler（再沸器）20kPa。运行模拟，进入 Block | B11 | Results | Summary，可以看到简捷计算的结果，如图 6-61 所示。

通过精馏塔的简捷计算得到：最小回流比为 15.0，实际回流比为 18.0，最小理论板数 32（包含全凝器和再沸器），实际理论板数为 58（包含再沸器），进料位置为第 28 块板，为下一步严格计算提供初始参数设置的参考。

② 精馏塔严格计算　采用 RadFrac 模块对 T1 做严格计算，依据简捷计算结果对 RadFrac 模块进行如图 6-62（a）、（b）和（c）所示的参数设置。首先，将简捷运算的结果代入 Configuration 设置中，计算类型选择 Equilibrium，塔板数为 58 块，塔顶馏出物流量与进料流量的摩尔比为 0.1842，回流比为 18.0。然后在 Streams 中设置第 28 块板进料。最后在

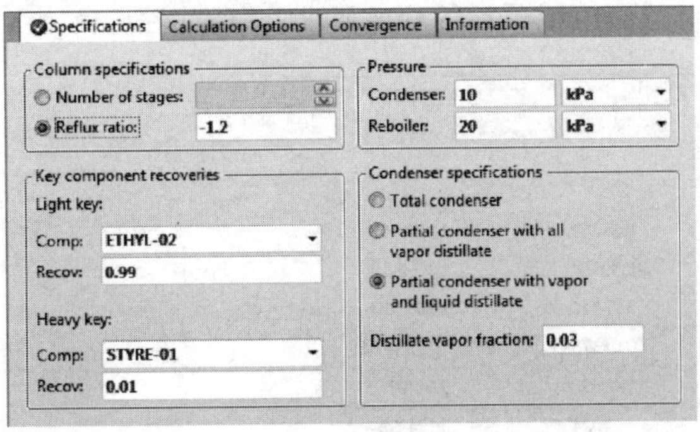

Specifications | Calculation Options | Convergence | Information

Column specifications
Number of stages:
Reflux ratio: -1.2

Pressure
Condenser: 10 kPa
Reboiler: 20 kPa

Key component recoveries
Light key:
Comp: ETHYL-02
Recov: 0.99
Heavy key:
Comp: STYRE-01
Recov: 0.01

Condenser specifications
Total condenser
Partial condenser with all vapor distillate
Partial condenser with vapor and liquid distillate
Distillate vapor fraction: 0.03

图 6-60　输入模块 DSTWU 参数

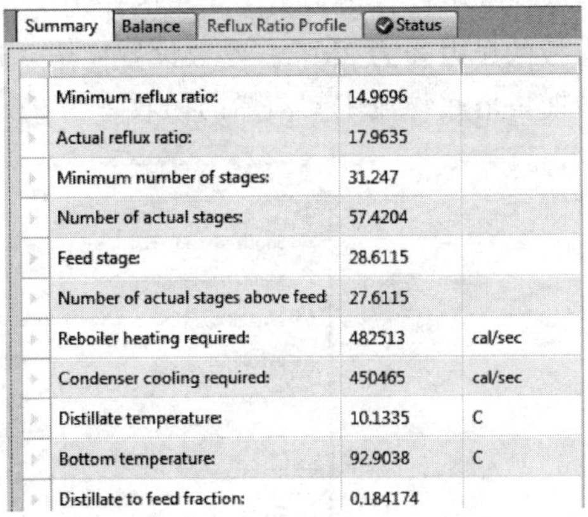

Summary | Balance | Reflux Ratio Profile | Status

Minimum reflux ratio:	14.9696	
Actual reflux ratio:	17.9635	
Minimum number of stages:	31.247	
Number of actual stages:	57.4204	
Feed stage:	28.6115	
Number of actual stages above feed:	27.6115	
Reboiler heating required:	482513	cal/sec
Condenser cooling required:	450465	cal/sec
Distillate temperature:	10.1335	C
Bottom temperature:	92.9038	C
Distillate to feed fraction:	0.184174	

图 6-61　查看模块 DSTWU 结果

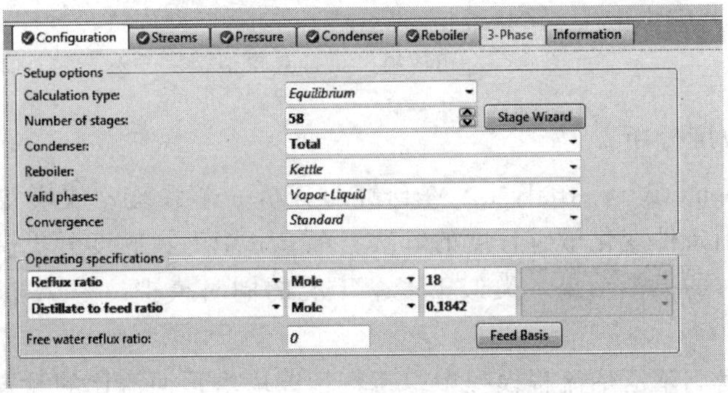

Configuration | Streams | Pressure | Condenser | Reboiler | 3-Phase | Information

Setup options
Calculation type: Equilibrium
Number of stages: 58　Stage Wizard
Condenser: Total
Reboiler: Kettle
Valid phases: Vapor-Liquid
Convergence: Standard

Operating specifications
Reflux ratio　Mole　18
Distillate to feed ratio　Mole　0.1842
Free water reflux ratio: 0　Feed Basis

(a)

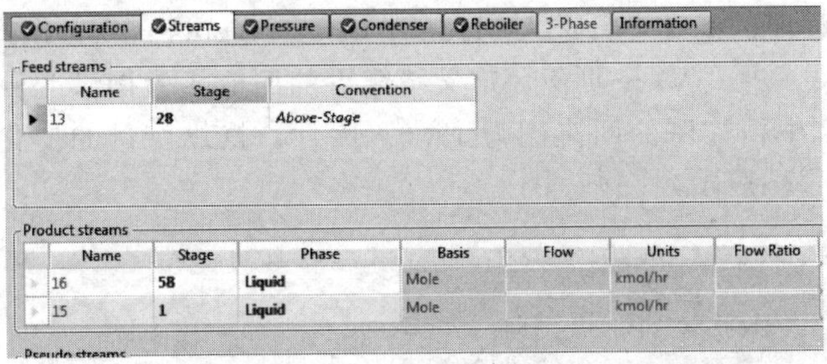

Configuration | Streams | Pressure | Condenser | Reboiler | 3-Phase | Information

Feed streams

Name	Stage	Convention
13	28	Above-Stage

Product streams

Name	Stage	Phase	Basis	Flow	Units	Flow Ratio
16	58	Liquid	Mole		kmol/hr	
15	1	Liquid	Mole		kmol/hr	

Pseudo streams

(b)

Configuration | Streams | Pressure | Condenser | Reboiler | 3-Phase | Information

View: Top / Bottom

Top stage / Condenser pressure
Stage 1 / Condenser pressure: 101.325 kPa

Stage 2 pressure (optional)
Stage 2 pressure: 102 kPa
Condenser pressure drop: bar

Pressure drop for rest of column (optional)
Stage pressure drop: 2 kPa
Column pressure drop: bar

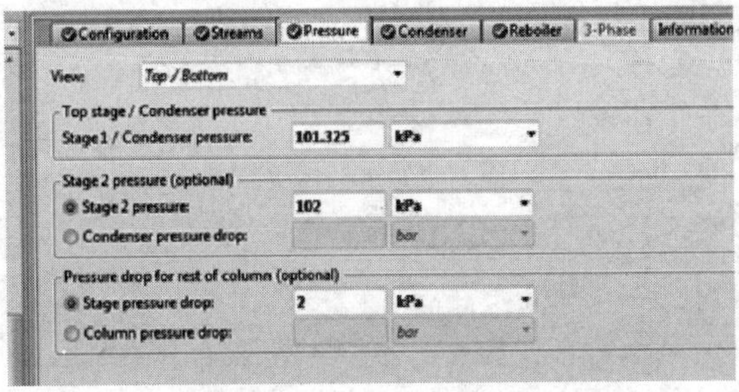

(c)

图 6-62　精馏塔严格计算参数设置

Pressure 中设置塔顶第一块板的压力为 101.325kPa，第二块板的压力为 102kPa，随后每块塔板的压力降为 2kPa。参数设置完毕，运行模拟结果如图 6-63 所示，得到严格计算下的该精馏塔塔底物流中苯乙烯的回收率为 98.9%，符合模拟预计的分离要求，完成模拟。

	13	15	16
Substream: MIXED			
Mole Flow kmol/hr			
WATER	0.838697	0.838697	1.305e-57
BENZE-01	0.00204265	0.00204265	6.495e-23
ETHYL-01	5.23616e-05	5.23616e-05	1.568e-72
HYDRO-01	0.0137595	0.0137595	3.1216e-94
STYRE-01	37.8471	0.406923	37.4402
ETHYL-02	7.31524	7.21024	0.104998
Total Flow kmol/hr	46.0169	8.47172	37.5452
Total Flow kg/hr	4733.77	823.172	3910.6
Total Flow l/min	103.29	16.0992	100.039

图 6-63 精馏塔严格计算模拟结果

6.7.3.4 灵敏度分析

灵敏度分析（Sensitivity Analysis）是研究与分析一个系统（或模型）的状态或输出变化对系统参数或周围条件变化敏感程度的方法。Aspen 中的灵敏度分析模块能够给出一个或多个操作参数变化时的模拟结果，类似于多个工况的同时模拟，是 Aspen 中优化操作参数的重要手段。

在乙苯催化脱氢制苯乙烯流程模拟中，考察精馏塔塔顶回流比的设置对塔底苯乙烯摩尔分数的影响，灵敏度分析步骤如下：

① 在原有模拟程序的基础上，进入 Model Analysis Tools | Sensitivity 页面，创建精馏塔的灵敏度分析模块，进入 Vary 页面，定义精馏塔的回流比为操纵变量，指明回流比的变化范围和步长，本例中精馏塔的回流比为 18.0。因此，操纵变量的变化范围设为 17～20，步长为 0.2，如图 6-64 所示。

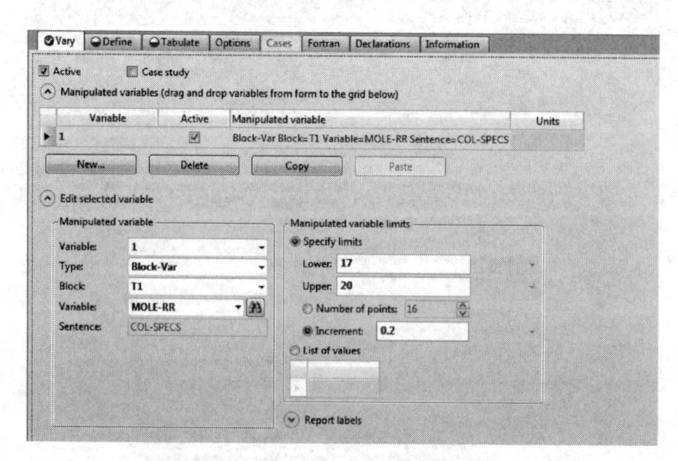

图 6-64 灵敏度分析操纵变量输入

② 在 Define 界面定义采集变量 BOTTOM，指向精馏塔塔底产物中苯乙烯的摩尔分数，并在 Tabulate 定义结果列表中各变量的列位置，如图 6-65（a）和（b）所示。

③ 点击 Next，弹出 Required Input Complete 对话框，点击 OK，运行模拟，流程收敛。进入 Result Summary 页面，查看灵敏度分析结果。点击菜单栏右侧的 Results Curve 可以生成灵敏度分析图，如图 6-66 和图 6-67 所示，更加直观地表示出回流比变化对塔底苯乙烯含量的影响。可以看出，在合适范围内，随着回流比的增大，塔底产品苯乙烯的含量逐渐增高。基于灵敏度分析结果，可以根据生产需要优化选择合适的回流比，此外也可以对多个过程参数同时做灵敏度分析，过程与上述步骤类似。

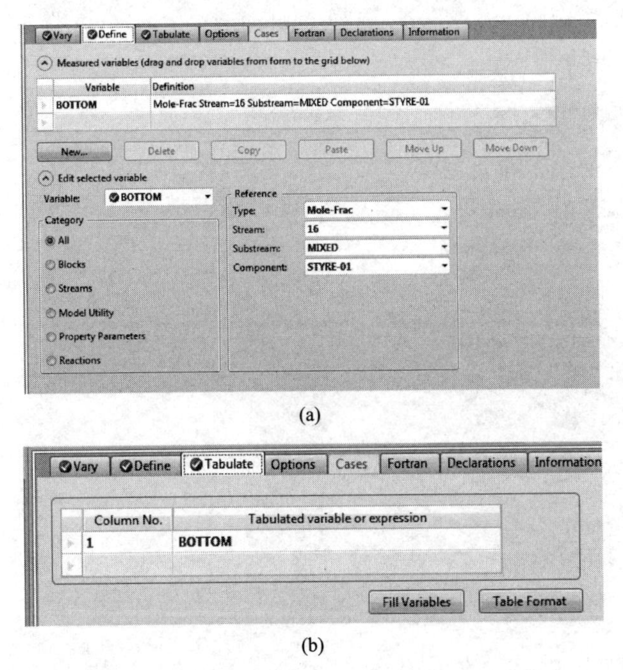

图 6-65　灵敏度分析采集变量定义与制表定义

Row/Case	Status	VARY 1 T1 COL-SPEC MOLE-RR	BOTTOM
1	OK	17	0.996837
2	OK	17.2	0.996918
3	OK	17.4	0.996994
4	OK	17.6	0.997067
5	OK	17.8	0.997137
6	OK	18	0.997204
7	OK	18.2	0.997269
8	OK	18.4	0.997331
9	OK	18.6	0.99739
10	OK	18.8	0.997448
11	OK	19	0.997503
12	OK	19.2	0.997556
13	OK	19.4	0.997608
14	OK	19.6	0.997657
15	OK	19.8	0.997705
16	OK	20	0.997751

图 6-66　灵敏度分析结果

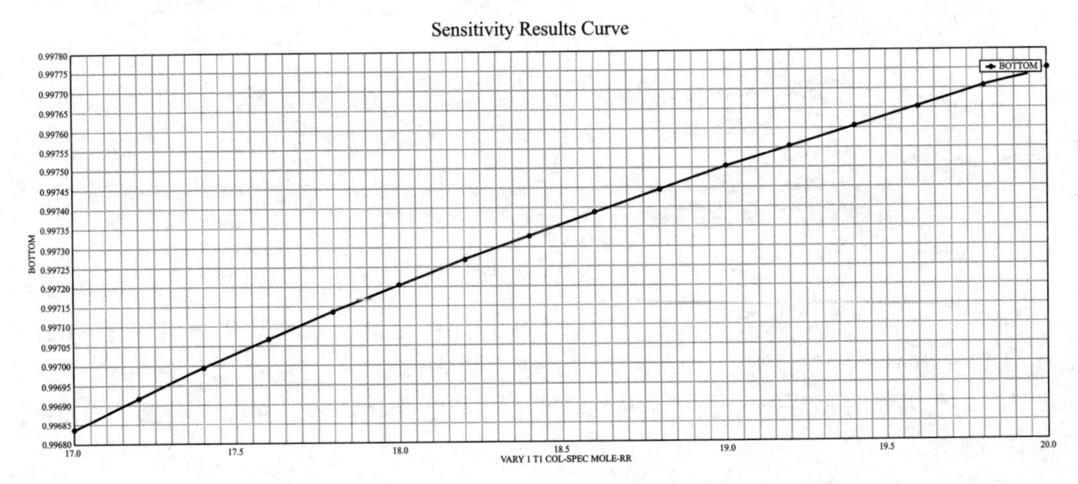

图 6-67　塔底苯乙烯的摩尔分数随回流比的变化关系曲线

6.7.3.5　设计规定

灵敏度分析是根据已知的设计参数获取模拟结果的操作型计算，而设计规定（Design Spec）是根据预期的设计目标求取流程参数的设计型计算。

通过灵敏度分析能够在众多参数选项及其结果中选择合适的参数值，而设计规定则能够针对某一个具体的设计目标，优化获得最优的操作参数值。因此本例中以实现 T1 塔底苯乙烯摩尔分数 99.7%为设计目标，拟调整精馏塔的回流比，根据灵敏度分析的结果，可以预测回流比的值应在 8.6～8.8 之间。模拟步骤如下：

① 打开基础模拟程序，进入 Flowsheeting Options | Design Specs 页面，点击 New 按钮创建设计规定，进入 Input | Define 页面，在 Variable 输入采集变量名称 SD，表示塔底产品苯乙烯摩尔分数。在 Category 中选择 Streams，Type 选择 Mole-Frac，Streams 选择 16，Components 选择 STYRE-01，如图 6-68 所示。

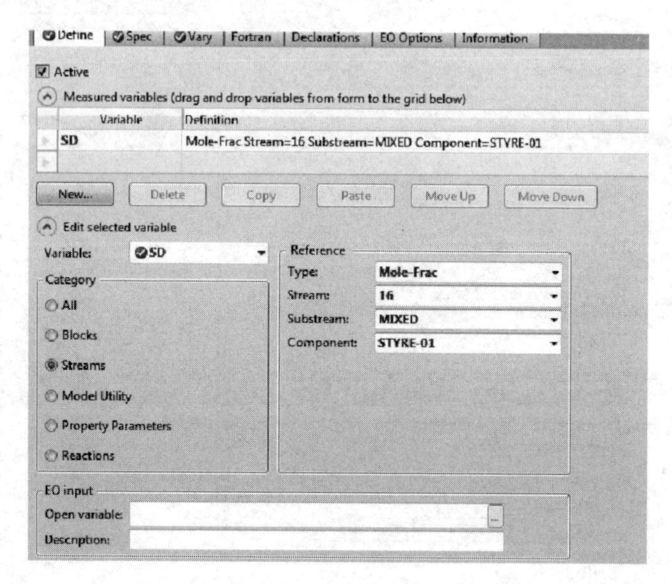

图 6-68 创建设计规定并定义采集变量

② 在 Spec 页面输入采集变量 SD 的目标值（Target）0.997 和容差（Tolerance）0.00001，如图 6-69 所示。

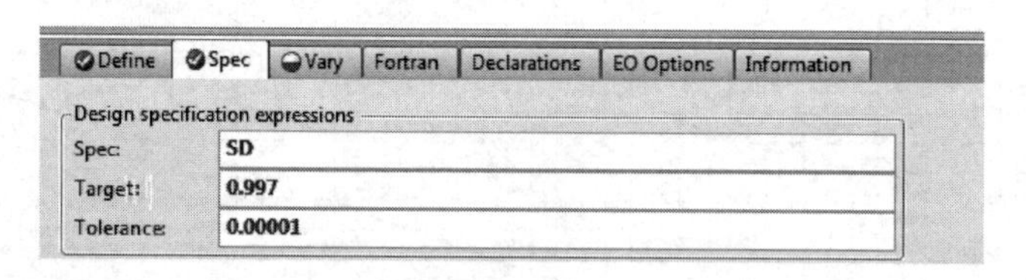

图 6-69 输入采集变量的目标值和容差

③ 进入 Vary 页面，输入操纵变量和上下限。操作变量选取精馏塔的回流比 MOLE-RR，下限设为 17，上限设为 20，如图 6-70 所示。点击 Next 运行模拟，在 Results 页面查看设计规定结果如图 6-71 所示。从结果可以看出，若想使塔底苯乙烯摩尔分数为 99.7%，应设置回流比为 17.41。

6.7.3.6 带循环的流程收敛策略

在实际工业生产中，乙苯催化脱氢制苯乙烯工艺中 T1 精馏塔塔顶抽提出的乙苯应循环至反应器回用，即将图 6-52 流程中产品物流 15 循环至混合器 B1，如图 6-72 所示。

Aspen Plus 定义的收敛模块的名字以字符“$”开头。点击 Control Panel（控制面板）在 Sequence 下面的栏目中出现如图 6-73 所示计算流程顺序。

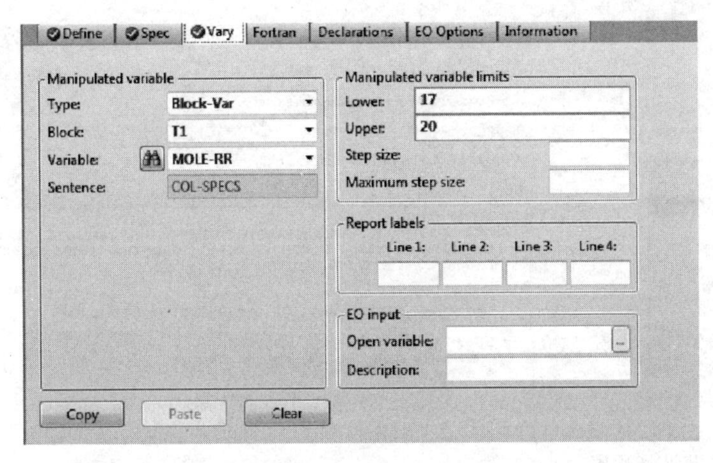

图 6-70　定义操纵变量

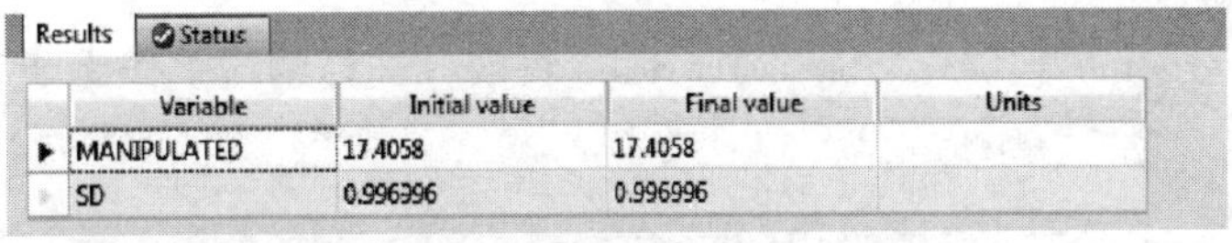

Results | Status

	Variable	Initial value	Final value	Units
▶	MANIPULATED	17.4058	17.4058	
	SD	0.996996	0.996996	

图 6-71　设计规定结果

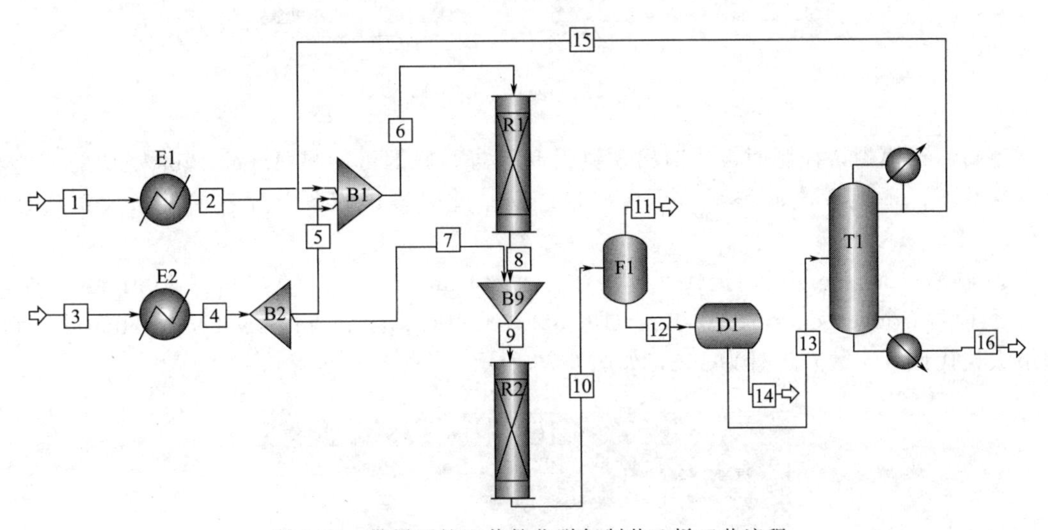

图 6-72　带循环的乙苯催化脱氢制苯乙烯工艺流程

用户可以进入 Convergence｜Tear 页面自行设置撕裂流股。本例将循环物流 15 作为撕裂流股（也可以选择其他流股作为断裂流股，只是计算顺序不同）。完成流程结构改动后，点击 Run 运行模拟，此时控制模板上显示 Results Available with Errors，点击控制面板上的 Status 按钮，提示精馏塔质量不守恒且收敛模块 $OLVER01 最终未收敛，如图 6-74 所示。

导致含有循环流股过程模拟不收敛的原因很多，最常见的是物料不守恒，其他较常见的因素主要有：流程迭代计算次数不足、撕裂物流选择不合适或者收敛方法选择不当等。为了使流程收敛，针对上述常见的原因进行调整：

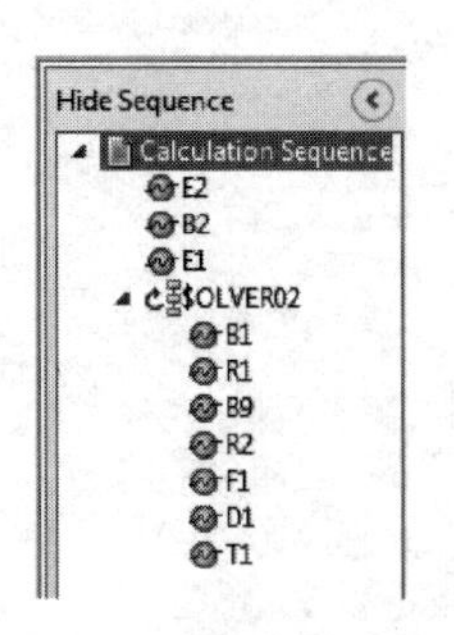

图 6-73 收敛模块及计算顺序

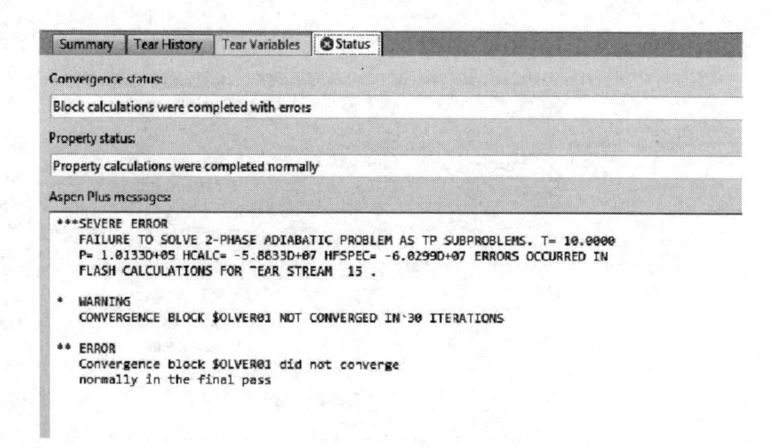

图 6-74 控制面板信息

① 改变断裂物流。

② 进入 Convergence | Tear | Specifications 页面，选择物流 7 作为断裂流股，如图 6-75 所示。

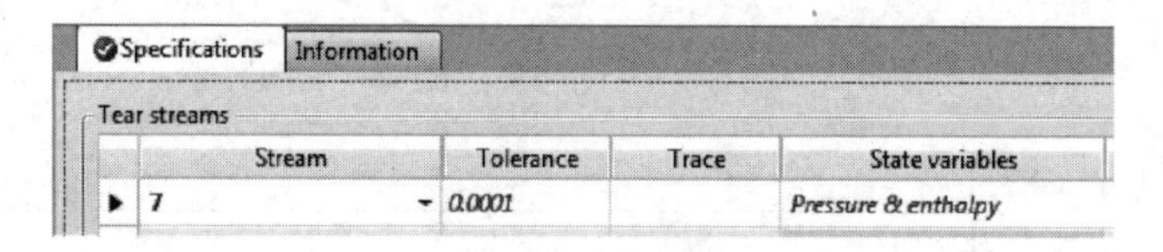

图 6-75 改变断裂流股

重新运行模拟，控制面板依旧出现错误和警告，原因可能是 Aspen Plus 默认的容差和计算次数不合适或者该流程不适用韦格斯坦法，此时尝试收紧单元容差并增加迭代计算次数。

③ 收紧单元容差并增加迭代计算次数。进入 Convergence | Options | Methods | Wegstein 页面将 Convergence parameters（收敛参数）中的 Maximum flowsheet evaluations（流程最大迭代计算次数）设置为 100，如图 6-76 所示。

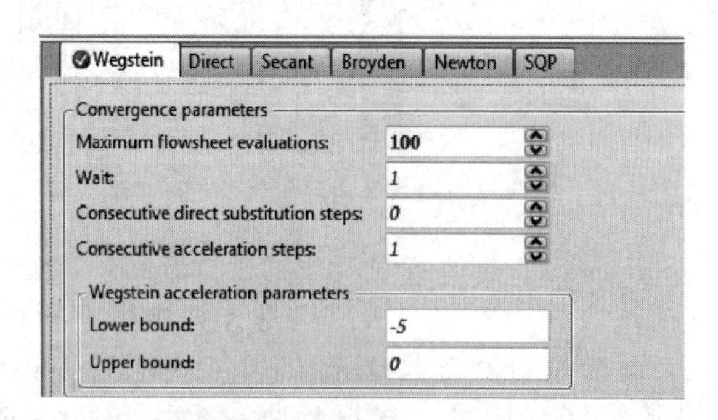

图 6-76 加迭代计算次数

重新运行模拟，控制面板依旧显示有警告和错误，此时需要修改收敛方法。

④ 修改收敛算法。进入 Convergence | Options | Defaults | Default Methods 页面，将默认的断裂流股算法改为 Newton（牛顿法）进行计算，如图 6-77 所示。

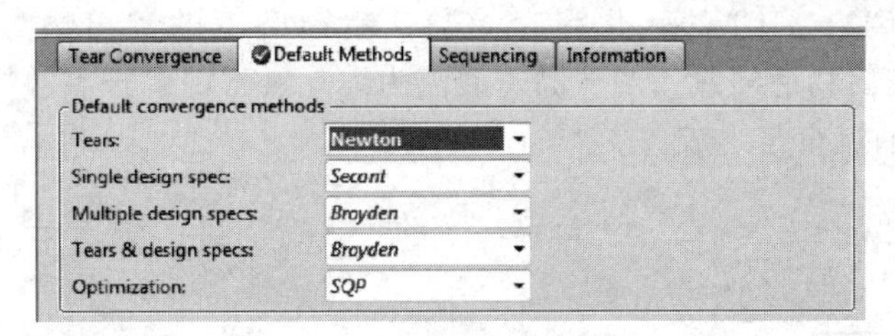

图 6-77 修改收敛算法

运行模拟，控制面板显示流程模拟收敛，解决了带循环的流程模拟问题。总结一下带循环流程模拟的故障排除和收敛技巧：

① 若流程中带有循环物流，模拟时可先将其断裂，首先使不带循环的流程收敛，然后根据流程结果改进循环物流工艺条件，最后得到带循环物流的流程；

② 循环回路中避免使用复杂单元，使用参考物流或其他方法尽可能将其移出循环；

③ 若流程收敛时间较长，可采用加速收敛的方法，如 Broyden 或 Newton 法，而不是默认的 Wegstein 法；

④ 收紧单元的收敛容差，并同时增加循环迭代次数；

⑤ 查看 Warning 和 Error 信息，特别关注单元模块收敛、零流量和温度交叉等问题。

习 题

基础部分习题

6-1 一正丁烷异构化过程生产异丁烷 40 mol/h。一股排放物流连续排出，内含 83.1%正丁烷和 16.9%杂质。进料物流是正丁烷，杂质 0.5%，产品异丁烷中不含杂质。试确定排放物流的流量。

6-2 每小时 100 mol 进料气体（氮气和氢气按化学计量比）在一个催化反应器内部转化为氨气，如附图所示。未反应气体进行循环；产品物流含 95%的氨气，计算产品物流的流量。

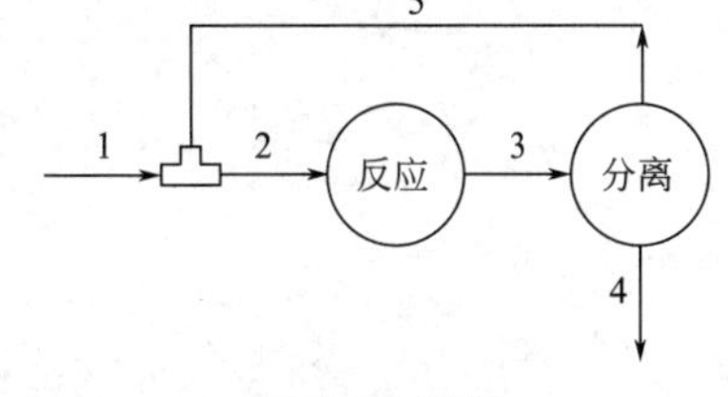

习题 6-2 附图

6-3 对下列一组设计变量求解［例 6-2］的循环型丁烷异构化物料平衡问题：

$$F_4=20\text{mol/h}(\text{产品流量})$$

$$F_3=150\text{mol/h}(\text{循环流量})$$

$$x_{41}=0.96(\text{产品中异丁烷摩尔分数})$$

$$x_{11}=0.10(\text{进料中异丁烷摩尔分数})$$

$$\alpha=1.0(\text{全循环})$$

$$nk_{\mathrm{r}}=38.1\text{mol/h}(\text{反应器设备参数})$$

$$K=0.728(\text{化学反应平衡常数})$$

6-4 对氯乙烯工艺开发初步流程（1.2.2 节中图 1-7）进行物料衡算。为方便起见，在流程中略去与物料平衡无关的各过程单元，如附图所示。假定乙烯与氯气（均不含杂质）按化学计量比进料，在氯化器内完全反应：$C_2H_4+Cl_2 \longrightarrow C_2H_4Cl_2$；裂解炉内反应

$C_2H_4Cl_2 \rightleftharpoons C_2H_3Cl + HCl$ 的转化率为 60%；精馏塔 1 的馏出物为纯 HCl，底流不含 HCl；精馏塔 2 的馏出物为纯氯乙烯产品，底流为纯二氯乙烷。若氯乙烯的设计产量为每小时 1t，求出各物流的流量与组成。

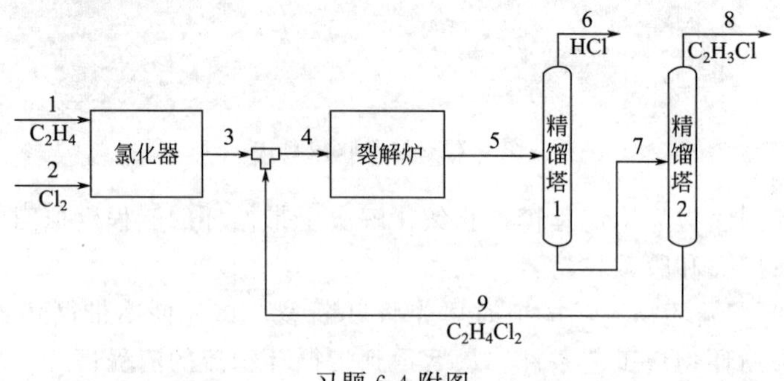

习题 6-4 附图

6-5　一股含 A 30%（质量分数）、H_2O 70%的进料物流以 100 kg/h 的流量进入溶剂萃取装置，见附图 (a)。萃取溶剂 S 的进入量与料液量的质量比为 2∶1。由沉降槽 1 中出来

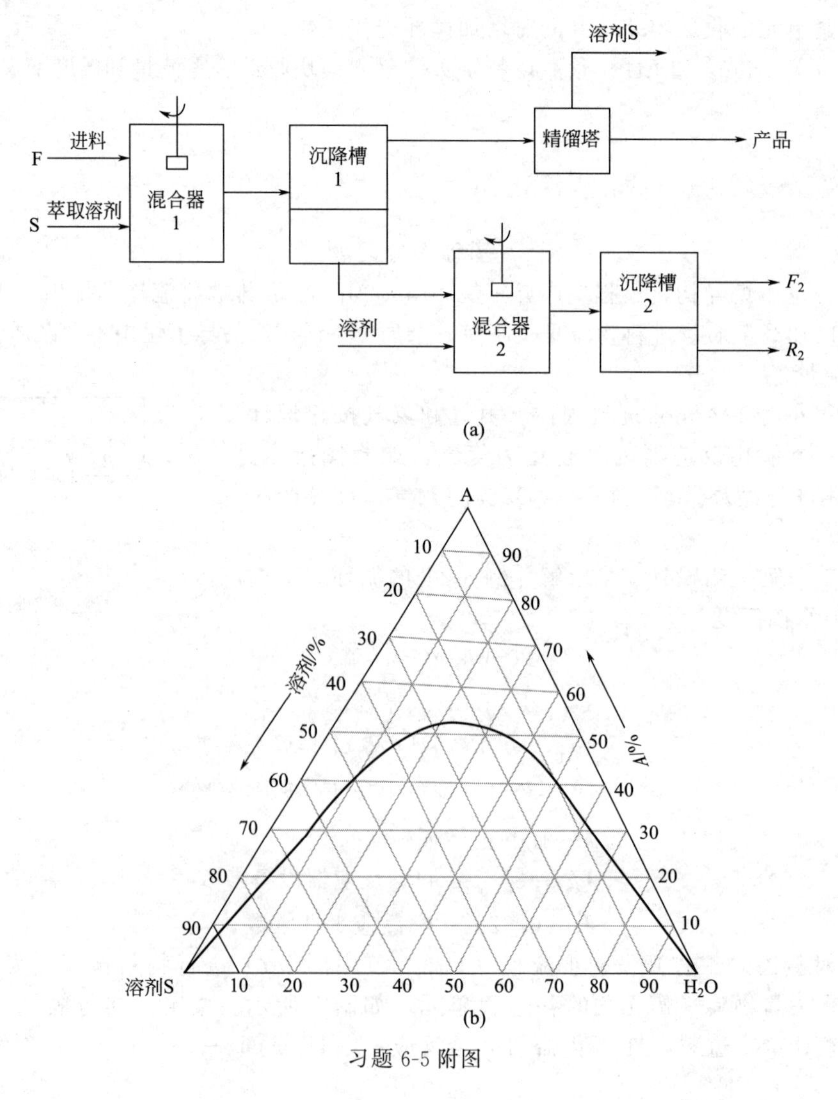

(a)

(b)

习题 6-5 附图

的萃取相进入精馏塔，将溶剂S分离出来而获得产品。沉降槽1的萃余相进入第2级混合器，与等流量的溶剂S接触，然后在沉降槽2中分离。假设两个混合器均达到了平衡，试求出产物 F_2 和 R_2 的流量与组成。A-S-H_2O 三元平衡相图见附图（b）。

6-6　带有循环净化系统从含55%（质量分数）DMF的废气中回收溶剂DMF，如附图所示。产物中仅含10%（质量分数）DMF，其余皆为空气。设净化单元可除去其进料中2/3的DMF，试作出物料平衡。

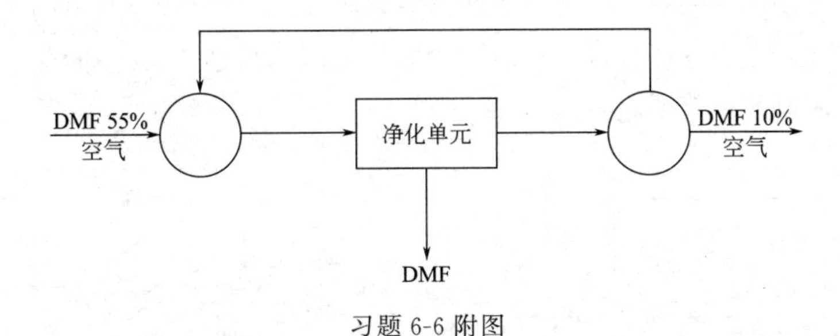

习题6-6附图

6-7　由正丁烷生产丁二烯的一个简化流程如附图所示。进料物流（1）是纯正丁烷；反应器把正丁烷转化成1,3-丁二烯和2-丁烯；精馏生产纯氢气（物流6）和纯丁二烯（物流4）；循环物流（5）已脱除了氢气和丁二烯。进料流量 F_1 为100 mol/h，反应器测得（摩尔分数）：$x_{32}=0.18$；$x_{33}=0.31$。

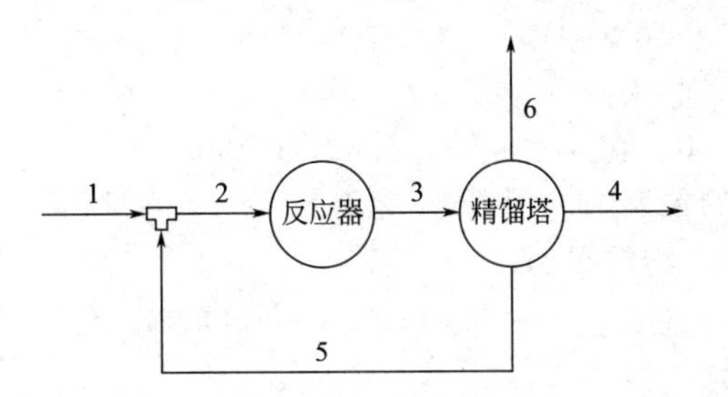

组分	分子式	编号
正丁烷	$CH_3CH_2CH_2CH_3$	1
1,3-丁二烯	$CH_2=CHCH=CH_2$	2
2-丁烯	$CH_3CH=CHCH_3$	3
氢气	H_2	4

习题6-7附图

（1）能写出几个独立的化学反应式？

（2）确定生产丁二烯过程总变量数。

（3）写出描述过程的全部方程与约束式。

（4）求解全部未知数。

6 8　试解算丙烷脱氢装置物料平衡问题。流程如附图所示。假设仅有丙烷脱氢成为丙烯反应，没有副反应。丙烯的单程收率是30%。产品流量 $F_5=50$mol/h。计算所有其他物流的流量（注意：除物流3外，所有其他物流都是纯的）。

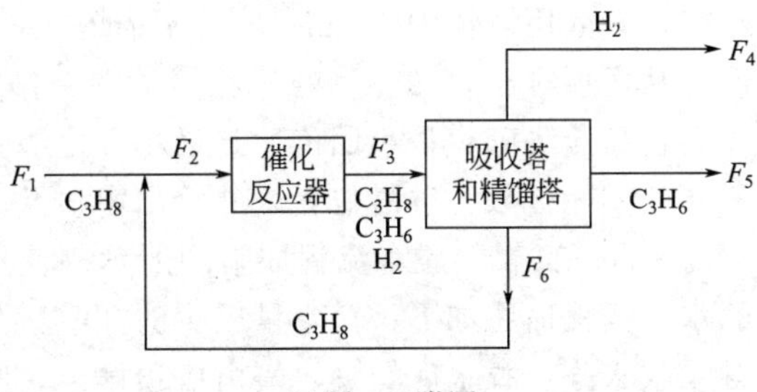

习题6-8附图

6-9　合成甲醇按下式进行反应：

$$CO+2H_2 \longrightarrow CH_3OH$$

假设天然气经过转化，变换所得原料的CO与 H_2 的含量符合反应计量比，只是其中含惰性气体0.5%（体积分数，下同），单程转化率为60%，反应器入口限制惰性气体为2%

(即不大于 2%)。设所有气体皆为理想气体，过程为稳态，甲醇分离完全。若过程的处理量为 1000mol/h 原料气，求出各物流的流量与组成。流程如附图所示。

6-10 某厂用氢还原 Fe_2O_3 以生产铁：

$$Fe_2O_3+3H_2 \longrightarrow 3H_2O+2Fe$$

处理量为 1t/h Fe_2O_3，流程如附图所示。含有杂质 1%（体积分数）CO_2 的氢气进料与氢气循环物流混合后进入反应器。循环物流的流量与氢气进料比为 4∶1，即 $\frac{F_9}{F_1}=4$。为防止杂质在系统中的累积，设有排放物流，从而可控制反应器入口杂质 CO_2 的含量不高于 2.5%。试求出各物流的组成和排放率。

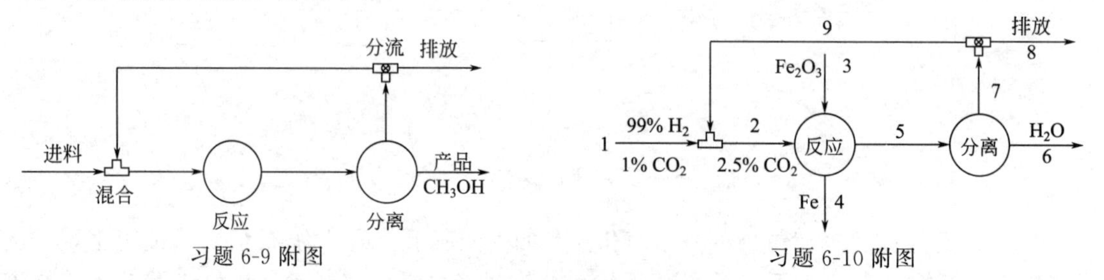

习题 6-9 附图　　习题 6-10 附图

6-11 编制程序完成［例 6-6］合成氨过程的物料平衡。用下列一组设计变量值：

$$F_1=100\text{mol/h},\quad x_{11}=0.24,\quad x_{12}=0.743,\quad x_{14}=0.006,\quad x_{15}=0.011$$

$$k_1=105,\quad k_2=90,\quad k_3=0.06,\quad k_4=100,\quad k_5=33$$

$$k_1'=2400,\quad k_2'=1750,\quad k_3'=0.28,\quad k_4'=1400,\quad k_5'=500$$

K'和 α 作为规定值，$K'=0.175$、0.35 和 0.70，在 $\alpha=0.01$、0.02、0.05、0.1、0.5 和 1 时，计算 F_6 和 F_{10}，并作出 F_6 和 F_{10} 对 α 的关系图（用 K'作为参数）。

6-12 对下列一组设计变量值作出合成氨过程的物料平衡：

$F_4=1604\text{mol/h}$，$x_{42}=0.7675$，$x_{43}=0.0838$，$x_{44}=0.0370$，$x_{35}=0.0656$，$K'=0.35$，$\alpha=0.01$，k_1，…，k_5 和 k_1'，…，k_5'与［例 6-6］相同。

Aspen Plus 流程模拟习题

6-13 采用 Sep 和 RStoic 模型对习题 6-4 流程进行模拟计算。

6-14 采用 Sep 和 RStoic 模型对习题 6-8 流程进行模拟计算。

6-15 采用 Sep 和 RStoic 模型对习题 6-10 流程进行模拟计算。

6-16 已知某混合物含乙苯 25%，苯乙烯 75%，流量 850kg/h，压力 1atm，温度 25℃，现欲用塔压为 0.02MPa 的精馏塔（塔顶全凝）对该混合物进行分离，要求 99.5%的乙苯从塔顶排出，99.8%的苯乙烯从塔底排出，在 Aspen Plus 软件中模拟该分离过程，首先通过简捷法确定最小回流比与最小理论板数，然后使用严格精馏模型计算达到分离要求所需要的实际板数与进料位置，并给出塔顶及塔底物料表。

6-17 页岩气脱水流程如附图所示。使用高浓度的 TEG（三甘醇）溶液吸收原料气中的水。流程描述如下：含水量较少的 TEG 吸收剂贫液从吸收塔塔顶进入，与页岩气逆流接触吸收水分；脱水后的页岩气由塔顶排出，吸收了水分的 TEG 富液从塔底流出，经节流降压、闪蒸、预热后进入再生塔中进行再生操作；TEG 富液中的水经再生塔塔顶移出，再生后贫液由塔底流出，经换热、冷却、吸收剂补充后，泵送至吸收塔塔顶循环使用。要求在 Aspen Plus 软件中模拟该流程，并使脱水后页岩气中的水含量小于 60mg/m^3。

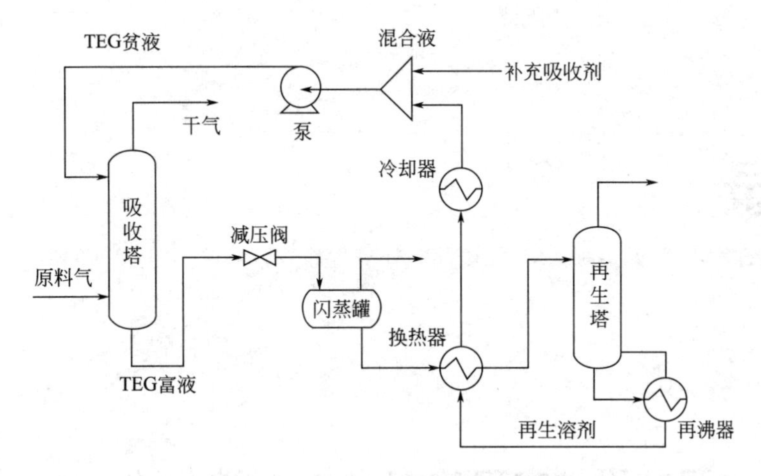

习题 6-17 附图 页岩气脱水流程

各物流参数及主要设备的操作条件参考值如下：

原料气：温度为 30℃，压力为 4.5MPa，流量为 9752.54kmol/h，组成如附表所示。

习题 6-17 附表

组分	流量/(kmol/h)	组分	流量/(kmol/h)
CH_4	8456.260	i-C_5H_{12}	16.999
C_2H_6	650.865	N_2	274.968
C_3H_8	189.973	H_2O	20.515
n-C_4H_{10}	73.993	CO_2	0.932
i-C_4H_{10}	54.997	H_2S	0.039
n-C_5H_{12}	12.999		

TEG 贫液：温度为 35℃，压力为 4.5MPa，流量为 27.07kmol/h，TEG 的质量分数为 98.96%。

补充吸收剂：温度为 35℃，压力为 101.325kPa，流量为 0.0085kmol/h，组分为纯 TEG。

吸收塔模块（Columns-RadFrac-ABSBR1 模块）：塔顶压力为 4.48MPa，全塔压降为 0.02MPa。

换热器模块（Exchangers-HeatX-Gen-HS 模块）：富液预热温度为 120℃，最小传热温差为 10℃。

再生塔模块（Columns-RadFrac-STRIP1 模块）：操作压力为 101.325kPa，再生后贫液的温度为 204℃。

闪蒸罐模块：操作压力 101.325kPa。

冷却器模块（Exchangers-Heater-HEATER 模块）：Flash Type 选择 Temperature 和 Pressure，温度为 32.8℃。

附录

附录 1 求解非线性方程的 Newton 迭代法

在化工计算中经常遇到求解一元非线性方程，如求解燃烧温度所涉及的能量方程。这些方程很难得到其解析解。所以，通常采用迭代方法获得其近似解（即数值解）。牛顿迭代法是求解非线性方程数值解最有效方法之一，其特点是程序简单、收敛快。

设给定一元方程 $f(x)=0$ 与初始近似根 x_0。假定在 x_0 邻域内函数 $f(x)$ 连续可微，在 x_0 邻域内将函数 $f(x)$ 进行一阶泰勒展开，可得：

$$f(x)\approx f(x_0)+f'(x_0)(x-x_0)$$

则一元方程 $f(x)=0$ 可近似地由 x 的一元线性方程代替：

$$f(x)=f(x_0)+f'(x_0)(x-x_0)=0$$

此方程的根为：
$$x_1=x_0-\frac{f(x_0)}{f'(x_0)}$$

将 x_1 作为方程 $f(x)=0$ 根的第一次近似，再重复上面的过程，可得方程 $f(x)=0$ 根的第二次近似值 $x_2=x_1-\dfrac{f(x_1)}{f'(x_1)}$

依此类推，可得牛顿迭代公式：

$$x_{n+1}=x_n-\frac{f(x_n)}{f'(x_n)}\qquad (n=0,1,2,\cdots)$$

当前后两次计算结果的相对误差满足下面的计算精度时，迭代过程结束。

$$\left|\frac{x_{n+1}-x_n}{x_n}\right|\leqslant\varepsilon\qquad (j=1,2,\cdots,m)$$

附录 2 求解非线性方程组的 Newton-Raphson 迭代法

在化工计算中经常遇到求解多元非线性方程组，这些方程组很难得到其解析解。所以，通常也是采用迭代方法获得其近似解（即数值解）。Newton-Raphson 迭代法是求解多元非线性方程组数值解最有效方法之一，该方法将非线性方程组进行线性化近似，将其线性解作为其近似解。通过多次迭代，逼近其准确解。该方法的特点是程序简单、收敛快。

一组 m 个联立的非线性方程表示如下：

$$f_1(x_1,x_2,\cdots,x_m)=0$$
$$f_2(x_1,x_2,\cdots,x_m)=0$$
$$\cdots$$
$$f_m(x_1,x_2,\cdots,x_m)=0$$

首先根据实际问题的特征，给出上述方程组解的初值 $x_1^*,x_2^*,\cdots,x_m^*$，即给出变量 x_1，$x_2,\cdots,x_m$ 的一组初始预估值。一般情况下，将初值代入上述方程组的每一个方程中，相应的函数值 $f_i(x_1^*,x_2^*,\cdots,x_m^*)$（$i=1,2,\cdots,m$）并不能都为零。目的是进一步获得一组改进的解，使得所有函数值进一步趋近于零。

为此，假定所有函数在点 $x_1^*,x_2^*,\cdots,x_m^*$ 邻域内连续可微，将所有函数在点 $x_1^*,x_2^*,\cdots,x_m^*$ 邻域内进行一阶泰勒展开，则有：

$$f_1(x_1,x_2,\cdots,x_m)\approx f_1(x_1^*,x_2^*,\cdots,x_m^*)+\sum_{k=1}^{m}\left.\frac{\partial f_1}{\partial x_k}\right|_{x_1^*,x_2^*,\cdots,x_m^*}(x_k-x_k^*)$$

$$f_2(x_1,x_2,\cdots,x_m)\approx f_2(x_1^*,x_2^*,\cdots,x_m^*)+\sum_{k=1}^{m}\left.\frac{\partial f_2}{\partial x_k}\right|_{x_1^*,x_2^*,\cdots,x_m^*}(x_k-x_k^*)$$

$$\cdots$$

$$f_m(x_1,x_2,\cdots,x_m)\approx f_m(x_1^*,x_2^*,\cdots,x_m^*)+\sum_{k=1}^{m}\left.\frac{\partial f_m}{\partial x_k}\right|_{x_1^*,x_2^*,\cdots,x_m^*}(x_k-x_k^*)$$

令上述公式左侧函数值为零，可得到关于 $(x_1-x_1^*),(x_2-x_2^*),\cdots,(x_m-x_m^*)$ 的线性方程组。

$$f_1(x_1^*,x_2^*,\cdots,x_m^*)+\sum_{k=1}^{m}\left.\frac{\partial f_1}{\partial x_k}\right|_{x_1^*,x_2^*,\cdots,x_m^*}(x_k-x_k^*)=0$$

$$f_2(x_1^*,x_2^*,\cdots,x_m^*)+\sum_{k=1}^{m}\left.\frac{\partial f_2}{\partial x_k}\right|_{x_1^*,x_2^*,\cdots,x_m^*}(x_k-x_k^*)=0$$

$$\cdots$$

$$f_m(x_1^*,x_2^*,\cdots,x_m^*)+\sum_{k=1}^{m}\left.\frac{\partial f_m}{\partial x_k}\right|_{x_1^*,x_2^*,\cdots,x_m^*}(x_k-x_k^*)=0$$

上述线性方程组的增广系数矩阵为：

$$\begin{bmatrix}
\left.\frac{\partial f_1}{\partial x_1}\right|_* & \left.\frac{\partial f_1}{\partial x_2}\right|_* & \cdots & \left.\frac{\partial f_1}{\partial x_m}\right|_* & -f_1^* \\
\left.\frac{\partial f_2}{\partial x_1}\right|_* & \left.\frac{\partial f_2}{\partial x_2}\right|_* & \cdots & \left.\frac{\partial f_2}{\partial x_m}\right|_* & -f_2^* \\
 & & \cdots & & \\
\left.\frac{\partial f_m}{\partial x_1}\right|_* & \left.\frac{\partial f_m}{\partial x_2}\right|_* & \cdots & \left.\frac{\partial f_m}{\partial x_m}\right|_* & -f_m^*
\end{bmatrix}$$

利用线性代数中的方法，如高斯消元法可以得到上述线性方程组的解：

$$x_1-x_1^*=\Delta_1,x_2-x_2^*=\Delta_2,\cdots,x_m-x_m^*=\Delta_m$$

由此得到原非线性方程组第一次改进解：

$$x_1=x_1^*+\Delta_1, x_2=x_2^*+\Delta_2, \cdots, x_m=x_m^*+\Delta_m$$

用新的改进解 $x_1, x_2, \cdots, x_m$ 替代初始预估解 $x_1^*, x_2^*, \cdots, x_m^*$，重复以上计算步骤，可以得到第二次改进解。依此类推，直到前后两次计算结果的相对误差满足下面的计算精度为止。

$$\left|\frac{x_j-x_j^*}{x_j}\right| \leqslant \varepsilon \qquad (j=1,2,\cdots,m)$$

附录3 求解非线性方程组的优先排序法

在化工计算中求解多元非线性方程组，除了Newton-Raphson迭代法外，还经常采用优先排序法。

在求解多元非线性方程组时，有时遇到下列两种类型的情况：

（Ⅰ）某个方程中只含有一个未知数，即该方程为一元方程。因此，该方程可以单独求解，这个未知数可变成已知数。

（Ⅱ）某个未知数只出现在某个方程中，而不出现在其余方程中，则这个未知数需要等待其余未知数求解后再通过该方程求解。

优先排序法是一种求解非线性方程组的求解策略，即根据每个方程结构特征，确定其求解次序。这种方法的基本步骤是：

① 首先求解类型（Ⅰ）的方程，以减少未知数的个数。

② 将类型（Ⅱ）方程放到最后进行求解，以减少方程个数。

③ 将只含有两个未知数的方程（如果有的话）放在一起，选择其中一个方程，将其一个未知数（也称为解出变量）用另一个未知数表达出来，把这个表达式代入含有这个未知数的所有方程中，将这个解出变量消掉。同时将这个解出变量的表达式放入方程排序表的最后。

④ 对剩余方程重复进行步骤①～③。否则选择只含有三个未知数的方程，将一个未知数（解出变量）用另两个未知数来表达，并将这个表达式代入所有包含这个未知数的方程中，消去这个未知数。同时，将这个解出变量的表达式放入方程排序表中前一个解出变量表达式的前面，依此类推。如果没有只含有三个未知数的方程，则寻找含有四个或更多未知数的方程，依此类推。

⑤ 重复进行步骤④直到出现下面两种情况之一为止：a.不剩下任何其他方程；b.剩下方程中不能将其中一个未知数用其余未知数的一个表达式来表达。

⑥ 用Newton-Raphson迭代法求解在步骤⑤b中的那些方程。

本质上讲，优先排序法就是依据方程的特点，进行逐次消元的过程。是将未知数个数降低到最低限，然后采用其他数值迭代方法对剩余方程进行迭代求解的一种策略。

【例】 用优先排序法求解下列方程组

$$x_1x_2+x_6x_4=18 \tag{1}$$

$$x_2+x_5+x_6=12 \tag{2}$$

$$x_1+\ln\frac{x_2}{x_4}=3 \tag{3}$$

$$x_3^2+x_3=2 \tag{4}$$

$$x_2+x_4=4 \tag{5}$$

$$x_3(x_3+x_6)=7 \tag{6}$$

解：按照优先排序法步骤进行排序求解。首先确定只含有一个未知数方程，为此把各个方程中的未知数个数 N_u 计算出来。

方程序号	(1)	(2)	(3)	(4)	(5)	(6)
N_u	4	3	3	1	2	2

方程式（4）只含有一个未知数 x_3，属于类型（Ⅰ）方程，可单独求解。根据二次方程求根公式可得：$x_3=1$，或者 $x_3=-2$。

重新整理剩余方程，这时 x_3 不再成为未知数。

$$x_1x_2+x_6x_4=18 \tag{1}$$

$$x_2+x_5+x_6=12 \tag{2}$$

$$x_1+\ln\frac{x_2}{x_4}=3 \tag{3}$$

$$x_2+x_4=4 \tag{5}$$

$$x_3(x_3+x_6)=7 \tag{6}$$

各方程包含未知数个数为：

方程序号	(1)	(2)	(3)	(5)	(6)
N_u	4	3	3	2	1

方程式（6）只含有一个未知数 x_6，属于类型（Ⅰ）方程，可单独求解。解方程式（6）得

$$x_6=\frac{7}{x_3}-x_3$$

重新整理剩余方程，这时 x_6 不再成为未知数。

$$x_1x_2+x_6x_4=18 \tag{1}$$

$$x_2+x_5+x_6=12 \tag{2}$$

$$x_1+\ln\frac{x_2}{x_4}=3 \tag{3}$$

$$x_2+x_4=4 \tag{5}$$

剩余方程包含未知数的个数为：

方程序号	(1)	(2)	(3)	(5)
N_u	3	2	3	2

由此可见，剩余方程中没有只含有一个未知数方程。因此进行优先排序法的第②步，寻找类型（Ⅱ）的方程。

为此列出未知数出现在方程中的次数（或个数）N_e：

未知数	x_1	x_2	x_4	x_5
N_e	2	4	3	1

未知数 x_5 仅出现在方程式（2）中，故只有当其余未知数解出后，再由方程式（2）最后解出。因此将此方程式（2）排在方程求解次序表中最后。

剩余方程为：

$$x_1x_2+x_6x_4=18 \tag{1}$$

$$x_1+\ln\frac{x_2}{x_4}=3 \tag{3}$$

$$x_2+x_4=4 \tag{5}$$

剩余方程所含未知数个数为：

方程序号	(1)	(3)	(5)
N_u	3	3	2

剩余方程没有类型（Ⅰ）和（Ⅱ）的方程，所以进行优先排序法第③步。方程式（5）中只含有两个未知数 x_2 和 x_4，而且很容易用一个未知数表示另一个未知数。这里用 x_4 表达 x_2。

$$x_2=4-x_4$$

将此表达式代入剩余方程中，消去 x_2，并将此表达式排在排序表倒数第二行，所得剩余方程为：

$$x_1(4-x_4)+x_6x_4=18 \tag{1$'$}$$

$$x_1+\ln\frac{4-x_4}{x_4}=3 \tag{3$'$}$$

这两个方程只含有两个未知数 x_1、x_4，故可重复步骤③。由方程式（1′）得：

$$x_1=\frac{18-x_6x_4}{4-x_4}$$

将其代入式（3′）中消去未知数 x_1，并将此表达式排在排序表倒数第三行，所得剩余方程为：

$$\frac{18-x_6x_4}{4-x_4}+\ln\frac{4-x_4}{x_4}=3 \tag{3$''$}$$

这是关于 x_4 的一元方程，可应用牛顿迭代法数值求解 x_4。方程组的求解次序如下表所示。每一步对应着一个解出变量。这些方程的一组解是：

$$x_1=3,\quad x_2=2,\quad x_3=1,\quad x_4=2,\quad x_5=4,\quad x_6=6$$

求解次序	方程序号	解出变量	方程
1	(4)	x_3	$x_3^2+x_3=2$
2	(6)	x_6	$x_6=\frac{7}{x_3}-x_3$
3	(3″)	x_4	$\frac{18-x_6x_4}{4-x_4}+\ln\frac{4-x_4}{x_4}=3$
4	(1′)	x_1	$x_1=\frac{18-x_6x_4}{4-x_4}$
5	(5)	x_2	$x_2=4-x_4$
6	(2)	x_5	$x_5=12-x_2-x_6$

附录 4 剥离变量法

设有 m 个联立非线性方程，剥离变量法就是先对一个未知量赋予初值，然后解剩余的含有 $m-1$ 个未知数的 $m-1$ 个方程。如果仔细选择 $m-1$ 个方程，使它们可以不用迭代方法求解，那么问题就归结为对一个方程进行迭代求解，这个方程就从原方程组中剥离出来，这个被赋予初值的未知量称为剥离变量。下面通过一个实例说明这种方法。

【例】 用剥离变量法解下列方程组

$$x_1x_3-x_4=1 \tag{1}$$

$$x_2^2x_3^2+x_4=17 \tag{2}$$

$$x_1+x_2=6 \tag{3}$$

$$\ln(x_3x_4^2)+x_3x_4^2=1 \tag{4}$$

解： 因为方程式（4）对每一个变量都不能直接求解，只能用迭代法求解。剥离变量可选择 x_3 和 x_4，但选择 x_3 会有利于其余方程的求解。将方程式（4）剥离出来，用迭代法进行求解：

$$f(x_3)=\ln(x_3x_4^2)+x_3x_4^2-1=0 \tag{4'}$$

对剥离变量的每一个估计值 x_3^* 求解方程式（1）～式（3），得到 x_1、x_2 和 x_4，将这些值代入（4′）中，得到关于 x_3 的一元非线性方程，通过迭代方法进行求解，直到前后两次迭代值满足计算精度为止。用优先排序法解方程式（1）～式（3），方程排序如下。

求解次序	方程编号	解出变量	解的表达式
1	(2)	x_2	$x_2=\dfrac{1+\sqrt{73-24x_3^*}}{2x_3^*}$
2	(1)	x_4	$x_4=(6-x_2)x_3^*-1$
3	(3)	x_1	$x_1=6-x_2$

附录 5 某些物质的相对分子质量、正常沸点、潜热（SI 单位和英制单位）

名称	相对分子质量	正常沸点		正常沸点时潜热	
		/K	/°R	/(J/mol)	/(Btu/lbmol)
乙醛	44.052	293.561	528.410	25699.1	11056.0
乙酸	60.052	391.661	704.990	24308.7	10457.8
丙酮	58.080	329.281	592.706	29087.2	12513.6
乙炔	26.036	188.401	339.122	16419.1	7063.6
丙烯腈	53.060	350.461	630.830	32630.1	14037.8
氨	17.032	239.731	431.516	23351.0	10045.8

续表

名称	相对分子质量	正常沸点		正常沸点时潜热	
		/K	/°R	/(J/mol)	/(Btu/lbmol)
苯胺	93.116	457.291	823.124	43165.8	18570.4
氩	39.944	87.291	157.124	6527.0	2808.0
苯	78.108	353.261	635.870	30763.4	13234.7
联苯	154.200	528.361	951.050	49212.9	21171.9
溴	159.830	331.921	597.458	29413.8	12654.1
溴化苯	157.020	429.361	772.850	37823.6	16272.1
二氧化碳	44.011	194.681	350.426	16560.9	7124.7
二硫化碳	76.130	319.400	574.920	26334.4	11329.3
一氧化碳	28.010	81.691	147.044	6065.3	2609.3
四氯化碳	153.840	349.700	629.460	36882.1	15867.0
氯	70.914	239.111	430.400	20410.0	8780.6
环己烷	84.160	353.900	637.020	29975.3	12895.7
环戊烷	70.130	322.422	580.360	27246.0	11721.5
乙酸乙酯	88.100	350.261	630.470	32269.4	13882.6
乙醇	46.068	351.481	632.666	38577.3	16596.4
乙酸甲酯	74.080	327.500	589.500	30058.9	12931.6
糠醛	96.080	434.861	782.750	43124.7	18552.7
氢	2.016	20.381	36.686	1334.6	574.2
氯化氢	30.465	188.127	338.629	16150.3	6948.0
氰化氢	27.030	298.861	537.950	26891.5	11569.0
碘化氢	127.910	237.781	428.006	20542.7	8837.7
硫化氢	34.082	212.820	383.076	18678.3	8035.6
异丁醇	74.120	381.600	686.880	41253.9	17747.8
异丁烯	56.100	266.261	479.270	22050.6	9486.4
异丁醛	72.110	337.161	606.890	31272.9	13453.9
异戊烷	72.150	301.011	541.820	24710.2	10630.6
间二甲苯	106.160	412.267	742.080	36247.6	15594.1
甲烷	16.042	111.671	201.008	8179.5	3518.9
甲醇	32.042	337.671	607.808	35270.4	15173.7
甲基乙酯	74.080	330.411	594.740	27932.3	12016.8
氯甲烷	50.491	248.941	448.094	21400.0	9206.5
甲酸甲酯	60.050	304.941	548.894	28066.7	12074.6
甲胺	31.058	266.711	480.080	25815.5	11106.1
正丁烷	58.120	272.661	490.790	22416.0	9643.6
一氧化氮	30.010	121.400	218.520	13778.0	5927.4
氮	28.016	77.361	139.250	5577.5	2399.5

续表

名称	相对分子质量	正常沸点		正常沸点时潜热	
		/K	/°R	/(J/mol)	/(Btu/lbmol)
二氧化氮	46.010	294.500	530.100	38117.0	16398.3
氧化亚氮	44.020	183.700	330.660	15594.8	6709.1
苯酚	94.108	455.000	819.000	45693.0	19657.6
二氧化硫	64.066	263.145	473.661	24915.7	10719.0
三氧化硫	80.066	317.911	572.240	41797.1	17981.5
水	18.016	373.161	671.640	40656.2	17490.7
氧	32.00	90.181	162.326	6820.5	2934.2

附录 6　理想气体比定压热容

$$c_p=a+bT+cT^2+dT^3+eT^4$$

名称	理想气体比定压热容（温度 T 单位为 K 时）/[J/(mol·K)]				
	a	b	c	d	e
乙醛	2.45317D+1	7.60130D−02	1.36254D−4	−1.99942D−07	7.59551D−11
乙酸	6.89949D+00	2.57068D−01	−1.91771D−04	7.57676D−08	−1.23175D−11
丙酮	2.31317D+1	1.62824D−01	8.01548D−05	−1.60497D−07	5.81406D−11
乙炔	2.18212D+1	9.20580D−02	−6.52231D−05	1.81959D−08	0.0
氨	2.75500D+01	2.56278D−02	9.90042D−06	−6.68639D−09	0.0
苯胺	−2.25594D+00	3.07834D−01	2.41742D−04	−5.37543D−07	2.35694D−10
氩	2.07723D+01	0.0	0.0	0.0	0.0
苯	1.85868D+01	−1.17439D−02	1.27514D−03	−2.07984D−06	1.05329D−09
联苯	−8.31984D+01	1.02502D+00	−7.22383D−04	1.42495D−07	3.97897D−11
溴	3.36874D+01	1.02992D−02	−8.90254D−06	2.67924D−09	0.0
溴化苯	7.49152D−01	3.47418D−01	−1.06396D−05	−2.47154D−07	1.26969D−10
二氧化碳	1.90223D+01	7.96291D−02	−7.37067D−05	3.74572D−08	−8.13304D−12
二硫化碳	3.30999D+01	1.06167D−02	2.75934D−04	−3.42168D−07	1.30288D−10
一氧化碳	2.90063D+01	2.49235D−03	−1.85440D−05	4.79892D−08	−2.87266D−11
四氯化碳	8.97631D+00	4.20036D−01	−7.51639D−04	6.27332D−07	−1.99811D−10
氯	2.85463D+01	2.38795D−02	−2.13631D−05	6.47263D−09	0.0
环己烷	7.04449D+00	1.30054D−01	1.08205D−03	−1.54513D−06	6.51190D−10
环戊烷	−1.91083D+00	1.30865D−01	8.53142D−04	−1.30863D−06	5.87916D−10
乙酸乙酯	4.67922D+01	1.72055D−01	3.25949D−04	−5.20729D−07	2.11886D−10
乙醇	9.29967D+00	2.08358D−01	−1.00742D−04	1.66708D−08	0.0
甲酸甲酯	3.81020D+01	1.62629D−01	2.10144D−04	−3.82964D−07	1.62160D−10

续表

名称	理想气体比定压热容（温度 T 单位为K时）/[J/(mol·K)]				
	a	b	c	d	e
糠醛	2.52110D+01	2.21301D−01	1.30942D−04	−3.37155D−07	1.52277D−10
氢	1.76386D+01	6.70055D−02	−1.31485D−04	1.05883D−07	−2.91803D−11
氯化氢	3.03088D+01	−7.60900D−03	1.32608D−05	−4.33363D−09	0.0
氰化氢	2.08414D+01	6.79258D−02	−6.94727D−05	4.1373D−08	−9.26673D−12
碘化氢	3.02697D+01	−1.03319D−02	2.59460D−05	−1.59529D−08	3.18621D−12
硫化氢	3.45234D+01	−1.76481D−02	6.76664D−05	−5.32454D−08	1.40695D−11
异丁醇	5.61796D+01	−1.63172D−01	1.26597D−03	−1.46956D−06	5.48114D−10
异丁烯	1.82591D+01	2.29492D−01	1.01034D−04	−2.90919D−07	1.40589D−10
异丁醛	2.86774D+01	1.84132D−01	2.76595D−04	−4.63760D−07	1.90207D−10
异戊烷	4.19952D+01	7.44763D−02	1.02577D−03	−1.61216D−06	7.79396D−10
间二甲苯	−9.90706D+00	4.95077D−01	−3.31770D−04	3.99513D−08	3.23324D−11
甲烷	3.83870D+01	−7.36639D−02	2.90981D−04	−2.63849D−07	8.00679D−11
甲醇	3.44925D+01	−2.91887D−02	2.86844D−04	−3.12501D−07	1.09833D−10
甲酸甲酯	1.92655D+01	1.47245D−01	1.03166D−04	−2.50371D−07	1.14584D−10
甲胺	1.25367D+01	1.51044D−01	−6.88093D−05	1.23450D−08	0.0
正丁烷	6.67088D+01	−1.85523D−01	1.52844D−03	−2.18792D−06	1.04577D−09
一氧化氮	2.97657D+01	9.76049D−04	6.09872D−06	−3.58809D−09	5.85308D−13
氮	2.94119D+01	−3.00681D−03	5.45064D−06	5.13186D−09	−4.25308D−12
二氧化氮	2.51165D+01	4.39956D−02	−9.61717D−06	−1.21653D−08	5.44943D−12
氧化亚氮	2.05437D+01	8.12993D−02	−8.28968D−05	4.98739D−08	−1.12709D−11
苯酚	−3.61498D+01	5.66519D−01	−4.11357D−04	9.39030D−08	1.80687D−11
二氧化硫	2.57725D+01	5.78938D−02	−3.80844D−05	8.60626D−07	0.0
三氧化硫	1.55070D+01	1.45719D−01	−1.13253D−04	3.24046D−08	0.0
水	3.40471D+01	−9.65064D−03	3.29983D−05	−2.04467D−08	4.30228D−12
氧	2.98832D+01	−1.13842D−02	4.33779D−05	−3.70082D−08	1.01006D−11
甲苯	3.1820D+01	−1.61654D−02	1.44465D−03	−2.28948D−06	1.13573D−09

附录7 液体比定压热容

$$c_p = a + bT + cT^2 + dT^3$$

名称	液体比定压热容（温度 T 单位为K时）/[J/(mol·K)]			
	a	b	c	d
乙醛	1.68842D+01	8.10208D−01	−3.08085D−03	4.42590D−06
乙酸	−3.60814D+01	6.04681D−01	−3.93957D−04	−5.61602D−07
丙酮	1.68022D+01	8.48409D−01	−2.64114D−03	3.39139D−06

续表

名称	液体比定压热容（温度 T 单位为 K 时）/[J/(mol·K)]			
	a	b	c	d
乙炔	1.21476D+01	1.11988D+00	−6.78213D−03	1.42930D−05
丙烯腈	1.06528D+01	9.77905D−01	−3.10778D−03	3.82102D−06
氨	2.01494D+01	8.45765D−01	−4.06745D−03	6.60687D−06
苯胺	−1.36683D+01	9.31971D−01	−1.60401D−03	−1.36715D−06
氩	−2.49300D+01	1.41664D+00	−2.86902D−03	4.27496D−05
苯	−7.27329D+00	7.70541D−01	−1.64818D−03	1.89794D−06
联苯	−8.65504D+01	1.53701D+00	−2.04329D−03	1.28288D−06
溴	2.11979D+01	5.17990D−01	−1.75921D−03	1.95266D−06
溴化苯	−9.93411D+00	8.95727D−01	−1.68176D−03	1.47666D−06
二氧化碳	1.10417D+01	1.15955D+00	−7.23130D−03	1.55019D−05
二硫化碳	1.74151D+01	5.54537D−01	−1.72346D−03	2.07575D−06
四氯化碳	1.22846D+01	1.09475D+00	−3.18255D−03	3.42524D−06
氯	1.54120D+01	7.23104D−01	−3.39726D−03	5.26236D−06
环乙烷	−1.12493D+01	8.41499D−01	−1.58331D−03	1.96493D−06
环戊烷	−1.77539D+01	8.42309D−01	−2.00426D−03	2.64122D−06
乙酸乙酯	4.29049D+01	9.34378D−01	−2.63999D−03	3.34258D−06
乙醇	−3.25137D+02	4.13787D+00	−1.40307D−02	1.70354D−05
乙酸甲酯	3.20116D+01	8.85757D−01	−2.67612D−03	3.44613D−06
糠醛	2.14163D+01	8.86185D−01	−1.93931D−03	1.85001D−06
氢	5.88663D+01	−2.30694D−01	−8.04213D−02	1.37776D−03
氯化氢	1.77227D+01	9.04261D−01	−5.64496D−03	1.13383D−05
氰化氢	1.68791D+01	8.50946D−01	−3.53136D−03	5.04830D−06
碘化氢	1.67440D+01	6.72052D−01	−3.22257D−03	4.96454D−06
硫化氢	2.18238D+01	7.74223D−01	−4.20204D−03	7.38677D−06
异丁醇	5.15292D+01	9.09017D−01	−2.75500D−03	3.69657D−06
异丁烯	8.45979D+00	1.00655D+00	−3.65636D−03	5.66411D−06
异丁醛	2.53636D+01	9.66816D−01	−2.87136D−03	3.75743D−06
异戊烷	2.81135D+01	8.68714D−01	−2.50761D−03	3.76751D−06
间二甲苯	1.40673D+01	8.70264D−01	−1.47733D−03	1.51193D−06
甲烷	−5.70709D+00	1.02562D+00	−1.66566D−03	−1.97507D−05
甲醇	−2.58250D+02	3.35820D+00	−1.16388D−02	1.40516D−05
甲基乙酯	3.92701D+01	7.96701D−01	−2.47205D−03	3.23224D−06
氯甲烷	7.99608D+00	7.98500D−01	−3.50758D−03	5.51501D−06
甲酸甲酯	1.20769D+01	8.63546D−01	−2.87339D−03	3.83072D−06
甲胺	7.96131D+00	9.72440D−01	−3.92527D−03	5.93717D−06
正丁烷	5.18583D+01	6.56571D−01	−2.53079D−03	4.49879D−06

续表

名称	液体比定压热容（温度 T 单位为 K 时）/[J/(mol·K)]			
	a	b	c	d
一氧化氮	3.36342D+01	2.90498D+00	−3.26583D−02	1.20828D−04
氮	1.47141D+01	2.20257D+00	−3.52146D−02	1.79960D−04
二氧化氮	1.69925D+01	1.71499D+00	−7.83962D−03	1.20017D−05
氧化亚氮	8.58935D+00	1.05171D+00	−6.39280D−03	1.33260D−05
苯酚	−3.61614D+01	1.15354D+00	−2.12291D−03	1.74183D−06
二氧化硫	1.92884D+01	8.45429D−01	−3.72748D−03	5.65365D−06
三氧化硫	1.62291D+01	1.37462D+00	−5.17738D−03	6.88634D−06
水	1.82964D+01	4.72118D−01	−1.33878D−03	1.31424D−06
氧	1.10501D+03	−3.33636D+01	3.50211D−01	−1.21262D−03
一氧化碳	1.49673D+01	2.14397D+00	−3.24703D−02	1.58042D−04
甲苯	1.80826D+00	8.12223D−01	−1.51267D−03	1.63001D−06

附录 8 纯组分蒸气压的安托因公式

$$\ln p = A - B/(T+C)$$

名称	A	B	C
乙醛	15.1206	2845.25	−22.0670
乙酸	15.8667	4097.86	−27.4937
丙酮	14.7171	2975.95	−34.5228
乙炔	14.8321	1836.66	−8.4521
丙烯腈	14.2095	3033.10	−34.9326
氨	15.4940	2363.24	−22.6207
苯胺	15.0205	4103.52	−62.7983
氩	13.9153	832.78	2.3608
苯	14.1603	2948.78	−44.5633
联苯	14.4481	4415.36	−79.1919
溴	14.7812	3090.86	−27.9733
溴化苯	14.2978	3650.77	−52.4382
二氧化碳	15.3768	1956.25	−2.1117
二硫化碳	15.2388	3549.90	15.1796
一氧化碳	13.8722	769.93	1.6369
四氢化碳	14.6247	3394.46	−10.2163
氯	14.1372	2055.15	−23.3117
氯化苯	14.3050	3457.17	−48.5524
三氯甲烷	14.5014	2938.55	−36.9972

续表

名称	A	B	C
环己烷	13.7865	2794.58	−49.1081
环戊烷	13.8440	2590.03	−41.6716
乙醇	16.1952	3423.53	−55.7152
乙酸乙酯	14.5813	3022.25	−47.8833
乙酸甲酯	14.4017	2758.61	−45.7813
乙苯	13.9698	3257.17	−61.0096
乙二醇	16.1847	4493.79	−82.1026
糠醛	16.7802	5365.88	5.6186
氢	12.7844	232.32	8.0800
氯化氢	14.7081	1802.24	−9.6678
氰化氢	15.4856	3151.53	−8.8383
碘化氢	14.3749	2133.52	−19.6195
硫化氢	14.5513	1964.37	−15.2417
异丁烷	13.8137	2150.23	−27.6228
异丁醇	15.4994	3246.51	−82.6994
异丁烯	13.9102	2196.49	−29.8630
异戊烷	13.6106	2345.09	−40.2128
间二甲苯	14.1146	3360.81	−58.3463
甲烷	13.5840	968.13	−3.7200
甲醇	16.4948	3593.39	−35.2249
甲酸甲酯	14.7233	2726.05	−35.3556
甲胺	14.8909	2342.65	−38.7081
正丁烷	13.9836	2292.44	−27.8623
正丁醇	14.6961	2902.96	−102.9116
氖	13.4710	264.73	2.8276
一氧化氮	16.9196	1319.11	−14.1427
氮	13.4477	658.22	−2.8540
二氧化氮	21.9837	6615.36	86.8780
氧化亚氮	14.2447	1547.56	−23.9090
二氧化硫	14.9404	2385.00	−32.2139
三氧化硫	13.8467	1777.66	−125.1972
氧	13.6835	780.26	−4.1758
甲苯	14.2515	3242.38	−47.1806
水	16.5362	3985.44	−38.9974

注：p 单位为 kPa；T 单位为 K。

附录9 气体临界参数

气体名称	临界温度/K	临界压力/kPa	临界体积/(cm^3/mol)	临界压缩系数Z	临界黏度/mPa·s	临界导热系数$\lambda_0 \times 10^5$/[cal/(cm·s·K)]
氢	33.191	1315.23	65.0	0.304	0.00347	15.90
氮	126.271	3398.45	90.1	0.291	0.0180	8.55
氧	154.781	5080.45	74.4	0.292	0.0250	10.40
一氧化碳	132.951	239.312	93.1	0.294	0.0190	8.61
二氧化碳	304.201	7380.54	94.0	0.274	0.0404	12.25
氨	405.661	11402.14	72.5	0.242	0.0309	34.61
氟	144	5572.875	102	0.292	0.01836	9.54
氯	417.161	7710.86	124	0.276	0.03946	9.60
溴	584.161	10335.19	144	0.306	0.06119	6.79
碘	785.0	11753.7	155	0.248	0.07849	6.33
一氧化氮	180.000	6484.82	58	0.251	0.0258	11.82
二氧化氮	431.000	10132.54	82	0.232		
氧化亚氮	309.700	7265.03	96.3	0.271	0.0332	10.58
二氧化硫	430.661	7893.24	122	0.268	0.0411	8.35
硫化氢	373.561	672.410	95	0.268		
三氧化硫	490.861	8251.94	126	0.262	0.0193	6.82
空气	132.5	3769.29	90.52	0.292	0.0495	55.3
水蒸气	647	22119.248	56	0.230	0.00254	14.62
氦	5.3	228.995	57.8	0.300	0.0156	7.92
氖	44.5	2725.643	41.7	0.296	0.0264	7.10
氩	150.651	4863.62	75.2	0.290	0.0396	4.92
氪	209.4	5501.9475	92.2	0.291	0.0490	4.02
氙	289.75	5876.65	118.8	0.290		
臭氧	268	6788.775	89.4	0.272		
光气	455	5674.2	190	0.285		
氟化氢	461	6484.8	60	0.223		26.0
氯化氢	36.465	188.127	87.6	0.266	0.0353	11.21
溴化氢	363.2	8561.963	110	0.282		8.21
碘化氢	424.2	8298.518	135		0.0553	
四氯化碳	556.4	4559.625	276	0.272	0.0413	8.23
硫	1313	11753.3	158	0.263		
二硫化碳	552	7903.35	170	0.293	0.0404	9.47
硫氧化碳	378	6586.125	134	0.260		

续表

气体名称	临界温度/K	临界压力/kPa	临界体积/(cm^3/mol)	临界压缩系数 Z	临界黏度/mPa·s	临界导热系数 $\lambda_0 \times 10^5$/[cal/(cm·s·K)]
甲烷	191.061	4640.70	99.5	0.290	0.0159	12.13
乙烷	305.561	550.010	148	0.285	0.0210	11.99
丙烷	369.9	4255.65	200	0.277	0.0228	14.18
正丁烷	425.2	3799.688	255	0.274	0.0239	15.71
异丁烷	408.1	3647.7	263	0.283		
乙炔	305.561	4894.02	113	0.274	0.0237	14.06
乙烯	283.1	5116.913	124	0.270	0.0215	12.05
苯	562.611	4924.41	260	0.274	0.0312	17.65
甲醇	513.161	7954.06	118	0.222	0.0375	25.63
乙醇	516.261	6379.44	167	0.248	0.0334	
甲酸	511.1	7275.135				
乙酸	594.761	5785.68	171	0.200	0.0376	
丙酮	509.461	4782.56	211	0.237	0.0285	16.54
甲醛	292.8	29789.55				
乙醚	509.461	4782.56	274	0.255		17.40
甲硫醇	470.0	7234.605	149	0.276		
乙硫醇	499.0	5491.815	207	0.274		
噻吩	580.0	5694.465	233	0.258		

注：1cal=4.1868J。

附录 10　25℃下化合物的生成热和燃烧热

物质	分子式	状态	$-\Delta \widehat{H}_f^\ominus$（生成热）/(kJ/mol)	$-\Delta \widehat{H}_c^\ominus$（燃烧热）/（kJ/mol)
乙酸	CH_3OOH	l（液，下同）	409.19	871.69
		g（气，下同）		919.73
乙醛	CH_3CHO	g	166.4	1192.36
丙酮	C_3H_6O	aq（水溶液，下同），200（200 倍水）	410.03	
		g	216.69	1821.38
乙炔	C_2H_2	g	−226.75	1299.61
氨	NH_3	l	67.20	
		g	46.191	382.58
碳酸铵	$(NH_4)_2CO_3$	C（固，下同）		
		aq	941.86	

续表

物质	分子式	状态	$-\Delta\widehat{H}_f^\ominus$（生成热）/(kJ/mol)	$-\Delta\widehat{H}_c^\ominus$（燃烧热）/(kJ/mol)
氯化铵	NH_4Cl	C	315.4	
氢氧化铵	NH_4OH	aq	366.5	
硝酸铵	NH_4NO_3	C	366.1	
		aq	339.4	
硫酸铵	$(NH_4)_2SO_4$	C	1179.3	
		aq	1173.1	
苯甲醛	C_6H_5CHO	l	88.83	
		g	40.0	
苯	C_6H_6	l	−48.66	3267.9
		g	−82.927	3301.5
溴	Br_2	l	0	
		g	−30.7	
正丁烷	C_4H_{10}	l	147.6	2855.6
		g	124.73	2878.52
异丁烷	C_4H_{10}	l	158.5	2849.0
		g	134.5	2868.8
1-丁烯	C_4H_8	g	−1.172	2718.58
碳化钙	CaC_2	C	62.7	
碳酸钙	$CaCO_3$	C	1206.9	
氯化钙	$CaCl_2$	C	794.9	
氢氧化钙	$Ca(OH)_2$	C	986.59	
氧化钙	CaO	C	635.6	
磷酸钙	$Ca_3(PO_4)_2$	C	4137.6	
硅酸钙	$CaSiO_3$	C	1584	
硫酸钙	$CaSO_4$	C	1432.7	
		aq	1450.5	
硫酸钙（石膏）	$CaSO_4 \cdot 2H_2O$	C	2021.1	
碳	C	C（石墨β）	0	393.51
二氧化碳	CO_2	g	393.51	
		l	412.92	
二硫化碳	CS_2	l	−87.86	1075.2
		g	−115.3	1102.6
一氧化碳	CO	g	110.52	282.99
四氯化碳	CCl_4	l	139.5	352.2
四氯化碳	CCl_4	g	106.69	384.9

续表

物质	分子式	状态	$-\Delta \widehat{H}_f^{\ominus}$（生成热）/(kJ/mol)	$-\Delta \widehat{H}_c^{\ominus}$（燃烧热）/（kJ/mol)
氯乙烷	C_2H_5Cl	g	105.0	1421.1
硫酸铜	$CuSO_4$	C	769.86	
		aq	843.12	
环己烷	C_6H_{12}	l	156.2	3919.9
		g	123.1	3953.0
戊烷	C_5H_{10}	l	105.8	3290.9
		g	77.23	3319.5
乙烷	C_2H_6	g	84.667	1559.9
乙醇	C_2H_5OH	l	277.63	1366.91
		g	235.31	1409.25
乙烯	C_2H_4	g	−52.283	1410.99
氯乙烯	C_2H_3Cl	g	−31.38	1271.5
3-辛烷	C_8H_{18}	l	250.5	5470.12
		g	210.9	5509.78
氯化铁	$FeCl_3$	C	403.34	
氧化铁	Fe_2O_3	C	822.156	
四氧化三铁	Fe_3O_4	C	1116.7	
氯化亚铁	$FeCl_2$	C	342.67	303.76
氧化亚铁	FeO	C	267	
硫化铁	FeS	C	95.06	
甲醛	HCHO	g	115.89	563.46
氢气	H_2	g	0	285.84
溴化氢	HBr	g	36.23	
氯化氢	HCl	g	92.312	
氰化氢	HCN	g	−130.54	
硫化氢	H_2S	g	20.15	562.589
二硫化铁	FeS_2	C	177.9	
氯化镁	$MgCl_2$	C	641.83	
氢氧化镁	$Mg(OH)_2$	C	924.66	
氧化镁	MgO	C	601.83	
甲烷	CH_4	g	74.84	890.4
甲醇	CH_3OH	l	238.64	726.55
		g	201.25	763.96
氯甲烷	CH_3Cl	g	81.923	766.63

续表

物质	分子式	状态	$-\Delta\widehat{H}_f^\ominus$（生成热）/(kJ/mol)	$-\Delta\widehat{H}_c^\ominus$（燃烧热）/（kJ/mol)
硝酸	HNO_3	l	173.23	
		aq	206.57	
一氧化氮	NO	g	−90.374	
二氧化氮	NO_2	g	−33.85	
氧化亚氮	N_2O	g	−81.55	
磷酸	H_3PO_4	C	1281	
		aq（$1H_2O$）	1278	
五氧化二磷	P_2O_5	C	1506	
丙烷	C_3H_8	l	119.84	2204.0
		g	103.85	2220.0
丙烯	C_3H_6	g	−20.41	2058.47
二氧化硅	SiO_2	C	851.0	
碳酸氢钠	$NaHCO_3$	C	945.6	
硫酸氢钠	$NaHSO_4$	C	1126	
碳酸钠	Na_2CO_3	C	1130	
氯化钠	$NaCl$	C	411.0	
硫酸钠	Na_2SO_4	C	1384.5	
硫化钠	Na_2S	C	373	
二氧化硫	SO_2	g	296.90	
氯化硫	S_2Cl_2	l	60.3	
三氧化硫	SO_3	g	395.18	
硫酸	H_2SO_4	l	811.32	
		aq	907.51	
甲苯	$C_6H_5CH_3$	l	−11.99	3909.9
		g	−50.000	3947.9
水	H_2O	l	285.840	
		g	241.826	
硫酸锌	$ZnSO_4$	C	978.55	
		aq	1059.93	

注：对 $\Delta\widehat{H}_c^\ominus$ 产物的标准状态是 CO_2（g）、H_2O（l）、N_2（g）、SO_2（g）和 HCl（aq）。换算为 Btu/lbmol 应乘以 430.6。

附录11 25℃下无机化合物的生成热、溶解热和积分稀释热

分子式	说明	状态	$-\Delta\widehat{H}_f^\ominus$（生成热）/(kJ/mol)	$-\Delta\widehat{H}_{so}^\ominus$（溶解热）/(kJ/mol)	$-\Delta\widehat{H}_{di}^\ominus$（积分稀释热）/(kJ/mol)
HCl		g（气）	92.311		
	在 $1H_2O$ 中	aq（水溶液，下同）	118.935	26.225	26.225
	$2H_2O$	aq	141.130	48.818	22.593
	$3H_2O$	aq	149.163	56.852	8.033
	$4H_2O$	aq	153.515	61.203	4.351
	$5H_2O$	aq	156.360	64.048	2.845
	$10H_2O$	aq	161.799	69.487	5.439
	$20H_2O$	aq	164.088	71.776	2.288
	$30H_2O$	aq	164.903	72.592	0.815
	$40H_2O$	aq	165.334	73.002	0.410
	$50H_2O$	aq	165.590	73.257	0.255
	$100H_2O$	aq	166.159	73.847	0.589
	$200H_2O$	aq	166.514	74.203	0.355
	$300H_2O$	aq	166.678	74.366	0.163
	$400H_2O$	aq	166.770	74.458	0.092
	$500H_2O$	aq	166.832	74.521	0.062
	$700H_2O$	aq	166.920	74.609	0.087
	$1000H_2O$	aq	166.995	74.684	0.075
	$2000H_2O$	aq	167.134	74.822	0.138
	$3000H_2O$	aq	167.192	74.881	0.58
	$4000H_2O$	aq	167.226	74.914	0.451
	$5000H_2O$	aq	167.242	74.931	0.016
	$7000H_2O$	aq	167.284	74.973	0.041
	$10000H_2O$	aq	167.305	74.994	0.020
	$20000H_2O$	aq	167.351	75.040	0.046
	$50000H_2O$	aq	167.389	75.077	0.037
	$100000H_2O$	aq	167.410	75.098	0.020
	$\infty\ H_2O$	aq	167.456	75.144	0.046
NaOH	结晶	(Ⅱ)	426.726		
	在 $3H_2O$ 中	aq	455.612	28.869	28.869
	$4H_2O$	aq	461.156	34.434	5.564
	$5H_2O$	aq	464.456	37.739	3.305
	$10H_2O$	aq	469.227	42.509	4.769
	$20H_2O$	aq	469.591	42.844	0.334
	$30H_2O$	aq	469.457	42.718	0.125
	$40H_2O$	aq	469.340	42.593	0.125

续表

分子式	说明	状态	$-\Delta\widehat{H}_f^\ominus$（生成热）/(kJ/mol)	$-\Delta\widehat{H}_{so}^\ominus$（溶解热）/(kJ/mol)	$-\Delta\widehat{H}_{di}^\ominus$（积分稀释热）/(kJ/mol)
NaOH	$50H_2O$	aq	469.252	42.509	0.083
	$100H_2O$	aq	469.059	42.342	0.167
	$200H_2O$	aq	469.026	42.258	0.083
	$300H_2O$	aq	469.047	42.300	0.041
	$500H_2O$	aq	469.097	42.383	0.083
	$1000H_2O$	aq	469.189	42.467	0.083
	$2000H_2O$	aq	469.285	42.551	0.083
	$5000H_2O$	aq	469.386	42.676	0.125
	$10000H_2O$	aq	469.448	42.718	0.041
	$50000H_2O$	aq	469.528	42.802	0.083
	∞ H_2O	aq	469.595	42.886	0.083
H_2SO_4		l（液）	811.319		
	在 $0.5H_2O$ 中	aq	827.051	15.731	15.731
	$1.0H_2O$	aq	839.394	28.074	12.343
	$1.5H_2O$	aq	848.222	36.902	8.823
	$2H_2O$	aq	853.243	41.923	5.021
	$3H_2O$	aq	860.314	48.994	7.071
	$4H_2O$	aq	865.376	54.057	5.063
	$5H_2O$	aq	869.351	58.032	3.975
	$10H_2O$	aq	878.347	67.027	8.995
	$25H_2O$	aq	883.618	72.299	5.272
	$50H_2O$	aq	884.664	73.345	1.046
	$100H_2O$	aq	885.292	73.973	0.628
	$500H_2O$	aq	888.054	76.734	2.761
	$1000H_2O$	aq	889.894	78.575	1.841
	$5000H_2O$	aq	895.752	84.433	5.858
	$10000H_2O$	aq	898.388	87.069	2.636
	$100000H_2O$	aq	904.957	93.637	6.568
	$500000H_2O$	aq	906.630	95.311	1.674
	∞ H_2O	aq	907.509	96.190	0.879

参考文献

[1] 陈五平. 无机化工工艺学（上、中、下）[M]. 第 3 版. 北京：化学工业出版社，2002.

[2] 徐绍平，殷德宏，仲剑初. 化工工艺学 [M]. 第 2 版. 大连：大连理工大学出版社，2012.

[3] 黄仲九，房鼎业. 化学工艺学（精编版）[M]. 北京：高等教育出版社，2011.

[4] 孙兰义. 化工过程模拟实训——Aspen Plus 教程 [M]. 第 2 版. 北京：化学工业出版社，2017.

[5] 马沛生，李永红. 化工热力学（通用型）[M]. 第 2 版. 北京：化学工业出版社，2009.

[6] 于志家，李香琴，兰忠. 化工热力学 [M]. 北京：化学工业出版社，2016.

[7] 包宗宏，武文良. 化工计算与软件应用 [M]. 第 2 版. 北京：化学工业出版社，2018.

[8] 郑丹星，武向红，陈斌等. 描述氨水体系 VLE 行为适宜热力学模型的研究 [J]. 工程热物理学报，2001，22 (4)：401-404.

[9] Weber L A. Estimating the virial coefficients of the ammonia＋water mixture [J]. Fluid Phase Equilibria，1999，162 (1-2)：31-49.

[10] Mejbri K，Bellagi A. Modelling of the thermodynamic properties of the water-ammonia mixture by three different approaches [J]. International Journal of Refrigeration，2006，29 (2)：211-218.

[11] Tillnerroth R，Friend D G. A Helmholtz Free Energy Formulation of the Thermodynamic Properties of the Mixture（Water＋Ammonia） [J]. Journal of Physical & Chemical Reference Data，1998，27 (1)：63-96.

[12] Yuan T F，Stiel L I. Heat Capacity of Saturated Nonpolar and Polar Liquids [J]. Industrial & Engineering Chemistry Fundamentals，1970，9 (3)：393-400.

[13] 陈涛，张国亮. 化工传递过程基础 [M]. 第 3 版. 北京：化学工业出版社，2009.

[14] 葛婉华，陈鸣德. 化工计算 [M]. 北京：化学工业出版社，1990.

[15] 于志家，赵宗昌，王宝和，张乃文. 化工过程物料平衡与能量平衡 [M]. 大连：大连理工大学出版社，2007.

[16] 刘家琪. 传质分离过程 [M]. 第 2 版. 北京：高等教育出版社，2014.